火电机组集控值班员
岗位认证题库

U0655478

电气分册

大唐国际发电股份有限公司 编

中国电力出版社
CHINA ELECTRIC POWER PRESS

内 容 提 要

《火电机组集控值班员岗位认证题库》丛书是大唐国际发电股份有限公司根据目前集控运行工作的实际，结合集控运行岗位培训和岗位资格认证编写而成，丛书共分为锅炉、汽轮机、电气、循环流化床锅炉、燃气蒸汽联合循环五个分册。编写人员由大唐国际发电股份有限公司所属电厂具有丰富经验的专业工程师组成，力求做到《火电机组集控值班员岗位认证题库》的针对性、正确性、实用性。

本书为《火电机组集控值班员岗位认证题库　电气分册》，以高参数、大容量火力发电机组为介绍对象，采用填空题、选择题、判断题、简答题、论述题的形式，介绍了发电机、变压器及互感器、主接线及厂用电接线、直流系统、电力系统配电装置、继电保护及自动装置的原理、结构、特性和运行维护，以及厂用电系统、电气基础知识等内容。全书题量丰富，内容全面，从而使读者达到学以致用的目的，满足当前大型火力发电厂集控运行人员学习的迫切需求。

本书可作为大型火电机组集控运行电气专业岗位培训和岗位资格认证的调考题库，以及电气运行、维护管理及检修技术人员的专业参考书。

图书在版编目（CIP）数据

火电机组集控值班员岗位认证题库. 电气分册/大唐国际发电股份有限公司编 . —北京：中国电力出版社，2015.4（2023.3重印）

ISBN 978-7-5123-6274-1

Ⅰ. ①火… Ⅱ. ①大… Ⅲ. ①火力发电－发电机组－集中控制－岗位培训－习题集 Ⅳ. ①TM621.3-44

中国版本图书馆 CIP 数据核字（2014）第 173662 号

中国电力出版社出版、发行

（北京市东城区北京站西街 19 号　100005　http：//www.cepp.sgcc.com.cn）

三河市航远印刷有限公司印刷

各地新华书店经售

*

2015 年 4 月第一版　　2023 年 3 月北京第四次印刷

787 毫米×1092 毫米　16 开本　25.25 印张　563 千字

印数 5001—6000 册　定价 **70.00** 元

版 权 专 有　侵 权 必 究

本书如有印装质量问题，我社营销中心负责退换

《火电机组集控值班员岗位认证题库》

编 委 会

主　　任	王振彪			
副 主 任	佟义英	方占岭		
委　　员	张红初	项建伟	高向阳	孟为群
	李建成	孙文平	宋秋华	胡继斌
	李小军	齐英杰	张艳宾	
编审人员	高德程	肖　锋	李伟林	邢希东
	邱盈忠	朱新功	李　磊	白海军
	黄晓峰	程　晋	李建成	王　军
	夏尊宇	王海波	倪　鑫	路卫国
	赵振新	史钟庆	周灵宏	刘艳阳
	王凤明	王大伟	黑宗华	朱全林

序

　　随着电力工业的迅速发展，高参数、高效率、大容量火电机组已成为当前电力生产的主力机组。运行管理作为火力发电厂安全生产管理的主要内容，其管理模式也随着电力工业的不断发展发生了根本性的改变，从原来的机、电、炉专业分散管理转变为集控运行制管理。目前，集控全能值班制已成为各发电企业普遍采用的运行管理体制。由于新技术、新设备的大量采用，机组自动化水平的不断提高，为集控运行制的实施提供了条件，同时对发电企业运行值班员的素质提出了更高的要求，因此加强集控运行人员的培训工作已成为各发电企业运行管理工作的重中之重。

　　作为国有控股大型发电企业，大唐国际发电股份有限公司始终坚持安全是最大效益的经营理念，紧密围绕公司"推进人才森林建设，提升员工队伍素质"任务目标，致力于打造一支高素质、高技能的集控运行专业化队伍，为企业构筑安全生产的屏障。大唐国际发电股份有限公司在推行集控运行制建设工作中，不断摸索新的行之有效的培训方法，并从中积累了丰富的集控运行培训经验。

　　本套《火电机组集控值班员岗位认证题库》丛书是大唐国际发电股份有限公司根据目前集控运行工作的实际，结合公司集控运行岗位培训和岗位资格认证编写而成，丛书共分为锅炉、汽轮机、电气、循环流化床锅炉、燃气蒸汽联合循环五个分册。编写人员由大唐国际发电股份有限公司所属电厂具有丰富经验的专业工程师组成，力求做到《火电机组集控值班员岗位认证题库》的针对性、正确性、实用性。

　　本套丛书的出版有助于促进火力发电机组集控运行人员整体技术素质和技能水平的提高，从而提高企业安全经济运行水平。我们希望通过本套丛书的编写、出版，能够为发电企业实施岗位培训提供一个参考，更好地促进行业技术和管理水平的提高。

2014 年 8 月

前　言

    为了加强发电企业运行值班员培训工作，提高火电机组运行人员的技术素质和技能水平，以适应电力工业快速发展的需要。大唐国际发电股份有限公司组织编写了这套《火电机组集控值班员岗位认证题库》。

    本套丛书是大唐国际发电股份有限公司根据目前火电机组运行管理工作的实际，结合公司多年来在集控运行岗位培训和岗位资格认证工作中的经验，组织公司基层企业具有丰富经验的专业人员进行编写的。本套丛书采取填空题、选择题、判断题、简答题、论述题的形式，结合国家职业技能鉴定集控运行考核的特点，强调实用性，融基础知识、专业理论和操作技能于一体，具有理论联系实际、知识为技能服务、内容全面、针对性强的特点。

    本书为《火电机组集控值班员岗位认证题库　电气分册》，内容包括发电厂电气基础知识，发电机、变压器及互感器、主接线及厂用电接线、直流系统、电力系统配电装置、继电保护及自动装置原理和知识，设备的正常运行与调整、异常运行分析及事故处理等。

    由于编者的水平有限，书中难免有不妥之处，恳请广大读者批评指正。

编　者

2014 年 8 月

目 录

第一部分 填空题

1. 笼式电动机在冷态下允许启动（2）次，每次间隔时间不得小于（5min）。

2. 装设接地线时，应先接（接地）端，后接（导体）端。

3. 启动直流电动机时，应注意监视（直流母线）电压。

4. 发电机进相运行时，厂用 6kV 母线电压不得低于规定值（5.7kV），厂用 380V 母线电压不得低于（360V）。

5. 发电机连续运行允许的最高电压不得高于额定值的（110%），最低电压不得低于额定值的（90%）。

6. 发电机差动保护与（发变组大差动）保护不能同时停用。变压器差动保护和（重瓦斯）保护不能同时停用。

7. 在同期回路或 TV 回路上工作后，必须进行（同期试验）和（定相试验）。自动并列装置工作后，必须做（假并列）试验。

8. 为保证电网电压质量和降低线路损耗，电网调压调整实行（逆调压）原则。

9. 发电机负荷不平衡时，不平衡电流之差不得超过（8%），且此时任何一相的定子电流不大于（额定电流）。

10. 变压器在正常或事故情况下的并列倒换操作，要考虑（同期系统）和（环流）。

11. 在继电保护二次回路上带电工作时，除做好防止误动的措施外，还应注意 TA 不能（开路），TV 和直流不能（短路或接地）。

12. 强迫油循环风冷变压器上层油温极限温度为（95℃），正常运行温度不得超过（85℃）。

13. 电缆线路的正常工作电压，一般不应超过电缆额定电压的（15%）。

14. 6kV 及以下电缆导体长期允许温度不应超过（65℃）。

15. 变压器检修后，一、二次回路若变动过，在投入运行前必须进行（定相）。

16. 电动机在额定功率运行时，电流不许超出允许值，各相间电压的差值不得超过（5%），三相电流的差不得超过（10%），且最大一相电流不得超过（额定值）。

17. （电压比）不同和（短路阻抗）不同的变压器，在任何一台均不过负荷的情况下可以并列运行。

18. 500kW 以上的低压电动机启动间隔时间不应小于（2h）。

19. 当系统无接地、短路时，可用隔离开关拉合（320kVA）及以下的变压器充电电流。

20. 瓦斯保护回路的绝缘，应不低于（1MΩ）。

21. 变压器大量漏油使得气体继电器已看不见油面时，应立即（停用变压器）。

22. 测量变压器的直流电阻，各相互差应不大于（2%）。

23. 低压电动机电源熔断器整定应为电动机额定电流的（2.5～3）倍。

24. 当发电机电压下降到低于额定值的 95% 时，定子电流仍不得超过额定值的（105%）。

25. 电动机电源母线的启动电压应不低于额定电压的（80%）。

26. 发电机内部氢气的含氧量不得超过（1.2%）。

27. 集电环表面及电刷温度不应超过（120℃）。

28. 高压设备发生接地时，室内不得接近故障点（4m）以内，室外不得接近故障点（8m）以内。进入上述范围人员必须（穿绝缘靴），接触设备外壳和构架时，应（戴绝缘手套）。

29. 发电机封闭母线内的氢气体积含量超过（1%）时，应停机查漏消缺。

30. 封闭母线接头温度不得高于（70℃）。

31. 当励磁系统发生两点接地时，应立即停机，并切断（励磁开关）。

32. 当发电机定子槽内层间测温元件温度超过（90℃）或出水温度超过（85℃），在确认测温元件无误后，应立即停机处理。

33. 绝缘子表面都做成波纹形，其作用是延长（爬弧）长度和起到（阻断水流）的作用。

34. 操作前应核对设备（名称）、（编号）和位置，操作中应认真执行（监护复诵）制。

35. 电流互感器工作时，二次回路始终是（闭合）的，接近于（短路）状态。

36. 电压互感器二次回路额定电压是（100V）。

37. 高压断路器主要有（导电）部分、（灭弧）部分、（绝缘）部分、（操动机构）组成。

38. 如果一台三相交流异步电动机的转速为 2820r/min，则其转差率 s 是（0.06）。

39. 在 Y/△ 接线的变压器两侧装设差动保护时，其高、低压侧的电流互感器二次接线必须与变压器一次绕组的接线相反，这种措施一般叫（相位补偿）。

40. 要使避雷器能对变压器起保护作用，首先应使避雷器的伏秒特性比变压器绝缘的伏秒特性（低）。

41. 为了避免高压厂用母线发生瞬时故障，引起低压母线备用电源自投装置不必要的联动，通常使低压侧备用电源自投的时限（大于）高压侧备用电源自投的时限。

42. 在感性电路中，电压（超前）于电流。

43. 异步电动机的转速，总要（低于）定子旋转磁场的转速。

44. 短路对电气设备的危害主要有：电流的热效应使设备烧毁或损坏绝缘；（电动力）使电气设备变形毁坏。

45. 变压器是依据（电磁感应原理），把一种交流电的电压和电流变为（频率）相同，但数值不同的电压和电流。

46. 发电机的短路特性，是指发电机在额定转速下，定子三相短路时，定子稳态短路电流与（励磁）电流之间的关系曲线。

47. 变压器空载运行时所消耗的功率称为空载损耗，变压器的空载损耗，其主要部分是铁芯的磁滞损耗和涡流损耗，铁芯损耗约与（电压）平方成正比。

48. 发电机的 $P-Q$ 曲线上的四个限制因素是定子绕组发热、转子绕组发热、定子端部铁芯发热和（稳定运行极限）。

49. 铜线和铝线连接均采用转换接头，若直接连接，铜、铝线相互间有（电位差）存在，如连接处有潮气水分存在，即形成电离作用而发生电腐蚀现象。

50. 电力系统中，内部过电压按过电压产生的原因可分为：（操作）过电压、弧光接地过电压、电磁谐振过电压。

51. 绝缘电阻表的接线柱有 L、E、G 三个，它们代表的意思是：L 为线路、E 为接地、G 为（屏蔽）。

52. 电压互感器其二次额定电压一般为 100V，电流互感器的二次额定电流一般为（5A）。

53. 强迫油循环风冷变压器，上层油温最高不得超过（85℃）。

54. B 级绝缘的转子线圈最高的允许温度为（130℃）。

55. 人体安全电流为交流电（10mA）和直流电（50mA）。

56. 变压器的并列条件是（电压等级）、（变比）、（接线组别）、（短路阻抗）相等。

57. 发电机内部氢气露点温度应维持在（−25～0℃）之间。

58. 快切装置闭锁指示灯亮时表明装置处于闭锁状态，含（装置）及（出口）闭锁。

59. 正常情况下，每组直流母线的（蓄电池组）与（充电机）并列运行，采用（浮充）方式，充电器供电给正常的直流负荷，还向（蓄电池）浮充电。

60. 严禁两个直流系统（同时）接地或发生不同极性接地时并列。

61. 蓄电池组严禁两组（长期）并列运行，只有在倒换操作时，允许短时并列。

62. 当 UPS 工作电源失电时，（直流备用）电源经逆止的二极管后接入逆变器的输入端，由 220V 直流向逆变器供电，UPS 母线不会间断供电。

63. 电动机可以在额定电压变动（−5%～+10%）的范围内运行，其额定功率不变。

64. 当发电机正常运行时，当高压厂用电备用电源无电压时，备自投装置或快切装置（闭锁）投入。

65. 220kV 母差保护互联压板的作用是倒母线时让母差保护进入（无选择）状态。

66. PSS 的中文含义是（电力系统稳定器），作用是抑制电力系统的（低频振荡）。

67. 恶性电气误操作是指：（带负荷拉、合隔离开关）、带电装设接地线或合接地开关、（带接地线或接地开关合隔离开关或断路器）。

68. 非同期并列是指将发电机或两个系统不经（同期）检查即并列运行。发电机和母线上电压表指针周期性摆动、照明灯忽明忽暗、发电机发出有节奏的轰鸣声，此时，发电机发生了（振荡事故）。

69. 电力系统中电压的质量取决于系统中（无功）功率的平衡，（无功）功率不足系统电压（偏低）。

70. 运行规程中应有防误闭锁装置的（操作）规定。

71. 在发电厂中，高压熔断器一般作为电压互感器的（高压）侧保护，其熔丝电流一般为（0.5A）。

72. 频率的高低主要取决于电力系统中（有功）功率的平衡，频率低于 50Hz 时，表示系统中发出（有功）的功率不足。

73. 厂用电源并联切换的优点是能保证厂用电的（连续供给），缺点是并联期间（短路容量增大），对断路器开断能力的要求高。但由于并联时间很短，发生事故的概率很小，所以在正常切换中被广泛采用。

74. 发电机定子电压允许在额定值范围（±5%）内变动，当功率因数为额定值时，其额定容量不变，即定子电压在该范围内变动时，定子电流可按比例相反变动。但当发电机电压低于额定值的（95%）时，定子电流长期允许的数值不得超过额定值的（105%）。

75. 高压厂用变压器的过电流保护动作后（闭锁）厂用电源的快切装置动作。

76. 变压器的（重瓦斯）保护与（差动）保护不能同时退出运行。变压器因大量漏油而使油位迅速下降时，禁止将（重瓦斯）保护改投信号位置。

77. 380V 母线测绝缘应使用（1000V）的绝缘电阻表，测得其绝缘电阻应（不小于 1MΩ）。

78. 直流系统正常运行时，必须保证其足够的浮充电流，不允许没有（蓄电池）只有充电器带直流母线的运行方式。

79. 当发电机三相电流不对称时，（负序电流）不得超过额定电流的 8%。

80. 主变压器冷却器两路电源全部失去，同时需满足（20min）、（变压器的上层油温达到 75℃），上述三个条件同时满足时动作为出口跳闸。

81. 断路器及隔离开关拉合的顺序：停电时先拉（断路器），后拉（负荷侧隔离开关），最后拉（电源侧隔离开关），送电时顺序（与此相反）。

82. 当发生振荡时如果两台发电机表计同时摆动并方向一致，说明是（系统振荡），若一台机与另一台机表计摆方向相反，说明（振荡发生在两台机之间）。

83. 低压厂用变压器停电时，其 380V PC 母线应通过联络断路器倒至另一段母线供电，电源正常倒换应采用（先拉后合）原则，进行（停电倒换）。

84. 直流母线系统采用（分段）运行方式，严禁负荷侧（并列）运行。

85. 6kV 厂用电源快切装置有（并联）和（串联）两种切换方式，正常切换时为（并联）切换方式，事故时为（串联）切换方式。

86. 低压厂用变压器送电时先合（高压侧）断路器，后合（低压侧）断路器，停电顺序相反，禁止从（低压侧）对低厂用变压器充电。

87. 发电机额定功率因数为（0.9）。没有做过进相试验的发电机，在励磁调节器装置投自动时，功率因数允许在迟相（0.95～1）范围内长期运行；功率因数变动时，应该使该功率因数下的有功、无功功率不超过在当时氢压下的（P-Q）功率曲线范围。

88. 发电机并列后有功负荷增加速度决定于（汽轮机），无功负荷增加速度（不限），但是应监视定子电压变化。

89. 发电机转子绕组绝缘用（500V）绝缘电阻表测量，绝缘值不得小于（0.5MΩ）。

90. 发电机在升压过程中检查定子三相电压应（平稳）上升，转子电流不应超过（空载值）。

91. 6kV 电动机测量绝缘应使用（2500V）的绝缘电阻表测量，测得的绝缘电阻应大于

（6MΩ）。

92．交流电动机的三相不平衡电流不得超过额定值的（10%），且任何一相电流不得超过（额定值）。

93．变压器外加一次电压，一般不得超过该分接头额定值的（105%），此时变压器的二次侧可带额定电流。

94．所有隔离开关合上后，必须检查（三相触头）接触良好。

95．如发生带负荷拉隔离开关时，在未断弧前应迅速（合上），如已断弧则严禁重新合上。如发生带负荷合闸，则严禁重新（断开）。

96．在通常情况下，电气设备不允许（无保护）运行，必要时可停用部分保护，但（主保护）不允许同时停用；禁止在集控室继电保护小室内使用（无线）通信设备。

97．380V 以下交、直流低压厂用电动机用（500V）绝缘电阻表测量绝缘电阻。电动机的绝缘电阻值不得低于（0.5MΩ）。

98．发电机定时限过负荷保护反映发电机（定子电流）的大小。

99．发电机定子绕组的过电压保护反映（端电压）的大小。

100．发电机定时限负序过电流保护反映发电机定子（负序电流）的大小，防止发电机（转子表面）过热。

101．发电机逆功率保护，用于保护（汽轮机）。

102．在正常运行方式下电工绝缘材料是按其允许的最高工作（温度）分级的。

103．交流电流表指示的电流值表示的是电流的（有效）值。

104．设备不停电的安全距离，6kV 规定为（0.7m），110kV 规定为（1.5m），500kV 规定为（5m）。

105．发电厂中三相母线的相序是用固定颜色表示的，规定用（黄色）、（绿色）、（红色）分别表示 A 相、B 相、C 相。

106．发现隔离开关发热时，应降低该设备（负荷）至不发热为止，并加强该处的通风降温，如发热严重应（停止）该设备运行后进行处理。

107．水内冷发电机定子线棒层间最高和最低温度间的温度差达（8℃），或定子线棒引水管出水温差达（8℃）时应报警并查明原因，此时可（降负荷）处理。

108．水内冷发电机定子线棒温差达（14℃）或定子引水管出水温差达（12℃），或任一定子槽内层间测温元件温度超过（90℃）或出水温度超过（85℃）时，在确认测温元件无误后，为避免发生重大事故，应立即（停机），进行（反冲洗）及有关检查处理。

109．在电路中，流入节点的电流（等于）从该节点流出的电流，这就是基尔霍夫（第一定律）。

110．从回路任何一点出发，沿回路循环一周，电位升高的和（等于）电位降低的和，这就是基尔霍夫（第二定律）。

111．在计算复杂电路的各种方法，（支路电流）法是最基本的方法。

112．在（感性）电路中，电压超前于电流；在（容性）电路中，电压滞后于电流。

113．在电力系统中，常用并联电抗器的方法，以吸收多余的（无功）功率，降低（系统电压）。

114. 在三相交流电路中，三角形连接的电源或负载，它们的线电压（等于）相电压。

115. 对称三相交流电路的总功率等于单相功率的（3）倍。

116. 对于对称的三相交流电路中性点电压等于（零）。

117. 在电力系统中，所谓短路是指（相与相）或（相与地）之间，通过电弧或其他较小阻抗的一种非正常连接。

118. 蓄电池是一种储能设备，它能把（电）能转变为（化学）能储存起来；使用时，又把（化学）能转变为（电能），通过外电路释放出来。

119. 导体电阻的大小，不但与导体的（长度）和（截面积）有关，而且还与导体的（材料）及温度有关。

120. 在闭合电路中，电压是产生电流的条件，电流的大小既与电路的（电阻）大小有关，又与（端电压）大小有关。

121. 在串联电路中，负载两端电压的分配与各负载电阻大小成（正比）；在并联电路中，各支路电流的分配与各支路电阻大小成（反比）。

122. 当线圈中的（电流）发生变化时，线圈两端就产生（自感）电动势。

123. 导体通电后，在磁场中所受电磁力的方向由（左手定则）确定，而导体在磁场中做切割磁力线运动时，产生感应电动势的方向由（右手定则）确定。

124. 交流电每秒钟周期性变化的次数叫（频率），用字母（f）表示，其单位名称是（赫兹），单位符号用（Hz）表示。

125. 正弦交流电在一个周期中出现的最大瞬时值叫做交流电的（最大）值，也称（幅值）或（峰值）。

126. 在电阻、电感、电容组成的电路中，只有（电阻）元件是消耗电能的，而（电感）元件和（电容）元件是进行能量交换的，不消耗电能。

127. 在中性点不引出的星形连接的供电方式为（三相三线）制，其电流关系是线电流等于（相电流）。

128. 通过一个线圈的电流越大，产生的（磁场）越强，穿过线圈的（磁力）线也越多。

129. 载流线圈能产生磁场，而它的（强弱）与载流导体通过电流的大小成（正比）关系。

130. 三相端线之间的电压称为（线电压）；端线与中性线之间的电压为（相电压）；在星形连接的对称电路中，线电压等于（$\sqrt{3}$）倍的相电压。

131. 电力系统发生短路的主要原因是电气设备载流部分的（绝缘）被破坏。

132. 电气设备和载流导体，必须具备足够的（机械）强度，能承受短路时的电动力作用，以及具备足够的热（稳定）性。

133. 感应电动机原理就是三相定子绕组内流过三相对称交流电流时，产生（旋转）磁场，该磁场的磁力线切割转子上导线感应出（电流），由于定子磁场与转子电流相互作用，产生电磁（转矩）而转动起来。

134. 在输电线路附近，如果放置绝缘物时，就会产生（感应）电荷，这种现象称为输电线路的（静电）感应。

135. SF_6 是一种（无色）、（无味）不燃气体，其性能非常稳定。

136. 蓄电池在电厂中作为（控制）和（保护）的直流电源，具有电压稳定，供电可靠等优点。

137. 蓄电池的（正）极板上的活性物质是二氧化铅，（负）极板上的活性物质是海绵状铅。

138. 一组蓄电池的容量为 1200Ah，若以 120A 的电流放电，则持续供电时间为（10h）。

139. 在正常情况下，电气设备只承受其（额定）电压，在异常情况下，电压可能升高较多，对电气设备的绝缘有危险的电压升高称为（过电压）。

140. 在测量电气设备绝缘电阻时，一般通过测吸收比来判断绝缘受潮情况，当吸收比大于 1.3 时，表示（绝缘良好）；接近于 1 时，表示（绝缘受潮）。

141. 断路器的用途是：正常时能（接通）或（断开）电路；发生故障时能自动（切断）故障电流，需要时能自动（重合），起到控制和保护两方面作用。

142. 断路器内油的作用是（灭弧）、（绝缘）。

143. 高压隔离开关的作用是：接通或断开（允许）的负荷电路；作为明显（断开）点，保证人身安全；与（断路器）配合倒换运行方式。

144. 发电厂的一次主接线应满足，（安全）可靠、（方式）灵活、（检修）方便的要求。

145. 绝缘材料具有良好的（介电）性能，即有较高的（绝缘）电阻和耐压强度。

146. 把自然界中的物质，根据其导电能力的强弱分类为（导体）、（半导体）和（绝缘体）三类。

147. 当两个线圈分别由一固定端流入或流出电流时，它们所产生的（磁通）是互相增强的，则称两端为（同名）端。

148. 电容元件对（高频）电流所呈现的容抗极小，而对（直流）则可视为开路，因此电容器在该电路中有（隔直）作用。

149. 有功功率的单位用（W）、无功功率的单位用（Var），视在功率的单位用（VA）。

150. 在单相电路中，视在功率等于（电压）和（电流）有效值的乘积。

151. 为了增加母线的截面电流量，常用并列母线条数来解决，但并列的条数越多，其电流分布越（不均匀），流过中间母线的电流（小），流过两边母线的电流（大）。

152. 断路器按灭弧介质可分为：（气体）介质断路器、（液体）介质断路器、（真空）断路器等。

153. 高压少油断路器的灭弧方式主要有：（横吹）灭弧、（纵吹）灭弧、（横纵吹）灭弧等多种方式。

154. 对高压断路器触头的要求是：通过额定电流时，其（温度）不超过允许值；通过极限电流时，要具有足够的（动稳定）性。开断短路电流或负载电流时，不产生严重的电气（烧伤）。

155. 变压器较粗的接线端一般是（低压侧）。

156. 蓄电池放电容量的大小与放电（电流）的大小和电解液（温度）有关。

157. 充足电的铅蓄电池，如果放置不用，将逐渐失去（电量），这种现象叫做蓄电池（自放电）。

158. 蓄电池正常情况处于（浮充电）方式，事故情况下处于（放电）方式。

159. 防止雷电波侵入的过电压，其保护有（避雷器）和（保护间隙）。

160. 阀型避雷器的结构主要由（放电间隙）、（均压电阻）、（阀型电阻）和（外瓷套）组成。

161. 对称的三相交流电动势的特点是：三相任何瞬间的值，其（代数）和等于零。

162. 交流电路并联谐振时，其电路的端电压与总电流的相位（相同），功率因数等于（1）。

163. 电流互感器的结构特点是：一次线圈匝数（很少），而二次线圈匝数（很多）。

164. 铅酸蓄电池在充电过程中，正极板有（氧气）析出，在负极板有（氢气）析出。

165. 蓄电池放电时，端电压逐渐下降，当端电压下降到（1.8V）后，则应停止放电，这个电压称为放电（终止）电压。

166. 系统振荡，振荡线路各点电压、电流之间的（相位）角也在周期性变化，由于三相对称，因此振荡时无（负序）分量和（零序）分量。

167. 在带电体周围空间，存在着一种特殊物质，它对放在其中的任何电荷均表现为力的作用，这一特殊物质叫（电场）。

168. 线圈中感应电动势的方向总是企图使它所产生的（感应电流）反抗原有（磁通）的变化。

169. 把两个完全相同的电阻，分别通入交流电和直流电，如果产生的（热量）相同，就把这个（直流电流）的数值叫做这个（交流电流）的有效值。

170. 在三相电路中，电源电压三相对称的情况下，如三相负载也对称，不管有无中性线，中性点的电压都等于（0）。如果三相负载不对称，且没有中性线或中性线阻抗较大时，三相负载中性点会出现电压，这种现象叫（中性点位移）现象。

171. 将电气设备的外壳和配电装置金属构架等与接地装置用导线做良好的电气连接叫接地，此类接地属（保护）接地，为防止因绝缘损坏而造成触电危险。

172. 电气设备发生接地时，接地电流流过接地装置，大地表面形成分布电位，在该地面离开设备水平距离和垂直距离间有（电位差），人体接触该两点时所承受的电压叫接触电压。人步入该范围两脚跨间距离之间的电位差叫跨步电压，跨步电压不允许超过（40V）。

173. 在汽轮发电机中，由于定子磁场的不平衡或大轴本身带磁，当出现交变磁通时，在轴上感应出一定的电压，称为（轴电压）。轴电压由轴颈、油膜、轴承、机座及基础底层构成通路，当油膜被破坏时，就在此回路内产生一个很大的电流，称为（轴电流）。

174. 反映电流的过量而动作，并通过一定的延时来实现选择性的保护，称为（过电流保护）。

175. 电气二次设备是与一次设备有关的（保护）、（信号）、（控制）、（测量）和操作回路中所使用的设备。

176. 感应电动机因某些原因，如所在系统短路、换接到备用电源等，造成外加电压短时（中断）或（降低），致使转速降低，而当电压恢复后转速又恢复正常，这就叫电动机的自启动。

177. 当电动机供电母线电压短时降低或短时中断时，为了防止电动机自启动时使电源电压严重降低，通常在次要电动机上装设（低电压保护），当供电母线电压低到一定值时，（低电压保护）动作将次要电动机切除，使供电母线电压迅速恢复到足够的电压，以保证重要电动机的（自启动）。

178. 一般绝缘材料的绝缘电阻随着温度的升高而（减小），金属导体的电阻随着温度的升高而（增大）。

179. 发电机突然甩负荷后，会使端电压（升高），使铁芯中的（磁通）密度增加，导致铁芯损耗（增加）、温度（升高）。

180. 系统短路时，瞬间发电机内将流过数值为额定电流数倍的（短路）电流，对发电机本身将产生有害的、巨大的（电动）力，并产生高温。

181. 当系统发生不对称短路时，发电机绕组中将有（负序）电流出现，在转子上产生（双倍）频率的电流，有可能使转子局部（过热）或造成损坏。

182. 同步发电机的运行特性，一般指（空载）特性、（短路）特性、（负载）特性、（调整）特性和（外）特性五种。

183. 发电机的空载特性是指发电机在额定转速下，空载运行时（电动势）与（励磁）电流之间的关系曲线。

184. 发电机的负载特性是指发电机的转速、定子电流为额定值，功率因数为常数时，（定子）电压与（励磁）电流之间的关系曲线。

185. 发电机的外特性是指在发电机的励磁电流、转速和功率因数为常数情况下，（定子）电流和发电机（端）电压之间的关系曲线。

186. 感性无功电流对发电机磁场起（去磁）作用，容性无功电流对发电机的磁场起（助磁）作用。

187. 运行发电机失去励磁使转子（磁场）消失，一般叫做发电机的（失磁）。

188. 发电机失磁瞬间，发电机的电磁力矩减小，而原动机传过来的主力矩没有变，于是出现了（过剩）力矩，使发电机转速（升高）而失去同步。

189. 发电机失磁后转入异步运行，发电机将从系统吸收（无功）功率，向系统输出（有功）功率。

190. 发电机振荡失去同步，如果采取一些措施，失步的发电机其转速还有可能接近同步转速时而被重新拉入（同步），这种情况称为（再同步）。

191. 变压器的变比是指变压器在（空载）时，一次绕组电压与二次绕组电压的（比值）。

192. 自耦变压器与普通变压器的区别在于自耦变压器的二次绕组与一次绕组间，不仅有（磁）的联系，而且还有（电）的联系。

193. 变压器的铁芯是由（导磁）性能极好的（硅钢）片组装成闭合的（磁回路）。

194. 变压器的冷却方式主要有（油浸）自冷式、油浸（风冷）式、强迫（油循环）风冷式等。

195. 所谓同步是指转子磁场与定子磁场以相同的（方向）和相同的（速度）旋转。

196. 发电机定子绕组采用水内冷，运行中最容易发生漏水的地方是：绝缘引水管的（接头）部分和绕组的（焊接）部分。

197. 水内冷发电机的端部构件发热与端部（漏磁场）有关，它切割端部的构件，感应出（涡流）产生损耗而使端部构件发热。

198. 对于不允许无励磁运行或由于无励磁运行对系统影响大的发电机应加装（失磁）保护，此保护应投入（跳闸）位置。

199. 异步电动机启动时电流数值很大，而启动力矩小，其原因是启动时功率因数（低），电流中的（有功）成分小引起的。

200. 绕线式电动机的调速原理，就是在转子回路中串入一个（可变）电阻，增加电阻时，其电动机的转速就（降低）。

201. 变压器储油柜的作用主要有：温度变化时调节（油量），减小油与空气的接触面积，（延长）油的使用寿命。

202. 变压器的呼吸器内的干燥剂有吸收进入储油柜内空气中的（水分）的作用，因而能保持油的绝缘水平。

203. 当变压器采用 Yd11 接线时，高、低压侧电流之间存在（30°）的（相位）差。

204. 短路电压是变压器的一个重要参数，它表示（额定）电流通过变压器时，在一、二次绕组的阻抗上所产生的（电压降）。

205. 变压器在运行中，如果电源电压过高，则会使变压器的励磁电流（增加），铁芯中的磁通密度（增大）。

206. 若变压器在电源电压过高的情况下运行，会引起铁芯中的磁通过度（饱和），磁通（波形）发生畸变。

207. 电动机的自启动是当外加（电压）消失或过低时，致使电动机转速（下降），当它恢复后转速又恢复正常。

208. 变压器接线组别的"时钟"表示法，就是把高压侧相电压（或电流）的相量作为（分针），而把低压侧相电压（或电流）的相量作为（时针），然后把高压侧相电压（或电流）的相量固定在 12 点上，则低压侧电压（或电流）的相量所指示的钟点，就是该自变压器的接线组别。

209. 变压器内部发生故障时，气体继电器的上部触点接通（信号）回路，下部触点接通断路器的（跳闸）回路。

210. 如果发电机在运行中端电压高于额定电压较多时，将引起转子表面发热，这是由于发电机定子（漏磁通）和（高次）谐波磁通的增加而引起的附加损耗增加的结果。

211. 变压器的过载能力是在不损害变压器绕组绝缘和降低使用寿命的条件下，在短时间内所能输出的（最大）容量。它大于变压器的（额定）容量。

212. 变压器在运行中产生的损耗，主要有（铜损）和（铁损），这两部分损耗最后全部转变成（热能）形式使变压器铁芯绕组发热，温度升高。

213. 为防上水内冷发电机因断水引起定子绕组（超温）而损坏，所装设的保护叫做（断水保护）。

214. 如果运行中的变压器油受潮或进水，主要危害是：使绝缘和油的（耐压）水平降低，水分与其他元素合成低分子酸而（腐蚀）绝缘。

215. 发电机在运行中若发生转子两点接地，由于转子绕组一部分被短路，转子磁场发生畸变，使（磁路）不平衡，机体将发生强烈（振动）。

216. 发电机强行励磁是指系统内发生突然短路，发电机的端（电压）突然下降，当超过一定数值时，励磁电源会自动、迅速地增加励磁（电流）到最大。

217. 在 Yy 接线的三相变压器中因为各相的三次谐波电流在任何瞬间的数值（相等）、方向（相同），故绕组中不会有三次谐波电流流过。

218. 变压器绝缘电阻不合格时，应查明原因，并用（吸收比）法或（电容）法以判断变压器绕组受潮的程度。

219. 电动机在运行时有两个主要力矩：使电动机转动的（电磁）力矩，由电动机带动的机械负载产生的（阻力）矩。

220. 在变压器瓦斯保护动作跳闸的回路中，必须有（自保持）回路，用以保证有足够的时间使断路器（跳闸）。

221. 自动调整励磁装置，在发电机正常运行或发生事故的情况下，能够提高电力系统的（静态）稳定和（动态）稳定。

222. 在 110kV 及以上的中性点直接接地的电网中，发生单相接地故障时，由于零序电流的分布与发电机电源（无关），且零序电流的大小受（电源）影响较小，因此系统运行方式的变化对零序保护的影响也较小。

223. 当线路两侧都有接地中性点时，必须采用（零序功率）方向元件，才能保证零序电流保护的（选择）性。

224. 距离保护是反映故障点到保护安装处的（电气）距离，并根据此距离的长短确定（动作）时限的保护装置。

225. 在 110kV 及以上的大电流接地系统中，在任何一点发生（单相接地）短路，系统都会出现零序分量即零序电流和（零序）电压。

226. 避雷线的主要作用是防御雷电（直接）击落在导线上，有的避雷线经过带有间隙的绝缘子与杆塔绝缘，其目的是用来开设（通信）通道。

227. 当线路发生单相接地故障时，零序功率的方向与正序功率的方向（相反），零序功率是由故障点流向（变压器）的中性点。

228. 110kV 及以上的电力网中均采用（中性点）直接接地，最容易发生的故障是（单相接地）短路。

229. 当 220kV 线路发生单相接地短路时保护装置动作，只跳开（故障相）线路两侧的断路器，而（非故障相）线路两侧的断路器不跳闸。

230. 如果 110kV 双端电源供电线路一端的重合闸投入（无压）检定，而另一端则应投入（同期）检定。

231. 综合重合闸投"三相重合闸方式"，线路发生任何类型的故障均跳开（三相）断路器然后进行三相重合闸，若重合到永久性故障上，则跳开（三相）断路器，不再重合。

232. 110、220kV 采用最多的接地保护方式是由零序方向（速断）和零序方向（过电流）组成三段或四段阶梯式保护。

233. 接地故障点的（零序）电压最高，随着离故障点的距离越远，则零序电压就（越低）。

234. 由于距离保护是依据故障点至保护安装处的阻抗值来动作的，因此保护范围基本上不受（运行方式）及（短路电流）大小的影响。

235. 输电线路停电的顺序是断开（断路器），拉开（线路）侧隔离开关，拉开（母线）侧隔离开关。

236. 输电线路送电的顺序是：合上（母线）侧隔离开关，合上（线路）侧隔离开关，合上（断路器）。

237. 现场处理呼吸器工作或更换硅胶时，变压器重瓦斯保护应由（跳闸）位置改为（信号）位置运行，工作完毕后，经（1h）试运行后，方可将重瓦斯投入（跳闸）。

238. 空气和氢气在密闭容器中混合，氢气体积含量达（4%～76%）时，遇火或温度达（700℃）即发生爆炸。

239. 禁止在氢冷发电机旁进行（明火）作业或从事可能产生（火花）的工作，若必须工作，应事先进行（含氢量）测定，证实工作区内空气中氢含量小于（3%）并经过有关主管生产的领导批准才能进行。

240. 测量电气设备绝缘时，当把直流电压加到绝缘部分上，将产生一个衰减性变化的最后趋于稳定的电流叫做（泄漏电流）。

241. 在铅蓄电池充电过程中，电解液中的水分将（减少），而硫酸逐渐（增多），因此比重（上升）。

242. 雷雨天气，需要巡视室外高压设备时，应穿（绝缘靴）并不得靠近（避雷器）和（避雷针）。

243. 几台电动机合用的总熔断器额定电流的选择，通常按容量最大的电动机额定电流的（1.5～2.5）倍，再加上其余电动机的额定电流（之和）来整定。

244. 测电气设备的绝缘电阻时，应先将该设备的（电源）切断，摇测有较大电容的设备前还要进行（放电）。

245. 手动切断隔离开关时，必须（缓慢）而谨慎，但当拉开被允许的负荷电流时，则应（迅速）而果断，操作中若刀口刚离开时产生电弧则应立即（合上）。

246. 带电手动取下三相水平排列的动力熔断器时，应先取下（中间）相，后取（两边）相。装熔断器时顺序与此相反。

247. 携带型接地线，应由分股的（软裸铜线）编织而成其截面积应满足（短路）电流的要求，但最小截面积不得小于（25mm²）。

248. 触电伤亡的主要因素有，通过人身电流的（大小）、电流通入人体（时间）的长短、电流通入人体的（途径）、通入人体电流（频率）的高低以及触电者本身健康状况等。

249. 高压手车式断路器的运行位置有（工作）位置、（试验）位置、（检修）位置。

250. 水内冷发电机在运行中，定子铁芯的温度比绕组的温度（高）。

251. 发电机在运行中转子线圈产生的磁场，与定子磁场是（相对静止）的。

252. 两台变压器并联运行时，如果阻抗电压的百分值不相等，则会造成变压器之间（负荷）分配不均匀，其中一台变压器可能过载，而另一台变压器欠载。其中，欠载的是（阻抗电压的百分值较大）的变压器，过载的是（阻抗电压的百分值较小）的变压器。

253. 变压器如因大量漏油而使油位迅速下降时，禁止将瓦斯保护改为只动作于（信号），而必须迅速采取停电措施。

254. 瓦斯保护能反映变压器油箱内的各种故障，它分为动作于跳闸的（重瓦斯）保护，动作于信号的（轻瓦斯）保护。

255. 运行中若发现发电机机壳内有水，应查明原因，如果是由于结露所引起的则应（提高）发电机的（进水）温度。

256. 变压器空载合闸时，励磁涌流的大小与铁芯的（磁饱和）强度、铁芯（剩磁）的多少及合闸瞬间电压（相角）的大小有关。

257. 发电机一经转动，即认为发电机及所连设备均（带有电压），在发变组回路上的工作均应按发电机运行中来做安全措施。

258. 发电机气体置换时，（严禁）进行发电机绝缘电阻测定工作。

259. 若发电机强励动作，则不得（随意干涉）。

260. 大风天，应检查户外电气设备各引线（无松动），其摆动不应引起事故，危及安全运行。

261. 大雪天，应检查户外电气设备套管及引线上的落雪是否立即融化，判断其接线头（是否过热）。

262. 大雾天，应检查户外电气设备套管有无（闪络放电）痕迹，套管及引线有无（破裂）。

263. 天气突变应着重检查变压器（油温）、（油位）的变化情况，以及冷却装置的（工作）情况。

264. 水氢氢冷却方式的发电机，定子绕组定子线圈、定子引线、定子出线采用（水内冷）；转子绕组采用（氢内冷）；转子槽内部分采用气隙取气；转子绕组端部采用纵横两路铣槽（氢内冷）；定子铁芯及结构件采用（氢气冷却）。

265. 备用中的电动机温度低，容易吸收空气中的（水分）而受潮，为了在紧急情况下，能投入正常运转，应定期测量绕组的（绝缘电阻）。

266. 变压器内部着火时，必须立即把变压器从各侧（电源）断开，变压器有爆炸危险时，应立即将（油）放掉。

267. 综合重合闸投"单相重合闸方式"，当线路发生单相故障时，跳开（单相）断路器进行单相重合，若线路再次发生相同故障时，三相断路器跳闸后，（不进行）重合闸。

268. 发电机轴电压较高时，不光在油膜击穿情况下产生（轴电流），而且还会影响汽轮机测速装置的准确性。

269．发电机不允许在内部为空气情况下（加励磁），仅允许在满足下列条件下短时空转做机械检查：（氢气冷却器）通水正常，（定子绕组）通水运行正常，（密封油）系统运行正常。

270．发电机并列后有功负荷的增加速度决定于（汽轮机），无功负荷增加速度（不限），但是应监视（定子电压）不超过允许值。

271．建立完善的万能钥匙使用和保管制度，防误闭锁装置不能随意（退出运行），停用时要经本单位总工程师以上生产领导批准。

272．正常停机时，在汽轮机打闸后，应先检查发电机（有功功率）是否到零，确认到零后，再将发电机与（系统）解列，严禁（带负荷）解列。

273．厂用电源的串联切换过程是：一个电源切除后，才允许另一个电源（投入）。

274．变压器运行中出现假油位的原因主要有（油位计堵塞）、（呼吸器堵塞）、（防爆管通气孔堵塞）等。

275．异步电动机启动电流过大，可能造成厂用系统电压（严重下降），不但使该电动机启动困难，而且厂用母线上所带的其他电动机，因电压过低而（转矩过小）。

276．发电机假同期试验的目的是检查同期回路接线的正确性，防止二次接线错误而造成发电机（非同期并列）。

277．如果变压器上层油温较平时高出10℃以上，或负荷不变，油温不断上升，首先检查测温计是否故障，如果不是测温计出问题，就是变压器内部发生故障，此时应立即将变压器（停止运行）。

278．电动机运行中发生笼形转子断条，电流表计上的反映是（电流表突然摆动）。

279．一台三角形接线的电动机，被误接成星形，如果还带原来的机械负载，则转速将（降低）。

280．发电机本体最容易漏氢的部位是（温度测点引出线）、（发电机两端盖结合面）、（密封瓦）等处。

281．如果发电机主断路器的绝缘体上污秽严重，发电机并网操作中，最容易发生断路器某一相外绝缘（击穿）而导通。

282．具备并列运行条件的两段直流母线投运前，必须检查两组母线（电压相同），正、负极性（相同）。

283．发电机励磁电刷间负荷分布不均匀时，应用直流卡钳检测电刷的（电流分布情况），对负荷（过重）及（过轻）的电刷及时调整处理。

284．在发电机零起升压过程中，一旦发现定子电流有指示，应立即（灭磁）。

285．发电机零起升压时只能用（手动）方式升压，主变压器的中性点必须接地，升压应（缓慢）。

286．当发电机的转子绕组发生一点接地时，应立即查明故障点与性质，如是稳定性的金属接地，应立即（停机处理）。

287．在设备及所属系统（无故障）情况下，可以拉合变压器中性点接地开关。

288．6kV母线电压互感器故障时，6kV母线电压表（指示异常），有关馈线电能表（停转或慢走），"电压回路断线"光字牌亮。

289. 电压互感器有明显故障时，（严禁）用电压互感器的隔离开关隔绝故障电压互感器。

290. 柴油发电机应定期实验，柴油发电空载运行后应检查柴油发电机运行正常且（电压、频率）正常。

291. 如果氢压下降一时不能恢复到额定值，应按发电机的（$P-Q$）功率曲线，随时调整发电机所带负荷。

292. 发电机出口断路器失灵保护：作为（断路器本身故障）的保护，分为故障相失灵，非故障相失灵和发、变三跳启动失灵三种情况，由（电流）元件和保护出口继电器构成。

293. 当发电机电压互感器断线报警时，处理时首先是停用该电压互感器相关（保护）。

294. 发电机出口电压互感器熔丝熔断时，有功、无功功率表计指示可能（降低）。

295. 查找直流接地天气不好时先拉（户外负荷）。

296. 电动机开关合上后电动机不转或启动电流不返回，应立即（停止电动机运行）。

297. 变压器温度计所指温度是变压器（上层）油温。

298. 发电机着火时，发电机定子冷却水（不应中断），当火熄灭时，发电机转子应维持较长时间（盘车），防止转子变形。

299. 对于干式变压器绝缘电阻值规定，高压—低压、高压—地应使用（2500V）绝缘电阻表测量，其值大于 300MΩ。

300. 大修后变压器充电时，重瓦斯保护必须投入跳闸位置，充电完后，将连接片改信号位置，运行（24h）若未有瓦斯信号，且经排气无气体后，将连接片改至跳闸位置；如有信号发出或有气体时，则在排气后，再运行（12h）无气体后改投跳闸位置。

301. 启动备用变压器本体及分接开关装置瓦斯保护应（投跳闸）。

302. 110kV 及以上配电装置的电压互感器二次侧应装设（自动开关）而（不用）熔断器。

303. 电气设备分为高压和低压两种，设备对地电压在（1000V）以下为低压。

304. 经企业领导批准允许单独巡视高压设备的值班员和非值班员，巡视高压设备时，不得进行（其他工作），不得移开或越过遮栏。

305. 高压设备发生接地时，室内不得接近故障点（4m）以内，室外不得接近故障点（8m）以内。进入上述范围人员必须穿绝缘靴，接触设备的外壳和架构时，应戴（绝缘手套）。

306. 操作中发生疑问时，应立即（停止操作）并向值班调度员或值班负责人报告，弄清问题后，再进行操作。不准擅自（更改操作票），不准随意解除（闭锁装置）。

307. 装卸高压熔断器，应戴（护目眼镜）和（绝缘手套），必要时使用绝缘夹钳，并站在绝缘垫或绝缘台上。

308. 电气设备停电后，即使是事故停电，在未拉开有关（隔离开关）和做好安全措施以前，不得触及设备或进入遮栏，以防突然来电。

309. 两份工作票中的一份必须保存在工作地点，由工作负责人收执，另一份由（值班员）收执，按值移交。

310. 10kV 及以下电气设备不停电的安全距离是（0.7m）。

311. 转动着的发电机、同期调相机，即使未加励磁，也应认为（有电压）。

312. 测量绝缘时，在测量绝缘前后，必须将被试设备（对地放电）。

313. 测量绝缘时，测量用的导线，应使用（绝缘导线），其端部应有绝缘套。

314. 在带电的电流互感器二次回路上工作时，严禁将电流互感器（二次侧）开路。

315. 在带电的电压互感器二次回路上工作时，严禁将电压互感器（二次侧）短路。

316. 拆接地线必须先拆（导体端），后拆（接地端）。装、拆接地线均应使用（绝缘棒）和戴（绝缘手套）。

317. 高压验电必须戴绝缘手套，验电时应使用相应（电压）等级的专用验电器。

318. 心脏复苏法支持生命的三项基本措施，三项基本措施的内容是（通畅气道）、口对口（鼻）人工呼吸、（胸外按压）。

319. 每次接用或使用临时电源时，应装有动作可靠的（漏电保护器）。

320. 在锅炉汽包、凝汽器、油箱、油槽及其他金属容器内进行焊接工作时，应做好防止（触电）的措施。

321. 在室内高压设备上工作，其工作地点两旁间隔和对面间隔的遮栏上禁止通行的过道上应悬挂（止步，高压危险）标示牌。

322. 为保证人身和设备的安全，电力设备外壳应（接地或接零）。

323. 任何电气设备上的标示牌，除原来放置人员或负责的运行值班人员外，其他任何人员不准（移动）。

324. 发现有人触电，应立即（切断电源），使触电人（脱离电源），并进行急救。如在高空工作，抢救时必须注意防止（高空坠落）。

325. 遇有电气设备着火时，应立即将有关设备的（电源切断），然后进行救火。地面上的绝缘油着火应用（干沙灭火）。

326. 扑救可能产生有毒气体的火灾如电缆着火等时，扑救人员应使用（正压式）消防空气呼吸器。

327. 行灯电压不准超过（36V）。在金属容器如汽鼓凝汽器槽箱内等工作时必须使用（24V）以下的电气工具。煤粉仓内作业，必须使用（12V）的行灯。

328. 凡在离地面（2m）及以上的地点进行的工作都应视作高处作业。在没有脚手架或者在没有栏杆的脚手架上工作高度超过（1.5m）时必须使用安全带。

329. 生产厂房内外的电缆，在进入控制室、电缆夹层、控制柜、开关柜等处的电缆孔洞时，必须用（防火材料）严密封闭。

330. "四不放过"的具体内容是：事故（原因）不清楚不放过；事故（责任者）和应受教育者没有受到教育不放过；事故（责任人）没有处理不放过；没有采取（防范）措施不放过。

331. "四不伤害"是指（不伤害自己）、（不伤害别人）、（不被别人伤害）、保护别人不被伤害。

332. 电缆隧道和电缆沟应有良好的（排水）设施，电缆隧道还应具有良好的通风设施。

333. 蓄电池室应使用（防爆）型照明和防爆型排风机，断路器、熔断器、插座等应装在蓄电池室的外面。

334. 当内冷水箱内的含氢量达到（2%）时报警，含氢量升至（10%）时，应停机处理。

335. 变压器中性点应有（两）根与主接地网不同地点连接的接地引下线，且每根接地引下线均应符合（热）稳定的要求。

336. 内冷水泵、氢冷泵、交流润滑油泵等重要动力控制回路带（自保持）功能，在机组大小修期间，进行（传动）试验。

337. 高压电动机的接线盒要有完善的（防雨措施）。

338. 母线侧隔离开关和硬母线支柱绝缘子，应选用高强度支柱绝缘子，以防运行或操作时（断裂），造成母线接地或（短路）。

339. 重要保护回路采用非阻燃型的电缆应采取可靠的分段（阻燃）措施。

340. 直流系统具备（过电压）、欠电压、（接地）远方报警功能。

341. 对套管及其引线接头、隔离开关触头、引线接头的温度监测，每年应至少进行一次（红外）成像测温。

342. 对重要的线路和设备必须坚持设立（两）套互相独立主保护的原则，并且两套保护宜为不同（原理）和不同（厂家）的产品。

343. 直流熔断器的配置应满足（分级）配置的要求。

344. 变压器自动喷淋装置必须每（年）进行一次试验。

345. DCS 系统电源设计应有可靠的（两）路供电电源。

346. 运行中，发电机与汽轮机之间的大轴（接地）炭刷一定要（投入）运行。

347. 防误装置所用电源应与（保护电源）、（控制电源）分开。

348. 操作指令分为（逐项）操作指令和（综合）操作指令。

349. 合环是指将电气环路用（断路器）或隔离开关（闭合）的操作。

350. 解环是指将电气（环路）用断路器或（隔离）开关断开的操作。

351. 并列是指将发电机或（两）个系统经（同期）表检查同期后并列运行。

352. 解列是指将发电机或一个系统与系统解除（并列）运行。

353. 试送是指设备检修后或故障跳闸后，经（初步）检查再送电。

354. 冲击合闸是指新设备在投入运行时，连续（操作）合闸，正常后拉开再（合闸）。

355. 倒闸操作必须有（两）人执行，其中一人对设备比较熟悉者作（监护）。

356. "三制"是指（交接班）制、（巡回检查）制、设备定期（轮换与试验）制。

357. "五清楚"是指（运行）方式及注意事项清楚、设备（缺陷）及异常情况清楚、操作及检修情况清楚、安全情况及（预防）措施清楚、现场设备及清洁情况清楚。

358. 变压器分级绝缘是指变压器绕组靠近（中性点）部分的主绝缘，其绝缘水平低于（首端）部分的主绝缘。

359. 当 UPS 逆变器故障时 UPS 切换到（旁路）运行。

360. 事故照明采用（交流事故照明）为主，（直流事故照明）为辅的方式，直流事故照明仅在集控室设置。

361. 如果油溢在变压器顶盖上着火时，应打开（底部放油门），将油放到（适当油位）；如果（内部故障）引起着火时，禁止放油。

362. 在测量绝缘前后，必须将被试设备对地（放电）。

363. 在纯（电容）电路中，电流超前电压90°。

364. 发现电动机进水、受潮现象时，应测得（绝缘电阻）合格后，方可启动。

365. 雷电后，应检查室外变压器的各部无（放电）痕迹，导线连接处无（过热现象），检查（避雷器）的动作情况。

366. 三相电动势的方向一致，则称为（零）序。

367. 绝缘子的电气故障主要有（闪络）和击穿。

368. 变压器油中溶解气体分析的总烃包括 [甲烷（CH_4）]、[乙烷（C_2H_6）]、[乙烯（C_2H_4）]、[乙炔（C_2H_2）]。

369. 表示变压器容量的单位是（kVA）。

370. 反措规定：断路器或隔离开关闭锁回路不能用（重动继电器），应直接用断路器或隔离开关的（辅助触点），操作断路器或隔离开关时，应以现场（状态）为准。

371. 发电机过励磁保护动作的原因是发电机电压（升高），频率（降低）。

372. 事故发生后，要尽快限制事故的发展，消除事故的根源，解除对（人身和设备的危害）。

373. （禁止）在转动着的高压电动机及其附属装置回路上进行工作。

374. 辅机联锁传动试验规定：低压380V的辅机或油泵做实际互联动试验，高压6000V辅机将断路器置于（试验）位置，只做断路器联动试验。对微机保护停用时，只断开（保护出口连接片），不停用（直流电源）。

375. 保护和自动装置的投入应先送（交流）电源，后送（直流）电源。待检查保护装置、继电器运行正常后，再投入有关连接片，停电时与此相反。

376. 在电力系统中，采用快速保护、自动重合闸装置、自动按频率减负荷装置等都是保证（系统稳定）的重要措施。

377. 电力系统振荡时，随着振荡电流增大，而母线电压（降低），阻抗元件的测量阻抗（减小），当测量阻抗落入继电器动作特性以内时，距离保护将发生误动作。

378. 断路器的同期不合格，非全相分、合闸操作可能使中性点不接地的变压器中性点上产生（过电压）。

379. 电力变压器中的铁芯接地属于（防静电）接地。

380. 备用电源自动投入装置应符合以下要求：①应保证在（工作）电源或设备断开后，才投入备用电源或设备；②工作电源或设备上的电压，无论因何原因消失时，自动装置均应（动作）；③自动投入装置应保证只动作（一次）。

381. 频率为50Hz的两个正弦交流电源，相位差是π/2rad，其时间差为（5ms）。

382. 电力系统中性点不接地系统中发生单相接地故障时，非故障相电压比正常相电压

（升高$\sqrt{3}$倍）。

383. 当线圈中电流增加时，自感电动势的方向与电流的方向（相反）；线圈中电流减少时，自感电动势的方向与电流方向（相同）。总之，自感电动势的方向总是（阻碍）线圈中电流的变化。

384. 发电机母线试验时应拆除母线上所连接的（电压互感器）和（避雷器）。

385. 变压器是按照（电磁原理）制成的，变压器只能（传递）电能，而不能（产生）电能。

386. 吸收比是判断电缆绝缘好坏的一个主要因素，吸收比越大，电缆（绝缘越好）。

387. 在停电的高压设备上工作，应填用（第一种）工作票。

388. 运行中若变压器的呼吸器下部的透气孔堵塞，当变压器油温变化时，会引起呼吸器或储油柜内出现（真空）状态或（压力）升高，可能引起气体继电器动作。

389. 变压器保护的出口中间继电器均采用（自保持）线圈的辅助继电器，其目的是保证瓦斯保护（瞬时）动作时，可靠跳闸。

390. 电力系统对继电保护的基本性能要求有（可靠性）、（选择性）、（快速性）、（灵敏性）。

391. "远后备"是指：当元件故障而其保护装置或断路器（拒动）时，由各（电源）侧的相邻元件保护装置动作将故障切开。

392. 当主保护或断路器拒动时，由相邻电力设备或相邻线路保护实现后备称为（远后备）；主保护拒动时由本设备另一套保护实现后备、断路器拒动时由断路器失灵保护实现后备称为（近后备）。

393. 当瓦斯保护本身有故障或二次回路绝缘不良时，值班人员应将（跳闸连接片）退出，以防保护误动。

394. 变压器的差动保护跳闸后，应检查各侧（差动电流互感器）之间的电气设备。

395. 为了保证人身和设备的安全，要求除了将电压互感器的（外壳）接地外，还必须将（二次）侧的某一点可靠地进行接地。

396. 在电流互感器二次侧不装设熔断器是为了防止（二次侧开路），以免引起过电压击穿。

397. 一般电气设备铭牌上的电压和电流的数值是（有效值）。

398. 单相异步电动机的一次绕组和二次绕组在空间位置上相差的电角度为（0°）。

399. 三相交流电机气隙圆周上的旋转磁场是由（三个脉振磁场）叠加而成的。

400. 为改善同步发电机绕组元件的电动势波形，最好采用（短距）绕组。

401. 如果发电机在运行中直流励磁机电刷冒火，其电磁方面的原因主要是（换向不良）。

402. 发电机采用离相式封闭母线，其主要目的是防止发生（相间短路）。

403. 发电机冒烟、着火或爆炸，应立即（解列发电机）。

404. 电流的方向是正电荷流动的方向，那么电子流动的方向（与电流的方向相反）。

405. 电容器在电路中的作用是（通交流隔直流）。

406. 直流母线的电压不宜过高或过低，允许范围一般是额定电压（±10%）。

407. 直流正极接地可能造成保护（误动）；直流负极接地可能造成保护（拒动）。

408. 当线路上（包括相邻线路）发生故障时，靠近（电源侧）的保护首先（无选择性）动作跳闸，而后借助（重合闸）来纠正，这种方式称为重合闸前加速。

409. 当线路发生故障后，保护（有选择）性的动作切除故障，重新进行一次（重合）以恢复供电。若重合于（永久）性故障时，保护装置即不带时限（无选择）性地动作断开断路器，这种方式称为重合闸后加速。

410. 中性点直接接地的变压器通常采用（分级绝缘），此类变压器中性点侧的绕组绝缘水平比进线侧绕组端部的绝缘水平低。

411. 正弦交流电的最大值等于有效值的（$\sqrt{2}$）倍。

412. 在纯电感交流电路中电压超前（电流）90°。

413. 感应电动机的转速，（小于）旋转磁场的转速。

414. 对称三相电源星形连接，线电流等于（相电流）。

415. 交流电正弦量的三要素指的是（幅值）、（频率）、（初相位）。

416. 在电阻、电感、电容组成的电路中，不消耗电能的元件是（电容）和（电感）。

417. 三个相同的电阻串联总电阻是并联时总电阻的（9）倍。

418. 发电机绕组中流过电流之后，就在绕组的导体内产生损耗而发热，这种损耗称为（铜损）。

419. 电抗器在空载的情况下，二次电压与一次电流的相位关系是（二次电压）超前（一次电流）90°。

420. SF_6 气体，具有优越的（绝缘）、（灭弧）性能。

421. 厂用变压器停电时，应按照先断开（低压侧断路器），后断开（高压侧断路器）的顺序来操作。

422. 发电机过电流保护一般均采用复合低电压启动，其目的是提高过电流保护的（灵敏性）。

423. 利用发电机三次谐波电压构成的定子接地保护的动作条件是发电机机端三次谐波电压（大于）中性点三次谐波电压。

424. 发电机在并列过程中，当发电机电压与系统电压相位不一致时，将产生冲击电流，此冲击电流最大值发生在两个电压相差为（180°）时。

425. 一个 10V 的恒压源的两端接一个 5Ω 的电阻，输出电压为（10V），电阻消耗的功率为（20W）。

426. 同步发电机和调相机并入电网有（准同期）并列和（自同期）两种基本方法。

427. 汽轮发电机完全失磁后，有功功率（基本不变），有功功率越大，定子电流增加（越大）。

428. 由反应基波零序电压和利用三次谐波电压构成的 100% 定子接地保护，其基波零序电压元件的保护范围是由机端到中性点的定子绕组的（85%～95%）。

429. 发电机在电力系统发生不对称短路时，在转子中就会感应出（100Hz）电流。

430. 大型变压器有过励磁保护，能反应系统（电压升高）或（频率下降）两种异常运行状态。

431. 中性点放电间隙保护应在变压器中性点接地开关断开后（投入），接地开关合上前（停用）。

432. 变压器瓦斯保护，轻瓦斯作用于（信号），重瓦斯作用于（跳闸）。

433. 反应变压器油箱内部各种短路故障和油面降低的保护是（瓦斯保护）。

434. 发电机长期进相运行，会使发电机（定子端部）发热。

435. 发电机定子绕组中的负序电流对发电机的危害主要是引起转子（过热）和（振动）。

436. 对于汽轮发电机，程序跳闸是指首先（关闭主汽门），待逆功率继电器动作后，再跳开发电机断路器并灭磁。

437. 我国 110kV 及以上系统的中性点均采用（直接接地方式）。

438. 磁滞损耗的大小与频率（成正比）关系。

439. 一台发电机发出有功功率为 80MW，无功功率为 60Mvar，它发出的视在功率为（100MVA）。

440. 如果发电机的功率因数为迟相，则发电机送出的是（感性）无功功率。

441. 发电机在运行中失去励磁后，其运行状态是（由同步进入异步）。

442. 发电机定子冷却水中（含铜量）的多少是衡量铜腐蚀程度的重要依据。

443. 当流过某负荷的电流 $i=1.4\sin(314t+\pi/12)$ A 时，其端电压 $u=311\sin(314t-\pi/12)$V，那么这个负荷是（容性负荷）。

444. 在进行交流二次电压回路通电试验时，必须可靠地断开至电压互感器（二次侧）的回路，以防止（反充电）。

445. 将电压表扩大量程应该（串联电阻）。

446. RTU 是指（远动终端单元）。

447. 远动功能四遥是指（遥信）、（遥测）、（遥控）、（遥调）。

448. 在全部停电或部分停电的电气设备上工作，保证安全的技术措施有（停电）、（验电）、装设（接地线）、悬挂（标示牌）和装设遮栏。

449. 电源电压变化时，异步电动机的负载电流的变化趋势与电压变化趋势（相反）；空载电流的变化趋势与电压的变化趋势（相同）。

450. 振荡分两种类型：一种是（同步振荡），另一种是（非同步振荡）。

451. 衡量电能质量的指标是（频率）和（电压）。

452. 电压和电流的瞬时值表达式分别为 $u=220\sin(\omega t-10°)$ 和 $i=5\sin(\omega t-40°)$，电流（滞后）电压30°。

453. 电力网中，当电感元件与电容元件发生串联且感抗等于容抗时，就会发生（电压）谐振现象。

454. 功角是（定子端电压与内电动势的夹角）。

455. 变压器空载合闸时，励磁涌流的大小与（合闸的初相角）有关。

456. 电动机绕组线圈两个边所跨的槽数称为（节距）。

457. 当电动机的外加电压降低时，电动机的转差率将（增大）。

458. 当三相异步电动机负载减少时，其功率因数（降低）。

459. 感应电动机在额定负荷下，当电压升高时，转差率与电压的（平方）成反比地变化；当电压降低时，转差率迅速增大。

460. 消弧线圈的补偿方式分为欠补偿、（过补偿）、全补偿。

461. 系统中无功电源有四种：发电机、调相机、（电容器）及充电输电线路。

462. 加速电气设备绝缘老化的主要原因是使用时（温度）过高。

463. 断路器从得到分闸命令起到电弧熄灭为止的时间，称为（全分闸时间）。

464. 发电机加励磁必须在转速达（3000r/min）时方可进行。

465. 汽轮发电机大轴上安装接地炭刷，是为了消除大轴对地的（静电电压）。

466. 当系统电压升高或频率下降时，变压器会产生（过励磁）现象。

467. 异步电动机的启动电流一般为电动机额定电流的（4～7）倍。

468. 电气设备是按短路条件下进行热稳定和（动稳定）校验的。

469. 厂用电在正常情况下，工作变压器投入，备用电源断开，这种方式叫做（明备用）。

470. 电容器在直流稳态电路中相当于（开路）。

471. 当系统需要无功功率时，调相机应（过励磁）运行，当系统中无功功率过剩时，调相机应（欠励磁）运行。

472. 可控硅整流器的输出直流电压的高低是由控制角 α 决定的，控制角越（小），导通角越（大），输出的直流电压越高。

473. 为了装设发电机纵差保护，要求发电机中性点侧和引出线侧的电流互感器的特性和变比（完全相同）。

474. 电流互感器二次回路采用多点接地，易造成保护（拒动）。

475. 执行一个倒闸操作任务如遇特殊情况，中途（不可以）换人操作。

476. 保持发电机励磁电流不变，则发电机的端电压随负载电流的增大而（减小）。

477. 直流系统两点接地短路，将会造成保护装置的（拒动）或（误动）。

478. 纵联差动保护能快速、灵敏地切除保护范围内的相间短路故障，一般作为发电机和变压器的（主）保护。

479. 定子三相电流不平衡时，就一定会产生（负序）电流。

480. 无论任何情况都必须保持发电机定子冷却水压力（低于）发电机氢气压力。

481. 电网电压过低会使并列运行中的发电机（定子绕组）温度升高。

482. 在中性点不接地系统中，如果忽略电容电流，发生单相接地时，系统一定不会有（零序）电流。

483. 交直流接触器不能（互换）使用。

484. 空载长线路充电时，末端电压会（升高）。这是由于对地电容电流在线路自感电抗上产生了电压降。

485. 小电流接地系统单相接地时，故障相对地电压为零，非故障相对地电压升至（线电压），零序电压大小等于（相电压）。

486. 继电保护装置试验所用仪表的精度应为（0.5）级。

487. 瓦斯保护的主要元件是气体继电器，它安装在（油箱与储油柜）之间的连接管道上。

488. 发电机与系统（或两个不同的系统）之间同期并列的三个条件是电压相等、（频率相等）以及（相位一致）。

489. 测量阻抗是指保护安装处（电压 U）与（电流 I）之比。

490. 变压器的差动保护和瓦斯保护都是变压器的（主）保护。

491. 使用解锁钥匙时，严禁（非当值值班人员）和（检修人员）使用解锁钥匙。

492. 为减缓铜管腐蚀，贫氧型内冷水系统应控制 pH 值在（8.0～9.0）之间。

493. 发电机变压器组的主断路器出现非全相运行时，其相关保护应及时启动断路器（失灵保护），在主断路器无法三相全断开时，断开与其连接在同一母线上的所有电源。

494. 氢冷发电机定子线棒出口风温差达到（8℃），应立即停机处理。

495. 励磁系统中整流柜的均流系数不应低于（0.85）。

496. 升压站要有（双路）供电的直流电源，升压站直流电源应单独设置，严禁将升压站的直流系统和其他（主机、辅机）直流系统共用。

497. 母线充电保护只是在对母线（充电）时才投入使用，充电完毕后要退出。

498. 并联电路的总电流为各支路电流（之和）。

499. 当系统发生故障时，正确地切断离故障点最近的断路器，是继电保护的（选择性）的体现。

500. 为了限制故障的扩大，减轻设备的损坏，提高系统的稳定性，要求继电保护装置具有（快速性）。

501. 调相机的主要用途是供给（无功功率）、改善功率因数、调整网络电压，对改善电力系统运行的稳定性起一定的作用。

502. 如果线路送出有功与受进无功相等，则线路电流、电压相位关系为（电流超前电压 45°）。

503. 中性点经消弧线圈接地后，若单相接地故障的电流呈感性，此时的补偿方式为（全补偿）。

504. 变压器励磁涌流中含有大量高次谐波，其中以（二次）谐波为主。

505. 谐波制动的变压器差动保护中设置差动速断元件的主要原因是为了防止区内较高的短路水平时，由于电流互感器的饱和产生高次谐波量增加，导致差动元件（拒动）。

506. YNd11 接线的变压器，是指一次侧线电压（滞后）二次侧线电压 30°。

507. 自耦变压器中性点必须接地，这是为了避免当高压侧电网内发生单相接地故障时，中压侧出现（过电压）。

508. 定子绕组中性点不接地的发电机，当发电机出口侧 A 相接地时，发电机中性点的电压为（相电压）。

509. 发电机正常运行时，机端三次谐波电压（小于）中性点三次谐波电压。

510. 发电机的负序过电流保护主要是为了防止发电机的（转子）损坏。

511. 发电机失磁后，需从系统中吸取（无功）功率，这将造成系统电压下降。

512. 发电机装设纵联差动保护，它作为定子绕组及其引出线的（相间）短路保护。

513. 查找直流接地时，所用仪表内阻不应低于（2000Ω/V）。

514. 直流系统接地时，通常采用拉路寻找、分段处理的办法，应按照先拉（信号）后拉操作回路；先拉（室外）后拉室内的原则。

515. 发电机（逆功率）保护主要保护汽轮机。

516. 发电机的过电流保护应装于（出口端）侧，而不应装于中性点侧。

517. 为了检查差动保护躲过励磁涌流的性能，在对变压器进行（5）次冲击合闸试验时，必须投入差动保护。

518. 瓦斯保护能反应变压器油箱内的任何故障，差动保护却不能，因此差动保护（不能）代替瓦斯保护。

519. 变压器在电力系统中的作用是（传输电能）。

520. 单位时间内所做的功，或单位时间内转移或转换的能量叫做（功率）。

521. 在具有电阻、电感和电容的电路里，对交流电所起的阻碍作用叫做（阻抗）。

522. 在电力电子学中导纳定义为（阻抗）的倒数。

523. 电压大小等于单位正电荷因受电场力作用从 A 点移动到 B 点所做的（功）。

524. 电场对放入其中的电荷有力的作用，这种力就叫做（电场力）。

525. 磁场强度和方向保持不变的磁场称为恒定磁场或恒磁场，恒磁场又称为（静磁场）。

526. （磁场力）是磁场对运动电荷作用的洛仑兹力和磁场对电流作用的安培力，公式计算为：$F=BIL$。

527. 变压器铜损是指变压器（线圈电阻）所引起的损耗。

528. 变压器温度与周围空气温度的差值叫变压器的（温升）。

529. 电动机运行时的轴向窜动值，滑动轴承不超过（2～4mm），滚动轴承不超过（0.05mm）。

530. 二极管的特性具有（单向）传导电流的性质。

531. 为提高保护动作的可靠性，不允许交、直流回路共用（同一根）电缆。

532. 电流互感器容量大表示其二次负载阻抗允许值（大）。

533. 为防止由瓦斯保护启动的中间继电器在直流电源正极接地时误动，应采用动作功率较大的（中间继电器）。

534. 输电线路空载时，其末端电压比首端电压（高）。

535. （辅助保护）是为补充主保护和后备保护的性能或当主保护和后备保护退出运行而增加的简单保护。

536. （0.8MVA）及以上油浸式变压器，应装设瓦斯保护。

537. 三相异步电动机的转子可分为（笼式）和（绕线式）两种类型。

538. 确定电流通过导体时所产生的热量与电流的平方、导体的电阻及通过的时间成正比的定律是（焦耳定律）。

539. 发电机通过运转而产生电动势，它是一种能连续提供电流的装置，所以称它为（电源）。

540. 发电机三相定子绕组，一般都为（星形联结），这主要是为了消除三次谐波。

541. 导体在磁场中相对运动，则在导体中产生感应电动势，其方向用（右手定则）确定。

542. 工作人员进入 SF_6 配电装置室，必须先通风（15min）并用检漏仪测量 SF_6 气体含量。

543. 交流电的瞬时功率不是一个恒定值，功率在一个周期内的平均值叫做（有功功率）。

544. 电流通过导体时，电流将集中在导体表面流通，这种现象叫（集肤效应）。

545. TJJ 的作用为：（防止相位差过大时断路器合闸）。

546. 发电机振荡或失步时，一般采取增加发电机的励磁，其目的是（增加定、转子磁极间的拉力）。

547. 电力电缆由（导电芯层）、（绝缘层）和（保护层）三个主要部分组成。

548. 库仑定律揭示的是真空中（两个点电荷之间的相互作用）的规律。

549. 电阻串联其等效电阻等于各电阻之（和）；串联电流处处（相等）；串联（正比）分压。

550. 电阻并联其等效电阻的倒数（电导）等于各并联电阻倒数（电导）之（和）；并联电压处处（相等）。

551. 电容器的（电容量）是指电容器任一极板上的电荷量与两极板间的电压之比。

552. 电容元件并联电路的特点如下：①各电容元件两端的电压（相同）；②等效电容等于各并联电容元件的电容之（和）；③等效电容元件所带电量等于各并联电容元件所带电量之（和）。

553. 电容元件串联电路的特点如下：①各电容元件所带电量（相等）；②等效电容的倒数等于各串联电容的倒数之（和）；③总电压等于各串联电容元件的电压之（和）；④各串联电容元件的电压与其电容量成（反比）。

554. 正弦交流电每重复变化一次所经历的时间称为它的（周期），用 T 表示。

555. 正弦交流电在单位时间内变化所完成的循环数称为它的（频率），用 f 表示。

556. $t=0$ 时正弦交流电的相位角称为（初相位或初相角）。

557. 频率相同、幅值相等、彼此间的相位差角相等的三个正弦电压，称为（对称）三相正弦电压。对称三相正弦量的相序有三种：正序、负序和零序。

558. 为防止电压互感器高，低压绕组被（击穿）时造成设备损坏，要求（低压）绕组必须有良好的接地点，若采用 B 相接地时，则接地点应在二次熔断器之后，同时中性点还应加装（击穿）熔断器。

559. 发电机带上负荷后，三相定子绕组中的电流，将合成产生一个（旋转）磁场，它

25

与转子的磁场同（方向）同（速度）旋转称为同步。

560. 运行中的发电机失磁后，就由原来的（同步）运行，转入异步运行。

561. 平行载流导体，在通以相反方向的电流时，两根导体之间所产生的（电磁力），是互相（排斥）的。

562. 直流电机按励磁方式分类，有以下四类（他励式）、（并励式）、（串励式）、（复励式）。

563. 电力系统发生振荡时，保护的振荡闭锁装置的主要功能是判断系统（发生振荡），还是出现（短路故障）。

564. 电力线路的电压越高，输送的容量就越（大）。

565. 110kV 以上的电力网中均采用中性点直接接地，最容易发生的故障是（单相接地短路）。

566. 分裂电抗器在正常情况下所呈现的电抗值较小，当任一条支路发生短路时，（电抗值）变大。

567. 综合重合闸装置在断路器单相跳闸时，能进行单相重合，三相跳闸时能进行（三相重合）。

568. 电力电容器在系统中主要作用是（串联补偿）和（并联补偿）。

569. 在电气设备上工作，保证安全组织的措施有：工作票制度，工作许可制度，工作监护制度，（工作间断、转移、终结制度）。

570. 检修工作负责人和工作许可人任何一方不得擅自变更安全措施，值班人员不得变更有关检修设备的（运行接线方式）。

571. 发电机并列操作时，要求在并列瞬间的冲击电流不得超过允许值，并列后发电机应能迅速转入（同步）运行。

572. 为防止水内冷发电机因断水，引起（定子绕组）超温而损坏，所装的保护叫做断水保护。

573. 影响变压器（使用寿命）的主要原因绝缘老化，而老化的主要原因是由于温度高造成的。

574. 采用准同期并列的发电机，常用的方法有（手动）准同期和（自动）准同期。

575. 在电阻、电感、电容串联电路中，若总电压与总电流同相位，电路呈电阻性称这种电路为（串联谐振）电路。

576. 变压器在运行中，如果电源电压过高，则会使变压器的励磁电流增加，铁芯中的（磁通密度）增大。

577. 分流器实际上是（电阻倍率器），设计使流入回路的电流与表计电流有一定的倍数关系，按电阻大小来分配电流。

578. 在发电机三相定子电流不对称时，就会产生（负序电流），它将形成一个磁场，其转速对转子而言，相对速度是两倍同步转速。

579. 变压器（空载损耗），其主要部分是铁芯的磁滞损耗和涡流损耗，其铁芯损耗约与电压平方成正比。

580. 变压器油箱内油的体积，随油温度变化而变化，而储油柜起着（储油）和（补充油）的作用，以保护油箱内充满油。

581. 厂用电源自投装置中，均设有低电压启动部分，其启动条件为：本段厂用母线失去（电压），备用段母线电源良好。

582. 变压器温升是指变压器的实测温度减去环境温度的差值即为（温升）。

583. 对变压器进行全电压冲击试验，目的是检查变压器的绝缘强度能否承受电压和（操作过电压）的考验。

584. 异步电动机的转速，总要低于定子（旋转磁场）的转速。

585. 操作过程中发生疑问时，不准擅自更改（操作票）。

586. 跨步电压值一般距离接地体越远，则跨步电压越小，在（20m）以外跨步电压可视为零。

587. 在高压设备上工作的安全措施分为三类：（全部停电的工作）、部分停电的工作和不停电的工作。

588. 为了保证气体继电器的正确动作，变压器两端的连接管要求2％～4％坡度，变压器大概要求（1％～1.5％）坡度。

589. 两台变压器并联运行时，如果变比不相等和接线组别不相同，将在变压器里产生（环流）。

590. 自耦变压器与普通变压器区别在于，自耦变压器（二次绕组）与（一次绕组）之间不仅有磁的联系，而且还有电的联系。

591. 当一个直流电源与一个正弦交流电源串联后，加在同一个电阻上，此时在电阻两端产生的电压，就不再是正弦量，而是一个（非正弦量）。

592. 电网中的谐振过电压，一般分为线性谐振过电压、参数谐振过电压和（铁磁谐振过电压）三种。

593. 将一块最大刻度为300A的电流表接入变比为300/5的电流互感器二次回路中，当电流表指示150A时，表计的线圈实际通过电流为（2.5A）。

594. 母线涂漆有（区别相序）、（防止腐蚀）、（防止触电）、引起注意的作用。

595. 三相异步电动机运行中发现反转，将电动机引出的三根线（任意倒换两根）即可。

596. 将电气设备和用电装置的（金属外壳）与系统零线相接叫做接零。

597. 燃气轮机机组SFC谐波滤波器能够消除（5次）谐波、（7次）谐波、（11次）谐波。

598. 燃气轮机机组SFC装置的额定输出电压是（1.8kV），可调频率范围为（0～41.67Hz）。

699. 燃气轮机机组SFC装置主要由（谐波滤波器）、（隔离变压器）、整流器、（电抗器）、逆变器、位置传感器以及控制系统等组成。

600. 燃气轮机机组SFC运行模式有（启动模式）、（清洗模式）、（清吹模式）。

601. 燃气轮机机组SFC采用（交流—直流—交流）的电源变换模式。

602. 燃气轮机机组SFC有（脉冲换相）和（负荷换相）两种换相方式。

603. 燃气轮机机组 SFC 在不同阶段控制的参数不同，其控制方式又分为（电流控制）方式和（转速控制）方式。

604. 燃气轮机机组 SFC 励磁控制方式有（恒励磁电流）模式和（恒电压）模式。

605. 燃气轮机机组 SFC 通过改变（触发角 α）来改变整流器输出的直流电压。

606. 燃气轮机机组 SFC 辅助单元的主要功能为 SFC 主设备提供（冷却）。

607. 运行中的二次回路绝缘电阻不低于（0.5MΩ）。

608. 带有开口三角接线（电压互感器）的开口三角形所测的是零序电压。

609. 三相变压器 Yyn0 联结。yn 表示低压侧为（星形）联结并有中性点引出。

610. 三相变压器 Yd11 联结。Y 表示高压侧为星形联结，d 表示低压侧为（三角形）联结，中性点不引出，11 表示连接组号。

611. 在电动机控制回路中，（热继电器）作过载保护。

612. 电压互感器又叫仪用变压器 TV 它是一种把（高）电压变为（低）电压并在相位上与原来保持一定关系的仪器。

613. 变压器一次电压不变，要增加二次电压时，应增加（二次绕组匝数），变压器出厂时的变比误差应不超过（0.5%）。

614. 变压器型号 S7-500/10，其中 S 表示（三相），500 表示（额定容量），10 表示（高压侧电压）。

615. 变压器油的正常颜色为浅黄色。变压器油应无气味，若感觉有酸味时，说明（油严重老化）。

616. 从变压器的损耗与负荷的关系可知，铜损（等于）铁损时，变压器的效率最高。

617. 影响蓄电池寿命的重要因素是（环境温度），一般电池生产厂家要求的最佳环境温度是在（20～25℃）之间。

618. 变频器其输出不但改变（电压）而且同时改变（频率）。

619. 启动器实际上是（调压器），用于电动机启动时，输出只改变电压并没有改变频率。

620. 继电器按结构形式分为机电型、（整流型）和晶体管型。

621. 电压互感器的一次绕组并联在系统的一次电路中，二次绕组与仪表、继电器的电压回路（并联）。

622. 二次设备是对一次设备的工作进行检查、测量、操作、控制及（保护）的辅助设备。

623. 继电保护装置就是能反映电力系统中各电气设备发生（故障）或（不正常）工作状态，并作用于断路器跳闸或发出信号的一种自动装置。

624. 瞬时速断、延时速断和（定时限过电流）三种保护配合在一起，称三段式过电流保护。

625. 继电器线圈不带电时，触点是断开的称为（动合）触点。

626. 继电器线圈不带电时，触点是闭合的称为（动断）触点。

627. 中间继电器的主要作用，是用以增加触点的（容量）和（数量）。

628. 保护的三种图分别是：（原理图）、（展开图）和（安装图）。

629. 为了掌握发电机在运行过程中绕组的绝缘情况，应在每次开机前、停机后及备用时测量（绝缘电阻）。

630. 变压器在运行中，各部分的温度是不同的，其中（绕组）的温度最高，铁芯的温度次之，绝缘油的温度最低，且上部油温高于下部油温。

631. 发电机装设的保护有：（纵差保护）、单相接地保护、复合电压启动过电流保护、转子接地保护、过负荷保护等。

632. 电力变压器应装设的保护有：（瓦斯保护）、纵差保护或电流速断保护、电流保护、过负荷保护。

633. 发电机正常运行时是不允许过负荷的，特殊情况如电力系统发生事故，可以允许短时间内过负荷运行，但定、转子绕组的温度不得超过其绝缘等所允许的（最高）温度。

634. 有载调压变压器过负荷运行时严禁改变分接头调整电压，负荷高峰应尽量避免改变（分接头）。

635. 电网的优质运行是指电网运行（频率）、（电压）和（谐波分量）等质量指标符合国家规定的标准。

636. 电力系统的运行操作是指变更电力系统设备（运行状态）的过程。

637. 继电保护的"三误"是（误整定）、误接线、误碰。

638. 母线的作用是（汇集）和分配电能。

639. 断路器只有在（检修）的情况下才能进行慢合、慢分操作。

640. 将两个变比相同、容量相同的电流互感器的二次绕组串联后，其变比不变，其容量（增大一倍）。

641. 电流互感器二次回路的阻抗很小，在正常工作情况下接近于（短路）状态。

642. 直流母线电压过高会使长期充电的继电器线圈及指示灯因过热而（烧毁）。

643. 直流母线电压过低时则会造成断路器和保护装置（拒动）。

644. 发现隔离开关过热时，应采用（倒闸）的方法将故障隔离开关退出运行，如不能应（停电）处理。

645. 根据电源与负载之间连接方式的不同，电路有（通路）、（开路）、短路三种不同的工作状态。

646. 变压器空载电流小的原因是变压器的（励磁阻抗）很大。

647. 变压器短路试验所测损耗全部为（铜耗）。

648. 当一次侧接额定的电压维持不变时，变压器由空载运行转为满载运行时，其主磁通将会（基本不变）。

649. 变压器一次绕组接额定电压，二次绕组的输出电压高于额定电压，其负载性质是（容性负载）。

650. 一台变压器若将其一次侧外加电压 U_1 和频率 f_1 同时提高 10 倍，其铁芯损耗将（升高）。

651. 变压器空载运行时当磁通为正弦波时，电流为（尖顶波）。

652. 变压器铁芯叠片越厚，其损耗越（大）。

653. 一变压器若将其一次侧外加电压 U_1 和频率 f_1 同时提高 10 倍，其励磁电流（不变）。

654. 变压器短路阻抗越大，其电压变化率就（越大），短路电流就（越小）。

655. 双绕组变压器的分接开关装设在（高压）侧。

656. 后备保护是指主保护或断路器（拒动时），能够用以切出故障的保护。

657. 发电机系统一律采用（三相）差动保护。

658. 发电机是星形接线，零序电流流不通，所以只有（正序）电流和（负序）电流。

659. 发电机的负序电流出现，一是使（转子表面）发热，二是使转子产生（振动）。

660. 异步电动机的启动方法可分为（直接启动）和（降压启动）。

661. 在变压器油中添加抗氧化剂的作用是（减缓）油的劣化速度，（延长）油的使用寿命。

第二部分 选择题

1. 220kV 及以上电压等级或 120MVA 以上容量的变压器在新安装时，如有条件宜进行现场（A）试验。

A. 局部放电 B. 绕组变形 C. 耐压 D. 冲击

2. 有三只 10μF 的电容器，要得到 30μF 的电容量，可将三只电容连接成（B）。

A. 串联 B. 并联 C. 混联 D. 其他连接

3. 电压表的内阻为 3kΩ，最大量程为 3V，先将它串联一个电阻改装成一个 15V 的电压表，则串联电阻的阻值为（C）。

A. 3kΩ B. 9kΩ C. 12kΩ D. 24kΩ

4. 母线差动保护的复合电压 U_0、U_1、U_2 闭锁元件还要求闭锁每一断路器失灵保护，这一做法的原因是（C）。

A. 断路器失灵保护原理不完善 B. 断路器失灵保护选择性能不好
C. 防止断路器失灵保护误动作 D. 为了以上三种原因

5. 通过一电阻线路的电流为 10A，5min 通过该电阻线路横截面的电量是（D）。

A. 20C B. 60C C. 1200C D. 3000C

6. RLC 串联电路的复阻抗 $Z=$（C）Ω。

A. $R+\omega L+1/W_c$ B. $R+L+1/C$
C. $R+j\omega L+1/j\omega C$ D. $R+j(\omega L+1/\omega C)$

7. JDJJ 型电压互感器中的 D 表示（A）。

A. 单相 B. 油浸 C. 三相 D. 户外

8. 变压器并列运行时功率如何分配（B）。

A. 按短路电压成正比分配 B. 按短路电压成反比分配
C. 按功率分配 D. 按功率反比分配

9. 变压器呼吸器的作用是（C）。

A. 用以清除变压器中油的水分和杂质
B. 用以吸收、净化变压器匝间短路时产生的烟气
C. 用以清除所吸入空气中的杂质和水分
D. 以上任一答案均正确

10. 变压器励磁涌流的衰减时间为（B）。

A. 1.5～2s B. 0.5～1s C. 3～4s D. 4.5～5s

11. 变压器绕组首尾绝缘水平一样为（A）。

A. 全绝缘 B. 半绝缘
C. 不绝缘 D. 分级绝缘

31

12. 发电机的纵差保护主要是作为（B）的主保护。

A. 匝间短路 　　　　　　　　　　　　B. 相间短路

C. 两相接地短路 　　　　　　　　　　D. 一相接地

13. 电压互感器二次短路会使一次（C）。

A. 电压升高 　　　　　　　　　　　　B. 电压降低

C. 熔断器熔断 　　　　　　　　　　　D. 不变

14. 电压互感器的一次绕组的匝数（A）二次绕组的匝数。

A. 远大于 　　　　B. 略大于 　　　　C. 等于 　　　　D. 小于

15. 发电机采用氢气冷却的目的是（B）。

A. 制造容易，成本低 　　　　　　　　B. 比热值大，冷却效果好

C. 不易含水，对发电机的绝缘好 　　　D. 系统简单，安全性高

16. 发电机的进相运行是指发电机（C）的稳定运行状态。

A. 发出无功及吸引有功 　　　　　　　B. 吸收有功及无功

C. 发出有功及吸收无功 　　　　　　　D. 发出有功及无功

17. 发电机定子铁芯最高允许温度为（B）。

A. 110℃ 　　　　B. 120℃ 　　　　C. 130℃ 　　　　D. 150℃

18. 发电机转子过电压是由于运行中（B）而引起的。

A. 灭磁开关突然合入 　　　　　　　　B. 灭磁开关突然断开

C. 励磁回路突然发生一点接地 　　　　D. 励磁回路发生两点接地

19. 表示断路器开断能力的参数是（A）。

A. 遮断电流 　　　　　　　　　　　　B. 额定电流

C. 额定电压 　　　　　　　　　　　　D. 额定电压与额定电流

20. 电气试验用仪表准确度要求在（B）以上。

A. 0.5 级 　　　　B. 1.0 级 　　　　C. 0.2 级 　　　　D. 1.5 级

21. 当仪表接入线路时，仪表本身（A）。

A. 消耗很小功率 　　　　　　　　　　B. 不消耗功率

C. 消耗很大功率 　　　　　　　　　　D. 送出功率

22. 发电机定子发生一点接地，应该（C）。

A. 运行 10s 　　　　　　　　　　　　B. 运行 30s

C. 停机 　　　　　　　　　　　　　　D. 连续运行

23. 发电机定子绕组断水时间超过（C）解列发电机。

A. 10s 　　　　B. 20s 　　　　C. 30s 　　　　D. 25s

24. 互感电动势的大小和方向，用（B）分析。

A. 楞次定律 　　　　　　　　　　　　B. 法拉第电磁感应定律

C. 右手定则 　　　　　　　　　　　　D. 左手定则

25. 两个金属板之间电容量的大小与（D）无关。

A. 板间距离 　　　　B. 板的面积 　　　　C. 板间介质 　　　　D. 外加电压

26. 启动多台异步电动机时，可以（C）。

A. 一起启动

B. 由小容量到大容量逐台启动

C. 由大容量到小容量逐个启动

D. 以上都对

27. 若测得发电机绝缘的吸收比低于（D）时，则说明发电机绝缘受潮了。

A. 1. 0

B. 1. 1

C. 1. 2

D. 1. 3

28. 在串联的电路中，电源内部电流（B）。

A. 从高电位流向低电位

B. 从低电位流向高电位

C. 等于零

29. 在一般情况下，人体电阻可以按（B）考虑。

A. 50～100Ω

B. 800～1000Ω

C. 100～500kΩ

D. 1～5MΩ

30. 装拆接地线的导线端时，要对（C）保持足够的安全距离，防止触电。

A. 构架

B. 瓷质部分

C. 带电部分

D. 导线之间

31. 装取高压可熔熔断器时，可采取（D）的安全措施。

A. 穿绝缘靴和戴绝缘手套

B. 穿绝缘靴和戴护目眼镜

C. 戴护目眼镜和线手套

D. 戴护目眼镜和绝缘手套

32. 一般自动重合闸的动作时间取（B）。

A. 0. 2～0. 3s

B. 0. 3～0. 5s

C. 0. 9～1. 2s

D. 1～2. 0s

33. 使用钳形电流表时被测的导线（B）。

A. 必须是裸体导线

B. 绝缘或裸体导线均可

C. 不能是绝缘体导线

34. 视在功率的单位是（C）。

A. 千瓦（kW）

B. 千瓦时（kWh）

C. 千伏安（kVA）

D. 千乏（kvar）

35. 通过某一垂直面积的磁力线总数叫（B）。

A. 磁场

B. 磁通

C. 磁密

D. 联链

36. 6kV 设备不停电时的安全距离为（B）。

A. 0. 35m

B. 0. 7m

C. 2m

D. 4m

37. 微机五防闭锁解锁钥匙要实行（B），按值移交借用钥匙要进行登记。

A. 封闭管理

B. 定置管理

C. 登记管理

38. 油罐接地线和电气设备接地线应（A）装设。

A. 分别

B. 联合

C. 同步

39. 变压器铁芯接地须（A）接地。

A. 经套管引出

B. 直接与变压器外壳

C. 与变压器的中性点连接

D. 多点

40. 变压器储油柜的作用是（A）。

A. 储油及补油

B. 冷却变压器油

C. 分离油中的气体

D. 增大油与空气的接触面积

41. 产生串联谐振的条件是（C）。

A. $X_L > X_C$ 　　　　B. $X_L < X_C$ 　　　　C. $X_L = X_C$ 　　　　D. $L = C$

42. 纯电感在电路中是（B）元件。

A. 耗能 　　　　B. 不耗能 　　　　C. 发电 　　　　D. 发热

43. 导电性能最好的金属是（C）。

A. 铝 　　　　B. 铜 　　　　C. 银

44. 电弧表面的温度可达（B）。

A. 2000～3000℃ 　　　　B. 3000～4000℃

C. 4000～5000℃ 　　　　D. 5000～6000℃

45. 电弧中心的温度可达（D）。

A. 5000℃以上 　　　　B. 8000℃以上

C. 9000℃以上 　　　　D. 10000℃以上

46. 电机检修后，试转应（B）。

A. 带机械设备一同试 　　　　B. 电机与机械设备脱开

C. 都可以 　　　　D. 由运行人员决定

47. 电容器中储存的能量是（D）。

A. 热能 　　　　B. 机械能 　　　　C. 磁场能 　　　　D. 电场能

48. 电压表应（B）在被测电路中。

A. 串联 　　　　B. 并联 　　　　C. 串、并均可 　　　　D. 混联

49. 断路器大修后应进行（B）。

A. 改进 　　　　B. 特巡 　　　　C. 加强巡视 　　　　D. 正常巡视

50. 断路器缓冲器的作用（C）。

A. 分闸过渡 　　　　B. 合闸过渡

C. 缓冲分合闸冲击力 　　　　D. 降低分合闸速度

51. 高频阻波器的作用是（C）。

A. 限制短路电流

B. 阻碍过电压行波沿线路侵入变电站、降低入侵波陡度

C. 阻止高频电流向变电站母线分流

D. 补偿线路电容电流

52. 隔离开关应有（A）装置。

A. 防误闭锁 　　　　B. 机械锁 　　　　C. 万能锁 　　　　D. 防盗锁

53. 继电保护的"三误"是（C）。

A. 误整定、误试验、误碰 　　　　B. 误整定、误接线、误试验

C. 误接线、误碰、误整定 　　　　D. 误碰、误试验、误接线

54. 交流正弦量的三要素为（A）。

A. 最大值、频率、初相角 　　　　B. 瞬时值、频率、初相角

C. 最大值、频率、相位差 　　　　D. 有效值、频率、初相角

55. 接地线和接地体总称为（C）。

A. 保护装置　　　　B. 短路装置　　　　C. 接地装置　　　　D. 断路装置

56. 全电路欧姆定律应用于（D）。

A. 任一回路

B. 任一独立回路

C. 任何电路

D. 简单电路

57. 熔丝熔断时，应更换（B）。

A. 熔丝

B. 相同容量熔丝

C. 大容量熔丝

D. 小容量熔丝

58. 三极管内部结构有（D）。

A. PPN 和 NPN 两种

B. PPP 和 NNN 两种

C. NPP 和 PNN 两种

D. PNP 和 NPN 两种

59. 自感系数 L 与（D）有关。

A. 电流大小

B. 电压大小

C. 电流变化率

D. 线圈自身结构及材料性质

60. 在三相交流电路中所谓三相负载对称是指（C）。

A. 各相阻抗值相等

B. 各相阻抗值不等

C. 电阻相等、电抗相等、电抗性质相同

D. 阻抗角相等

61. 验电笔使用范围（C）进行验电。

A. 0～220V　　　　B. 0～380V　　　　C. 0～500V　　　　D. 0～1000V

62. 380V 电动机的接地保护若出现（C）故障时，保护动作。

A. 绕组断线　　　　B. 相间短路　　　　C. 绕组接地

63. 变电站的母线上装设避雷器是为了（C）。

A. 防止直击雷

B. 防止反击过电压

C. 防止雷电行波

D. 防止雷电流

64. 变压器励磁涌流是在变压器（D）时产生的。

A. 带负荷跳闸

B. 跳闸

C. 带负荷合闸

D. 空载合闸

65. 变压器套管型号中的字母 BR 表示（C）。

A. 油纸套管

B. 变压器油浸式套管

C. 变压器电容式套管

D. 油纸电容式变压器套管

66. 变压器运行时，温度最高的部位是（B）。

A. 铁芯　　　　B. 绕组　　　　C. 上层绝缘油　　　　D. 下层绝缘

67. 小接地电流系统指（D）。

A. 中性点不接地系统

B. 中性点经消弧线圈接地系统

C. 中性点直接接地

D. 中性点不接地系统和经消弧线圈接地系统

68. 信号继电器动作后（D）。

A. 继电器本身掉牌

B. 继电器本身掉牌或灯光指示

C. 应立即接通灯光音响回路

D. 应是一边本身掉牌，一边触点闭合接通其他回路

69. 大型发电机定子绕组接地时间允许（D）。

A. 2h   B. 1h   C. 3h   D. 立即停机

70. 电流表和电压表串联附加电阻后，（B）能扩大量程。

A. 电流表   B. 电压表   C. 都不能   D. 都能

71. 电流互感器的额定二次电流一般为（A）。

A. 5A   B. 10A   C. 15A

72. 电能质量管理的主要指标是电网的（A）。

A. 电压和频率   B. 电压

C. 频率   D. 供电可靠

73. 电压互感器二次熔断器熔断时间应（D）。

A. 小于 1s   B. 小于 0.5s

C. 小于 0.1s   D. 小于保护动作时间

74. 电阻负载并联时功率与电阻关系是（C）。

A. 因为电流相等，所以功率与电阻成正比

B. 因为电流相等，所以功率与电阻成反比

C. 因为电压相等，所以功率与电阻大小成反比

D. 因为电压相等，所以功率与电阻大小成正比

75. 发电机三相电流不对称时，则没有（C）分量。

A. 正序   B. 负序   C. 零序   D. 高次谐波

76. 发电机同期并列时，它与系统相位角差（A）。

A. 不超过±10°   B. 不超过±25°

C. 不超过±30°   D. 不超过±20°

77. 发生两相短路时，短路电流只含有（A）分量。

A. 正序和负序   B. 负序和零序

C. 零序和正序   D. 正序

78. 高压断路器的最高工作电压，是指（C）。

A. 断路器长期运行线电压   B. 断路器长期运行的最高相电压

C. 断路器长期运行最高的线电压   D. 断路器故障时最高相电压

79. 铅酸蓄电池充电时，蓄电池的内阻（B）。

A. 增大   B. 减小   C. 无变化

80. 有载调压变压器的有载调压开关在（B）次变换后应将切换部分吊出检查。

A. 4000   B. 5000   C. 6000   D. 7000

81. 在接地故障线路上，零序功率方向（B）。

A. 与正序功率同方向　　　　　　　　B. 与正序功率反向

C. 与负序功率同方向　　　　　　　　D. 与负荷功率同向

82. 为保证冷却效果，变压器冷却器每（A）年应进行一次冲洗，并宜安排在大负荷来临前。

A. 1～2　　　　　B. 2　　　　　C. 2～3　　　　　D. 3

83. 线路过电流保护的启动电流是躲过（B）整定的。

A. 线路的负荷电流　　　　　　　　　B. 线路最大负荷电流

C. 大于允许的过负荷电流

84. 220kV 及以上主变压器损坏，（B）天内不能修复或修复后不能达到原铭牌功率时，则构成重大设备事故。

A. 40　　　　　B. 30　　　　　C. 15

85. 变压器负载增加时，将出现（C）。

A. 一次侧电流保持不变　　　　　　　B. 一次侧电流减小

C. 一次侧电流随之相应增加　　　　　D. 二次侧电流不变

86. 变压器正常运行时的声音是（B）。

A. 断断续续的嗡嗡声　　　　　　　　B. 连续均匀的嗡嗡声

C. 时大时小的嗡嗡声　　　　　　　　D. 无规律的嗡嗡声

87. 电压互感器常见接线方式有（A）。

A. Y/Y　　　　　B. △/Y0　　　　　C. Y0/Y　　　　　D. Y0/△

88. 电压互感器的精度级一般与（A）有关。

A. 电压比误差　　　　　　　　　　　B. 相角误差

C. 变比误差　　　　　　　　　　　　D. 二次阻抗

89. 发电机解列停机后，应确认（A）均已断开后，拉开主变压器高压侧出口隔离开关，发电机转为冷备用。

A. 出口断路器　　　　　　　　　　　B. 灭磁开关

C. 高压厂用变压器断路器

90. 发现少油断路器严重漏油时，应（C）。

A. 立即将重合闸停用　　　　　　　　B. 立即断开断路器

C. 采取禁止跳闸的措施

91. 关于等效变换说法正确的是（A）。

A. 等效变换只保证变换的外电路的各电压、电流不变

B. 等效变换只对直流电路成立

C. 等效变换是说互换的电路部分一样

D. 等效变换对变换电路内部等效

92. 距离保护二段的保护范围是（B）。

A. 不足线路全长　　　　　　　　　　B. 线路全长并延伸至下一线路的一部分

C. 距离一段的后备保护　　　　　　　D. 本线路全长

93. 在微机型保护中，控制电缆（**B**）。

A. 无须接地　　　　　　　　　　　　B. 两端接地

C. 靠控制屏一端接地　　　　　　　　D. 靠端子箱一端接地

94. 主变压器重瓦斯动作是由于（**C**）造成的。

A. 主变压器两侧断路器跳闸　　　　　B. 220kV 套管两相闪络

C. 主变压器内部高压绕组匝间严重短路　　D. 主变压器大盖着火

95. 停用备用电源自投装置时应（**B**）。

A. 先停交流，后停直流　　　　　　　B. 先停直流，后停交流

C. 直流同时停　　　　　　　　　　　D. 停用顺序无关

96. 停用低频减载装置时应先停（**B**）。

A. 电压回路　　　B. 直流回路　　　C. 信号回路　　　D. 保护回路

97. 新投运的 SF_6 断路器投运（**A**）后应进行全面的检漏一次。

A. 3 个月　　　B. 6 个月　　　C. 9 个月　　　D. 12 个月

98. 新装投运的断路器在投运后（**A**）内每小时巡视一次。

A. 3h　　　　　B. 5h　　　　　C. 8h　　　　　D. 24h

99. 当变压器电压超过额定电压 10%，将使变压器（**C**）。

A. 过负荷　　　　　　　　　　　　　B. 过电流

C. 铁芯饱和、铁损增大　　　　　　　D. 掉闸

100. 当单相接地电流大于 4000A 时，规程规定接地装置接地电阻在一年中（**D**）不超过 0.5Ω。

A. 春秋季节　　　B. 夏季　　　　　C. 冬季　　　　　D. 任意季节

101. 变压器的一、二次绕组均接成星形，绕线方向相同，首端为同极性端，接线组标号为 Yyn0，若一次侧取首端，二次侧取尾端为同极性端，则其接线组标号为（**B**）。

A. Yyn0　　　　B. Yyn6　　　　C. Yyn8　　　　D. Yyn12

102. 电力系统在运行中发生短路故障时，通常伴随着电流（**A**）。

A. 大幅度上升　　　　　　　　　　　B. 急剧下降

C. 越来越稳定　　　　　　　　　　　D. 不受影响

103. 电力系统在运行中发生短路故障时，通常伴随着电压（**B**）。

A. 大幅度上升　　　　　　　　　　　B. 急剧下降

C. 越来越稳定　　　　　　　　　　　D. 不受影响

104. 电压互感器低压侧两相电压降为零，一相正常，一个线电压为零则说明（**A**）。

A. 低压侧两相熔断器断　　　　　　　B. 低压侧一相铅丝断

C. 高压侧一相铅丝断　　　　　　　　D. 高压侧两相铅丝断

105. 绝缘材料按耐热等级分为 7 个等级，变压器中所用的绝缘纸板和变压器油都是 A 级绝缘，其耐热温度是（**C**）。

A. 85℃　　　　　B. 95℃　　　　　C. 105℃　　　　D. 120℃

106. 某些电气设备在退出运行后，残余电荷量可能较大，所以检修或测量前应先放电的设备是（**B**）。

　　A. 10kW 以下电动机　　　　　　　　　B. 电缆或电容器

　　C. 安全灯变压器　　　　　　　　　　　D. 断路器

107. 有一个电容器，其电容量为 50μF，加在电容器两极板之间的电压为 500V，则该电容器极板上储存的电荷为（**A**）。

　　A. 0.025C　　　　　　B. 0.25C　　　　　　C. 0.45C　　　　　　D. 0.1C

108. 运行中的发电机，在调整有功负荷时，对发电机无功负荷（**B**）。

　　A. 没有影响　　　　　　　　　　　　　B. 有一定影响

　　C. 影响很大　　　　　　　　　　　　　D. 不一定有影响

109. 运行中汽轮发电机突然关闭主汽门，发电机将变成（**A**）运行。

　　A. 同步电动机　　　　　　　　　　　　B. 异步电动机

　　C. 异步发电机　　　　　　　　　　　　D. 同步发电机

110. 直流母线的电压不允许过高或过低，允许范围一般是（**C**）。

　　A. ±3%　　　　　　　B. ±5%　　　　　　C. ±10%　　　　　　D. ±15%

111. 异步电动机在启动中发生一相断线，电动机（**C**）。

　　A. 启动正常　　　　　　　　　　　　　B. 启动时间拉长

　　C. 启动不起来　　　　　　　　　　　　D. 启动时间缩短

112. 异步电动机在运行中发生一相断线，电动机（**B**）。

　　A. 转速不变　　　　　　　　　　　　　B. 转速下降

　　C. 停止转动　　　　　　　　　　　　　D. 转速上升

113. 两个 5μF 的电容器并联在电路中，其总电容值为（**B**）。

　　A. 2.5μF　　　　　　B. 10μF　　　　　　C. 2/5μF　　　　　　D. 3μF

114. 直流电动机调速方法有：（**A**）、改变电枢回路的电阻、改变供电电压。

　　A. 改变磁极的磁通　　　　　　　　　　B. 改变磁极对数

　　C. 改变正负极极性

115. 消弧室的作用是（**B**）。

　　A. 储存电弧　　　　　　　　　　　　　B. 进行灭弧

　　C. 缓冲冲击力　　　　　　　　　　　　D. 加大电弧

116. 变压器带（**A**）负荷时电压最高。

　　A. 容性　　　　　　　B. 感性　　　　　　C. 阻性　　　　　　D. 纯感性

117. 操作转换开关规范用语是（**D**）。

　　A. 投入、退出　　　　　　　　　　　　B. 拉开、合上

　　C. 取下、装上　　　　　　　　　　　　D. 切至

118. 低频率保护主要用于保护（**C**）。

　　A. 发电机铁芯　　　　　　　　　　　　B. 发电机大轴

　　C. 汽轮机末级叶片　　　　　　　　　　D. 电力系统

119. 断路器分闸速度快慢影响（A）。

A. 灭弧能力 　　　　　　　　　　　　 B. 合闸电阻

C. 消弧片 　　　　　　　　　　　　　 D. 分闸阻抗

120. 断路器最高工作电压是指（C）。

A. 长期运行的线电压 　　　　　　　　 B. 长期运行的最高相电压

C. 长期运行的最高线电压 　　　　　　 D. 故障电压

121. 发电机的功角是（C）。

A. 定子电流与端电压的夹角 　　　　　 B. 定子电流与内电势的夹角

C. 定子端电压与内电动势的夹角 　　　 D. 功率因数角

122. 在纯电阻交流电路中，已知 $u=U_m\sin\omega t$，则电流的表达式为（A）。

A. $i=I_m\sin\omega t$ 　　　　　　　　 B. $i=I_m$

C. $i=I_m\sin(\omega t+\varphi)$ 　　　　 D. $i=I_m\sin(\omega t-\varphi)$

123. 一台发电机，发出有功功率为 80MW，无功功率为 60Mvar，则发电机发出的视在功率为（C）。

A. 120MVA 　　　　　 B. 117.5MVA 　　　　　 C. 100MVA

124. 两个电容量为 10μF 的电容器，并联在电压为 10V 的电路中，现将电容器电压升至 20V，则此时电容器的电容量将（C）。

A. 增大一倍 　　　 B. 减小一半 　　　 C. 不变 　　　 D. 不一定

125. 隔离开关可拉开（B）的变压器。

A. 负荷电流 　　　　　　　　　　　　 B. 空载电流不超过 2A

C. 5.5A 　　　　　　　　　　　　　　 D. 短路电流

126. 隔离开关最主要的作用是（C）。

A. 进行倒闸操作 　　　　　　　　　　 B. 切断电气设备

C. 使检修设备和带电设备隔离

127. 一般电气设备的标示牌为（A）。

A. 白底红字红边 　　　　　　　　　　 B. 白底红字绿边

C. 白底黑字黑边 　　　　　　　　　　 D. 白底红字黑边

128. 氢气的爆炸极限（B）。

A. 3%～80% 　　　 B. 4%～76% 　　　 C. <6% 　　　 D. >96%

129. 热继电器起（A）作用。

A. 过载保护 　　　　　　　　　　　　 B. 短路保护

C. 过电压保护 　　　　　　　　　　　 D. 差动保护

130. 断路器合、分时间的设计取值应不大于（B），推荐采用不大于（B）。

A. 50ms、30ms 　　　　　　　　　　　 B. 60ms、50ms

C. 60ms、40ms 　　　　　　　　　　　 D. 70ms、40ms

131. 电流互感器的电流误差，一般规定不应超过（B）。

A. 5% 　　　　　 B. 10% 　　　　　 C. 15% 　　　　　 D. 20%

132. 电流互感器的相位误差，一般规定不应超过（A）。

A. 7°   B. 5°   C. 3°   D. 1°

133. 进行倒母线操作时，应将（C）操作直流熔断器拉开。

A. 旁路断路器   B. 所用变压器断路器

C. 母联断路器   D. 线路断路器

134. 允许发电机连续最高运行电压不得超过额定电压（A）倍。

A. 1.1   B. 1.2   C. 1.3   D. 1.4

135. 有一块内阻为 0.15Ω，最大量程为 1A 的电流表，先将它并联一个 0.05Ω 的电阻则这块电流表的量程将扩大为（B）。

A. 3A   B. 4A   C. 2A   D. 6A

136. 发电机有功功率不变的前提下，增加励磁后（A）。

A. 定子电流增大   B. 定子电流减小

C. 定子电流不变   D. 损耗减小

137. 载流导体周围的磁场方向与产生该磁场的（C）有关。

A. 磁场强度   B. 磁力线方向

C. 电流方向   D. 电压方向

138. 变压器铁芯接地电流每（A）进行一次检查。

A. 月   B. 天   C. 三个月   D. 一年

139. 变压器油在电弧作用下产生的气体大部分是（B）。

A. 烃类   B. 氢气和乙炔

C. 一氧化碳和二氧化碳

140. 发电机进相运行时，（B）部分温升最大。

A. 定子绕组   B. 定子端部铁芯

C. 转子绕组   D. 转子铁芯

141. 大电流接地系统中，任何一点发生单相接地时，零序电流等于通过故障点电流的（C）。

A. 2 倍   B. 1.5 倍   C. 1/3 倍   D. 1/5 倍

142. UPS 输出为 220V 交流电源，当使用万用表测量其 UPS 输出相对地电压时，其表计应显示（D）。

A. 127V   B. 220V   C. 380V   D. 无固定值

143. 两个额定电压相同的灯泡串联在适当的电压上，则功率大的灯泡（B）。

A. 发热量大   B. 发热量小

C. 发热量相等   D. 发热量不等

144. 在中性点直接接地的电力系统中，当线路发生单相金属性接地故障时，非故障相的对地电压（A）。

A. 不会升高   B. 升高 1.732 倍

C. 将降低

145. 小接地电流系统采用欠补偿方式，当发生单相接地故障时，接地点通过的电流是（**B**）。

　　A. 电阻性　　　　　　B. 电容性　　　　　　C. 电感性　　　　　D. 无法确定

146. 变压器的励磁涌流一般是额定电流的（**C**）倍。

　　A. 2～3　　　　　　　B. 1～3　　　　　　　C. 6～8　　　　　　D. 8～10

147. 变压器空载试验损耗中占主要成分的损耗是（**B**）。

　　A. 铜损耗　　　　　　B. 铁损耗　　　　　　C. 附加损耗　　　　D. 介质损

148. 变压器所带的负荷是电阻、电容性的，其变压器的外特性曲线是（**B**）。

　　A. 下降形曲线　　　　　　　　　　　B. 上升形曲线

　　C. 近似于一条直线

149. 变压器允许正常过负荷，其过负荷的倍数及允许时间应根据（**A**）和冷却介质温度来确定的。

　　A. 变压器的负载特性　　　　　　　　B. 环境温度

　　C. 运行工况　　　　　　　　　　　　D. 冷却器运行情况

150. 大修后的变压器进行核相的主要目的是（**A**）。

　　A. 校验接线相序是否正确　　　　　　B. 校验绝缘是否合格

　　C. 校验保护定值是否正确

151. 大中型变压器，为了满足二次电压的要求，都装有调压分接头装置。此装置都装在变压器的（**A**）。

　　A. 高压侧　　　　　　B. 低压侧　　　　　　C. 高、低压侧

152. 电压互感器开口三角形绕组侧反映的是（**C**）电压。

　　A. 正序　　　　　　　B. 负序　　　　　　　C. 零序

153. 发电机内冷水管道采用不锈钢管道的目的是（**C**）。

　　A. 不导磁　　　　　　B. 不导电　　　　　　C. 抗腐蚀　　　　　D. 提高传热效果

154. 交流接触器铁芯上安装短路环的目的是（**C**）。

　　A. 减少涡流损失　　　　　　　　　　B. 增大主磁通

　　C. 减少铁芯吸合时产生的振动和噪声

155. 绕组绝缘耐热等级为 **B** 级的电机，运行时，绕组绝缘最热点温度不得超过（**D**）。

　　A. 105℃　　　　　　B. 110℃　　　　　　C. 120℃　　　　　D. 130℃

156. 三相桥式整流中，每个二极管导通的时间是（**C**）周期。

　　A. 1/4　　　　　　　B. 1/6　　　　　　　C. 1/3　　　　　　D. 1/2

157. 手车式断路器合闸后内部二次回路的（**B**）接通。

　　A. 合闸回路　　　　　　　　　　　　B. 跳闸回路

　　C. 信号回路　　　　　　　　　　　　D. 储能回路

158. 手车式断路器跳闸后内部二次回路的（**A**）接通。

　　A. 合闸回路　　　　　　　　　　　　B. 跳闸回路

　　C. 信号回路　　　　　　　　　　　　D. 储能回路

159. 一个标有 220V，100W 的电灯泡，把它接到 100V 的电源上，灯泡的实际功率约为 **(C)**。

　　A. 50W　　　　　　　B. 25W　　　　　　　C. 20W　　　　　　　D. 10W

160. 4 只 60μF 的电容器串联使用时其等效电容量是 **(C)**。

　　A. 60μF　　　　　　　B. 240μF　　　　　　　C. 15μF　　　　　　　D. 30μF

161. 我们使用的测量仪表，它的准确度等级若是 0.5 级，则该仪表的基本误差是 **(C)**。

　　A. ＋0.5%　　　　　　B. －0.5%　　　　　　C. ±0.5%　　　　　　D. ±0.5

162. 电力系统在很小的干扰下，能独立地恢复到它运行状况的能力，称为 **(B)**。

　　A. 初态稳定　　　　　　　　　　　　　　B. 静态稳定

　　C. 系统的抗干扰能力　　　　　　　　　　D. 动态稳定

163. 中性点不接地电流系统发生单相接地故障，接地电流为 **(B)**。

　　A. 电阻性　　　　　　B. 电容性　　　　　　C. 电感性

164. 电气倒闸操作票中操作开始时间为第一项操作开始时间，终了时间为 **(C)** 时间。

　　A. 倒闸操作完时间　　　　　　　　　　　B. 倒闸操作中的任意时间

　　C. 最后一项操作终了　　　　　　　　　　D. 倒闸操作完到集控室的时间

165. 母线隔离开关操作可以通过回接触点进行 **(B)** 切换。

　　A. 信号回路　　　　　　B. 电压回路　　　　　　C. 电流回路　　　　　　D. 保护电源回路

166. 设备发生接地时室内不得接近故障点 **(A)**。

　　A. 4m　　　　　　　　B. 2m　　　　　　　　C. 3m　　　　　　　　D. 5m

167. 发电厂的一项重要技术经济指标是：发电设备"年利用小时"，它是由 **(A)** 计算得来的。

　　A. 发电设备全年发电量除以发电设备额定容量

　　B. 发电设备额定容量除以发电设备全年发电量

　　C. 发电设备全年发电量除以年供电量

　　D. 发电设备全年供电量除以发电设备全年发电量

168. 串联补偿装置实际上是利用集中的电容器的容抗来补偿 **(A)** 的一种装置。

　　A. 线路上分布的电感性阻抗　　　　　　　B. 供电负荷感性无功

　　C. 电源输送无功功率不足

169. 电力系统发生不对称故障时，短路电流的各序分量中，受两侧电源电动势影响的是 **(A)**。

　　A. 正序分量　　　　　　　　　　　　　　B. 负序分量

　　C. 零序分量　　　　　　　　　　　　　　D. 正序分量和负序分量

170. 电力系统发生短路时，通常还发生电压 **(B)**。

　　A. 上升　　　　　　　　B. 下降　　　　　　　　C. 不变　　　　　　　　D. 波动

171. 电力系统合环操作时，500kV 电压差不应超过 **(B)**、220kV 电压差不应超过 **(B)**、角差不应超过 **(B)**。

　　A. 20%、10%、20°　　　　　　　　　　　B. 10%、20%、30°

C. 10%、20%、20°

172. 电气开关和正常运行就产生火花的电气设备，应远离可燃物的存放地点 **（A）** 以上。

　　A. 3m　　　　　　　　B. 5m　　　　　　　　C. 8m　　　　　　　　D. 10m

173. 电容器的电容量与加在电容器上的电压 **（A）**。

　　A. 无关　　　　　　　B. 成正比　　　　　　C. 成反比　　　　　　D. 无法确定

174. 电容器的无功输出功率与电容器的电容量 **（B）**。

　　A. 成反比　　　　　　B. 成正比　　　　　　C. 成比例　　　　　　D. 不成比例

175. 电压互感器二次负载变大时，二次电压 **（C）**。

　　A. 变大　　　　　　　B. 变小　　　　　　　C. 基本不变　　　　　D. 不一定

176. 对于一个电路 **（D）**，可利用回路电流法求解。

　　A. 支路数大于网孔数　　　　　　　　　　　B. 支路数小于节点数

　　C. 支路数等于节点数　　　　　　　　　　　D. 支路数大于网孔数

177. 对于中性点没有六个引出端子的发电机，往往采用负序功率方向作为发电机匝间短路的保护。因为负序功率方向继电器能正确区分发电机 **（A）**。

　　A. 内部短路和外部短路　　　　　　　　　　B. 接地短路和相间短路

　　C. 对称短路和非对称短路　　　　　　　　　D. 不对称短路

178. 计量电能表要求采用 **（A）** 级的电流互感器。

　　A. 0.2　　　　　　　　B. 0.5　　　　　　　　C. 1　　　　　　　　D. 3

179. 绝缘电阻表（摇表）手摇发电机的电压与 **（D）** 成正比关系。

　　A. 转子的旋转速度

　　B. 永久磁铁的磁场强度

　　C. 绕组的匝数

　　D. 永久磁铁的磁场强度、转子的旋转速度和绕组的匝数三者

180. 如电压互感器高压侧和低压侧额定电压分别时 60 000V 和 100V，则该互感器的互感比为 **（A）**。

　　A. 600/1　　　　　B. 1/600　　　　　C. $600/\sqrt{3}$　　　　　D. $\sqrt{3}/600$

181. 如果把电流表直接并联在被测负载电路中，则电流表 **（C）**。

　　A. 指示不正常　　　　　　　　　　　　　　B. 指示被测负载电流

　　C. 线圈将负载短路　　　　　　　　　　　　D. 烧坏

182. 运用中的电气设备，是指全部带有电压或 **（B）**。

　　A. 运行中的电气设备

　　B. 一部分带有电压及一经操作即带有电压的电气设备

　　C. 运行及列备用的设备

　　D. 检修设备以外的设备

183. 在两个以上的电阻混联的电路中，电路的总电阻称为 **（C）**。

　　A. 电阻　　　　　　　B. 阻抗　　　　　　　C. 等效电阻　　　　　D. 电路电阻

184. 同电源的交流电动机，极对数多的电动机，其转数（**A**）。

A. 低　　　　　　B. 高　　　　　　C. 不变　　　　　　D. 不一定

185. 无论是低励失磁还是完全失磁，发电机端测量阻抗最终都会落入（**B**）内。

A. 临界失步阻抗圆　　　　　　　　　B. 异步运行阻抗圆

C. 临界电压阻抗圆　　　　　　　　　D. 等有功阻抗圆

186. 已知交流电动机的励磁极对数 p 和电源频率 f，计算电动机的同步转速 n 时，用（**B**）公式。

A. $n=60p/f$　　　B. $n=60f/p$　　　C. $n=60pf$　　　D. $n=pf/60$

187. 电容器 C 和一个电容量为 **2μF** 的电容器串联后，总电容量为电容器 C 的电容量 1/3，那么电容器 C 的电容量是（**B**）。

A. $3\mu F$　　　　B. $4\mu F$　　　　C. $6\mu F$　　　　D. $8\mu F$

188. 为防止电压互感器断线造成保护误动，距离保护（**B**）。

A. 不取电压值　　　　　　　　　　　B. 加装了断线闭锁装置

C. 取多个电压互感器的值　　　　　　D. 二次侧不装熔断器

189. 在 Yd 接线的变压器两侧装设差动保护时，其高、低压侧的电流互感器二次接线必须与变压器一次绕组接线相反，这种措施一般叫做（**A**）。

A. 相位补偿　　　B. 电流补偿　　　C. 电压补偿　　　D. 过补偿

190. 发电机定子绕组的测温元件，通常都埋设在（**C**）。

A. 上层线棒槽口处　　　　　　　　　B. 下层线棒与铁芯之间

C. 上、下层线棒之间　　　　　　　　D. 下层线棒槽口处

191. （**C**）时，6kV 母线的所有电能表有指示，但不走字。

A. 逆变段交流电源开关掉闸　　　　　B. 6kV 母线直流电源消失

C. 6kV 母线 TV 停电　　　　　　　　D. 设备停运

192. 为了改善冲击电压下的电压分配梯度，有的变压器采用了"C 防护结构"，目的是增加绕组间的（**C**）。

A. 耐振性能　　　　　　　　　　　　B. 绝缘性能

C. 电容　　　　　　　　　　　　　　D. 连接紧密性

193. 在电力系统正常状况下，用户受电端的电压最大允许偏差不应超过额定值的（**D**）。

A. $+2\%$　　　B. $+5\%$　　　C. $+7\%$　　　D. $+10\%$

194. 运行中的电动机发生匝间短路时，被短路线匝中的电流（**B**）。

A. 保持不变　　　B. 迅速增大　　　C. 突然减小

195. 测量变压器绝缘电阻的吸收比来判断绝缘状况，用加压时的绝缘电阻表示为（**B**）。

A. $R15''/R60''$　　　　　　　　　　B. $R60''/R15''$

C. $R15''/R80''$　　　　　　　　　　D. $R80''/R15''$

196. 运行中电压互感器高压侧熔断器熔断应立即（**B**）。

A. 更换新的熔断器　　　　　　　　　B. 停止运行

C. 继续运行　　　　　　　　　　　　D. 取下二次熔丝

197. 少油断路器为了防止慢分，一般都在断路器（**B**）加装防慢分装置。

    A. 传动机构   B. 传动机构和液压机构

    C. 传动液压回路和油泵控制回路   D. 远方控制装置

198. 单相半波整流电路中仅用（**A**）二极管，但它的输出电压脉动较大。

    A. 1 个   B. 2 个   C. 3 个   D. 4 个

199. 在三相对称故障时，电流互感器的二次计算负载，三角形接线比星形接线的大（**C**）。

    A. 2 倍   B. $\sqrt{3}$ 倍   C. 3 倍   D. 4 倍

200. 继电保护装置试验分为三种，它们分别是（**C**）。

    A. 验收试验、全部检验、传动试验   B. 部分试验、补充检验、定期试验

    C. 验收试验、定期检验、补充检验   D. 部分检查、定期检验、传动试验

201. 高压设备上工作需要全部停电或部分停电者应该使用（**A**）工作票。

    A. 电气第一种   B. 电气第二种

    C. 继电保护安全措施票   D. 热控第一种

202. 用钳形电流表测量变电站主变压器风冷油泵电流时导线应放在（**C**）。

    A. 里侧   B. 外侧   C. 中央   D. 任意处

203. 正常运行中的发电机，在调整无功负荷时，对发电机有功负荷（**A**）。

    A. 没有影响   B. 有一定影响

    C. 影响很大   D. 无法确定

204. 500kV 变压器装设过励磁保护该保护反映的是（**B**）。

    A. 励磁电流   B. 励磁电压

    C. 励磁电抗   D. 励磁电容

205. 扑救 6kV 以下的带电设备火灾应该用（**B**）灭火器。

    A. 泡沫   B. 二氧化碳   C. 干粉   D. 沙子

206. 电源频率增加一倍，在电压不变情况下，变压器绕组的感应电动势（**A**）。

    A. 增加一倍   B. 不变

    C. 是原来的 1/2   D. 略有增加

207. 变压器的接线组别表示的是变压器的高压、低压侧（**A**）间的相位关系。

    A. 线电压   B. 线电流   C. 相电压   D. 相电流

208. 强迫油循环风冷变压器上层油温最高不得超过（**C**）。

    A. 55℃   B. 65℃   C. 75℃   D. 85℃

209. 如果触电者触及断落在地上的带电高压导线，在尚未确认线路无电且救护人员未采取安全措施（如穿绝缘靴等）前，不能接近断线点（**C**）范围内，以防跨步电压伤人。

    A. 4～6m   B. 6～8m   C. 8～10m   D. 10～12m

210. 几个电阻的两端分别接在一起，每个电阻两端承受同一电压，这种电阻连接方法称为电阻的（**B**）。

    A. 串联   B. 并联   C. 串并联   D. 级联

211. 两个同频率正弦量相加的结果是一个 **(C)**。

A. 同频率的交流量 　　　　　　　　 B. 另一频率的交流量

C. 同频率的正弦量 　　　　　　　　 D. 另一频率的正弦量

212. 万用表的直流电流表挡实质上是一个 **(B)**。

A. 多量程的电流表 　　　　　　　　 B. 分流电阻组成的分流表

C. 多量程的直流电流表 　　　　　　 D. 分流电阻组成的分压表

213. 为降低变压器铁芯中的 **(C)**，各硅钢片间要互相绝缘。

A. 无功损耗　　 B. 空载损耗　　 C. 涡流损耗　　 D. 短路损耗

214. 在运行中的电流互感器二次回路上工作时，**(C)** 是正确的。

A. 用铅丝将二次短接 　　　　　　　 B. 用导线缠绕短接二次

C. 用短路片将二次短接 　　　　　　 D. 将二次引线拆下

215. 当三相异步电动机负载减少时，其功率因数 **(B)**。

A. 增高　　　 B. 降低　　　 C. 不变　　　 D. 改变

216. R、L、C 串联电路，在电源频率固定不变条件下，为使电路发生谐振，可用 **(C)** 的方法。

A. 改变外施电压大小 　　　　　　　 B. 改变电路电阻 R 参数

C. 改变电路电感 L 或电容 C 参数 　 D. 改变回路电流大小

217. **(A)** 常用于大型浮顶油罐和大型变压器的灭火。

A. 泡沫灭火器 　　　　　　　　　　 B. 二氧化碳灭火器

C. 干灰灭火器 　　　　　　　　　　 D. 1211 灭火器

218. 用绝缘电阻表遥测电气设备绝缘时，如果绝缘电阻表转速与要求转速低得过多时，其测量结果与实际值比较 **(A)**。

A. 可能偏高　　 B. 可能偏低　　 C. 大小一样

219. 电路中的过渡过程，只有在电路中含有 **(D)** 时才能产生。

A. 电阻元件　　 B. 电感元件　　 C. 电容元件　　 D. 储能元件

220. 在大接地电流系统中，故障电流中含有零序分量的故障类型是 **(C)**。

A. 两相短路 　　　　　　　　　　　 B. 三相短路

C. 两相短路接地 　　　　　　　　　 D. 与故障类型无关

221. 现场所有携带型短路接地线必须编号；按 **(C)** 对号入座，存放在指定地点，按值移交。

A. 型号分类　　 B. 编号顺序　　 C. 电压等级

222. 两台变压器间定相（核相）是为了核定 **(C)** 是否一致。

A. 相序　　　 B. 相位差　　　 C. 相位　　　 D. 相序和相位

223. 下列缺陷中能够由工频耐压试验考核的是 **(D)**。

A. 绕组匝间绝缘损伤

B. 高压绕组与高压分接引线之间绝缘薄弱

C. 外绕组相间绝缘距离过小

D. 高压绕组与低压绕组引线之间的绝缘强弱

224. 互感器的二次负荷大小与所接的负荷阻抗有关，随着负荷阻抗的加大，电流互感器的负荷（**A**）。

A. 加重　　　　　　B. 减轻　　　　　　C. 不变

225. 变压器每年应至少进行（**A**）次红外成像测温检查。

A. 一　　　　　　B. 二　　　　　　C. 三　　　　　　D. 四

226. 带负荷的线路拉闸时，先拉断路器后拉（**A**）。

A. 隔离开关　　　B. 断路器　　　　C. 电源导线　　　D. 负荷开关

227. 厂用电系统非同期并列时，（**A**）保护可能动作。

A. 变压器差动　　　　　　　　　B. 变压器过电流
C. 变压器零序　　　　　　　　　D. 以上全是

228. 禁止将没有保护装置的电气设备（**B**）。

A. 停止运行　　　B. 投入运行　　　C. 退出运行

229. 电力线路发生故障时，要求继电保护装置尽快切除故障，称为继电保护的（**B**）。

A. 选择性　　　　B. 快速性　　　　C. 可靠性　　　　D. 灵敏性

230. 反映电力线路电流增大而动作的保护为（**B**）。

A. 小电流保护　　　　　　　　　B. 过电流保护
C. 零序电流保护　　　　　　　　D. 过负荷保护

231. 用来供给断路器跳、合闸和继电保护装置工作的电源有（**C**）。

A. 交流　　　　　　　　　　　　B. 直流
C. 交、直流　　　　　　　　　　D. 以上都不是

232. MR 公司的 M 型有载分接开关是切换开关和选择开关分离的有载分接开关。开关为（**A**）电阻式。

A. 双　　　　　　B. 单　　　　　　C. 三　　　　　　D. 四

233. 变压器气体继电器内有气体，信号回路动作，取油样化验，油的闪点降低，且油色变黑并有一种特殊的气味，这表明变压器（**B**）。

A. 铁芯接片断裂　　　　　　　　B. 铁芯片局部短路与铁芯局部烧毁
C. 铁芯之间绝缘损坏　　　　　　D. 绝缘损坏

234. 当电力系统无功容量严重不足时，会使系统（**B**）。

A. 稳定　　　　　　　　　　　　B. 瓦解
C. 电压质量下降　　　　　　　　D. 电压质量上升

235. 如果蓄电池放电后未及时充电，将会造成（**C**）。

A. 极板短路　　　B. 极板弯曲　　　C. 极板硫化

236. 蓄电池充放电电流超过极限值，将会造成（**B**）。

A. 极板短路　　　B. 极板弯曲　　　C. 极板硫化

237. 电缆竖井应每（**C**）划分一个防火隔段。

A. 2m　　　　　　B. 4m　　　　　　C. 8m　　　　　　D. 12m

238. 电动机轴上的机械负荷增加，电动机的电流将（C）。

A. 减小   B. 不变   C. 增大   D. 增大后立即减小

239. 过电流方向保护是在过电流保护的基础上，加装一个（C）而组成的装置。

A. 负序电压元件   B. 复合电流继电器

C. 方向元件   D. 选相元件

240. 电网内大机组配置的（C）保护及振荡解列装置的定值必须经电网调度机构审定。

A. 高频率、低频率、过电压、定子接地

B. 高频率、低频率、过电压、失磁

C. 高频率、低频率、过电压、欠电压

241. 断开熔断器时先拉（C）后拉负极，合熔断器时与此相反。

A. 保护   B. 信号   C. 正极   D. 负极

242. 发电机的同步转速 n 与发电机的磁极对数为（B）。

A. 正比例关系   B. 反比例关系

C. 不成比例   D. 不变

243. 发电机运行中测得发电机转子正负极间电压 $U=320V$，正对地电压 $U+=100V$，负对地电压 $U-=220V$，则说明（D）。

A. 绝缘良好   B. 发电机励磁正接地

C. 发电机励磁负接地   D. 转子不完全接地

244. 在测量电流互感器极性时，电池正极接一次侧正极，负极接一次侧负极，在二次侧接直流电流表，（B）正极。

A. 电池断开时，表针向正方向转，则与表正极相连的是二次侧

B. 电池接通时，表针向正方向转，则与表正极相连的是二次侧

C. 电池断开时，表针向反方向转，则与表负极相连的是二次侧

245. 金属氧化物避雷器持续运行电压实际应略高于系统的（A）。

A. 最高相电压   B. 平均相电压

C. 线电压

246. 变压器二次绕组短路，（A）施加电压使其电流达到额定值时，此时所施加的电压称为阻抗电压。

A. 一次绕组   B. 二次绕组   C. 高压绕组

247. 电压互感器的误差随二次负载的增加而（A）。

A. 减小   B. 不变   C. 增大

248. 发电机振荡或失步时，一般采取增加发电机的励磁，其目的是（C）。

A. 提高发电机电压   B. 多向系统输出无功

C. 增加定、转子磁极间的拉力   D. 增加发电机有功输出

249. 变压器引出线（外套管处）发生相间短路故障时，（B）保护快速动作，变压器各侧断路器跳闸。

A. 重瓦斯   B. 差动

C. 复合电压启动过电流　　　　　　　　　　D. 零序电流保护

250. 对于同一电容器，两次连续投切中间应断开（**A**）以上时间。

A. 5min　　　　　　　B. 10min　　　　　　　C. 30min　　　　　　　D. 60min

251. 6kV 母线绝缘监测装置一般通过监测（**A**）来判断母线是否接地。

A. 零序电压　　　　　B. 正序电压　　　　　C. 负序电压　　　　　D. 负序电流

252. 变压器投停都必须合上各侧中性点接地开关，以防止（**B**）损坏变压器。

A. 过电流　　　　　　B. 过电压　　　　　　C. 局部过热　　　　　D. 电磁冲击力

253. 有一个三相电动机，当绕组成星形接于 $U_1=380V$ 的三相电源上，或绕组连成三角形接于 $U_1=220V$ 的三相电源上，这两种情况下，电源输入功率（**A**）。

A. 相等　　　　　　　B. 差倍　　　　　　　C. 差 1 倍　　　　　　D. 差 3 倍

254. 在 110kV 以上系统中发生单相接地时，其零序电压的特征是（**A**）最高。

A. 在故障点处　　　　　　　　　　　　　　B. 在变压器中性点处

C. 在接地电阻大的地方

255. 在小电流接地系统中，发生金属性接地时接地相的电压（**A**）。

A. 等于零　　　　　　　　　　　　　　　　B. 等于相电压

C. 升高　　　　　　　　　　　　　　　　　D. 不变

256. 中性点不接地系统发生金属性单相接地时，非接地相对地电压变为（**C**）。

A. 零　　　　　　　　B. 相电压　　　　　　C. 线电压

257. 测量变压器绕组对地绝缘电阻值接近零值，说明该绕组（**C**）。

A. 受潮　　　　　　　B. 正常　　　　　　　C. 绝缘击穿或接地短路

258. 断路器液压操动机构在（**C**）应进行机械闭锁。

A. 压力表指示零压时

B. 断路器严重渗油时

C. 液压机构打压频繁时

D. 压力表指示为零且行程杆下降至最下面一个微动开关处时

259. 三相电力变压器一次绕组接成星形，二次绕组接成星形的三相四线制，其相位关系为时钟序数 12，其联结组标号为（**A**）。

A. Yyn0　　　　　　　B. Ydn11　　　　　　C. yn0　　　　　　　　D. yn11

260. 三相电容器之间的差值，不应超过单向总容量的（**B**）。

A. 1%　　　　　　　　B. 5%　　　　　　　　C. 10%　　　　　　　　D. 15%

261. 电力系统不能向负荷供应所需的足够的有功功率时，系统的频率就（**B**）。

A. 升高　　　　　　　B. 降低　　　　　　　C. 不变　　　　　　　　D. 升高较轻

262. 检查物质是否带磁性，就看对铁、钴、镍等有无（**B**）现象。

A. 排斥　　　　　　　B. 吸引　　　　　　　C. 无表示　　　　　　　D. 无规律

263. 当双侧电源线路两侧重合闸均投入检查同期方式时，将造成（**C**）。

A. 两侧重合闸均启动　　　　　　　　　　　B. 非同期合闸

C. 两侧重合闸均不启动　　　　　　　　　　D. 一侧重合闸启动，另一侧不启动

264. 并联运行变压器，所谓经济还是不经济，是以变压器（B）来衡量的。

A. 运行时间的长短 　　　　　　　　B. 损耗的大小

C. 效率的高低

265. 标志断路器开合短路故障能力的数据是（A）。

A. 额定短路开合电流的峰值 　　　　B. 最大单相短路电流

C. 断路电压 　　　　　　　　　　　D. 最大运行负荷电流

266. 电力系统出现两相短路时，短路点距母线的远近与母线上负序电压值的关系是（B）。

A. 距故障点越远负序电压越高 　　　B. 距故障点越近负序电压越高

C. 与故障点位置无关 　　　　　　　D. 距故障点越近负序电压越低

267. 大接地电流系统中零序电流大小取决于（B）。

A. 短路点距电源的远近 　　　　　　B. 中性点接地的数目

C. 系统电压等级的高低 　　　　　　D. 短路类型

268. 电力元件继电保护的选择性，除了决定于继电保护装置本身的性能外，还要求满足：由电源算起，越靠近故障点的继电保护的故障启动值（A）。

A. 相对越小，动作时间越短 　　　　B. 相对越大，动作时间越短

C. 相对越小，动作时间越长 　　　　D. 相对越大，动作时间越长

269. 220kV 及以上变压器新油电气绝缘强度为（C）以上。

A. 30kV 　　　　B. 35kV 　　　　C. 40kV 　　　　D. 45kV

270. 变压器装设的差动保护，对变压器来说一般要求是（C）。

A. 所有变压器均装 　　　　　　　　B. 视变压器的使用性质而定

C. 要装设 1500kVA 以上的变压器 　 D. 要装设 8000kVA 以上的变压器

271. 可控硅整流装置是靠改变（C）来改变输出电压的。

A. 交流电源电压 　　　　　　　　　B. 输出直流电流

C. 可控硅触发控制角 　　　　　　　D. 负载大小

272. 当大气过电压使线路上所装设的避雷器放电时，电流速断保护（B）。

A. 应同时动作 　　　　　　　　　　B. 不应动作

C. 以时间差动作 　　　　　　　　　D. 视情况而定是否动作

273. 合环是指将（A）用断路器或隔离开关闭合的操作。

A. 电气环路 　　　　　　　　　　　B. 电气设备

C. 电气系统 　　　　　　　　　　　D. 电气二次

274. 当外加电压降低时，电动机的电磁力矩降低，转差（B）。

A. 降低 　　　　　　　　　　　　　B. 增大

C. 无变化 　　　　　　　　　　　　D. 有变化但无规律

275. 防误装置电源应与（C）电源独立。

A. 控制与信号回路 　　　　　　　　B. 继电保护与信号回路

C. 继电保护与控制回路

276. 发电机的测温元件（热电偶式）是利用两种不同金属丝的接触点，在不同温度时所产生的 **（A）** 的不同来测定温度的。

　　A. 电动势　　　　　　B. 电阻　　　　　　C. 位移　　　　　　D. 不变

277. 电动机启动时间过长或在短时间内连续多次启动，会使电动机绕组产生很大热量，温度 **（A）** 造成电动机损坏。

　　A. 急剧上升　　　　　B. 急剧下降　　　　C. 缓慢上升　　　　D. 缓慢下降

278. 在交流电路中，电容器 C_1 和 C_2 并联，C_1 电容量为 C_2 电容量的三倍，则 C_1 通过的电流为 C_2 通过的电流的 **（B）**。

　　A. 1/3 倍　　　　　　B. 3 倍　　　　　　C. 1.5 倍　　　　　D. 4 倍

279. 变压器的温度升高时，绝缘电阻测量值 **（B）**。

　　A. 增大　　　　　　　B. 降低　　　　　　C. 不变　　　　　　D. 成比例增长

280. 几个电容器并联连接时，其总电容量等于 **（B）**。

　　A. 各并联电容量的倒数和　　　　　　　B. 各并联电容量之和

　　C. 各并联电容量的和之倒数　　　　　　D. 各并联电容量之倒数和的倒数

281. 交流测量仪表所指示的读数是正弦量的 **（A）**。

　　A. 有效值　　　　　　B. 最大值　　　　　C. 平均值　　　　　D. 瞬时值

282. 两台装于同一相，且变比相同、容量相等的套管形电流互感器，在二次绕组串联使用时 **（C）**。

　　A. 容量和变比都增加一倍　　　　　　　B. 变比增加一倍，容量不变

　　C. 变比不变，容量增加一倍　　　　　　D. 变比、容量都不变

283. 在感性负载两端并联容性设备是为了 **（D）**。

　　A. 增加电源无功功率　　　　　　　　　B. 减少负载有功功率

　　C. 提高负载功率因数　　　　　　　　　D. 提高整个电路的功率因数

284. 发电机内冷水铜离子浓度升高与 **（C）** 直接相关。

　　A. 硬度　　　　　　　B. 电导率　　　　　C. pH 值　　　　　D. 二氧化碳

285. 用节点电压法求解电路时，应首先列出 **（A）** 独立方程。

　　A. 比节点少一个的　　　　　　　　　　B. 与回路数相等的

　　C. 与节点数相等的　　　　　　　　　　D. 比节点多一个的

286. 当有电流在接地点流入地下时，电流在接地点周围土壤中产生电压降。人在接地点周围，两脚之间出现的电压称为 **（A）**。

　　A. 跨步电压　　　　　　　　　　　　　B. 跨步电动势

　　C. 临界电压　　　　　　　　　　　　　D. 故障电压

287. 电动机运行中，如电压降低，则电流 **（A）**。

　　A. 增大　　　　　　　B. 减小　　　　　　C. 不变　　　　　　D. 无法确定

288. 母差保护的毫安表中出现的微小电流是电流互感器的 **（B）**。

　　A. 开路电流　　　　　　　　　　　　　B. 误差电流

　　C. 接错线而产生的电流　　　　　　　　D. 短路电流

289. 直流电（D）为人体安全电流。

    A. 10mA   B. 20mA   C. 30mA   D. 50mA

290. 用钳形电流表测量三相平衡负荷电流，钳口中放入两相导线，其表指示值（C）。

    A. 大于一相电流   B. 小于一相电流

    C. 等于一相电流   D. 等于零

291. 一台额定电压为 100V、额定电流为 10A 的用电设备接入 220V 的电路中并能正常工作，可以（A）。

    A. 串联一个 12Ω 的电阻   B. 串联一个 20Ω 的电阻

    C. 串联一个 10Ω 的电阻   D. 并联一个 12Ω 电阻

292. 在同期并列中规定，同步表两侧频率差在（C）以内时，才允许将同步表电路接通。

    A. ±0.1Hz   B. ±0.2Hz   C. ±0.5Hz   D. ±0.75Hz

293. 为防止汽轮发电机组超速损坏，汽轮机装有保护装置，使发电机的转速限制在不大于额定转速的（B）以内。

    A. 5%   B. 10%   C. 15%   D. 20%

294. 当电力系统发生故障时，要求本线路继电保护，该动的动，不该动的不动，称为继电保护的（C）。

    A. 选择性   B. 灵敏性   C. 可靠性   D. 快速性

295. 直流励磁机电刷冒火，其电磁方面的原因主要是（C）。

    A. 电刷上弹簧压力不均   B. 整流子表面不清洁

    C. 换向不良   D. 电刷受压力太大

296. 户外配电装置，35kV 的以上软母线采用（C）。

    A. 多股铜线   B. 多股铝线   C. 钢芯铝绞线   D. 钢芯铜线

297. SF$_6$ 介质具有优越的（C）性能。

    A. 绝缘   B. 灭弧   C. 绝缘和灭弧

298. 因隔离开关传动机构本身故障而不能操作的，应（A）处理。

    A. 停电   B. 自行   C. 带电处理   D. 以后

299. 直流电机主极与转子最小或最大与平均的空气间隙误差规定不大于（B）。

    A. 5%   B. 10%   C. 15%   D. 20%

300. 330kV 及以上输变电主设备被迫停止运行，为（A）事故。

    A. 一般设备   B. 一类障碍   C. 二类障碍

301. 发电机手动并列操作中，要求离同期点提前一个角度合入发电机断路器，此角度所确定的时间，应等于（C）时间。

    A. 断路器固有合闸   B. 继电保护动作

    C. 发合闸脉冲到断路器合入

302. 当变压器一次绕组通入直流电时，其二次绕组的（B）。

    A. 感应电动势的大小与匝数成正比   B. 感应电动势为零

C. 感应电动势近似于一次绕组的电动势　　D. 感应电动势的大小与匝数成反比

303. 同步发电机的功角越接近 90°，其稳定性（**B**）。

A. 越好　　　　　　B. 越差　　　　　　C. 不能确定　　　　　D. 适中

304. 高、低压验电器使用前不仅要验证其声、光指示正常，还必须在（**C**）其状况良好。

A. 带电部位验证　　　　　　　　　　B. 高电压等级带电部位验证

C. 相应电压等级带电部位验证

305. 变压器轻瓦斯保护动作后，经验查气体无色且不能燃烧，说明是（**C**）。

A. 木质、纸故障　　B. 油故障　　　　C. 空气进入

306. 短路电流的冲击值主要用来检验电气设备的（**C**）。

A. 绝缘性能　　　　B. 热稳定　　　　C. 动稳定　　　　　D. 机械性能

307. 油浸电力变压器的气体保护装置轻气体信号动作，取气体分析，结果是无色、无味、不可燃，色谱分析为空气，这时变压器（**B**）。

A. 必须停运　　　　　　　　　　　　B. 可以继续运行

C. 不许投入运行　　　　　　　　　　D. 要马上检修

308. 变压器温度计所反映的温度是变压器的（**A**）。

A. 上部温度　　　　B. 中部温度　　　C. 下部温度　　　　D. 匝间温度

309. 电压互感器二次回路有工作而互感器不停用时应防止二次（**B**）。

A. 断路　　　　　　B. 短路　　　　　C. 熔断器熔断　　　D. 开路

310. 容量在（**C**）及以上变压器应装设气体继电器。

A. 7500kVA　　　　B. 1000kVA　　　C. 800kVA　　　　　D. 40kVA

311. 油浸风冷变压器当风扇故障时变压器允许带负荷为额定容量的（**B**）。

A. 65%　　　　　　B. 70%　　　　　C. 75%　　　　　　D. 80%

312. 双线圈变压器作为发电厂的主变压器，一般采用（**B**）接线。

A. YNy0　　　　　　B. YNd11　　　　C. YNd1　　　　　　D. YNy6

313. 电力电缆不得过负荷运行，在事故情况下，10kV 以下电缆只允许（**C**）连续（**C**）运行。

A. 1h，过负荷 35%　　　　　　　　　B. 1.5h，过负荷 20%

C. 2h，过负荷 15%　　　　　　　　　D. 2h，过负荷 15%

314. 安装在变电站内的表用互感器的准确级为（**A**）。

A. 0.5～1.0 级　　　　　　　　　　　B. 1.0～2.0 级

C. 2.0～3.0 级　　　　　　　　　　　D. 1.0～3.0 级

315. 电力系统用隔离开关操作，以下说法正确的是（**C**）。

A. 用隔离开关给 500kV 母线空载充电　　B. 拉合 35kV 及以下系统的空载变压器

C. 用隔离开关给 220kV 母线空载充电

316. 使用钳形电流表，可选择（**A**）然后再根据读数逐次切换。

A. 最高挡位　　　　B. 最低挡位　　　C. 刻度一半　　　　D. 任何挡位

317. 变压器负载试验时，变压器的二次绕组短路，一次绕组分接头应放在 **（B）** 位置。

A. 最大   B. 额定   C. 最小   D. 任意

318. 220kV 电流互感器二次绕组中如有不用的应采取 **（A）** 处理。

A. 短接   B. 拆除

C. 与其他绕组并联   D. 与其他绕组串联

319. 在 *R*、*L*、*C* 并联的交流电路中，如果总电压相位落后于总电流相位时，则表明 **（B）**。

A. $X_C = X_L = R$ B. $X_L > X_C$ C. $X_C > X_L$ D. $X_L = X_C$

320. 直流电动机启动时，电枢回路中串入启动电阻，其作用是 **（C）**。

A. 增大启动力矩   B. 减小启动力矩

C. 限制启动电流

321. 低压电网常采用 380/220V 三相四线制系统供电，最主要是考虑 **（B）** 需要。

A. 接零保护   B. 照明和动力共用一个系统

C. 降低设备绝缘水平

322. 电流互感器二次回路接地点的正确设置方式是 **（C）**。

A. 每只电流互感器二次回路必须有一个单独的接地点

B. 所有电流互感器二次回路接地点均设置在电流互感器端子箱内

C. 电流互感器的二次侧只允许有一个接地点，对于多组电流互感器相互有联系的二次回路接地点应设在保护屏上

D. 电流互感器二次回路应分别在端子箱和保护屏接地

323. 交流异步电动机是一种 **（B）** 的设备。

A. 高功率因数   B. 低功率因数

C. 功率因数是 1   D. 功率因数小于 1

324. 变压器安装升高座时，放气塞应在升高座 **（A）**。

A. 最高处   B. 任意位置   C. 最低   D. 中间

325. 并联谐振也叫做 **（B）** 谐振，发生并联谐振时，电路的总阻抗达到了最大值。

A. 电压   B. 电流   C. 功率   D. 铁磁

326. 串联谐振也叫做 **（A）** 谐振。发生串联谐振时，电路的总阻抗达到了最小值。

A. 电压   B. 电流   C. 功率   D. 铁磁

327. 在 6kV 中性点不接地系统中，发生单相金属性接地时，非故障相的相电压将 **（C）**。

A. 无变化   B. 降低 1.732 倍

C. 升高 1.732 倍   D. 升高 1 倍

328. 小接地系统的 6kV 母线接地时其时间规定不应超过 **（B）**。

A. 1h   B. 2h   C. 4h   D. 6h

329. 断路器失灵保护，只能在 **（A）** 时启后备保护。

A. 断路器拒动   B. 断路器误动

C. 保护误动   D. 保护拒动

330. 对变压器差动保护进行相量图分析时，应在变压器（**C**）时进行。

A. 停电 B. 空载

C. 载有一定负荷 D. 过负荷

331. 浸有油类等的回丝及木质材料着火时，可用泡沫灭火器和（**A**）灭火。

A. 干沙 B. 二氧化碳灭火器

C. 干式灭火器 D. 四氯化碳灭火器

332. 空气间隙两端的电压高到一定程度时，空气就完全失去其绝缘性能，这种现象叫做气体击穿或气体放电。此时加在间隙之间的电压叫做（**D**）。

A. 安全电压 B. 额定电压

C. 跨步电压 D. 击穿电压

333. 油中含水量在（**A**）$\times 10^{-6}$ 以下时，油中是否含有其他固体杂质是影响油的击穿电压的主要因素。

A. 40 B. 50 C. 60 D. 45

334. 在小电流接地系统中发生单相接地时（**C**）。

A. 过电流保护动作 B. 速断保护动作

C. 接地保护动作 D. 低频保护动作

335. 周期性非正弦量用等效正弦波代替时，它只在（**A**）方面等效。

A. 电压、功率、频率 B. 电压、功率、电流

C. 有效值、功率、频率 D. 有效值、有功功率、频率

336. 为确保厂用母线电压降低后又恢复时，保证重要电动机的自启动，规定电压值不得低于额定电压的（**B**）。

A. 50％ B. 60％～70％ C. 80％ D. 90％

337. 选择电压互感器二次熔断器的容量时，不应超过额定电流的（**B**）。

A. 1.2 倍 B. 1.5 倍 C. 1.8 倍 D. 2 倍

338. 中性点不接地电网发生单相接地时，故障线路始端的零序电流 $\dot{I}_0$ 与零序电压 $\dot{U}_0$ 的相位关系是（**B**）。

A. $3\dot{I}_0$ 超前 $3\dot{U}_0$ 90° B. $3\dot{I}_0$ 滞后 $3\dot{U}_0$ 90

C. $3\dot{I}_0$ 超前 $3\dot{U}_0$ 120° D. $3\dot{I}_0$ 滞后 $3\dot{U}_0$ 120°

339. 变压器供电的线路发生短路时，要使短路电流小些，可采取（**D**）措施。

A. 增加变压器电动势 B. 变压器加大外电阻 r

C. 变压器增加内电阻 r D. 选用短路比大的变压器

340. 为确保检验质量，试验定值时，应使用不低于（**C**）的仪表。

A. 0.2 级 B. 1 级 C. 0.5 级 D. 2.5 级

341. 一般变压器防爆管薄膜的爆破压力是（**B**）。

A. 0.0735MPa B. 0.049MPa

C. 0.196MPa D. 0.186MPa

342. 电流表、电压表的本身的阻抗规定是（A）。

A. 电流表阻抗较小、电压表阻抗较大　　B. 电流表阻抗较大、电压表阻抗较小

C. 电流表、电压表阻抗相等　　D. 电流表阻抗等于 2 倍电压表阻抗

343. 对变压器进行全电压冲击试验目的是检查变压器的绝缘强度能否承受（A）的考验。

A. 全电压和操作过电压　　B. 正常运行电压

C. 操作过电压　　D. 故障过电流

344. 一台运行的电流互感器的二次电流是由（B）确定的。

A. 二次电压　　B. 一次电流

C. 二次阻抗　　D. 一次电流和二次阻抗

345. 线路过电流保护的启动电流整定值是按该线路的（C）整定。

A. 负荷电流　　B. 最大负荷

C. 大于允许的过负荷电流　　D. 出口短路电流

346. 电压和电流的关系式 $I=U/R$，这是（A）。

A. 欧姆定律　　B. 基尔霍夫定律

C. 电压定律　　D. 电流定律

347. 测量发电机的绝缘电阻，只有在吸收比大于（B）时，才认为发电机是干燥的。

A. 1　　B. 1.3　　C. 1.5　　D. 2

348. 送电合闸操作必须按照（B）的顺序依次进行。

A. 断路器→线路侧隔离开关→母线侧隔离开关

B. 母线侧隔离开关→线路侧隔离开关→断路器

C. 断路器→母线侧隔离开关→线路侧隔离开关

D. 断路器→线路侧隔离开关→母线侧隔离开关

349. 停电拉闸操作必须按照（A）的顺序进行。

A. 断路器→线路侧隔离开关→母线侧隔离开关

B. 母线侧隔离开关→线路侧隔离开关→断路器

C. 断路器→母线侧隔离开关→线路侧隔离开关

D. 线路侧隔离开关→母线侧隔离开关→断路器

350. 变压器油中表示化学性能的主要因素是（A）。

A. 酸值　　B. 闪点　　C. 水分　　D. 烃含量

351. 电动机过负荷是由于（A）等因素造成的。严重过负荷时会使绕组发热，甚至烧毁电动机。

A. 负载过大、电压过低或被带动的机械卡住　　B. 负载过大

C. 电压过低　　D. 机械卡住

352. 发电厂的电缆夹层、控制室、电缆隧道的交叉密集处、电缆竖井及屋内配电装置处应设置（C）和移动式灭火器具。

A. 沙箱　　B. 自动喷水装置

C. 火灾探测报警装置   D. 感温装置

353. 变压器油中水分增加可使油的介质损耗 （B）。

A. 降低   B. 增加   C. 不变   D. 恒定

354. 触电伤员如神志不清，应就地仰面躺平，且确保气道通畅，并用 （C） 时间，呼叫伤员或轻拍其肩部，以判定伤员是否意识丧失。

A. 3s   B. 4s   C. 5s   D. 6s

355. 二极管只允许电流从一个方向顺利通过，而不允许电流从另一个方向通过，二极管的这种导电特性称为二极管的 （B）。

A. 限流特性   B. 单向导电性

C. 稳压特性   D. 恒流特性

356. 通过一电阻的电流为 5A，4min 通过该电阻线路横截面的电量是 （C）。

A. 20C   B. 50C   C. 1200C   D. 200C

357. 两台额定功率相同，但额定电压不同的用电设备，若额定电压 110V 设备电阻为 R，则额定电压为 220V 设备的电阻为 （C）。

A. $2R$ B. $(1/2)R$ C. $4R$ D. $R/4$

358. 为了保证供电的可靠性，厂用电系统一般都采用 （B） 的原则。

A. 按锅炉分段   B. 按负荷类别分段

C. 按负荷数量分段   D. 按电压等级分段

359. 调相机作为系统的无功电源，在电网运行中它通常处于 （D） 的状态。

A. 向系统送出有功功率

B. 从系统吸收视在功率

C. 从系统吸收有功功率

D. 向系统输送无功功率，同时从系统吸收少量有功功率以维持转速

360. 电力系统中，将大电流按比例变换为小电流的设备称为 （D）。

A. 变压器   B. 电抗器

C. 电压互感器   D. 电流互感器

361. 电容器的电容允许值最大变动范围为 （A）。

A. ＋10％   B. ＋5％   C. ＋7.5％   D. ＋2.5％

362. 电压互感器二次侧不允许短路是因为 （B）。

A. 二次侧会出现过电压   B. 二次侧短路会烧毁绕组

C. 二次侧短路会烧坏仪表

363. 发电机定子线圈 A 级绝缘允许温度为 （B）。

A. 100℃   B. 105℃   C. 120℃   D. 130℃

364. 正常运行中，发电机冷氢温度规定为 （A）。

A. 35～40℃   B. 38～42℃   C. 40～45℃   D. 42～45℃

365. 已知电路中 a、b 两点的电位分别为 $U_a=5V$、$U_b=-4V$ 则 U_{ab} 等于 （A）。

A. 9V   B. −9V   C. 1V   D. −1V

366. 发电机定子线棒层间最高与最低间温差达 **（A）**，应及时查明原因，此时可降负荷。

A. 8℃   B. 12℃   C. 14℃   D. 16℃

367. 风吹自冷式电力变压器，最高允许温度不得超过 **（C）**。

A. 80℃   B. 85℃   C. 95℃   D. 100℃

368. 正常运行中，发电机内冷水入口水温规定为 **（B）**。

A. 35～40℃   B. 38～42℃   C. 40～45℃   D. 34～45℃

369. 6kV 厂用段工作进线开关从工作位置摇至试验位置时，必须 **（B）**。

A. 保持进线开关的控制电源和开关二次插头不拿下

B. 进线开关二次插头不拿下，断开其余进线开关间隔内的所有控制开关

C. 断开进线开关的控制电源和 TV 二次开关

D. 断开进线开关间隔内的所有控制开关

370. 电力系统发生振荡时 **（C）** 可能误动。

A. 电流差动保护   B. 零序电流速断保护

C. 电流速断保护   D. 过电流保护

371. 如果二次回路故障导致重瓦斯保护误动作变压器跳闸应将重瓦斯保护 **（B）** 变压器恢复运行。

A. 可能误投入   B. 退出

C. 继续运行   D. 运行与否都可以

372. 对于中性点不接地的 6～35kV 系统，应根据电网发展每 **（B）** 年进行一次电容电流测试。

A. 2～3   B. 3～5   C. 4～6   D. 5～10

373. 在正常运行情况下，中性点不接地系统中性点位移电压不得超过 **（A）**。

A. 15%   B. 10%   C. 5%   D. 20%

374. **（B）** 只适用于扑救 600V 以下的带电设备的火灾。

A. 泡沫灭火器   B. 二氧化碳灭火器

C. 干粉灭火器   D. 1211 灭火器

375. 发现发电机炭刷打火严重时，应首先 **（B）**。

A. 减小有功负荷   B. 减小无功负荷

C. 增加有功负荷   D. 增加无功负荷

376. 用万用表测量某电路的电压时，应先了解被测电压的大致范围，如果不清楚其范围，则应选用电压挡 **（A）** 测量挡位。

A. 大的   B. 小的   C. 中间的   D. 随意

377. 线路距离保护第一段保护范围是本线路全长的 **（C）**。

A. 60%～70%   B. 70%～75%   C. 80%～85%   D. 100%

378. 三相交流笼式异步电动机改变转向的方法常用 **（B）**。

A. 改变电压   B. 改变相序

C. 接线改为△接线   D. 接线改为 Y 接线

379. 发电机定子线圈冷却水出口温度应小于（C）。

A. 75℃　　　　B. 80℃　　　　C. 85℃　　　　D. 90℃

380. 在发电机正常运行时中性点的三次谐波电压（A）机端三次谐波电压，故定子接地保护中的三次谐波元件不会误动。

A. 大于　　　　B. 小于　　　　C. 等于　　　　D. 决定于

381. 380/220V 系统的中性点运行方式为（A）。

A. 直接接地　　　　　　　　　　B. 经消弧线圈接地
C. 不接地　　　　　　　　　　　D. 经电阻接地

382. 系统故障，发电机电压调节器的强行励磁动作，（A）内运行人员不得对调节器进行任何操作。

A. 1min　　　　B. 0.5min　　　　C. 2min　　　　D. 3min

383. 中性点不接地系统中，当发生金属性单相接地时，经过接地点的电流为（D）。

A. 0　　　　B. I_0　　　　C. $2I_0$　　　　D. $3I_0$

384. 变压器套管安装就位后，带电前必须进行静放，其中 110～220kV 套管静放时间应大于（B）。

A. 12h　　　　B. 24h　　　　C. 36h　　　　D. 48h

385. 运行中的隔离开关、刀闸口最高允许温度为（A）。

A. 80℃　　　　B. 95℃　　　　C. 100℃　　　　D. 120℃

386. 周围温度为 25℃ 时，母线接接头允许运行温度为（B）。

A. 65℃　　　　B. 70℃　　　　C. 80℃　　　　D. 90℃

387. 断路器连接瓷套法兰所用的橡皮垫压缩量不宜超过其厚度的（B）。

A. 1/5　　　　B. 1/3　　　　C. 1/2　　　　D. 1/4

388. 在串联电阻电路中，每个电阻的电压大小（A）。

A. 与电阻大小成正比　　　　　　B. 相同
C. 与电阻大小成反比　　　　　　D. 无法确定

389. 在电压源和电流源等效变换中，电压源中的电动势和电流源中的电流（C）。

A. 应保持大小和方向一致　　　　B. 应保持大小一致
C. 应保持方向一致　　　　　　　D. 应保持耗能不变

390. 异步电动机的最大电磁转矩与端电压的大小（A）。

A. 平方成正比　　B. 成正比　　C. 成反比　　D. 无关

391. 用万用表测量电流电压时，被测电压的高电位端必须与万用表的（C）端钮连接。

A. 公共端　　　　　　　　　　　B. "－"端
C. "＋"端　　　　　　　　　　　D. "＋"或"－"任一端

392. 新安装或一、二次回路有变动的变压器差动保护，当被保护的变压器充电时应将差动保护（A）。

A. 投入　　　　　　　　　　　　B. 退出
C. 投入退出均可　　　　　　　　D. 视变压器情况而定

393. 三相电力变压器并联运行的条件之一是电压比相等，实际运行中允许相差为 **（A）**。

A. ±0.5% B. ±5% C. ±10% D. ±2%

394. 查找直流接地时，所用仪表内阻不应低于 **（B）**。

A. 1000Ω/V B. 2000Ω/V C. 3000Ω/V D. 500Ω/V

395. 运行中电压互感器发出臭味并冒烟应 **（D）**。

A. 注意通风 B. 监视运行 C. 放油 D. 停止运行

396. 用万用表检测二极管极性好坏时，应使用万用表的 **（C）**。

A. 电压挡 B. 电流挡 C. 欧姆挡 D. 其他挡

397. 通过电场实现的两个电荷之间的作用力符合 **（C）**。

A. 基尔霍夫定律 B. 楞次定律

C. 库仑定律 D. 戴维南定律

398. 在燃烧室工作需要加强照明时，可由电工安装 **（C）** 临时固定电灯。电灯及电缆需绝缘良好，安装牢固，放在碰不着人的地方。

A. 24V B. 36V C. 110V或220V D. 12V

399. 在一定的正弦交流电压 U 作用下，由理想元件 **R、L、C** 组成的串联电路谐振时，电路的总电流将 **（D）**。

A. 无穷大 B. 等于零

C. 等于非谐振状态时的总电流 D. 等于电源电压 U 与电阻 R 的比值

400. **RL** 串联的正弦交流电路总电压的有效值 U **（B）**。

A. 等于 U_R 与 U_L 之和 B. 一定比 U_R、U_L 都大

C. 只能比 U_R、U_L 中一个大 D. 有可能比 U_R、U_L 都小

401. 功率因数是 **（A）**。

A. 有功与视在功率的比值 B. 无功与视在功率的比值

C. 无功与有功的比值 D. 有功与无功的比值

402. 电压互感器与电力变压器的区别在于 **（C）**。

A. 电压互感器有铁芯，变压器无铁芯

B. 电压互感器无铁芯，变压器有铁芯

C. 电压互感器主要用于测量和保护，变压器用于连接两电压等级的电网

D. 变压器的额定电压比电压互感器高

403. 确定电流通过导体时所产生的热量与电流的平方、导体的电阻及通过的时间成正比的定律是 **（C）**。

A. 欧姆定律 B. 基尔霍夫定律

C. 焦耳—楞次定律 D. 戴维南定律

404. 电路中任何不同电位的两点由于绝缘损坏等原因直接接通的现象叫 **（B）**。

A. 开路 B. 短路 C. 断路

405. 机组保安电源是保证 **（B）** 的电源。

A. 机组稳定运行 B. 事故情况下机组安全停运

C. 机组经济运行　　　　　　　　　D. 机组检修用电

406. 变压器铁芯应在（**B**）的情况下运行。

A. 不接地　　　B. 一点接地　　　C. 两点接地　　　D. 多点接地

407. 电流互感器的不完全星形接线，在运行中（**A**）故障。

A. 不能反映所有的接地　　　　　　B. 能反映各种类型的接地

C. 仅反映单相接地　　　　　　　　D. 不能反映三相短路

408. 新装变压器的瓦斯保护在变压器投运（**D**）无问题再进行跳闸。

A. 1h　　　B. 8h　　　C. 12h　　　D. 24h

409. 变压器二次侧负载为 Z，一次侧接在电源上用（**A**）的方法可以增加变压器输入功率。

A. 增加一次侧绕组匝数　　　　　　B. 减少二次侧绕组匝数

C. 减少负载阻抗　　　　　　　　　D. 增加负载阻抗

410. 变压器在额定电压下，二次开路时在铁芯中消耗的功率为（**C**）。

A. 铜损　　　B. 无功损耗　　　C. 铁损　　　D. 热损

411. 两只额定电压相同的电阻，串联接在电路中，则阻值较大的电阻（**A**）。

A. 发热量大　　　　　　　　　　　B. 发热量较小

C. 相同　　　　　　　　　　　　　D. 无法判断

412. 如室内安装运行 SF_6 开关设备，在进入室内前必须先强迫通风（**C**）以上，待含氧量和 SF_6 气体浓度符合标准后方可进入。

A. 10min　　　B. 12min　　　C. 15min　　　D. 20min

413. 运行中的电流互感器。当一次电流在未超过额定值 1.2 倍时，电流增大，误差（**D**）。

A. 不变　　　　　　　　　　　　　B. 增大

C. 变化不明显　　　　　　　　　　D. 减小

414. 中性点经消弧绕组接地的电力网，在正常运行情况下中性点，其时间电压位移不应超过额定相电压的（**C**）。

A. 5%　　　B. 10%　　　C. 15%　　　D. 20%

415. 一根导线均匀拉长为原来的 3 倍，则它的电阻为原阻值的（**C**）倍。

A. 3　　　B. 6　　　C. 9　　　D. 12

416. 对于集成电路型、微机型保护，为增强其抗干扰能力应采取的方法是（**C**）。

A. 交流电源来线必须经抗干扰处理，直流电源来线可不经抗干扰处理

B. 直流电源来线必须经抗干扰处理，交流电源来线可不经抗干扰处理

C. 交流及直流电源来线均必须经抗干扰处理

D. 交流及直流电源来线均可不经抗干扰处理

417. 在大电流系统中，发生单相接地故障时，零序电流和通过故障点的电流在相位上是（**A**）。

A. 同相位　　　B. 相差 90°　　　C. 相差 45°　　　D. 相差 120°

418. 变压器油箱底部大量漏油，此时储油柜与油箱之间的控油阀应 **(A)**。

A. 自动关闭，停止补油   B. 自动打开，进行补油

C. 手动关闭，停止补油   D. 手动打开，进行补油

419. 当提高发电机有功功率时，如不调整励磁电流，则发电机的无功功率将随之 **(A)**。

A. 变大   B. 变小   C. 不变   D. 不能确定

420. 柴油发电机正常备用时，为确保能正常自启动其蓄电池电压应经常保持 **(B)** 以上。

A. 20V   B. 25V   C. 30V   D. 35V

421. 变压器绕组之间及绕组与接地部分之间的绝缘称为 **(C)**。

A. 分级绝缘   B. 全绝缘   C. 主绝缘   D. 纵绝缘

422. 电阻并联电路中，各支路电流与各支路电导 **(A)**。

A. 成正比   B. 成反比   C. 相等   D. 无关

423. 当人体触电时间越长，人体的电阻值将 **(B)**。

A. 变大   B. 变小   C. 不变

424. 三相对称负载星接时，相电压有效值是线电压有效值的 **(D)** 倍。

A. 1   B. $\sqrt{3}$ C. 3   D. $1/\sqrt{3}$

425. 发电机与电网同步的条件，主要是指 **(A)**。

A. 相序一致、相位相同、频率相同、电压大小相等

B. 频率相同

C. 电压幅值相同

D. 相位、频率、电压相同

426. 设备故障跳闸后未经检查即送电是指 **(A)**。

A. 强送   B. 强送成功   C. 试送

427. 强行励磁装置在发电机端电压降低至 **(C)** 额定值时动作，以提高电力系统的稳定性。

A. 60%～70%   B. 70%～75%

C. 80%～85%   D. 85%～90%

428. 三角形联结的供电方式为三相三线制，在三相电动势 E 为对称的情况下，三相电动势相量之和等于 **(B)**。

A. E B. 0   C. $2E$ D. $3E$

429. 500kV 电网中并联高压电抗器中性点加小电阻的作用之一是 **(C)**。

A. 防止发生电磁谐振   B. 降低短路电流

C. 提高线路重合闸的成功率

430. 变压器按中性点绝缘水平分类时，中性点绝缘水平与线圈端部绝缘水平相同称为 **(A)**。

A. 全绝缘   B. 半绝缘

C. 两者都不是   D. 不绝缘

431. 导体在磁场中相对运动，则在导体中产生感应电动势，其方向用（C）判断。

　A. 右手螺旋定则　　　　　　　　　　　B. 左手定则

　C. 右手定则　　　　　　　　　　　　　D. 无法确定

432. 有甲、乙、丙、丁四个带电体，其中甲排斥乙，甲吸引丙而丙排斥丁，如果丁带的是正电荷，那么乙的电荷是（B）。

　A. 正电荷　　　　　B. 负电荷　　　　　C. 中性的　　　　　D. 无法确定

433. 电压互感器的下列接线方式中，（A）接线不能测量相电压。

　A. Yy　　　　　　　B. YNynd　　　　　C. Yynd　　　　　　D. Yn

434. 电力系统中性点接地方式有三种，分别是（B）。

　A. 直接接地方式、经消弧线圈接地方式和经大电抗器接地方式

　B. 直接接地方式、经消弧线圈或电阻接地方式和不接地方式

　C. 不接地方式、经消弧线圈接地方式和经大电抗器接地方式

　D. 直接接地方式、经大电抗器接地方式和不接地方式

435. 需要对运行中的变压器补油时，应将重瓦斯保护改接（A）再进行工作。

　A. 信号　　　　　　B. 跳闸　　　　　　C. 停用　　　　　　D. 不用改

436. 发电机变为同步电动机运行时，最主要的是对（C）造成危害。

　A. 发电机本身　　　　　　　　　　　　B. 电力系统

　C. 汽轮机尾部的叶片　　　　　　　　　D. 汽轮机大轴

437. 发电机定子绕组一般都接成星形，主要是为了限制（B）。

　A. 偶次谐波　　　　B. 三次谐波　　　　C. 五次谐波　　　　D. 七次谐波

438. 某发电机组转子具有 2 个磁极，其转速是（C）。

　A. 1500r/min　　　　B. 750r/min　　　　C. 3000r/min　　　　D. 1000r/min

439. 用绝缘电阻表摇测（C）绝缘电阻时应在摇把转动的情况下，将接线断开。

　A. 二次回路　　　　B. 电网　　　　　　C. 电容器　　　　　D. 直流回路

440. 利用发电机三次谐波电压构成的定子接地保护的动作条件是（A）。

　A. 发电机机端三次谐波电压大于中性点三次谐波电压

　B. 发电机机端三次谐波电压小于中性点三次谐波电压

　C. 发电机机端三次谐波电压等于中性点三次谐波电压

　D. 三次谐波电压大于整定值

441. 测量 380V 的交流电动机绝缘电阻，应选额定电压为（B）的绝缘电阻表。

　A. 250V　　　　　　B. 500V　　　　　　C. 1000V　　　　　　D. 1500V

442. 接入距离保护的阻抗继电器的测量阻抗与（C）。

　A. 电网运行方式无关　　　　　　　　　B. 短路形式无关

　C. 保护安装处至故障点的距离成正比　　D. 系统故障、振荡有关

443. 距离保护装置的动作阻抗是指能使阻抗继电器动作的（B）。

　A. 最小测量阻抗

　B. 最大测量阻抗

C. 介于最小与最大测量阻抗之间的一个定值

D. 大于最大测量阻抗一个定值

444. 在一个电阻加电压 10V 时，电阻中流过 2A 的电流，若在此电阻上加电压 20V 时，电阻中流过的电流是（D）。

A. 1A　　　　　　B. 1.5A　　　　　　C. 3A　　　　　　D. 4A

445. 由于故障点的过渡电阻存在，将使阻抗继电器的测量（A）。

A. 阻抗增大　　　　　　　　　B. 距离不变，过渡电阻不起作用

C. 阻抗随短路形式而变化　　　　D. 阻抗减少

446. 两个阻值相同的电阻串联后，其总阻值为（B）。

A. 两个阻值相乘积　　　　　　B. 两个阻之和

C. 每个电阻的 1/2　　　　　　D. 一个电阻的 3 倍

447. 测量 1000kVA 以下变压器绕组的直流电阻标准是各相绕组电阻互相间的差别应不大于三相平均值的（C）。

A. 4%　　　　　　B. 5%　　　　　　C. 2%　　　　　　D. 6%

448. 硅胶的吸附能力在油温（B）时最大。

A. 75℃　　　　　　B. 20℃　　　　　　C. 0℃　　　　　　D. 50℃

449. 泡沫灭火器扑救（A）火灾效果最好。

A. 油类　　　　　　B. 化学药品　　　　　　C. 可燃气体　　　　　　D. 电气设备

450. 带电作业和在带电设备外壳上的工作，应填用（B）。

A. 电气第一种工作票　　　　　　B. 电气第二种工作票

C. 热机工作票　　　　　　　　D. 热控一种票

451. 在运行中的电流互感器二次回路上工作时，（C）是正确的。

A. 用铅丝将二次短接　　　　　　B. 用导线缠绕短接二次

C. 用短路片将二次短接　　　　　D. 将二次引线拆下

452. 无载调压的变压器，在进行调压操作前，此变压器必须（A）。

A. 停电　　　　　　　　　　B. 把负荷降至零

C. 将高压侧开关断开　　　　　D. 将低压侧开关断开

453. 工作若不能按批准工期完成时，工作负责人必须提前（C）向工作许可人（班长、单元长或值长）申明理由，办理申请延期手续。

A. 0.5h　　　　　　B. 1h　　　　　　C. 2h　　　　　　D. 4h

454. 水内冷发电机定子线棒温差达到（D）确认测温元件无误后，应立即停机处理。

A. 5℃　　　　　　B. 8℃　　　　　　C. 12℃　　　　　　D. 14℃

455. 电气高压设备上的试验工作需要填写（A）。

A. 电气第一种工作票　　　　　　B. 电气第二种工作票

C. 可以电话联系　　　　　　　D. 不要工作票

456. 磁场力的大小与（A）有关。

A. 磁感应强度　　　　　　B. 磁力线方向

65

C. 通过导体的电流 　　　　　　　　　　　D. 外加电压

457. 对称三相交流电路总功率等于相功率的（**B**）倍。

A. 1 　　　　　　B. 3 　　　　　　C. 1/2 　　　　　　D. 1/3

458. 蓄电池是一种储能设备，它能把电能转变为（**B**）能。

A. 热 　　　　　B. 化学 　　　　　C. 机械 　　　　　D. 光

459. 三个相同的电阻串联总电阻是并联时总电阻的（**B**）。

A. 6 倍 　　　　　B. 9 倍 　　　　　C. 3 倍 　　　　　D. 1/9 倍

460. 一般电气设备铭牌上的电压和电流值的数值是（**C**）。

A. 瞬时值 　　　　B. 最大值 　　　　C. 有效值 　　　　D. 平均值

461. 反映电阻元件两端的电压与电流、电阻三者关系的定律是（**C**）。

A. 基尔霍夫 　　　B. 焦耳定律 　　　C. 欧姆定律 　　　D. 全电路定律

462. 变压器检修时，若保持额定电压不变，而一次绕组匝数比原来少了一些，则变压器的空载电流与原来相比（**A**）。

A. 减少一些 　　　B. 增大一些 　　　C. 小于

463. 三相异步电动机，若要稳定运行，则转差率应（**C**）临界转差率。

A. 大于 　　　　　B. 等于 　　　　　C. 小于 　　　　　D. 不小于

464. 真空断路器的触点常采取（**D**）。

A. 桥式触头 　　　B. 指形触头 　　　C. 瓣形触头 　　　D. 对接式触头

465. 发生接地故障时，人体距离接地体越近，跨步电压越高，越远越低，一般情况下距离接地体（**B**）跨步电压视为零。

A. 10m 以内 　　　B. 20m 以外 　　　C. 30m 以外 　　　D. 40m 以外

466. 两块电流表测量电流，甲表测量为 **400A**，绝对误差 **4A**，乙表测量 **100A** 时绝对误差 **2A**，两表测量准确度是（**A**）。

A. 甲表高于乙表 　　　　　　　　　　　B. 乙表高于甲表

C. 甲表乙表一样 　　　　　　　　　　　D. 无法确定

467. 变压器空载合闸时，励磁通流的大小与（**B**）有关。

A. 断路器合闸快慢 　　　　　　　　　　B. 合闸初相角

C. 绕组的形式 　　　　　　　　　　　　D. 变压器的额定电压

468. 电动机铭牌上的"温升"，指的是（**A**）允许温升。

A. 定子绕组 　　　B. 定子铁芯 　　　C. 转子绕组 　　　D. 转子铁芯

469. 电动机从电源吸收的无功功率，产生（**C**）。

A. 机械能 　　　　B. 热能 　　　　　C. 磁场 　　　　　D. 势能

470. 所谓电力系统的稳定性，是指（**C**）。

A. 系统无故障时间的长短 　　　　　　　B. 系统发电机并列运行的能力

C. 在某种扰动下仍能恢复状态的能力 　　D. 在某种暂态扰动下仍能恢复状态的能力

471. 电流互感器二次回路的功率因数降低时，（**C**）。

A. 电流误差及角误差均增加 　　　　　　B. 电流误差及角误差均减小

C. 电流误差增加，角误差减小   D. 电流误差减小，角误差增加

472. 直流两点接地可能发生（B）现象。

A. 直流电压降低   B. 断路器误动

C. 直流电压升高   D. 直流母线对地绝缘电阻升高

473. 对电力系统的稳定性破坏最严重的是（B）。

A. 投、切大型空载变压器   B. 发生三相短路

C. 发生两相接地短路   D. 发生两相短路

474. 不同的绝缘材料，其耐热能力不同，如果长时间在高于绝缘材料的耐热能力下运行，绝缘材料容易（B）。

A. 开裂   B. 老化   C. 破碎   D. 以上都不对

475. 绝缘电阻表的接线端子有 L、E 和 G 三个，当测量电气设备绝缘电阻时（B）接地。

A. L 端子   B. E 端子   C. G 端子   D. 不需要

476. 发电机在运行中定子电压过低，会使定子铁芯处在不饱和状态，此时将引起（B）。

A. 电压继续降低   B. 电压不稳定

C. 电压波形畸变   D. 电流波形畸变

477. 万用表不用时，应把旋钮放在（C）。

A. 直流挡   B. 电阻挡   C. 交流挡   D. 最高电阻挡

478. 两只额定电压均为 220V 的白炽灯泡一支功率为 100W，另一支为 40W，将二者串联接入 220V 电路，这时（A）。

A. 40W 灯泡较亮   B. 100W 灯泡较亮

C. 两只灯泡同样亮   D. 无法确定

479. 变压器的瓦斯保护可保护（A）。

A. 油箱内部的故障   B. 油箱内部及引出线的故障

C. 外部短路故障   D. 引出线的故障

480. 在二次接线图中所有继电器的触点都是按（B）的状态表示的。

A. 继电器线圈中有电流时   B. 继电器线圈中无电流时

C. 任意   D. 以上都不对

481. 我国规定发电机的额定入口风温是（A）。

A. 40℃   B. 35℃   C. 30℃   D. 25℃

482. 在输配电设备中，最易遭受雷击的设备是（C）。

A. 变压器   B. 断路器与隔离开关

C. 输电线路   D. 电压互感器

483. 由于能量在传递，转换过程中，不能发生突变，因此电容器的（B）不能发生突变。

A. 充电电流   B. 两端电压

C. 储存电荷   D. 放电电流

484. 当电力系统发生故障时，要求继电保护动作，将靠近故障设备的断路器跳开，用以缩小停电范围，这就是继电保护（A）。

　　A. 选择性　　　　　B. 可靠性　　　　　C. 灵敏性　　　　　D. 快速性

485. 在纯电阻电路中，电路有功功率因数为（D）。

　　A. 0　　　　　B. 0.5　　　　　C. 0.9　　　　　D. 1

486. 在电容器充、放电过程中，充放电流与（B）成正比。

　　A. 电容器两端电压　　　　　　　　B. 电容器两端电压的变化率

　　C. 电容器两端电压变化量　　　　　D. 以上都不对

487. 当系统频率下降时，负荷吸收的有功功率（A）。

　　A. 随着下降　　　B. 随着升高　　　C. 不变　　　D. 时升时降

488. 一条粗细均匀的导线的电阻为48Ω，若把它切成相等长度的 n 段，再把这 n 段并联起来，导线电阻变为3Ω，那么 n 应等于（A）段。

　　A. 4　　　　　B. 6　　　　　C. 8　　　　　D. 12

489. 三相异步电动机接通电源后启动困难，转子左右摆动，有强烈的嗡嗡声，这是由于（A）。

　　A. 电源一相断开　　　　　　　　B. 电源电压过低

　　C. 定子绕组有短路引起　　　　　D. 电机基础松动

490. 选择一台异步电动机连续工作制时的熔丝的额定电流按（C）。

　　A. 该台电动机的额定电流　　　　　B. 该台电动机的启动电流

　　C. 该台电动机的额定电流的2.3～3.2倍　D. 该台电动机的额定电流的5～8倍

491. 在纯电阻的交流电路中，电流与电压的相位（C）。

　　A. 越前90°　　　B. 滞后90°　　　C. 相同　　　D. 滞后180°

492. 消弧线圈采用欠补偿运行时，当系统发生故障使线路断开后，可能（B）。

　　A. 构成串联谐振，产生过电压　　　B. 使中性点位移，电压达最高值

　　C. 影响消弧效果　　　　　　　　　D. 构成并联谐振，产生过电流

493. 将一根金属导线拉长，则它的电阻将（C）。

　　A. 变小　　　B. 不变　　　C. 变大　　　D. 以上都不对

494. 发电机绕组中流过电流之后，就在绕组的导体内产生损耗而发热，这种损耗称为（B）。

　　A. 铁损耗　　　B. 铜损耗　　　C. 涡流损耗　　　D. 杂散损耗

495. YN/△11表示变压器为11点接线，说明该变压器高压侧线电压和低压侧线电压的（A）关系。

　　A. 相位　　　B. 变化　　　C. 接线　　　D. 相序

496. 在交流电器中，磁通与电压的相位关系是（B）。

　　A. 超前90°　　　B. 滞后90°　　　C. 同相位　　　D. 滞后120°

497. 电动机绝缘电阻每千伏工作电压不得小于（C）。

　　A. 2.5MΩ　　　B. 2MΩ　　　C. 1MΩ　　　D. 0.5MΩ

68

498. 电弧熄灭的条件是 **(A)**。

A. 去游离过程大于游离过程   B. 去游离过程等于游离过程

C. 游离过程大于去游离过程   D. 与游离过程无关

499. 当红色温度蜡片熔化时，表达温度已到达 **(C)**。

A. 60℃   B. 70℃   C. 80℃   D. 90℃

500. 所谓快速断路器，是指总分闸时间不大于 **(C)** 的断路器。

A. 0.3s   B. 0.4s   C. 0.5s   D. 0.8s

501. 变压器中性点接地属于 **(C)**。

A. 保护接地   B. 重复接地

C. 工作接地   D. 保护接零

502. 主变压器中性点接地时 **(A)**。

A. 应投入主变压器零序保护

B. 根据具体运行方式来决定是否投入主变压器零序保护

C. 应投入主变压器间隙保护

D. 应同时投入主变压器零序和间隙保护

503. 为防止触电事故，在低压电网中，**(A)** 同时共用保护接地和保护接零两种保护方式。

A. 不能   B. 能   C. 以上都不对

504. 发电机与系统并列运行，有功负荷的调整，就是改变汽轮机的 **(A)**。

A. 进汽量   B. 进汽压力   C. 进汽温度   D. 进汽转速

505. 当大中型发电机发生定子回路接地时，要迅速检查故障点，经检查没有发现明显接地点则应立即转移负荷，解列停机，时间不超过 **(A)**。

A. 0.5h   B. 1h   C. 2h   D. 2.5h

506. 6kV 厂用工作电源装设备用电源自投装置，其装置是借助于 **(B)** 的启动来实现。

A. 保护联锁   B. 断路器辅助触点

C. 低电压联锁   D. TV 二次开关辅助触点

507. 220V 直流母线在负极完全接地时，用电压表测得正极对地电压为 **(A)**。

A. 220V   B. 110V   C. 55V   D. 0V

508. 汽轮发电机运行中出现励磁电流增大，功率因数增高，定子电流增大，电压降低，机组产生振动，这是由于 **(A)**。

A. 转子绕组发生两点接地   B. 转子绕组发生一点接地

C. 发电机失磁   D. 发电机失步

509. 变压器停电时，应按照 **(A)** 的顺序来操作。

A. 先断开低压侧断路器，后断开高压侧断路器

B. 先断开高压侧断路器，后断开低压侧断路器

C. 先断哪侧都行

D. 先停上一级母线，后停下一级母线

510. 发电机在手动并列操作中，要求离同期点提前一个角度合上发电机断路器，此角度所确定的时间，应等于 **（C）** 时间。

A. 断路器固有合闸   B. 继电保护动作

C. 发合闸脉冲到断路器合闸   D. 继电保护动作和断路器合闸

511. 生产现场禁火区内进行动火作业，应该执行 **（C）**。

A. 工作票制度   B. 操作票制度

C. 动火工作票制度   D. 工作票制度和动火工作票制度

512. 发电机空载试验时，要求汽轮机转速稳定在 **（A）**。

A. 3000r/min   B. 1500r/min   C. 0r/min   D. 任意转速

513. 为了把电流表量程扩大 100 倍，分流电阻的电阻值应是仪表内阻的 **（B）** 倍。

A. 1/100   B. 1/99   C. 99   D. 100

514. 在计算复杂电路的各种方法中，最基本的方法是 **（A）**。

A. 支路电流   B. 回路电流   C. 叠加原理   D. 戴维南定

515. 晶体三极管的输入特性曲线是 **（B）**。

A. 线性   B. 非线性

C. 开始是线性   D. 开始是非线性

516. 发电厂的异常运行，影响到全厂的有功功率降低，比电力系统调度规定的有功负荷曲线值低 10% 以上，并且延续时间超过 **（B）** 时，构成电力生产事故。

A. 0.5h   B. 1h   C. 2h   D. 3h

517. 变压器的最高允许温度受 **（A）** 耐热能力限制。

A. 绝缘材料   B. 铁芯   C. 线圈   D. 变压器油

518. 绝缘手套定期试验周期为 **（B）** 一次。

A. 一年   B. 六个月   C. 三个月   D. 一个月

519. 绝缘材料等级为 F，允许极限温度是 **（B）**。

A. 130℃   B. 155℃   C. 175℃   D. 180℃

520. 氢气系统附近的动火工作超过 **（B）**，应重新测氢。

A. 2h   B. 4h   C. 6h   D. 8h

521. 发电机长期进相运行，会使 **（A）** 发热。

A. 定子端部   B. 转子   C. 机壳   D. 转子铁芯

522. 发电机定子铁芯的最高允许温度为 **（C）**。

A. 90℃   B. 110℃   C. 120℃   D. 140℃

523. 发电机不对称运行会使 **（C）** 发热。

A. 定子绕组   B. 定子铁芯   C. 转子表面   D. 转子铁芯

524. 电压互感器的二次额定电压为 **（B）**。

A. 50V   B. 100V   C. 150V   D. 200V

525. 发电机转子线圈的最高允许温度为 **（B）**。

A. 90℃   B. 110℃   C. 120℃   D. 140℃

526. 大型变压器的调压分接装置都装在变压器的 **(A)**。

A. 高压侧　　　　　　　　　　　B. 低压侧

C. 高、低压侧　　　　　　　　　D. 任意一侧

527. 在直流电路中，我们把电流流出电源的一端叫做电源的 **(A)**。

A. 正极　　　　　B. 负极　　　　　C. 端电压　　　　D. 电动势

528. 电力系统在运行中，突然短路引起的过电压叫做 **(C)** 过电压。

A. 大气　　　　　B. 操作　　　　　C. 弧光接地　　　　D. 谐振

529. 6～10kV 验电器定期试验周期为 **(A)** 一次。

A. 一年　　　　　B. 六个月　　　　C. 三个月　　　　D. 一个月

530. 绝缘材料等级为 B，它的极限温度是 **(C)**。

A. 110℃　　　　　B. 120℃　　　　　C. 130℃　　　　　D. 150℃

531. 蓄电池浮充电运行，如果直流母线电压下降，超过许可范围时则应 **(C)** 恢复电压。

A. 切断部分直流负载　　　　　　B. 增加蓄电池投入的个数

C. 增加浮充电流　　　　　　　　D. 停运直流母线

532. 正常情况下，电动机允许在冷态下启动 **(A)**。

A. 两次　　　　　B. 三次　　　　　C. 四次　　　　　D. 五次

533. 三相交流电 A、B、C，涂刷相色依次规定是 **(C)**。

A. 黄、红、绿　　　　　　　　　B. 红、绿、黄

C. 黄、绿、红　　　　　　　　　D. 绿、黄、红

534. 用万用表测无接地故障的 220V 直流母线电压，正、负极对地电压为 **(C)**。

A. 380V　　　　　B. 220V　　　　　C. 110V　　　　　D. 55V

535. 发现电动机冒烟着火时，应 **(A)**。

A. 立即停止电动机的运行

B. 汇报单元长、机组长后再停止电动机的运行

C. 使用灭火器迅速灭火

D. 使用泡沫灭火器灭火

536. 6kV 电动机用 2500V 绝缘电阻表测量，绝缘阻值应不低于 **(C)** 属合格。

A. 1MΩ　　　　　B. 2MΩ　　　　　C. 6MΩ　　　　　D. 9MΩ

537. 220kV 设备不停电时的安全距离为 **(A)**。

A. 3m　　　　　B. 4m　　　　　C. 5m　　　　　D. 6m

538. 金属导体的电阻，随着温度的升高而 **(B)**。

A. 不变　　　　　B. 增大　　　　　C. 减小　　　　　D. 无法确定

539. 钳形电流表使用时应先用较大量程，然后再视被测电流的大小变换量程。切换量程时应 **(B)**。

A. 直接转动量程开关　　　　　　B. 先将钳口打开，再转动量程开关

C. 先调零　　　　　　　　　　　D. 直接观察

540. 用手触变压器外壳时有麻电感，可能是（C）。

A. 母线接地引起   B. 过负荷引起

C. 外壳接地不良   D. 铁芯接地不良

541. 变压器温度计所反映的温度是（A）。

A. 上部温度   B. 中部温度   C. 下部温度   D. 匝间温度

542. 金属导体的电阻与（C）无关。

A. 导体长度   B. 导体截面   C. 外加电压   D. 导体材料

543. 六极异步电动机的转差率为 0.05 时其转速为（A）。

A. 950r/min   B. 975r/min

C. 990r/min   D. 1050r/min

544. 设备不停电的安全距离 6kV 规定（B）。

A. 0.6m   B. 0.7m   C. 1m   D. 1.2m

545. 热继电器是利用双金属受热（B）来保护电气设备的。

A. 膨胀特性   B. 弯曲特性

C. 电阻增大特性   D. 电阻减小特性

546. 开关送电前进行拉合试验其目的是（B）。

A. 检查三相是否同期   B. 检查分合闸回路是否正常

C. 检查保护回路是否正常   D. 检查遥控操作是否正常

547. 在检修工作地点应悬挂（C）标示牌。

A. 禁止合闸，有人工作   B. 止步高压危险

C. 在此工作   D. 围栏

548. 当系统中发生不对称短路时，发电机绕组中将有负序电流出现，在转子上产生频率为（B）的电流。

A. 50Hz   B. 100Hz   C. 150Hz   D. 200Hz

549. 电感在直流电路中相当于（B）。

A. 开路   B. 短路   C. 断路   D. 不确定

550. 接受倒闸操作命令时（A）。

A. 监护人和操作人在场，由监护人接令   B. 由监护人接令

C. 由操作人接令   D. 监护人在场，由操作人接受

551. 高压设备发生接地时，室内不得接近故障点（B）。

A. 2m   B. 4m   C. 3m   D. 8m

552. 制氢室着火时，立即停止电气设备运行，切断电源，排除系统压力，并用（A）灭火器灭火。

A. 二氧化碳   B. 1211   C. 干粉   D. 泡沫

553. 同步发电机的转子绕组中（A）产生磁场。

A. 通入直流电   B. 通入交流电

C. 感应产生电流   D. 感应产生电压

554. 电缆沟、隧道、电缆竖井、电缆架及电缆线段等的巡查，至少每 **（C）** 一次。

A. 一个月　　　　B. 两个月　　　　C. 三个月　　　　D. 四个月

555. 变压器带容性负载，其变压器的外特性曲线是 **（A）**。

A. 上升形曲线　　　　　　　　B. 下降形曲线

C. 近于一条直线　　　　　　　D. 不确定曲

556. 运行中的电动机电流，不允许超过 **（B）**。

A. 额定电流的 1.5 倍　　　　　B. 额定电流

C. 额定电流的 2/3　　　　　　D. 额定电流的 1/3

557. 发电机失磁的现象为 **（C）**。

A. 事故喇叭响，发电机出口断路器跳闸、灭磁开关跳闸

B. 系统周波降低，定子电压、定子电流减小，转子电压、电流表指示正常

C. 转子电流表指示到零或在零点摆动，转子电压表指示到零或在零点摆动

D. 发电机无功功率为 0

558. 主变压器高压侧开关一相未断开的现象是 **（B）**。

A. 发电机一相有电流，另两相为零　　B. 发电机两相有电流，另一相为零

C. 发电机三相电流相等　　　　　　　D. 发电机一相电流是另两相的和

559. 在中性点不接地的电力系统中，当发生一点接地后，其三相间线电压 **（B）**。

A. 均升高　　　　　　　　　　B. 均不变

C. 一个不变两个升高　　　　　D. 两个不变一个升高

560. 380V 电压等级的电气设备用 500V 绝缘电阻表测量绝缘电阻，阻值应不低于 **（A）** 属合格。

A. $0.5M\Omega$　　　　B. $1M\Omega$　　　　C. $2M\Omega$　　　　D. $6M\Omega$

561. 发电机加励磁必须在转速达 **（D）** 时方可进行。

A. 1500r/min　　　B. 2000r/min　　　C. 2500r/min　　　D. 3000r/min

562. 发电机有功功率不变的前提下，增加励磁后，**（B）**。

A. 功率因数角增大，功角也增大　　　B. 功率因数角增大，功角减小

C. 功率因数角减小，功角也减小　　　D. 功率因数角减小，功角增大

563. 电气设备着火时，应先将电气设备停用，切断电源后灭火，灭火时禁用 **（A）** 灭火器。

A. 泡沫式　　　B. 二氧化碳　　　C. 干式　　　D. 四氯化碳

564. 电气设备检修工作人员在 10kV 配电装置上工作时，其正常活动范围与带电设备的安全距离是 **（A）**。

A. 0.35m　　　B. 0.4m　　　C. 0.7m　　　D. 0.8m

565. 绝缘材料中，E 级绝缘耐温 **（D）**。

A. 100℃　　　B. 105℃　　　C. 110℃　　　D. 120℃

566. 用万用表测量半导体二极管时，万用表电阻挡应调到 **（B）** 挡。

A. $R\times1$　　　B. $R\times100$　　　C. $R\times100k$　　　D. $R\times10$

567. 高起始励磁系统即快速励磁是指在 0.1s 内 AVR 装置可将发电机机端电压升至（C）的顶值电压，且下降时间小于 0.15s。

A. 85%　　　　　B. 90%　　　　　C. 95%　　　　　D. 100%

568. 大型变压器无载调压，每两相邻分接头的电压差一般为额定电压的（D）。

A. 10%　　　　　B. 7.5%　　　　　C. 5%　　　　　D. 2.5%

569. 电网发生短路时（B）。

A. 网络阻抗增大　　　　　　　　　B. 网络阻抗减小

C. 网络阻抗既可增大又可减小　　　D. 网络阻抗不变

570. 绝缘电阻表有 3 个接线柱，其标号为 G、L、E，使用该表测试某线路绝缘时（A）。

A. G 接屏蔽线、L 接线路端、E 接地　　　B. G 接屏蔽线、L 接地、E 接线路端

C. G 接地、L 接线路端、E 接屏蔽线　　　D. 三个端子可任意连接

571. 电缆运行时外壳温度不应超过（B）。

A. 60℃　　　　　B. 65℃　　　　　C. 70℃　　　　　D. 75℃

572. 三相有功表如缺少 B 相电压，其指示值等于（C）。

A. 原来的数值　　　　　　　　　　B. 1/3 原来的数值

C. 1/2 原来的数值　　　　　　　　D. 零

573. 出现（B）时，发电机应紧急手动停机。

A. 系统振荡　　　　　　　　　　　B. 发电机主要保护拒动

C. 发电机进相　　　　　　　　　　D. 发电机异常振动

574. 一台发电机发出有功功率为 100MW、无功功率为 50Mvar，它发出的视在功率为（B）。

A. 120MVA　　　　B. 111.8MVA　　　C. 100MVA　　　D. 90MVA

575. 把额定电压为 220V 的灯泡接在 110V 的电源上，灯泡的功率是原来的（C）。

A. 1/2　　　　　B. 1/8　　　　　C. 1/4　　　　　D. 1/10

576. 某变压器的一、二次绕组匝数比是 25，二次侧电压是 400V 那么一次侧电压为（A）。

A. 10 000V　　　B. 35 000V　　　C. 15 000V　　　D. 40 000V

577. 一个 220V，100W 的灯泡和 220V，40W 的灯泡串联接在 380V 的电源上，则（A）。

A. 220V，40W 的灯泡容易烧坏　　　B. 220，100W 的灯泡容易烧坏

C. 两个灯泡都容易烧坏　　　　　　D. 两个灯泡均正常发光

578. 变压器进行短路试验的目的是（C）。

A. 求出变压器的短路电流　　　　　B. 求出变压器的绕组电阻抗

C. 求变压器的短路损耗和短路阻抗　D. 求变压器的空载损耗

579. 变压器运行中一、二次侧不变的参数是（C）。

A. 电压　　　　B. 电流　　　　C. 频率　　　　D. 功率

580. 变压器注油时应使油位上升至与（A）相应的位置。

A. 环境　　　　B. 油温　　　　C. 绕组温度　　　　D. 铁芯温度

581. 电阻串联电路的总电阻为各电阻（**B**）。

　A. 倒数之和　　　　　B. 之和　　　　　C. 之积　　　　　D. 之商

582. 电动机容易发热和起火的部位是（**D**）。

　A. 定子绕组　　　　　　　　　　　　　B. 转子绕组

　C. 铁芯　　　　　　　　　　　　　　　D. 定子绕组、转子绕组和铁芯

583. 电流互感器损坏需要更换时，（**D**）是不必要的。

　A. 变比与原来的相同　　　　　　　　　B. 极性正确

　C. 经试验合格　　　　　　　　　　　　D. 电压等级高于电网额定电压

584. 操作票填写完后，在空余部分（**D**）栏第一格左侧盖"以下空白"章，以示终结。

　A. 指令项　　　　　B. 顺序项　　　　　C. 操作　　　　　D. 操作项目

585. 触电人心脏跳动停止时，应采用（**B**）方法进行抢救。

　A. 口对口呼吸　　　　　　　　　　　　B. 胸外按压

　C. 打强心针　　　　　　　　　　　　　D. 摇臂压胸

586. 发电机内氢气露点温度要求值为（**C**）。

　A. −50～25℃之间　　　　　　　　　　B. −35～15℃之间

　C. −25～0℃之间　　　　　　　　　　　D. 0～20℃之间

587. 发电机正常运行时，冷氢温度应（**C**）进水温度。

　A. 高于　　　　　B. 等于　　　　　C. 低于　　　　　D. 都可以

588. 功率表在接线时，正负的规定是（**C**）。

　A. 电流有正负、电压无正负　　　　　　B. 电流无正负、电压有正负

　C. 电流、电压均有正负　　　　　　　　D. 电流、电压均无正负

589. 发生误操作隔离开关时应采取（**C**）的处理。

　A. 立即拉开

　B. 立即合上

　C. 误合时不许再拉开，误拉时在弧光未断开前再合上

　D. 停止操作

590. 两台变压器并列运行的条件是（**D**）。

　A. 变比相等　　　　　　　　　　　　　B. 组别相同

　C. 短路阻抗相同　　　　　　　　　　　D. 变比相等、组别相同、短路阻抗相同

591. 流入电路中一个节点的电流之和（**C**）流出该节点的电流之和。

　A. 大于　　　　　B. 小于　　　　　C. 等于　　　　　D. 无关

592. 在电容电路中，通过电容器的是（**B**）。

　A. 直流电流　　　　　　　　　　　　　B. 交流电流

　C. 直流电压　　　　　　　　　　　　　D. 直流电动势

593. 三相异步电动机的额定电压是指（**A**）。

　A. 线电压　　　　　　　　　　　　　　B. 相电压

　C. 电压的瞬时值　　　　　　　　　　　D. 电压的有效值

594. 蓄电池充电结束后，连续通风（A）以上，室内方可进行明火工作。

A. 2h　　　　　　　B. 1.5h　　　　　　C. 1h　　　　　　D. 0.5h

595. 蓄电池除了浮充电方式外，还有（C）运行方式。

A. 充电　　　　　　　　　　　　B. 放电

C. 充电—放电　　　　　　　　　D. 随意

596. 倒闸操作应由两人执行，选其中（B）作为监护人。

A. 任意一人　　　　　　　　　　B. 对设备较为熟悉者

C. 对设备较为不熟悉者　　　　　D. 力气较小者

597. 电流通过人体最危险的途径是（B）。

A. 左手到右手　　　　　　　　　B. 左手到脚

C. 右手到脚　　　　　　　　　　D. 右手到左手

598. "四对照"即对照设备（B）。

A. 名称、编号、位置和装拆顺序　　B. 名称、编号、位置和拉合方向

C. 名称、编号、位置和投退顺序　　D. 名称、编号、表记和拉合方向

599. 导体对电流的阻力是（B）。

A. 电纳　　　　　　B. 电阻　　　　　　C. 导纳　　　　　　D. 感抗

600. 电荷的基本特性是（A）。

A. 异性电荷相吸引，同性电荷相斥　　B. 同性电荷相吸引，异性电荷相斥

C. 异性电荷和同性电荷都相吸引　　　D. 异性电荷和同性电荷都相斥

601. 电流表应（A）在被测电路中。

A. 串联　　　　　　B. 并联　　　　　　C. 串、并均可　　　D. 混联

602. 电流的单位名称是（C）。

A. 库仑　　　　　　B. 伏特　　　　　　C. 安培　　　　　　D. 欧姆

603. 电流互感器的二次侧应（B）。

A. 没有接地点　　　　　　　　　B. 有一个接地点

C. 有两个接地点　　　　　　　　D. 按现场情况不同，不确定

604. 电流互感器的作用是（D）。

A. 升压　　　　　　B. 降压　　　　　　C. 调压　　　　　　D. 变流

605. 电容器的容抗与（D）成反比。

A. 电压　　　　　　B. 电流　　　　　　C. 电抗　　　　　　D. 频率

606. 防雷保护装置的接地属于（A）。

A. 工作接地　　　　　　　　　　B. 保护接地

C. 防雷接地　　　　　　　　　　D. 保护接零

607. 更换熔断器应由（A）进行。

A. 2人　　　　　　B. 1人　　　　　　C. 3人　　　　　　D. 4人

608. 电场力在一段时间内所做的功称为（B）。

A. 电功　　　　　　B. 电能　　　　　　C. 电功率　　　　　D. 无功

609. 电磁机构开关在合闸时，必须监视（**B**）变化。

A. 交流电流表   B. 直流电流表

C. 电压表   D. 有功表

610. 电缆着火后无论何种情况都应立即（**D**）。

A. 用水扑灭   B. 通风

C. 用灭火器灭火   D. 切断电源

611. 检查二次回路的绝缘电阻，应使用（**A**）的绝缘电阻表。

A. 500V   B. 250V   C. 1000V   D. 2500V

612. 氢冷发电机组运行时，氢气压力要（**A**）定子冷却水压力。

A. 高于   B. 等于   C. 低于   D. 无要求

613. 运行中的电压互感器二次线圈不许（**B**）。

A. 开路   B. 短路   C. 接地   D. 不接地

614. 运转的三相异步电动机缺相，电动机（**C**）。

A. 停止转动   B. 不受影响   C. 转速下降   D. 转速升高

615. 仪表的摩擦力矩越大，产生的误差（**A**）。

A. 越大   B. 越小   C. 不受影响   D. 很小

616. 少油断路器断口中变压器油主要起（**A**）作用。

A. 灭弧   B. 冷却   C. 绝缘   D. 润滑

617. 表示磁场大小和方向的量是（**C**）。

A. 磁通   B. 磁力线   C. 磁感应强度   D. 磁通密度

618. 电感元件的基本工作性能是（**C**）。

A. 消耗电能   B. 产生电能   C. 储存能量   D. 传输能量

619. 电压互感器变比与其匝数比（**B**）。

A. 相等   B. 不相等   C. 没关系   D. 有关系

620. 对于两节点多支路的电路用（**B**）分析最简单。

A. 支路电流法   B. 节点电压法

C. 回路电流   D. 戴维南定理

621. 发电机定子接地保护能反映（**D**）故障。

A. 发电机定子绕组接地   B. 主变压器低压侧接地

C. 厂用高压变压器高压侧接地   D. 以上都是

622. 交流电角频率的单位名称是（**C**）。

A. 度   B. 弧度   C. 弧度每秒   D. 焦耳

623. 空载高压长线路的末端电压（**C**）始端电压。

A. 低于   B. 等于   C. 高于   D. 无关系

624. 直流系统的蓄电池，不允许（**B**）。

A. 短时间并列运行   B. 长时间并列运行

C. 带负荷运行   D. 带接地点运行

625. 通电绕组在磁场中的受力用（D）判断。

A. 安培定则
B. 右手螺旋定则
C. 右手定则
D. 左手定则

626. 通过人体的电流强度取决于（C）。

A. 触电电压
B. 人体电阻
C. 触电电压和人体电阻
D. 都不对

627. 未经值班的调度人员许可，（B）不得操作调度机构调度管辖范围内的设备。

A. 非值班员
B. 任何人
C. 非领导人员
D. 领导

628. 我们把提供电能的装置叫做（A）。

A. 电源
B. 电动势
C. 发电机
D. 电动机

629. 第一种工作票的有效期，以（C）批准的工作期限为准。

A. 工作许可人
B. 运行班长
C. 值长
D. 总工

630. 操作票上的操作项目包括检查项目，必须填写双重名称，即设备的（D）。

A. 位置和编号
B. 名称和位置
C. 名称和表计
D. 名称和编号

631. 倒闸操作时，如隔离开关没合到位，允许用（A）进行调整，但要加强监护。

A. 绝缘杆
B. 绝缘手套
C. 验电器
D. 干燥木棒

632. 变压器匝数少的一侧电压（A），电流大。

A. 低
B. 高
C. 不确定

633. 电气设备发生绝缘击穿，外壳带电，当工作人员触及外壳时，将造成人身触电事故，为防止这种触电事故的发生，最可靠、最有效的办法是采取（A）。

A. 保护性接地
B. 保持安全距离
C. 装设安全标志
D. 悬挂安全标语

634. 电线接地时，人体距离接地点越近，跨步电压越高；距离越远，跨步电压越低，一般情况下距离接地体（B），跨步电压可看成是零。

A. 10m 以内
B. 20m 以外
C. 30m 以外
D. 40m 以外

635. 容量为 100～300MW 的机组，厂用高压一般为（B）。

A. 3kV
B. 6kV
C. 10kV
D. 380/220V

636. 能推动电子沿导体流动的一种力量，也可以说是电流的一种动力，我们称为（C）。

A. 电导
B. 导纳
C. 电压
D. 电动势

637. 凡是被定为一、二类设备的电气设备，均称为（A）。

A. 完好设备
B. 良好设备
C. 优良设备
D. 不可运行设备

638. 一般设备铭牌上标的电压和电流值，或电气仪表所测出来的数值都是（C）。

A. 瞬时值
B. 最大值
C. 有效值
D. 平均值

639. 生产厂房内外工作场所的常用照明，应保证足够的亮度。在操作盘、重要表计、主要楼梯、通道等地点还必须设有 （A）。

　　A. 事故照明　　　　　　　　　　　　B. 日光灯照明

　　C. 白炽灯照明　　　　　　　　　　　D. 更多的照明

640. 操作人、监护人必须明确操作目的、任务、作业性质、停电范围和 （C），做好倒闸操作准备。

　　A. 操作顺序　　　　　B. 操作项目　　　　　C. 时间　　　　　D. 带电部位

641. 恒流源的特点是 （C）。

　　A. 端电压不变　　　　　　　　　　　B. 输出功率不变

　　C. 输出电流不变　　　　　　　　　　D. 内部损耗不变

642. 互感系数与 （D） 有关。

　　A. 电流大小　　　　　　　　　　　　B. 电压大小

　　C. 电流变化率　　　　　　　　　　　D. 两互感绕组相对位置及其结构尺寸

643. 运行中的发电机组因主要辅助设备、公用系统故障，造成机组降功率，或退出备用超过 （B） 构成二类障碍。

　　A. 24h　　　　　　　B. 48h　　　　　　　C. 60h　　　　　　　D. 72h

644. "三制" 是指 （A）。

　　A. 交接班制、巡回检查制和设备定期轮换与试验制

　　B. 交接班制、巡回检查制和缺陷管理制

　　C. 交接班制、设备定期轮换与试验制和缺陷管理制

　　D. 交接班制、巡回检查制、经济责任制

645. 所有工作人员都应学会触电急救法、窒息急救法、（D）。

　　A. 溺水急救法　　　　　　　　　　　B. 冻伤急救法

　　C. 骨折急救法　　　　　　　　　　　D. 人工呼吸法

646. 电压与电动势的区别在于 （B）。

　　A. 单位不同　　　　　　　　　　　　B. 它们的方向及做功的对象不同

　　C. 一样　　　　　　　　　　　　　　D. 一个反映电场能量，另一个反映电场力

647. 发电机视在功率的单位是 （C）。

　　A. kW　　　　　　　B. kWh　　　　　　　C. kVA

648. 电气倒闸操作最少由 （B） 进行。

　　A. 一人　　　　　B. 两人　　　　　C. 三人

649. 工作票签发人 （C） 工作负责人。

　　A. 可以兼任　　　　　　　　　　　　B. 总工批准，可以兼任

　　C. 不得兼任　　　　　　　　　　　　D. 车间主任批准可以兼任

650. 绝缘电阻表输出的电压是 （C） 电压。

　　A. 直流　　　　　　　　　　　　　　B. 正弦交流

　　C. 脉动的直流　　　　　　　　　　　D. 非正弦交流

651. 发电机功率因数是（A）。

A. 有功与视在功率的比值　　　　　　　B. 无功与视在功率的比值

C. 无功与有功的比值　　　　　　　　　D. 视在功率与有功的比值

652. 通畅气道可采用（B）。

A. 人工呼吸法　　　　　　　　　　　　B. 仰头抬颚法

C. 垫高头部法　　　　　　　　　　　　D. 胸外按压法

653. 物体带电是由于（A）。

A. 失去负荷或得到负荷的缘故　　　　　B. 既未失去电荷也未得负荷的缘故

C. 由于物体是导体　　　　　　　　　　D. 由于物体是绝缘体

654. 电阻 $R_1 > R_2$ 的串联，此时流经 R_1 的电流（A）流过 R_2 的电流。

A. 等于　　　　　　B. 大于　　　　　　C. 小于　　　　　　D. 不等

655. 一根长为 L 的均匀导线，电阻为 8Ω，若将其对折后并联使用，其电阻为（B）。

A. 4Ω　　　　　　B. 2Ω　　　　　　C. 8Ω　　　　　　D. 1Ω

656. 值班人员巡视时，发现高压带电设备接地，在室内值班人员不得接近故障点（C）。

A. 1m　　　　　　B. 2m　　　　　　C. 4m　　　　　　D. 8m

657. 半导体中，空穴电流是由（A）。

A. 价电子填补空穴所形成的　　　　　　B. 自由电子填补空穴所形成的

C. 自由电子定向运动所形成的　　　　　D. 价电子定向运动所形成的

658. 变压器绕组最高允许温度为（A）。

A. 105℃　　　　　　B. 95℃　　　　　　C. 85℃　　　　　　D. 80℃

659. 电力系统中的稳定性是指（C）。

A. 系统无故障的时间长短　　　　　　　B. 两电网并列运行的能力

C. 系统抗干扰的能力　　　　　　　　　D. 系统中电气设备的利用率

660. 将电流表扩大量程，应该（B）。

A. 串联电阻　　　　B. 并联电阻　　　　C. 混联电阻　　　　D. 串联电容

661. 瓦斯保护是变压器的（B）。

A. 主后备保护　　　　　　　　　　　　B. 内部故障的主保护

C. 外部故障的主保护　　　　　　　　　D. 外部故障的后备保护

662. 电力系统稳定分（A）。

A. 静态稳定和动态稳定　　　　　　　　B. 功率稳定和电压稳定

C. 电压稳定和电流稳定　　　　　　　　D. 电压稳定和频率稳定

663. 对导体电阻的大小，可用 $R = U/I$ 来表示，对公式的理解，有下列说法，说法是正确的是（C）。

A. 电流越大，电阻越小

B. 电阻与它两端的电压成正比

C. 电阻 R 与两端电压和通过的电流的大小无关，U/I 是个恒量

D. 无法确定

664. 火力发电厂生产过程的三大主要设备有锅炉、汽轮机、（**B**）。

A. 主变压器

B. 发电机

C. 励磁变压器

D. 厂用变压器

665. 一个长方形的永久磁铁，若从中间部位锯开后，则（**B**）。

A. 一半是 N 极、一半是 S 极

B. 成为两个独立的磁铁

C. 两极性消失

D. 不能确定

666. 为防止电压互感器高压侧穿入低压侧，危害人员和仪表，应将二次侧（**A**）。

A. 接地

B. 屏蔽

C. 设围栏

D. 加防保罩

667. 变压器差动保护投入前要（**B**）测相量和继电器差压。

A. 不带负荷

B. 带负荷

C. 不一定

D. 少许负荷

668. 用绝缘电阻表对电气设备进行绝缘电阻的测量，（**B**）。

A. 主要是检测电气设备的导电性能

B. 主要是判别电气设备的绝缘性能

C. 主要是测定电气设备绝缘的老化程度

D. 主要是测定电气设备的耐压

669. 工作票延期手续只能办理（**B**）次，如需再延期，应重新签发新的工作票，并注明原因。

A. 0

B. 1

C. 2

D. 4

670.《电力安全工作规程》中明确规定，单人值班不得单独从事（**B**）工作。

A. 巡视

B. 修理

C. 检查

671. 发电机采用分相封闭母线的主要目的是为了防止（**B**）。

A. 单相接地

B. 相间短路

C. 人身触电

D. 三相接地

672. 用电设备最理想的工作电压就是它的（**C**）。

A. 允许电压

B. 电源电压

C. 额定电压

D. 最低电压

673. 两个电阻并联，$R_1 = 2\Omega$，通过的电流为 5A，$R_2 = 4\Omega$，通过的电流应是（**D**）。

A. 8A

B. 3.5A

C. 10A

D. 2.5A

674. 电阻串联电路的总电压（**C**）各电阻的电压降之和。

A. 大于

B. 小于

C. 等于

D. 不等于

675. 在一恒压的电路中，电阻 R 增大，电流随之（**A**）。

A. 减小

B. 增大

C. 不变

D. 不一定

676. 由于某些原因，不能进行或未执行定期工作的，应在定期工作记录本内记录其原因，并必须由（**C**）批准。

A. 值长

B. 机组长

C. 发电部相应专业人员

D. 发电部主任

677. 操作票执行后在操作票的（**B**）盖"已执行"章。

A. 左上角

B. 右上角

C. 右下角

D. 左上角

678. 并联电阻两端的电压是（**C**）每个电阻两端的电压。

A. 大于

B. 小于

C. 等于

D. 不等于

679. 操作票每页修改不得超过（B）处。

A. 2　　　　　B. 3　　　　　C. 4　　　　　D. 5

680. 3kV 及以上发供电设备发生带电挂（合）接地线（接地开关），构成（A）事故。

A. 一般设备　　　B. 重大设备　　　C. 一类障碍　　　D. 二类障碍

681. 载流导体功率的大小与（B）无关。

A. 电流大小　　　B. 时间长短　　　C. 电压大小　　　D. 不能确定

682. 进入地下的扁钢接地体和接地线的厚度最小尺寸为（D）。

A. 4.8mm　　　B. 3.0mm　　　C. 3.5mm　　　D. 4.0mm

683. 系统向用户提供的无功功率越小用户电压就（A）。

A. 越低　　　　　　　　　B. 越高

C. 越合乎标准　　　　　D. 等于 0

684. 一份操作票应由一组人员操作，监护人手中只能持（A）份操作票。

A. 一　　　　　B. 两　　　　　C. 三　　　　　D. 四

685. 一级动火工作票适用于发电厂的一级动火区域内的动火作业，有效时间为（C）h。

A. 12　　　　　B. 24　　　　　C. 48　　　　　D. 72

686. 综合运行分析（B）一次，要有记录，年终归档备查。

A. 每周　　　　　B. 每月　　　　　C. 每季度　　　　　D. 不定期

687. 变压器充氮消防装置自动动作的条件是（A）同时动作。

A. 火灾监测器及重瓦斯保护　　　　B. 火灾监测器及过电流保护

C. 火灾监测器及压力释放保护　　　D. 重瓦斯保护与压力释放保护

688. 油浸电力变压器的呼吸器硅胶的潮解不应超过（A）。

A. 1/2　　　　　B. 1/3　　　　　C. 1/4　　　　　D. 1/5

689. 倒闸操作应按（A）的顺序逐项进行，不能跳项、漏项。

A. 倒闸操作票　　　　　B. 工作票

C. 热力机械票　　　　　D. 危险因素控制卡

690. 操作票（C）栏应填写调度下达的操作计划顺序号。

A. 操作　　　　　B. 顺序项　　　　　C. 指令项　　　　　D. 模拟

691. 发电机发出的电能由（B）转换来的。

A. 动能　　　　　B. 机械能　　　　　C. 化学能　　　　　D. 光能

692. 在检修工作中，检修人员需要进行拉、合断路器、隔离开关试验，由（C）共同检查措施无误后，经值长同意，可由运行人员使用解锁钥匙进行操作。

A. 运行人员和检修人员　　　　　B. 值班负责人和工作负责人

C. 工作许可人和工作负责人

693. "运行值班人员补充的安全措施"栏的内容如无补充措施，应在该栏中填写（B）。

A. 无　　　　　B. 无补充　　　　　C. 检修自理　　　　　D. 空白

694. 几个电阻头尾分别连在一起，这种连接叫电阻（B）。

A. 混联　　　　　B. 并联　　　　　C. 串联　　　　　D. 其他

695. 将几个电阻连接成流过同一电流的连接方法，称为 **(B)**。

　　A. 混联　　　　　　 B. 串联　　　　　　 C. 并联　　　　　　 D. 其他

696. 如果电流的方向由正向负流动，那么电子流的方向是 **(B)**。

　　A. 由正向负　　　　 B. 由负向正　　　　 C. 左右摆动　　　　 D. 无法确定

697. 操作任务应填写设备的双重名称，每份操作票只能填写 **(A)** 操作任务。

　　A. 一个　　　　　　 B. 二个　　　　　　 C. 三个　　　　　　 D. 四个

698. 在全部停电和部分停电的电气设备上工作，必须完成的技术措施有 **(A)**。

　　A. 停电验电挂接地线装设遮栏和悬挂标示牌

　　B. 停电放电验电挂接地线

　　C. 停电验电放电装设遮栏和悬挂标示牌

　　D. 停电放电挂接地线装设遮栏和悬挂标示牌

699. 操作票要妥善保管留存，保存期不少于 **(A)**，以便备查。

　　A. 三个月　　　　　 B. 半年　　　　　　 C. 一年　　　　　　 D. 两年

700. 高压室内的二次接线和照明等回路上的工作，需要将高压设备停电或做安全措施的工作，应填用 **(A)**。

　　A. 电气第一种工作票　　　　　　　　　　 B. 电气第二种工作票

　　C. 热机工作票　　　　　　　　　　　　　 D. 热机一种票

701. 工作任务不能按批准完工期限完成时，工作负责人一般在批准完工期限 **(A)** 向工作许可人说明理由，办理延期手续。

　　A. 前 2h　　　　　　 B. 后 2h　　　　　　 C. 前一天　　　　　 D. 后一天

702. 人站立或行走在有电流流过的地面时，两脚间所承受的电压称为 **(B)** 电压。

　　A. 接触　　　　　　 B. 跨步　　　　　　 C. 接地　　　　　　 D. 相同

703. 在进行高压电力系统短路电流计算时，常采用为 **(A)** 表示电气量，计算简单、方便。

　　A. 标幺值　　　　　 B. 百分值　　　　　 C. 有名值　　　　　 D. 瞬时值

704. 保护接地或保护接零最重要的作用是 **(A)**。

　　A. 保证人身安全　　　　　　　　　　　　 B. 保证设备绝缘安全

　　C. 保证照明用电的可靠　　　　　　　　　 D. 保证设备用电可靠

705. 交流电流表指示的电流值，表示的是交流电流的 **(A)** 值。

　　A. 有效　　　　　　 B. 最大　　　　　　 C. 平均　　　　　　 D. 最小

706. 发电机的发电量以千瓦时为计量单位，这是 **(B)** 的单位名称。

　　A. 电功率　　　　　 B. 电能　　　　　　 C. 电动势　　　　　 D. 无功

707. 触电者 **(A)** 时，应进行人工呼吸。

　　A. 有心跳无呼吸　　　　　　　　　　　　 B. 有呼吸无心跳

　　C. 既无心跳又无呼吸　　　　　　　　　　 D. 既有心跳又有呼吸

708. 发生 **(C)** 情况，电压互感器必须立即停止运行。

　　A. 渗油　　　　　　 B. 油漆脱落　　　　 C. 喷油　　　　　　 D. 油压低

83

709. 触电急救必须分秒必争，立即就地迅速用（B）进行急救。

A. 人工呼吸法

B. 心肺复苏法

C. 胸外按压法

D. 医疗器械

710. 在控制盘和低压配电盘、配电箱、电源干线上的工作，应填（B）。

A. 电气第一种工作票

B. 电气第二种工作票

C. 热机工作票

D. 热机一种票

711. 下面（D）不属于两票三制中的"三制"。

A. 交接班制

B. 巡回检查制

C. 设备定期轮换与试验制

D. 绩效考核制

712. 胸外按压要以均匀速度进行，每分钟（D）次左右

A. 50 次

B. 60 次

C. 70 次

D. 80 次

713. 单相弧光接地过电压主要发生在（D）的电网中。

A. 中性点直接接地

B. 中性点经消弧线圈接地

C. 中性点经小电阻接地

D. 中性点不接地

714. 电气回路中设置熔断器的目的是（B）。

A. 作为电气设备的隔离点

B. 超电流时，保护电气设备

C. 超电压时，保护电气设备

D. 超电压并超电流时，保护电气设备

715. 电容式自动重合闸的动作次数（B）。

A. 可进行两次

B. 只能重合一次

C. 视所接线路的性质而定

716. 断路器在气温−30℃时做（A）试验。

A. 低温操作

B. 分解

C. 检查

D. 绝缘

717. 对异步电动机启动的主要要求是（A）。

A. 启动电流倍数小，启动转矩倍数大

B. 启动电流倍数大，启动转矩倍数小

C. 启动电阻大启动电压小

D. 启动电压大，启动电阻小

718. 变压器中性点消弧线圈的作用是（C）。

A. 提高电网的电压水平

B. 限制变压器故障电流

C. 补偿网络接地时的电容电流

D. 消除潜供电流

719. 测量电流互感器极性的目的是（B）。

A. 满足负载要求

B. 保护外部接线正确

C. 提高保护装置动作灵敏度

D. 提高保护可靠性

720. 测量回路和保护回路的互感器，（B）。

A. 保护用互感器准确等级高于测量用互感器准确等级

B. 测量用互感器准确等级高于保护用互感器准确等级

C. 保护、测量用互感器准确等级一样高

D. 无所谓

721. 当瓦斯保护本身故障值班人员应将（**A**）打开，防止保护误动作。

A. 跳闸连接片   B. 保护直流取下

C. 瓦斯直流   D. 不一定

722. 发电机逆功率保护的主要作用是（**D**）。

A. 防止发电机进相运行

B. 防止汽轮机带厂用电运行

C. 防止发电机失磁

D. 防止汽轮机无蒸汽运行，末级叶片过热损坏

723. 过电流保护加装复合电压闭锁可以（**C**）。

A. 加快保护动作时间   B. 增加保护可靠性

C. 提高保护的灵敏性   D. 延长保护范围

724. 交流绝缘监察装置是用来监视（**C**）。

A. 一极接地   B. 大接地短路电流系统单相接地

C. 小接地短路电流系统单相接地   D. 相间短路

725. 零序电流的分布，主要取决于（**B**）。

A. 发电机是否接地   B. 变压器中性点接地的数目

C. 用电设备的外壳是否接地   D. 故障电流

726. 切除线路任一点故障的主保护是（**B**）。

A. 相间距离保护   B. 纵联保护

C. 零序电流保护   D. 接地距离保护

727. 运行中发电机失磁时，定子电流（**A**）。

A. 升高   B. 不变   C. 降低   D. 为 0

728. 整流电路主要是利用整流元件的（**B**）工作的。

A. 非线性   B. 单向导电性

C. 稳压特性   D. 限流特性

729. 直流电阻的测量对于小电阻用（**C**）测量。

A. 欧姆表   B. 直流单臂电桥

C. 直流双臂电桥   D. 兆欧表

730. 使用分裂绕组变压器主要是为了（**A**）。

A. 当一次侧发生短路时限制短路电流   B. 改善绕组在冲击波入侵时的电压分布

C. 改善绕组的散热条件   D. 改善电压波形减少三次谐波分量

731. 双回线路的横差保护的范围是（**A**）。

A. 线路全长   B. 线路的 50%

C. 相邻线路全长   D. 线路的 80%

732. 同步发电机带负荷稳定运行时（**D**）。

A. 转子磁场与定子磁场相对运动产生电磁力

B. 转子磁场与定子磁场在空间相互垂直

C. 转子磁场与定子磁场在空间是静止的

D. 交轴电枢反应磁场与转子磁场在空间相互垂直

733.（C）保护中动作时限最长。

A. 启/备分支过电流　　　　　　　　　B. 启/备变差动保护

C. 启/备变高压侧复合过电流　　　　　D. 220kV 电缆过电流

734. 不是干式变压器的保护是（B）。

A. 电流速断保护　　　　　　　　　　B. 瓦斯保护

C. 过电流保护　　　　　　　　　　　D. 线圈温度高保护

735. 新投运的耦合电容器的声音应为（D）。

A. 平衡的嗡嗡声　　　　　　　　　　B. 有节奏的嗡嗡声

C. 轻微的嗡嗡声　　　　　　　　　　D. 没有声音

736.（A）是最危险的触电形式。

A. 两相触电　　　　　　　　　　　　B. 电击

C. 跨步电压触电　　　　　　　　　　D. 单相触电

737. PN 结空间电荷区是（B）。

A. 电子和空穴构成　　　　　　　　　B. 正电荷和负电荷构成

C. 施主离子　　　　　　　　　　　　D. 施主杂质原子和受主杂质原子构成

738. 安装照明电路开关应装在（A）。

A. 相线上　　　　　　　　　　　　　B. 地线上

C. 相线和地线都行　　　　　　　　　D. 零线上

739. 变压器差动保护范围为（C）。

A. 变压器低压侧　　　　　　　　　　B. 变压器高压侧

C. 变压器两侧电流互感器之间设备　　D. 变压器中间侧

740. 变压器的分级绝缘是指（C）。

A. 高压绕组的绝缘水平低于低压组的绝缘水平

B. 低压绕组的绝缘水平低于高压绕组的绝缘水平

C. 变压器的首端绝缘水平大于中性点侧的绝缘水平

D. 变压器的首端绝缘水平低于中性点侧的绝缘水平

741. 串联谐振电路的特征是（A）。

A. 电路阻抗最小（$Z=R$），电压一定时电流最大，电容或电感两端电压为电源电压的 Q 倍

B. 电路阻抗最大 $[Z=1/(RC)]$ 电流一定时电压最大，电容中的电流为电源电流的 Q 倍品质因数，Q 值较大时，电感中电流近似为电源电流的 Q 倍

C. 电流、电压均不变

D. 电流最大

742. 电导与电阻的关系为（D）。

A. 反比　　　　　B. 正比　　　　　C. 函数关系　　　　　D. 倒数关系

743. 断路器均压电容的作用是（A）。

A. 使电压分布均匀

B. 提高恢复电压速度

C. 提高断路器开断能力

D. 减小开断电流

744. 横差方向保护反映（B）故障。

A. 母线

B. 线路

C. 母线上设备接地

D. 开关

745. 晶体三极管用于放大时则（B）。

A. 发射结反偏，基电结反偏

B. 发射结正偏，基电结反偏

C. 发射结正偏，基电结正偏

D. 发射结反偏，基电结正偏

746. 距离保护二段的时间（B）。

A. 比距离一段加一个延时 Δt

B. 比相邻线路的一段加一个延时 Δt

C. 固有动作时间加延时 Δt

D. 固有分闸时间

747. 距离二段定值按（A）整定。

A. 线路末端有一定灵敏度考虑

B. 线路全长 80%

C. 最大负荷整定

D. 最小负荷整定

748. 可控硅导通的两个条件：（A）。

A. 闸流管加正向电压，控制回路加正向电压

B. 闸流管加反向电压，控制回路加反向电压

C. 闸流管加正向电压，控制回路加反向电压

D. 闸流管加反向电压，控制回路加正向电压

749. 雷电引起的过电压称为（C）。

A. 内部过电压

B. 工频过电压

C. 大气过电压

D. 事故过电压

750. 零序保护的最大特点是（A）。

A. 只反映接地故障

B. 反映相间故障

C. 反映变压器的内部故障

D. 线路故障

751. 零序电压的特点是（A）。

A. 故障点处电压最高

B. 故障点处电压最低

C. 中性点接地处电压最高

D. 中性点接地处电压最低

752. 母线的冲击合闸次数为（A）。

A. 一次　　　　B. 二次　　　　C. 三次　　　　D. 五次

753. 铁磁谐振过电压一般为（C）。

A. 1～1.5 倍相电压

B. 5 倍相电压

C. 2～3 倍相电压

D. 1～1.2 倍相电压

754. 瓦斯保护是变压器的（B）。

A. 主后备保护

B. 内部故障的主保护

C. 外部故障的主保护

D. 外部故障的后备保护

755. 线路带电作业时重合闸（A）。

A. 退出   B. 投入   C. 改时限   D. 不一定

756. 断路器断口并联电容起（B）作用。

A. 灭弧   B. 均压   C. 改变参数   D. 改变电流

757. 厂用高压变压器有载调压重瓦斯保护动作于（D）。

A. 厂用跳闸   B. 发电机跳闸

C. 主变压器跳闸   D. 以上全是

758. 高压断路器断口并联电阻是为了（D）。

A. 提高功率因数   B. 均压

C. 分流   D. 降低操作过电压

759. 定时限过流保护动作值按躲过线路（A）电流整定。

A. 最大负荷   B. 平均负荷   C. 末端短路   D. 出口短路

760. 断路器最低跳闸电压，其值不低于（B）额定电压，且不大于（B）额定电压。

A. 20%，80%   B. 30%，65%

C. 30%，80%   D. 20%，65%

761. 变压器不能使直流变压原因是，（A）。

A. 直流大小和方向不随时间变化   B. 直流大小和方向随时间变化

C. 直流大小可变化而方向不变   D. 直流大小不变而方向随时间变化

762. 变压器短路阻抗与阻抗电压（A）。

A. 相同   B. 不同

C. 阻抗电压大于短路阻抗   D. 阻抗电压小于短路阻抗

763. 当发现变压器本体油的酸价（D）时，应及时更换净油器中的吸附剂。

A. 下降   B. 减小   C. 变小   D. 上升

764. 断路器的跳闸辅助触点应在（B）接通。

A. 合闸过程中，合闸辅助触点断开后   B. 合闸过程中，动、静触头接触前

C. 合闸过程中   D. 合闸终结后

765. 断路器零压闭锁后，断路器（B）分闸。

A. 能   B. 不能   C. 不一定   D. 无法判定

766. 采取无功补偿装置调整系统电压时，对系统来说（B）。

A. 调整电压的作用不明显

B. 既补偿了系统的无功容量，又提高了系统的电压

C. 不起无功补偿的作用

D. 调整电容电流

767. 电力系统正常运行分析包括两方面，即电力系统潮流的计算与分析电力系统的（D）调整。

A. 电流和频率   B. 电压和频率

C. 电压和相位   D. 电压和功率

768. 发电机定时限励磁回路过负荷保护，作用对象为（B）。

A. 全停　　　　　B. 发信号　　　　　C. 解列灭磁　　　　　D. 解列

769. 发电机中性点引出线只有三个端头，由此不能采用常规的横差保护作为定子绕组（A）保护。

A. 匝间短路　　　　　　　　　　　B. 差动保护

C. 过电流保护　　　　　　　　　　D. 阻抗保护

770. 如果发电机在运行中定子电压过低，会使定子铁芯处于不饱和状态，此时将引起（B）。

A. 电压继续降低　　　　　　　　　B. 电压不稳定

C. 电压波形畸变　　　　　　　　　D. 不变

771. 在110kV及以上的电力系统中，零序电流的分布主要取决于（B）。

A. 发电机中性点是否接地　　　　　B. 变压器中性点是否接地

C. 用电设备外壳是否接地　　　　　D. 负荷的接线方式

772. 线路两侧的保护装置在发生短路时，其中的一侧保护装置先动作，等它动作跳闸后，另一侧保护装置才动作，这种情况称为（B）。

A. 保护有死区　　　　　　　　　　B. 保护相继动作

C. 保护不正确动作　　　　　　　　D. 保护既存在相继动作又存在死区

773. 中性点经消弧线圈接地的电力系统，正常运行时中性点有位移电压的主要原因是（C）。

A. 负荷波动　　　　　　　　　　　B. 负荷不对称

C. 电网各相对地电容不相等　　　　D. 电网各相对地电感不相等

774. 电流速断保护（B）。

A. 能保护线路全长　　　　　　　　B. 不能保护线路全长

C. 有时能保护线路全长　　　　　　D. 能保护线路全长并延伸至下一段

775. 下列哪项不是励磁变压器所配置的保护（B）。

A. 差动　　　　　B. 零序　　　　　C. 过电流　　　　　D. 过负荷

776. 对于低压用电系统为了获得380/220V两种供电电压，习惯上采用中性点（A）构成了三相四线制供电方式。

A. 直接接地　　　　　　　　　　　B. 不接地

C. 经消弧绕组接地　　　　　　　　D. 经高阻抗接地

777. 电压和电流的瞬时值表达式分别为：$u=220\sin(\omega t-10°)$，$i=5\sin(\omega t-40°)$，那么（B）。

A. 电流滞后电压30°　　　　　　　B. 电流滞后电压30°

C. 电压超前电流50°　　　　　　　D. 电压超前电流50°

778. 发电厂的一项重要技术经济指标是：发电设备"年利用小时"，它是由（A）计算得来的。

A. 发电设备全年发电量除以发电设备额定容量

B. 发电设备额定容量除以发电设备全年发电量

C. 发电设备全年发电量除以年供电量

D. 发电设备全年供电量除以发电设备全年发电量

779. 两个电容器量分别为 3μF、6μF 的电容串联，若外加电压为 **12V** 则 3μF 的电容器上的压降为（**A**）。

A. 8V　　　　　　　　B. 4V　　　　　　　　C. 9V　　　　　　　　D. 18V

780. 电力线路发生故障时，本线路继电保护的反应能力，称为继电保护的（**B**）。

A. 选择性　　　　　　B. 灵敏性　　　　　　C. 可靠性　　　　　　D. 快速性

781. 快速切除故障线路任一点故障的主保护是（**C**）。

A. 距离保护　　　　　　　　　　　B. 零序电流保护

C. 纵差保护　　　　　　　　　　　D. 过电流保护

782. 为了保证用户电压质量，系统必须保证有足够的（**C**）。

A. 有功容量　　　　　　B. 电压　　　　　　C. 无功容量　　　　　　D. 电流

783. 枢纽变电站直流系统应充分考虑设备检修时的冗余，应采用（**C**）组蓄电池，（**C**）台充电机的方案。

A. 一，两　　　　　　　　　　　B. 两，两

C. 两，三　　　　　　　　　　　D. 三，三

784. 低压闭锁过电流保护应加装（**A**）闭锁。

A. 电压　　　　　　　　B. 电流　　　　　　C. 电气　　　　　　D. 电容

785. 变压器差动保护做相量图试验应在变压器（**C**）时进行。

A. 停电　　　　　　　　　　　B. 空载

C. 载有一定负荷　　　　　　　　D. 满载

786. 分裂绕组变压器是将普通的双绕组变压器的低压绕组在电磁参数上分裂成两个完全对称的绕组，这两个绕组之间（**A**）。

A. 没有电的联系，只有磁的联系　　B. 在电、磁上都有联系

C. 有电的联系，在磁上没有联系　　D. 在电磁上都无任何联系

787. 运行中汽轮机突然失磁，发电机将变成（**C**）运行。

A. 同步电动机　　　　　　　　　B. 异步电动机

C. 异步发电机　　　　　　　　　D. 不确定

788. 由反应基波零序电压和利用三次谐波电压构成的 **100%** 定子接地保护，其基波零序电压元件的保护范围是（**B**）。

A. 由中性点向机端的定子绕组的 85%～95% 线匝

B. 由机端向中性点的定子绕组的 85%～95% 线匝

C. 100% 的定子绕组线匝

D. 由中性点向机端的定子绕组的 50% 线匝

789. 电磁操动机构，合闸线圈动作电压不低于额定电压的（**C**）。

A. 75%　　　　　　　　B. 85%　　　　　　　C. 80%　　　　　　　D. 90%

790. 发电机的端电压、转速和功率因数不变的情况下，励磁电流与发电机负荷电流的关系曲线称为发电机的（A）。

A. 调整特性
B. 负载特性曲线
C. 外特性曲线
D. 励磁特性曲线

791. 分接开关各个位置的接触电阻均应不大于（A）。

A. 500μΩ
B. 100μΩ
C. 1000μΩ
D. 250μΩ

792. 中间继电器的固有动作时间，一般不应（B）。

A. 大于20ms
B. 大于10ms
C. 大于0.2s
D. 大于0.1s

793. 同步发电机的转速永远（C）同步转速。

A. 低于
B. 高于
C. 等于
D. 不等于

794. 电动机的轴承润滑脂，应添满其内部空间的（B）。

A. 1/2
B. 2/3
C. 3/4
D. 全部

795. 在保护连接片投入前，须测量连接片两侧的带电情况，防止出现设备误动事故，当测量连接片一侧对地为正55V，其另一侧对地电压为0V时，那么两连接片间电压应为（C）。

A. +55V
B. 110V
C. 0V
D. −55V

796. 测定变压器油的闪点，实际上就是测定（B）。

A. 油的蒸发度
B. 油的蒸发度和油内挥发成分
C. 油的燃烧温度
D. 油内的水分和挥发成分

797. 谐波制动的变压器纵差保护中设置差动速断元件的主要原因是（B）。

A. 为了提高差动保护的动作速度

B. 为了防止在区内故障较高的短路水平时，由于电流互感器的饱和时高次谐波量增加，导致差动元件拒动

C. 保护设置的双重化，互为备用

D. 为了提高差动保护的可靠性

798. 材料的导热量与材料两侧面的温差成（A）。

A. 正比
B. 反比
C. 不成比例
D. 不成反例

899. tanδ试验能够反映出绝缘所处的状态，但（B）。

A. 对局部缺陷反应灵敏，对整体缺陷反应不灵敏

B. 对整体缺陷反应灵敏，对局部缺陷反应不灵敏

C. 对整体缺陷和局部缺陷反应都不灵敏

D. 对局部缺陷和整体缺反应都灵敏

800. 选择断路器遮断容量应根据其安装处（C）来决定。

A. 变压器的容量
B. 最大负荷
C. 最大短路电流
D. 最小短路电流

801. 在电阻 R、电感线圈 L、电容器 C 串联 AB 电路中 $R=40\Omega$；$X_L=30\Omega$，$X_C=60\Omega$，则阻抗 Z_{AB} 为（**B**）。

A. 70Ω B. 50Ω C. 130Ω D. 93Ω

802. 异步电动机启动瞬间，电磁力矩不大，分析原因下列说法（**A**）是不妥的。

A. 转子电感较大   B. 转子电流滞后转子电压较多

C. 电路功率因数较低   D. 转差率较大，转子电流频率较高

803. 下列哪项不是提高发电机稳定性的措施（**C**）。

A. PSS 装置   B. DEH 加速度控制

C. RB 快减负荷   D. 高速动作的保护

804. 中性点经消弧绕组接地系统，发生单相接地，非故障相对地电压（**D**）。

A. 不变   B. 升高 3 倍   C. 降低   D. 略升高

805. 变压器套管等瓷质设备，当电压达到一定值时，这些瓷质设备表面的空气发生放电，称为（**D**）。

A. 气体击穿   B. 气体放电   C. 瓷质击穿   D. 沿面放电

806. （**B**）能反应各相电流和各类型的短路故障电流。

A. 两相不完全星形接线   B. 三相星形接线

C. 两相电流差接线   D. 三相零序接线

807. Y/△接线降压变压器，△侧以后的接地故障（**A**）在 Y 侧反映出零序电流。

A. 不会   B. 会

C. 只能反应 1/3 故障电流   D. 只能反应 2/3 故障电流

808. 发电机出口封闭母线中充入微正压的压缩空气是为了（**C**）。

A. 冷却封闭母线，防止封闭母线超温

B. 防止发电机本体中的氢气漏入封闭母线

C. 防止周围受潮或脏污空气进入封闭母线内

D. 以上都对

809. 发电机定子接地保护三次谐波部分的电压信号取自（**C**）。

A. 中性点   B. 机端

C. 机端和中性点   D. 主变压器低压侧

810. 发电机定子三相绕组互差 120°，流过对称的三相交流电流时，在定子里将产生（**C**）。

A. 恒定磁场   B. 脉动磁场

C. 旋转磁场   D. 永动磁场

811. 发电机转子绕组两点接地对发电机的主要危害之一是（**A**）。

A. 破坏了发电机气隙磁场的对称性，将引起发电机剧烈振动，同时无功功率降低

B. 无功功率增加

C. 转子电流被地分流，使流过转子绕组的电流减少

D. 转子电流增加，致使转子绕组过电流

812. 高压电气设备预防试验常用绝缘电阻表的额定电压是（**C**）。

A. 500V   B. 1000V   C. 2500V   D. 5000V

813. 在电力系统中，使用 ZnO 避雷器的主要原因（**C**）。

A. 造价低   B. 便于安装

C. 保护性能好   D. 不用维护

814. 主变压器重瓦斯保护和轻瓦斯保护的正电源，正确接法是（**B**）。

A. 使用同一保护正电源

B. 重瓦斯保护接保护电源，轻瓦斯保护接信号电源

C. 使用同一信号正电

D. 重瓦斯保护接信号电源，轻瓦斯保护接保护电源

815. 为了消除超高压断路器各个断口上的电压分布不均匀，改善灭弧性能，可在断路器各个断口加装（**A**）。

A. 并联均压电容   B. 均压电阻

C. 均压带   D. 均压环

816. 当电容器额定电压等于线路额定相电压时，则应接成（**C**）并入电网。

A. 串联方式   B. 并联方式   C. 星形   D. 三角形

817. 当发电机并列前其断口处系统和发电机两电动势相等时，则有（**B**）的相电压作用于断口上，有时要造成断口闪络事故。

A. 一倍   B. 两倍   C. 三倍   D. 四倍

818. 导线通过交流电流时在导线表面的电流密度（**A**）。

A. 较靠近导线中心密度大   B. 较靠近导线中心密度小

C. 与靠近导线中心密度一样   D. 无法确定

819. 中性点接地系统比不接地系统供电可靠性（**B**）。

A. 高   B. 差   C. 相同   D. 不一定

820. 中性点经装设消弧线圈后，若接地故障的电感电流大于电容电流，此时补偿方式为（**B**）。

A. 全补偿方式   B. 过补偿方式

C. 欠补偿方式   D. 不能确定

821. 发电机内冷水电导度为（**B**）合格。

A. $0.05\sim1\mu s/cm$ B. $0.5\sim1.5\mu s/cm$

C. $1.5\sim-2\mu s/cm$ D. $2\sim5\mu s/cm$

822. 取下熔断器时，正确操作为（**C**），装上熔断器时与此相反。

A. 先取保护，后取信号   B. 先取信号，后取保护

C. 先取正极，后取负极   D. 先取负极，后取正极

823. 对于并列运行的发电机组，分配负荷按（**C**）原则分配时，全网最经济。

A. 单机容量   B. 微增率

C. 等微增率   D. 效率

824. 为了反映发电机所有相故障，发电机差动保护用电流互感器均为 **（B）** 接线方式。

A. 完全角形   B. 完全星形

C. 两相电流差   D. 角形

825. 采用一台三相三柱式电压互感器，接成 YY0 接线，该方式能进行 **（B）**。

A. 相对地电压的测量   B. 相间电压的测量

C. 电网运行中的负荷电流监视   D. 负序电流监视

826. 开口三角形绕组的额定电压值，在小接地系统中为 **（B）**。

A. $100/\sqrt{3}$V   B. $100/3$V   C. 100V   D. $\sqrt{3} \times 100$V

827. 改变三相异步电动机的转子转向，可以调换电源任意两相的接线，即改变三相的 **（B）**，从而改变了旋转磁场的旋转方向，同时也就改变了电动机的旋转方向。

A. 相位   B. 相序   C. 相位角   D. 相量

828. 当电力线路发生短路故障时，在短路点将会 **（B）**。

A. 产生一个高电压   B. 通过很大的短路电流

C. 通过一个很小的正常的负荷电流   D. 产生零序电流

829. 断路器的充电保护是当向故障的线路或母线充电时，可以及时跳开 **（A）**。

A. 本断路器   B. 相邻的断路器

C. 连接线路上的所有断路器   D. 连接母线上的所有断路器

830. 中性点直接接地系统中发生接地短路时，零序电流的分布与系统的 **（B）** 无关。

A. 接地变压器的容量   B. 电源数目

C. 中性点接地的数目   D. 中性点接地的位置

831. 油浸式互感器中的变压器油，对电气强度的要求是：额定电压为 35kV 及以下时，油的电气强度要求 40kV；额定电压 63～110kV 时，油的电气强度要求 45kV；额定电压 220～330kV 时，油的电气强度要求 50kV；额定电压为 500kV 时，油的电气强度要求 **（D）**。

A. 40kV   B. 45kV   C. 50kV   D. 60kV

832. 过电流保护的星形联结中通过继电器的电流是电流互感器的 **（A）**。

A. 二次侧电流   B. 二次差电流

C. 负载电流   D. 过负荷电流

833. 倒母线应检查 **（D）** 动作或返回情况。

A. 气体继电器   B. 重合闸继电器

C. 时间继电器   D. 隔离开关位置继电器

834. 开关站出线在重负荷下出现发生非全相运行时，发电机下列什么保护可能动作 **（C）**。

A. 失步   B. 对称过负荷

C. 不对称过负荷   D. 复合电压闭锁过电流

835. 检查微机型保护回路及整定值的正确性 **（C）**。

A. 可采用打印定值和键盘传动相结合的方法

B. 可采用检查 VFC 模数变换系统和键盘传动相结合的方法

C. 只能用从电流电压端子通入与故障情况相符的模拟量，使保护装置处于与投入运行完全相同状态的整组试验方法

D. 可采用打印定值和短接出口触点相结合的方法

836. 发电机励磁回路发生一点接地后，如不能及时安排检修，允许带病短时运行，但必须投入转子两点接地保护装置，此时应把横差保护 **（A）**。

A. 投入延时　　　　　　　　　　B. 投入瞬时

C. 退出　　　　　　　　　　　　D. 投入定时

837. 发电机正常运行时，发电机中性点三次谐波电压 U_N 和发电机机端三次谐波电压 U_S 的关系是 **（A）**。

A. $U_N>U_S$　　　　B. $U_N<U_S$　　　　C. $U_N=U_S$　　　　D. 不确定

838. 220kV 电压互感器二次熔断器上并联电容器的作用是 **（C）**。

A. 无功补偿　　　　　　　　　　B. 防止断线闭锁装置误动

C. 防止断线闭锁装置拒动　　　　D. 防止熔断器熔断

839. 变压器并联运行的理想状况：空载时，并联运行的各台变压器绕组之间 **（D）**。

A. 无位差　　　　　　　　　　　B. 同相位

C. 联结组别相同　　　　　　　　D. 无环流

840. 当发电机转速还未达到 3000r/min 时，误给发电机加上励磁，下列什么保护会动作 **（B）**。

A. 低频保护　　　　　　　　　　B. 发电机过励磁保护

C. 励磁回路过负荷　　　　　　　D. 发电机定子过电压

841. 对于 Yd11 接线变压器下列表示法正确的是 **（B）**。

A. $U_a=U_{Ae}j60°$　　　　　　B. $U_{ab}=U_{ABe}j30°$

C. $U_{ab}=U_{ABe}j0°$　　　　　D. $U_a=U_{Ae}j0°$

842. 接入重合闸不灵敏一段的保护定值是按躲开 **（C）** 整定的。

A. 线路出口短路电流值　　　　　B. 末端接地电流值

C. 非全相运行时的不平衡电流值　D. 线路末端短路电容

843. 6kV 真空断路器的操动机构类型是 **（C）**。

A. 电磁操动机构　　　　　　　　B. 电动机操动机构

C. 弹簧操动机构　　　　　　　　D. 液压操动机构

844. 主变压器差动保护采用二次谐波制动，是为了防止 **（A）**。

A. 变压器空载合闸时误动　　　　B. 变压过励磁时误动

C. 变压器外部故障时误动　　　　D. 以上都是

845. 发电机的横差保护用电流互感器台数为 **（C）**。

A. 1 台　　　　B. 2 台　　　　C. 3 台　　　　D. 6 台

846. 发电机有功负荷不变时，若功率因数从 0.98 调整到 0.92，这是因为 **（C）**。

A. 开大了调节汽门　　　　　　　B. 关小了调节汽门

C. 增加了励磁电流　　　　　　　D. 减小了励磁电流

847. 负序电流在发电机的转子表面引起损耗，该损耗的大小与负序电流的（C）成正比。

 A. 大小   B. 最大值   C. 平方   D. 平均值

848. 零序电流保护灵敏，动作时间短，所以（B）。

 A. 电力系统不太适用

 B. 在110kV及以上中心点直接接地系统中得到广泛应用

 C. 在系统运行中起主导作用

 D. 在电力系统中得到广泛的应用

849. 三角形接线的电动机错接成星形，投入运行后（B）急剧增大。

 A. 空载电流   B. 负荷电流

 C. 三相不平衡电流   D. 无法确定

850. 中性点接地开关合上后通过（A）投入。

 A. 中性点零序过电流   B. 间隙过电流

 C. 间隙过电压   D. 电流保护

851. 星形接线的电动机错接成三角形，投入运行后（A）急剧增大。

 A. 空载电流   B. 负荷电流

 C. 三相不平衡电流   D. 无法确定

852. 发电机正常运行时既发有功，也发无功，称为功率迟相（又称滞后）。此时发电机送出去的是（A）无功功率。

 A. 感性的   B. 容性的

 C. 感性和容性的   D. 无法确定

853. 三相星形接线中性点不接地的电源系统，当发生一相接地时，三个线电压（A）。

 A. 不变   B. 均降低

 C. 一个低两个高   D. 无规律变化

854. 发电机出口TV断线时，（D）保护不会被闭锁。

 A. 失磁   B. 逆功率   C. 失步   D. 过负荷

855. 在操作回路中，应按正常最大负荷下，设备的电压降不得超过其额定电压的（C）进行校核。

 A. 20%   B. 15%   C. 10%   D. 5%

856. 变压器储油柜油位计的＋40℃油位线，是标示（B）的油标准位置线。

 A. 变压器温度在＋40℃时   B. 环境温度在＋40℃时

 C. 变压器温升至＋40℃时   D. 变压器温度在＋30℃

857. 设备的隔离开关及断路器均在断开位置，相应保护退出运行，属于（A）。

 A. 冷备用状态   B. 热备用状态

 C. 检修状态   D. 运行状态

858. 电流互感器极性对（C）没有影响。

 A. 差动保护   B. 方向保护

96

C. 电流速断保护　　　　　　　　　　　　D. 距离保护

859. 发电机失磁后，对发电机的主要影响是（D）。

A. 输出功率下降　　　　　　　　　　　　B. 产生振动

C. 定子线圈中将产生负序电流　　　　　　D. 转子发热、加速、易失步

860. 发电机运行中转子过电压是由于运行中（D）而引起的。

A. 灭磁开关突然合上　　　　　　　　　　B. 励磁回路突然发生一点接地

C. 灭磁开关突然合上及突然断开　　　　　D. 灭磁开关突然断开

861. 两台阻抗电压不相等变压器并列运行时，在负荷分配上（A）。

A. 阻抗电压大的变压器负荷小　　　　　　B. 阻抗电压小的变压器负荷小

C. 负荷分配不受阻抗电压影响　　　　　　D. 一样大

862. 三支相同阻值的阻抗元件，先以星形接入三相对称交流电源，所消耗的功率与再以三角形接入同一电源所消耗的功率之比等于（C）。

A. 1∶1　　　　　　B. 1∶2　　　　　　C. 1∶3　　　　　　D. 1∶4

863. 变压器负载为纯电阻时，输入功率性质为（C）。

A. 无功功率　　　　B. 有功功率　　　　C. 感性　　　　　　D. 容性

864. 单侧电源线路的自动重合闸装置必须在故障切除后，经一定时间间隔才允许发出合闸脉冲，这是因为（D）。

A. 需与保护配合

B. 断路器消弧

C. 防止多次重合

D. 故障点要有足够的去游离时间以及断路器及传动机构的准备再次动作时间

865. 三绕组变压器绕组有里向外排列顺序为（B）。

A. 高压，中压，低压　　　　　　　　　　B. 低压，中压，高压

C. 中压，低压，高压　　　　　　　　　　D. 低压，高压，中压

866. 当系统运行方式变小时，电流和电压的保护范围是（A）。

A. 电流保护范围变小，电压保护范围变大

B. 电流保护范围变小，电压保护范围变小

C. 电流保护范围变大，电压保护范围变小

D. 电流保护范围变大，电压保护范围变大

867. 电抗变压器在空载情况下，二次电压与一次电流的相位关系是（A）。

A. 二次电压超前一次电流90°　　　　　　B. 二次电压与一次电流同相

C. 二次电压滞后一次电流90°　　　　　　D. 二次电压滞后一次电流30°

868. 电力系统发生振荡时，振荡中心电压的波动情况是（A）。

A. 幅度最大　　　　B. 幅度最小　　　　C. 幅度不变　　　　D. 幅度不定

869. 电力系统无功容量不足必将引起电压（A）。

A. 普遍下降　　　　　　　　　　　　　　B. 升高

C. 边远地区下降　　　　　　　　　　　　D. 边远地区升高

870. 对称三相电源三角形联结时，线电压是（**A**）。

A. 相电压   B. 2 倍的相电压

C. $\sqrt{3}$ 倍的相电压   D. 4 倍的相电压

871. 二极管的直流电阻 R 与外加直流电压 U 流过二极管的电流 I 的关系是（**A**）。

A. U/I B. I/U C. $\Delta U/\Delta I$ D. 无法确定

872. 双端供电的线路，需采用同期合无压的检定方式，防止非同期重合。两端方式选择是（**C**）。

A. 均为同期重合闸

B. 均为无压重合闸

C. 一端采用同期重合闸，另一端采用无压重合闸

D. 可以任意选择

873. 出口中间继电器的最低动作电压，要求不低于额定电压的 **50%**，是为了（**A**）。

A. 防止中间继电器线圈正电源端子出现接地时，与直流电源绝缘监视回路构成通路而引起误动作

B. 防止中间继电器线圈正电源端子与直流系统正电源同时接地时误动作

C. 防止中间继电器线圈负电源端子接地与直流电源绝缘监视回路构成通路而误动作

D. 防止中间继电器线圈负电源端子与直流系统负电源同时接地时误动作

874. 电力系统产生工频过电压的原因主要有（**D**）。

A. 空载长线路的电容效应   B. 不对称短路引起的非故障相电压升高

C. 甩负荷引起的工频电压升   D. 以上都有

875. 继电器按其结构形式分类，目前主要有（**C**）。

A. 测量继电器和辅助继电器   B. 电流型和电压型继电器

C. 电磁型、感应型、整流型和静态型   D. 启动继电器和出口继电器

876. 下列哪项不是继电保护的四项基本要求之一（**C**）。

A. 快速性   B. 可靠性   C. 速动性   D. 灵敏性

877. 220kV 电压互感器隔离开关作业时，应拉开二次熔断器是因为（**A**）。

A. 防止反充电   B. 防止熔断器熔断

C. 防止二次接地   D. 防止短路

878. 有限个同频率正弦量相加的结果是一个（**C**）。

A. 同频率的交流量   B. 另一频率的交流量

C. 同频率的正弦量   D. 另一频率的正弦量

879. 对称三相电路角接时，线电流比对应的相电流（**C**）。

A. 同相位   B. 超前 $30°$ C. 滞后 $30°$ D. 滞后 $120°$

880. 为了防止发生两点接地，直流系统应装设（**B**）足够高的绝缘监察装置。

A. 安全性   B. 灵敏度   C. 可靠性   D. 绝缘

881. 新装电容器的三相电容量之间的差值应不超过一相的总电容量的（**B**）。

A. 1%   B. 5%   C. 10%   D. 15%

882. 蓄电池出口熔断器熔体的额定电流应按（**A**）放电率电流再加大一个等级来选择，并应与直流馈线回路熔断器时间相配合。

A. 1h   B. 3h   C. 5h   D. 10h

883. 蓄电池电解液的温度升高，电化反应增强，蓄电池的容量（**A**）。

A. 增大   B. 减小   C. 无变化

884. 从继电保护原理上讲，受系统振荡影响的有（**C**）。

A. 零序电流保护   B. 负序电流保护

C. 相间距离保护   D. 相间过电流保护

885. 直流控制、信号回路熔断器一般选用（**B**）。

A. 0～5A   B. 5～10A   C. 10～20A   D. 20～30A

886. 时间继电器在继电保护装置中的作用是（**B**）。

A. 计算动作时间   B. 建立动作延时

C. 计算保护停电时间   D. 计算断路器停电时间

887. 超高压输电线单相跳闸熄弧较慢是由于（**C**）。

A. 短路电流小   B. 单相跳闸慢

C. 潜供电流影响   D. 断路器熄弧能力差

888. 倒闸操作中不得使停电的（**C**）由二次返回高压。

A. 电流互感器   B. 阻波器

C. 电压互感器   D. 电抗器

889. 电流互感器本身造成的测量误差是由于有励磁电流存在，其角度误差是励磁支路呈现为（**C**）使一、二次电流有不同相位，造成角度误差。

A. 电阻性   B. 电容性   C. 电感性   D. 互感性

890. 电流互感器铁芯内的交变主磁通是由（**C**）产生的。

A. 一次绕组两端的电压   B. 二次绕组内通过的电流

C. 一次绕组内流过的电流   D. 二次绕组的端电压

891. 对变压器油进行色谱分析所规定的油中溶解气体含量注意值为：总烃 150×10^{-6}，氢 150×10^{-6}，乙炔（**C**）$\times10^{-6}$。

A. 100   B. 150   C. 5   D. 50

892. 变压器过励磁保护是按磁密度正比于（**B**）原理实现的。

A. 电压 U 与频率 f 乘积   B. 电压 U 与频率 f 的比值

C. 电压 U 与绕组线圈匝数 N 的比值   D. 电压 U 与绕组线圈匝数 N 的乘积

893. 对称三相电源星形联结，线电流等于（**A**）。

A. 相电流   B. 3 倍相电流

C. 额定容量除以额定电压   D. 2 倍相电流

894. 在发电机同步并列的过程中，作用于开关断口上的电压，随待并发电机与系统等效电动势之间相角差的变化而不断变化，当（**A**）时其值最大，为两者电动势之和。

A. $\delta=180°$ B. $\delta=0°$ C. $\delta=360°$ D. $\delta=90°$

895. 在直接接地系统中，当接地电流大于 1000A 时，变电站中的接地网的接地电阻不应大于（C）。

A. 5Ω   B. 2Ω   C. 0.5Ω   D. 4Ω

896. 自耦变压器公共线圈中的电流，等于一次电流和二次电流的（C）。

A. 代数和   B. 相量和   C. 相量差   D. 无关

897. 当变压器外部故障时，有较大的穿越性短路电流流过变压器，这时变压器的差动保护（C）。

A. 立即动作   B. 延时动作

C. 不应动作   D. 短路时间长短而定

898. 变压器差动保护用的电流感应器接在断路器的母线侧（C）。

A. 是为了提高保护的灵敏度   B. 是为了减少励磁涌流影响

C. 是为了扩大保护范围   D. 是为了减小保护范围

899. 线路继电保护装置在该线路发生故障时，能迅速将故障部分切除并（B）。

A. 自动重合闸一次   B. 发出信号

C. 将完好部分继续运行   D. 以上三点均正确

900. 主机 UPS 装置正常运行中交流主电源发生故障，UPS 装置将转为（D）运行。

A. 整流—逆变方式   B. 旁通方式

C. 手动旁通方式   D. 蓄电池—逆变方式

901. 发电机同层定子线棒出水温差达（C）时，在确认测温元件无误后，应停机处理。

A. 8℃   B. 10℃   C. 12℃   D. 14℃

902. 6kV 厂用快切装置并联切换的相角差闭锁值为（A）。

A. 15°   B. 20°   C. 25°   D. 30°

903. 6kV 厂用母线低电压保护整定值为（C）U_n。

A. 0.4   B. 0.5   C. 0.6   D. 0.7

904. 保护动作后不启动 500kV 侧开关失灵保护的是（C）。

A. 主变压器差动保护

B. 高压厂用变压器复合电压闭锁过电流保护

C. 主变压器重瓦斯保护

D. 主变压器过励磁保护

905. 同步发电机长期在进相方式下运行，会使（A）发热。

A. 定子端部   B. 转子绕组   C. 机壳   D. 转子铁芯

906. 汽轮发电机并网后，开始升负荷的多少一般取决于（C）。

A. 系统周波   B. 发电机本身

C. 汽轮机   D. 调度令

907. 发电机封闭母线内含氢量超过 1% 时，发电机轴承油系统或主油箱内含氢量超过 1% 时；内冷水系统含氢量（体积含量）超过（B）时，应立即采取相应措施处理。

A. 1%   B. 2%   C. 3%   D. 4%

908. 一条超高压长距离线路投入运行时，发电机端电压会 **(C)**。

A. 降低 　　　 B. 不变 　　　 C. 升高 　　　 D. 不确定

909. 在电路中，电流之所以能流动，是由于电源两端的电位差造成的，我们把这个电位差称为 **(A)**。

A. 电压 　　　 B. 电源 　　　 C. 电动势 　　　 D. 电位

910. 在一个稳压电路中，稳压电阻 R 值增大时，其电流 **(B)**。

A. 增大 　　　 B. 减少 　　　 C. 不变 　　　 D. 不一定

911. 在电阻、电感、电容组成的电路中，消耗电能的组件是 **(A)**。

A. 电阻 　　　 B. 电感 　　　 C. 电抗 　　　 D. 电容

912. 在电阻、电感、电容组成电路中，不消耗电能的组件是 **(A)**。

A. 电感、电容 　　　　　　　　 B. 电阻与电感

C、电容与电阻 　　　　　　　　 D. 电阻

913. 电阻 $R_1 > R_2 > R_3$ 将它们并联使用时，各自相应的消耗功率是 **(B)**。

A. $P_1 > P_2 > P_3$ 　 B. $P_1 < P_2 < P_3$ 　 C. $P_1 = P_2 = P_3$ 　 D. 无法比

914. 一个回路的电流与其回路的电阻乘积等于 **(D)**。

A. 有功功率 　　 B. 电能 　　 C. 无功功率 　　 D. 电压

915. 两个平行放置的载流体，当通过的电流为同方向时，两导体将现出 **(B)**。

A. 互相吸引 　 B. 互相排斥 　 C. 互不反应 　 D. 不一定

916. 铅蓄电池放电过程中，正、负极板上的活性物质不断转化为硫酸铅，此时电解液中的硫酸浓度 **(B)**。

A. 增大 　　　 B. 减小 　　　 D. 没变化 　　　 D. 有变化

917. 异步电动机的三相绕组加上三相对称电压后，在转子尚未转动的瞬间，转子上的电磁转矩 **(B)**。

A. 最大 　　　 B. 不大 　　　 C. 近于零 　　　 D. 等于1

918. 两台变压器并联运行时短路电压小，通过的电流 **(A)**。

A. 大 　　　 B. 小 　　　 C. 相等 　　　 D. 不确定

919. 绕组内感应电动势的大小与穿过该绕组磁通的变化率成 **(A)**。

A. 正比 　　　 B. 反比 　　　 C. 无比例 　　　 D. 平方比

920. 通电导体在磁场中所受的力是 **(C)**。

A. 电场力 　　 B. 磁场力 　　 C. 电磁力 　　 D. 引力

921. 正常运行中，发电机氢气纯度不得低于 **(C)**。

A. 92% 　　 B. 94% 　　 C. 96% 　　 D. 97%

922. 同样转速的发电机磁极对数多的电源频率 **(B)**。

A. 低 　　　 B. 高 　　　 C. 不变 　　　 D. 不一定

923. 发电机如果在运行中，功率因数过高（$\cos\varphi = 1$）会使发电机 **(C)**。

A. 功角减小 　　　　　　 B. 动态稳定性降低

C. 静态稳定性降低 　　　 D. 功角增大

924. 带电的电气设备以及发电机电动机等，应使用（A）灭火。

A. 干式灭火器、二氧化碳灭火器、1211灭火器　　　　B. 水

C. 泡沫　　　　　　　　　　　　　　　　　　　　　　D. 干砂

925. 蓄电池的电动势大小与（B）无关。

A. 内阻　　　　B. 温度　　　　C. 比重　　　　D. 极板

926. 在正常运行方式下电工绝缘材料是按其允许的最高工作（B）分级的。

A. 电压　　　　B. 温度　　　　C. 机械强度　　　　D. 电流

927. 后备保护分为（C）。

A. 近后备　　　　　　　　　　　　B. 远后备

C. 近后备和远后备　　　　　　　　D. 都不是

928. 绝缘电阻表主要用于测量（C）。

A. 导线电阻　　　　B. 接地电阻　　　　C. 绝缘电阻　　　　D. 电源内阻

929. 高压断路器的极限通过电流，是指（A）。

A. 断路器在合闸状态下能承载的峰值电流

B. 断路器正常通过的最大电流

C. 在系统发生故障时断路器通过的电码故障电流

D. 单相接地电流

930. SF$_6$气体在电弧作用下会产生（A）。

A. 低氟化合物　　　　　　　　　　B. 氟气

C. 气味　　　　　　　　　　　　　D. 氢气

931. 正弦交流电的三要素是（B）。

A. 电压、电动势、电位　　　　　　B. 最大值、频率、初相位

C. 容抗、感抗、阻抗　　　　　　　D. 平均值、周期、电流

932. 由铁磁材料构成的磁通集中通过的路径称为（C）。

A. 电路　　　　B. 磁链　　　　C. 磁路　　　　D. 磁场

933. 断路器采用多断口是为了（A）。

A. 提高遮断灭弧能力　　　　　　　B. 用于绝缘

C. 提高分合闸速度　　　　　　　　D. 使各断口均压

934. 变压器油黏度说明油的（A）好坏。

A. 流动性好坏　　　　　　　　　　B. 质量好坏

C. 绝缘性好坏　　　　　　　　　　D. 比重大小

935. 变压器上层油温要比中下层油温（B）。

A. 低　　　　　　　　　　　　　　B. 高

C. 不变　　　　　　　　　　　　　D. 在某些情况下进行

936. 变压器气体继电器内有气体（B）。

A. 内部有故障　　　　　　　　　　B. 不一定有故障

C. 有较大故障　　　　　　　　　　D. 没有故障

937. 变压器油闪点指 （**B**）。

A. 着火点

B. 油加热到某一温度油蒸气与空气混合物，用火一点就闪火的温度

C. 油蒸气一点就着的温度

D. 液体变压器油的燃烧点

938. 变压器投切时会产生 （**A**）。

A. 操作过电压　　　　B. 大气过电压　　　　C. 雷击过电压　　　　D. 系统过电压

939. 变压器变比与匝数 （**C**）。

A. 不成比例　　　　B. 成反比　　　　C. 成正比　　　　D. 无关

940. 变压器温度计测的温度是指变压器 （**D**） 油温。

A. 绕组温度　　　　B. 下层温度　　　　C. 中层温度　　　　D. 上层温度

941. 变压器中性点装设消弧线圈的目的是 （**C**）。

A. 提高电网电压水平　　　　　　　B. 限制变压器故障电流

C. 补偿电网接地的电容电流　　　　D. 灭弧

942. 变压器储油柜的容量约为变压器油量的 （**B**）。

A. 5％～8％　　　　B. 8％～10％　　　　C. 10％～12％　　　　D. 9％～11％

943. 变压器铜损 （**C**） 铁损时最经济。

A. 大于　　　　B. 小于　　　　C. 等于　　　　D. 不一定

944. 当变压器电源电压高于额定电压时，铁芯中的损耗 （**C**）。

A. 减少　　　　B. 不变　　　　C. 增大　　　　D. 变化很小

945. 电流互感器在运行中必须使 （**A**）。

A. 铁芯及二次绕组牢固接地　　　　B. 铁芯两点接地

C. 二次绕组不接地　　　　　　　　D. 铁芯多点接地

946. 在人站立或行走时通过有电流通过的地面，两脚间所承受的电压称为 （**A**）。

A. 跨步电压　　　　B. 接触电压　　　　C. 接地电压　　　　D. 过渡电压

947. 三绕组降压变压器绕组由里向外的排列顺序是 （**B**）。

A. 高压，中压，低压　　　　　　　B. 低压，中压，高压

C. 中压，低压，高压　　　　　　　D. 低压，高压，中压

948. 变压器大盖坡度标准为 （**A**）。

A. 1％～1.5％　　　　B. 1.5％～2％　　　　C. 2％～4％　　　　D. 2％～3％

949. 隔离开关 （**B**） 灭弧能力。

A. 有　　　　B. 没有　　　　C. 有少许　　　　D. 不一定

950. 变压器的空载电流为额定电流的 （**D**）。

A. 6％～7％　　　　B. 4％～5％　　　　C. 1％～2％　　　　D. 2％～3％

951. 两台主变压器并列运行的条件：（**A**）。

A. 接线组别相同，变比相等，短路电压相等

B. 接线组别相同，变比相等，容量相同

C. 电压相等，结线相同，阻抗相等

D. 相序相位相同

952. 用绝缘杆操作隔离开关时要（A）。

A. 用力均匀果断   B. 用力过猛

C. 慢慢拉   D. 用大力气拉

953. 断路器失灵保护在（A）动作。

A. 断路器拒动时   B. 保护拒动时

C. 断路器失灵   D. 控制回路断线

954. 变压器发生内部故障时的主保护是（A）保护。

A. 瓦斯   B. 差动   C. 过电流   D. 中性点

955. 断路器额定电压指（C）。

A. 断路器正常工作电压   B. 正常工作相电压

C. 正常工作线电压有效值   D. 正常工作线电压最大值

956. 高压断路器的额定电流是（B）。

A. 断路器长期运行电流   B. 断路器长期运行电流的有效值

C. 断路器运行中的峰值电流   D. 断路器长期运行电流的最大值

957. 发生三相对称短路时，短路电流中包含（A）分量。

A. 正序   B. 负序   C. 零序   D. 负荷电流

958. 蓄电池在新装或大修后的第一次充电叫初充电时间约为（D）。

A. 10～30h   B. 30～40h   C. 40～50h   D. 60～80h

959. 变压器新投运行前，应做（A）次冲击合闸试验。

A. 5   B. 4   C. 3   D. 2

960. 发电机在（A）情况下容易发生自励磁。

A. 接空载长线路   B. 接负荷较重的线路

C. 串联电容补偿度过小的线路   D. 并联电容补偿度过小的线路

961. 功角 δ 大于 90° 时是（B）。

A. 静态稳定区   B. 静态不稳定区

C. 动态稳定区   D. 动态不稳定区

962. 发电机中性点直接接地的优点为（A）。

A. 内部过电压对相电压倍数较低   B. 接地点电弧容易熄灭

C. 单相接地短路电流较小   D. 继电保护较简单

963. 转子绕组的发热主要是由（A）引起的。

A. 励磁电流   B. 负荷电流   C. 端部漏磁   D. 电容电流

964. 定子绕组的发热主要是由（B）引起的。

A. 励磁电流   B. 负荷电流   C. 端部漏磁   D. 电容电流

965. 一般同步发电机在（B）的励磁工况下工作。

A. 正常励磁   B. 过励磁   C. 欠励磁   D. 零励磁

966. 发电机与系统和二次系统间，无特殊规定时应采用准同期法并列。准同期法并列的条件是：**（C）**。

A. 相位相同、频率相等、电压相等

B. 相序一致、频率相等、电压相等

C. 相序一致、相位相同、频率相等、电压相等

D. 相序一致、相位相同、电压相等

967. 有载调压变压器通过调节（B）调节变压器变比

A. 高压侧电压　　　　　　　　　　　B. 分接头位置

C. 低压侧电压　　　　　　　　　　　D. 中压侧电压

968. 当冷却介质入口温度降低时，与热流的温差增大，冷却效果（A），在相同负荷下发电机各部分的温度要（A）一些。

A. 增强，低　　　　　　　　　　　　B. 减弱，低

C. 减弱，高　　　　　　　　　　　　D. 增强，高

969. SF_6 气体是（A）。

A. 无色无味　　　B. 有色　　　C. 有味　　　D. 有色无味

970. 保护和自动装置的投入，应先送（C），后送（C），检查继电器正常后，再投入有关（C），退出时与此相反。

A. 连接片，直流电源，交流电源　　　B. 直流电源，交流电源，连接片

C. 交流电源，直流电源，连接片　　　D. 交流电源，交流电源，连接片

971. 断路器的跳合闸位置监视灯串联一个电阻，其目的是为了（C）。

A. 限制通过跳闸绕组的电流　　　　　B. 补偿灯泡的额定电压

C. 防止因灯座短路造成断路器误跳闸　　D. 防止灯泡过热

972. 投入主变压器差动保护连接片前应（A）再投。

A. 用直流电压表测量连接片两端对地无电压后

B. 检查连接片在开位后

C. 检查其他保护连接片是否投入后

D. 检查差动继电器是否良好后

973. 线路停电操作顺序正确的是（A）。

A. 拉开线路两端断路器，拉开线路侧隔离开关，拉开母线侧隔离开关

B. 拉开线路两端断路器，拉开母线侧隔离开关，拉开线路侧隔离开关

C. 拉开线路侧隔离开关，拉开线路两端断路器，拉开母线侧隔离开关

D. 拉开线路侧隔离开关，拉开母线侧隔离开关，拉开线路两端断路器

974. 遇到非全相运行开关所带元件为发电机不能进行分、合闸操作时，应（C）。

A. 迅速降低该发电机有功功率至零

B. 迅速降低该发电机无功功率至零

C. 迅速降低该发电机有功和无功功率至零

D. 迅速降低该发电机有功或无功功率至零

975. 带负荷合隔离开关时，发现合错，（A）。

A. 不准直接将隔离开关再拉开

B. 在刀片刚接近固定触头，发生电弧时，应立即拉开

C. 在刀片刚接近固定触头，发生电弧，这时也应停止操作

D. 准许直接将隔离开关再拉开

976. 电力系统安全稳定运行的基础是（D）。

A. 继电保护的正确动作　　　　　　B. 重合闸的正确动作

C. 开关的正确动作　　　　　　　　D. 合理的电网结构

977. 线路自动重合闸宜采用（B）原则来启动重合闸。

A. 控制开关位置与断路器位置对应　　B. 控制开关位置与断路器位置不对应

C. 跳闸信号与断路器位置对应　　　　D. 跳闸信号与断路器位置不对应

978. 《电业安全工作规程》（热机部分）规定，进入凝汽器内工作时应使用（A）行灯。

A. 12V　　　　　　　B. 24V　　　　　　　C. 36V　　　　　　　D. 42V

979. 接地线的截面积不得小于（B）。

A. 20mm²　　　　　　B. 25mm²　　　　　　C. 30mm²　　　　　　D. 35mm²

980. 保证电气检修人员人身安全最有效的措施是（C）。

A. 悬挂标示牌　　　　　　　　　　B. 放置遮栏

C. 将检修设备接地并短路　　　　　D. 标志明显

981. 主厂房内架空电缆与热体管路应保持足够的距离，控制电缆不小于（A）。

A. 0.5m　　　　　　B. 1m　　　　　　C. 1.5m　　　　　　D. 2.0m

982. 主厂房内架空电缆与热体管路应保持足够的距离，动力电缆不小于（B）。

A. 0.5m　　　　　　B. 1m　　　　　　C. 1.5m　　　　　　D. 2.0m

983. 新增电缆的防火涂料厚度应达到（A）。

A. 1～2mm　　　　　B. 2～3mm　　　　　C. 3～4mm　　　　　D. 4～5mm

984. （A）对继电保护连接片投入情况进行一次全面检查。

A. 每月　　　　　　B. 每季度　　　　　　C. 每半年　　　　　D. 每年

985. （C）对继电保护定值进行一次复算和校核。

A. 每半年　　　　　B. 每季度　　　　　　C. 每年　　　　　　D. 每两年

986. 汽轮机紧急跳闸系统（ETS）和汽轮机监视仪表（TSI）所配电源必须可靠，电压波动值不得大于（B）。

A. ±3%　　　　　　B. ±5%　　　　　　C. ±10%　　　　　　D. ±15%

987. 发电机绝缘过热监测器过热报警时，应立即取样进行（B），必要时停机进行消缺处理。

A. 加强监视　　　　B. 色谱分析　　　　C. 测量温度　　　　D. 加大通风量

988. 变压器潜油泵转速不大于（A）。

A. 1000r/min　　　　　　　　　　B. 1500r/min

C. 2000r/min　　　　　　　　　　D. 3000r/min

989. 对重要的线路和设备必须坚持设立（**A**）套互相独立主保护。

A. 两套   B. 三套   C. 四套   D. 五套

990. 不安全事件处理应按（**C**）原则执行。

A. 二不放过   B. 三不放过

C. 四不放过   D. 五不放过

991. 绝缘棒、绝缘挡板、绝缘罩、绝缘夹钳应（**C**）试验一次。

A. 三个月   B. 半年   C. 一年   D. 二年

992. 过电流保护加装复合电压闭锁可以（**D**）。

A. 加速保护动作时间   B. 增加保护的可靠性

C. 提高保护的选择性   D. 提高保护的灵敏度

993. 绕组中的感应电动势大小与绕组中的（**C**）。

A. 磁通的大小成正比

B. 磁通的大小成反比

C. 磁通的大小无关，而与磁通的变化率成正比

D. 磁通的变化率成反比

994. 远距离高压输电，当输电的电功率相同时，输电线路上电阻损失的功率（**A**）。

A. 与输电线路电压的平方成反比   B. 与输电线路电压的平方成正比

C. 与输电线路损失的电压平方成正比   D. 与输电线路电压无关

995. 一台降压变压器如果一、二次绕组采用同一材料和同样截面的导线绕制，在加压时，将出现（**B**）。

A. 两绕组发热量一样   B. 二次绕组发热量较大

C. 一次绕组发热量较大   D. 二次绕组发热量小

996. 下列哪种接线的电压互感器可测对地电压（**C**）。

A. Yy   B. Yyn   C. YNyn   D. Dyn

997. 运行中的电流互感器一次侧最大负荷电流不得超过额定电流的（**B**）。

A. 1 倍   B. 2 倍   C. 3 倍   D. 5 倍

998. 三绕组变压器的零序保护是（**A**）和保护区外单相接地故障的后备保护。

A. 高压侧绕组   B. 中压侧绕组

C. 低压侧绕组   D. 区外相间故障的后备保护

999. 在具有串联电容的线路中，常出现（**A**）。

A. 暂态过电压   B. 稳态过电压

C. 暂态过电流   D. 稳态过电流

1000. 三相五柱式电压互感器在系统正常运行时开口三角电压为（**B**）。

A. 100V   B. 0   C. 50V   D. 25V

1001. 发电机在运行时，当定子磁场和转子磁场以相同的方向、相同的（**A**）旋转时，称为同步。

A. 速度   B. 频率   C. 幅值   D. 有效值

1002. 大容量的发电机采用离相封闭母线，其目的主要是防止发生（**B**）。

A. 受潮   B. 相间短路   C. 人身触电   D. 污染

1003. 目前大型汽轮发电机组大多采用内冷方式，冷却介质为（**B**）。

A. 水   B. 氢气和水   C. 氢气   D. 水和空气

1004. 发电机励磁电流通过转子绕组和电刷时，产生的励磁损耗，属于（**A**）损耗。

A. 电阻   B. 电抗   C. 机械   D. 电感

1005. 发电机定子冷却水中（**B**）的多少是衡量铜腐蚀程度的重要依据。

A. 电导率   B. 含铜量   C. pH 值   D. 钠离子

1006. 汽轮发电机的强行励磁电压与额定励磁电压之比叫强行励磁的倍数，对于汽轮发电机应不小于（**B**）倍。

A. 1.5   B. 2   C. 2.5   D. 3

1007. 对隐极式汽轮发电机承受不平衡负荷的限制，主要是由转子（**A**）决定的。

A. 发热条件   B. 振动条件

C. 磁场均匀性   D. 电流性

1008. 发电机回路中的电流互感器应采用（**A**）配置。

A. 三相   B. 两相   C. 单相   D. 两相差

1009. 一般设柴油发电机作为全厂失电后的电源系统是（**A**）。

A. 保安系统   B. 直流系统   C. 交流系统   D. 保护系统

1010. 随着发电机组容量增大，定子绕组的电流密度增大，发电机定子铁芯的发热非常严重。在空气、氢气和水这三种冷却介质中，（**C**）的热容量最大，吸热效果最好。

A. 空气   B. 氢气   C. 水   D. 无法确定

1011. 定子常采用导磁率高、损耗小的（**C**）片叠压而成。

A. 铁钴合金   B. 铁镍合金   C. 硅钢   D. 超导钢

1012. 发电机转子铁芯一般采用具有良好（**C**）及具备足够机械强度的合金钢整体锻制而成。

A. 导热性能   B. 绝缘性能   C. 导磁性能   D. 导电性能

1013. 要提高发电机容量，必须解决发电机在运行中的（**B**）问题。

A. 噪声   B. 发热   C. 振动   D. 膨胀

1014. 发电机发生（**C**）故障时，对发电机和系统造成的危害能迅速地表现出来。

A. 低励   B. 失磁   C. 短路   D. 断路

1015. 当发电机转速恒定时，（**B**）损耗也是恒定的。

A. 鼓风   B. 机械   C. 电磁   D. 杂散

1016. 发电机铁损与发电机（**B**）的平方成正比。

A. 频率   B. 机端电压   C. 励磁电流   D. 定子的边长

1017. 确定发电机正常运行时的允许温升与该发电机的冷却方式、（**C**）和冷却介质有关。

A. 负荷大小   B. 工作条件   C. 绝缘等级   D. 运行寿命

1018. 发电机的输出功率与原动机的输入功率失去平衡会使系统（**B**）发生变化。

A. 电压　　　　　　B. 频率　　　　　　C. 无功功率　　　　D. 运行方式

1019. 通常把由于（**A**）变化而引起发电机组输出功率变化的关系称为调节特性。

A. 频率　　　　　　B. 电压　　　　　　C. 运行方式　　　　D. 励磁

1020. 发电机组的调速器根据系统中频率的微小变化而进行的调节作用，通常称为（**A**）。

A. 一次调节　　　　B. 二次调节　　　　C. 三次调节　　　　D. 四次调节

1021. 正常情况下，发电机耐受（**A**）的额定电压，对定子绕组的绝缘影响不大。

A. 1.3 倍　　　　　B. 1.5 倍　　　　　C. 1.8 倍　　　　　D. 2 倍

1022. 干式变压器绕组温度的温升限值为（**A**）。

A. 100℃　　　　　B. 90℃　　　　　　C. 80℃　　　　　　D. 60℃

1023. 变压器二次电压相量的标识方法和电动势相量的标识方法（**C**）。

A. 相似　　　　　　B. 相同　　　　　　C. 相反　　　　　　D. 无关系

1024. 自耦变压器的绕组接线方式以（**A**）接线最为经济。

A. 星形　　　　　　B. 三角形　　　　　C. V 形　　　　　　D. Z 形

1025. 自耦变压器一次电压与一次电流的乘积，称为自耦变压器的（**C**）容量。

A. 额定　　　　　　B. 标准　　　　　　C. 通过　　　　　　D. 有效

1026. 变压器二次电流增加时，一次电流（**C**）。

A. 减少　　　　　　B. 不变　　　　　　C. 随之增加　　　　D. 不一定变

1027. 变压器绕组和铁芯在运行中会发热，其发热的主要因素是（**C**）。

A. 电流　　　　　　B. 电压　　　　　　C. 铜损和铁损　　　D. 电感

1028. 发电厂中的主变压器空载时，其二次额定电压应比电力网的额定电压（**C**）。

A. 相等　　　　　　B. 高 5%　　　　　C. 高 10%　　　　　D. 低 5%

1029. 油浸风冷式电力变压器，最高允许温度为（**B**）。

A. 80℃　　　　　　B. 95℃　　　　　　C. 100℃　　　　　　D. 85℃

1030. 电源电压高于变压器分接头的额定电压较多时，对 110kV 及以上大容量变压器的（**A**）危害最大。

A. 对地绝缘　　　　　　　　　　　　　B. 相间绝缘

C. 匝间绝缘　　　　　　　　　　　　　D. 相间及匝间绝缘

1031. 变压器泄漏电流测量主要是检查变压器的（**D**）。

A. 绕组绝缘是否局部损坏　　　　　　　B. 绕组损耗大小

C. 内部是否放电　　　　　　　　　　　D. 绕组绝缘是否受潮

1032. 变压器铁芯采用叠片式的目的是（**C**）。

A. 减少漏磁通　　　　　　　　　　　　B. 节省材料

C. 减少涡流损失　　　　　　　　　　　D. 减小磁阻

1033. 变压器励磁涌流一般为额定电流的（**B**）。

A. 3 倍　　　　　　B. 5～8 倍　　　　　C. 10 倍　　　　　　D. 15 倍

1034. 变压器的过载能力是指在一定冷却条件下，能够维持本身的寿命而变压器不受损害的（B）。

A. 额定负荷   B. 最大负荷

C. 最小负荷   D. 平均负荷

1035. 变压器绕组的极性主要取决于（A）。

A. 绕组的绕向   B. 绕组的几何尺寸

C. 绕组内通过电流大小   D. 绕组的材料

1036. 并联运行的变压器，最大最小容量比一般不超过（B）。

A. 2：1   B. 3：1   C. 4：1   D. 5：1

1037. 变压器油的黏度说明油的流动性好坏，温度越高，黏度（A）。

A. 越小   B. 越大   C. 非常大   D. 不变

1038. 变压器油的闪点一般在（A）间。

A. 135～140℃   B. －10～－45℃

C. 250～300℃   D. 300℃以上

1039. 变压器油中的（C）对油的绝缘强度影响最大。

A. 凝固点   B. 黏度   C. 水分   D. 硬度

1040. 变压器油中含微量气泡会使油的绝缘强度（D）。

A. 不变   B. 升高   C. 增大   D. 下降

1041. 绕组对油箱的绝缘属于变压器的（B）。

A. 外绝缘   B. 主绝缘   C. 纵绝缘   D. 次绝缘

1042. 两台变比不同的变压器并联于同一电源时，由于二次侧（A）不相等，将导致变压器二次绕组之间产生环流。

A. 绕组感应电动势   B. 绕组粗细

C. 绕组长短   D. 绕组电流

1043. 一台变压器的负载电流增大后，引起二次侧电压升高，这个负载一定是（B）。

A. 纯电阻性负载   B. 电容性负载

C. 电感性负载   D. 空载

1044. 考验变压器绝缘水平的一个决定性试验项目是（B）。

A. 绝缘电阻试验   B. 工频耐压试验

C. 变压比试验   D. 升温试验

1045. 变压器二次侧突然短路时，短路电流大约是额定电流的（D）倍。

A. 1～3   B. 4～6   C. 6～7   D. 10～25

1046. Yd连接的三相变压器，其一、二次相电动势的波形都是（A）波。

A. 正弦   B. 平顶   C. 尖顶   D. 锯齿

1047. 采用分裂电抗器，运行中如果负荷变化，由于两分段负荷电流不等，引起两分段的（C）偏差增大，影响用户电动机工作不稳定。

A. 铁芯损耗   B. 阻抗值   C. 电压   D. 电流值

1048. 运行中变压器本体有大量油气经管路冲向储油柜，这表明（**A**）。

A. 内部发生持续性短路　　　　　　　　B. 过负荷

C. 发生大量漏油　　　　　　　　　　　D. 过电流

1049. 变压器并列运行的条件之一，即各台变压器的短路电压相等，但可允许误差值在（**C**）以内。

A. ±2%　　　　　B. ±5%　　　　　C. ±10%　　　　　D. ±15%

1050. 变压器并列运行的条件之一，即各台变压器的一次电压与二次电压应分别相等，但可允许误差在（**B**）以内。

A. ±2%　　　　　B. ±5%　　　　　C. ±10%　　　　　D. ±15%

1051. 变压器的使用年限主要决定于（**A**）的运行温度。

A. 绕组　　　　　B. 铁芯　　　　　C. 变压器油　　　　　D. 外壳

1052. 自耦变压器的效率比相同容量的双绕组变压器（**A**）。

A. 高　　　　　B. 相等　　　　　C. 低　　　　　D. 高或低

1053. 变压器低压线圈导线直径比高压线圈的导线直径（**A**）。

A. 粗　　　　　B. 细　　　　　C. 相等　　　　　D. 粗、细都有

1054. 三绕组变压器若由外向里以高、中和低压绕组的顺序排列，其阻抗 $Z_{高、中}$（**B**）$Z_{高、低}$。

A. 大于　　　　　B. 小于　　　　　C. 等于　　　　　D. 因变压器而异

1055. 变压器铁芯硅钢片的叠接采用斜接缝的叠装方式，充分利用了冷轧硅钢片顺辗压方向的（**B**）性能。

A. 高导电　　　　　B. 高导磁　　　　　C. 高导热　　　　　D. 延展

1056. 变压器铁芯磁路上均是高导磁材料，磁导很大，零序励磁电抗（**C**）。

A. 很小　　　　　B. 恒定　　　　　C. 很大　　　　　D. 为零

1057. 变压器绕组和铁芯、油箱等接地部分之间、各相绕组之间和各不同电压等级之间的绝缘，称作变压器的（**A**）。

A. 主绝缘　　　　　B. 纵绝缘　　　　　C. 分级绝缘　　　　　D. 附属绝缘

1058. 中性点直接接地的变压器通常采用（**C**），此类变压器中性点侧的绕组绝缘水平比进线侧绕组端部的绝缘水平低。

A. 主绝缘　　　　　B. 全绝缘　　　　　C. 分级绝缘　　　　　D. 主、附绝缘

1059. 电机绕组两个边所跨的槽数称为（**B**）。

A. 极距　　　　　B. 节距　　　　　C. 槽距　　　　　D. 间距

1060. 当一台电动机轴上的负载增加时，其定子电流（**B**）。

A. 不变　　　　　B. 增加　　　　　C. 减小　　　　　D. 变化

1061. 感应电动机的转速（**B**）旋转磁场的转速。

A. 大于　　　　　B. 小于　　　　　C. 等于　　　　　D. 不变

1062. 电动机定子电流等于空载电流与负载电流（**D**）。

A. 之和　　　　　B. 之差　　　　　C. 之比　　　　　D. 相量之和

111

1063. 直流电动机的换向过程，是一个比较复杂的过程，换向不良的直接后果是（A）。

A. 电刷产生火花　　　　　　　　　　B. 电刷发热碎裂

C. 电刷跳动　　　　　　　　　　　　D. 电刷磨损严重

1064. 电动机在运行中，从系统吸收无功功率，其作用是（C）。

A. 建立磁场　　　　　　　　　　　　B. 进行电磁量转换

C. 既建立磁场，又进行能量转换　　　D. 不建立磁场

1065. 电动机运行电压在额定电压的（B）范围内变化时其额定功率不变。

A. －10%～＋5%　　　　　　　　　　B. －5%～＋10%

C. －10%～＋10%　　　　　　　　　　D. －10%～＋15%

1066. 如果一台三相交流异步电动机的转速为 2820r/min，则其转差率 s 是（C）。

A. 0.02　　　　　B. 0.04　　　　　C. 0.06　　　　　D. 0.08

1067. 电动机连续额定工作方式，是指该电动机长时间带额定负载运行而其（D）不超过允许值。

A. 线圈温度　　　　　　　　　　　　B. 铁芯温度

C. 出、入风温度　　　　　　　　　　D. 温升

1068. 电动机定子旋转磁场的转速和转子转速的差数，叫做（A）。

A. 转差　　　　　B. 转差率　　　　　C. 滑差　　　　　D. 滑差率

1069. 当电动机的外加电压降低时，电动机的转差率将（B）。

A. 减小　　　　　B. 增大　　　　　C. 无变化　　　　　D. 不确定

1070. 当电动机所带的机械负载增加时，电动机的转差将（B）。

A. 减小　　　　　B. 增大　　　　　C. 无变化　　　　　D. 不确定

1071. 感应电动机的额定功率（B）从电源吸收的总功率。

A. 大于　　　　　B. 小于　　　　　C. 等于　　　　　D. 变化的

1072. 异步电动机在启动时的定子电流约为额定电流的（C）。

A. 1～4 倍　　　　B. 3～5 倍　　　　C. 4～7 倍　　　　D. 7～10 倍

1073. 直流电动机在电源电压、电枢电流不变的情况下，它的转速与磁通（A）。

A. 成正比　　　　B. 成反比　　　　C. 不成比例　　　　D. 没有关系

1074. 大型电动机的机械损耗可占总损耗的（D）左右。

A. 15%　　　　　B. 10%　　　　　C. 8%　　　　　D. 50%

1075. 火电厂的厂用电设备中，耗电量最多的是电动机，约占全厂厂用电量的（C）。

A. 80%　　　　　B. 40%　　　　　C. 98%　　　　　D. 50%

1076. 对调速性能和启动性能要求较高的厂用机械，以及发电厂中的重要负荷的备用泵都采用（A）拖动。

A. 直流电动机　　B. 交流电动机　　C. 调相机　　　　D. 同步发电机

1077. 线路发生单相接地故障时，通过本线路的零序电流等于所有非故障线路的接地电容电流之（A）。

A. 1 倍和　　　　B. 3 倍和　　　　C. 和的 1/3　　　　D. $\sqrt{3}$ 倍和

1078. 发电机横差保护的不平衡电流主要是（B）引起的。

A. 基波   B. 三次谐波   C. 五次谐波   D. 高次谐波

1079. 强行励磁装置在发生事故的情况下，可靠动作可以提高（A）保护动作的可靠性。

A. 带延时的过电流   B. 差动

C. 匝间短路   D. 电流速断

1080. 为了限制故障的扩大，减轻设备的损坏，提高系统的稳定性，要求继电保护装置具有（B）。

A. 灵敏性   B. 快速性   C. 可靠性   D. 选择性

1081. 当电流超过某一预定数值时，反应电流升高而动作的保护装置称作（B）。

A. 过电压保护   B. 过电流保护

C. 电流差动保护   D. 欠电压保护

1082. 在大接地电流系统中，线路发生接地故障时，保护安装处的零序电压（B）。

A. 距故障点越远就越高   B. 距故障点越近就越高

C. 与距离无关   D. 距离故障点越近就越低

1083. 距离保护是以距离（A）元件作为基础构成的保护装置。

A. 测量   B. 启动   C. 振荡闭锁   D. 逻辑

1084. 纵差保护区为（B）。

A. 被保护设备内部   B. 差动保护在几组 TA 之间

C. TA 之外   D. TA 与被保护设备之间

1085. 以 SF_6 为介质的断路器，其绝缘性能是空气的 $2 \sim 3$ 倍，而灭弧性能为空气的（B）倍。

A. 50   B. 100   C. 150   D. 500

1086. 若变压器线圈匝间短路造成放电，轻瓦斯保护动作，收集到的为（C）气体。

A. 红色无味不可燃   B. 黄色不易燃

C. 灰色或黑色易燃   D. 无色

1087. 电力变压器的电压比是指变压器在（B）运行时，一次电压与二次电压的比值。

A. 负载   B. 空载   C. 满载   D. 欠载

1088. 空气断路器熄弧能力较强，电流过零后，不易产生重燃，但易产生（B）。

A. 过电流   B. 过电压   C. 电磁振荡   D. 铁磁振荡

1089. 真空断路器的触头常采用（C）触头。

A. 桥式   B. 指形   C. 对接式   D. 插入

1090. 单压式定开距灭弧室由于利用了 SF_6 气体介质强度高的优点，触头开距设计得（B）。

A. 较大   B. 较小   C. 极小   D. 一般

1091. SF_6 断路器的解体检修周期一般可在（D）以上。

A. 5 年或 5 年   B. 6 年或 6 年

C. 8 年或 8 年   D. 10 年或 10 年

1092. 在 SF$_6$ 气体中所混杂的水分以 （A） 的形式存在。

A. 水蒸气　　　　　B. 团状　　　　　C. 颗粒　　　　　D. 无固定形态

1093. 断路器的跳闸线圈最低动作电压应不高于额定电压的 （D）。

A. 90%　　　　　B. 80%　　　　　C. 75%　　　　　D. 65%

1094. 在短路故障发生后的半个周期内，将出现短路电流的最大瞬时值，它是检验电气设备机械应力的一个重要参数，称此电流为 （C）。

A. 暂态电流　　　　　　　　　B. 次暂态电流

C. 冲击电流　　　　　　　　　D. 短路电流

1095. 电缆线路加上额定电流后开始温度升高很快，一段时间后，温度 （D）。

A. 很快降低　　　　　　　　　B. 缓慢降低

C. 缓慢升高　　　　　　　　　D. 缓慢升高至某一稳定值

1096. 当电压高于绝缘子所能承受的电压时，电流呈闪光状，由导体经空气沿绝缘子边沿流入与大地相连接的金属构件，此时即为 （B）。

A. 击穿　　　　　B. 闪络　　　　　C. 短路　　　　　D. 接地

1097. 为了防止运行中的绝缘子被击穿损坏，要求绝缘子的击穿电压 （A） 闪络电压。

A. 高于　　　　　B. 低于　　　　　C. 等于　　　　　D. 低于或等于

1098. 绝缘子防污闪所上的釉质，其导电性能属于 （B）。

A. 导体　　　　　B. 半导体　　　　　C. 绝缘体　　　　　D. 超导体

1099. 为了保障人身安全，将电气设备正常情况下不带电的金属外壳接地称为 （B）。

A. 工作接地　　　　B. 保护接地　　　　C. 工作接零　　　　D. 保护接零

1100. 系统有功功率过剩时会使 （C）。

A. 电压升高　　　　　　　　　B. 频率升高

C. 频率、电压升高　　　　　　D. 频率电压下降

1101. 系统频率的高低取决于系统中 （B） 的平衡。

A. 有功功率与无功功率　　　　B. 有功功率

C. 无功功率　　　　　　　　　D. 电压

1102. 为避免输送功率较大等原因而造成负荷端的电压过低时，可以在电路中 （A）。

A. 并联电容　　　　　　　　　B. 串联电感和电容

C. 串联电容　　　　　　　　　D. 串联电感

1103. 在系统中性点 （A） 时，接地故障电流最大。

A. 直接接地　　　　　　　　　B. 经电阻接地

C. 经消弧电抗接地　　　　　　D. 不接地

1104. 消弧线圈的结构主要是 （B） 电感线圈。

A. 空心　　　　　　　　　　　B. 带空气隙铁芯

C. 铁芯磁路闭合　　　　　　　D. 带附加电阻的

1105. 电缆的运行电压不得超过额定电压的 （C）。

A. 5%　　　　　B. 10%　　　　　C. 15%　　　　　D. 20%

1106. 电气设备大气过电压持续时间与内部过电压持续时间相比较（**B**）。

A. 前者大于后者　　　　　　　　　　　B. 前者小于后者

C. 两者相同　　　　　　　　　　　　　D. 视当时情况而定

1107. 半导体热敏特性，是指半导体的导电性能随温度的升高而（**A**）。

A. 增加　　　　　B. 减弱　　　　　C. 保持不变　　　　　D. 成正比

1108. 根据电气设备正常运行所允许的最高温度，把绝缘材料分为七个等级，其中 A 级绝缘的允许温度为（**B**）。

A. 90℃　　　　　B. 105℃　　　　　C. 120℃　　　　　D. 130℃

1109. 高压输电线路的故障，绝大部分是（**A**）。

A. 单相接地短路　　　　　　　　　　　B. 两相接地短路

C. 三相短路　　　　　　　　　　　　　D. 两相相间短路

1110. 输电线路在输送容量相同的情况下，线路电压与输送距离（**A**）。

A. 成正比　　　　　B. 成反比　　　　　C. 无关　　　　　D. 关系不大

1111. 正常运行时，要求静态稳定储备 K_p（**C**）。

A. ≥30%　　　　　B. ≥10%　　　　　C. ≥15%～20%　　　　　D. ≥40%

1112. 根据面积定则可判定系统的暂态稳定性，当最大可能加速面积（**C**）最大可能减速面积时，则系统具有暂态稳定性。

A. 大于　　　　　B. 等于　　　　　C. 小于　　　　　D. 不小于

1113. 氢气热容量大，导热性能比空气高（**B**）。

A. 5 倍　　　　　B. 6 倍多　　　　　C. 近百倍　　　　　D. 差不多

1114. 电力系统电压互感器的二次额定电压均为（**D**）。

A. 220V　　　　　B. 380V　　　　　C. 36V　　　　　D. 100V

1115. 三绕组电压互感器的辅助二次绕组一般接成（**A**）。

A. 开口三角形　　　　　　　　　　　　B. 三角形

C. 星形　　　　　　　　　　　　　　　D. 曲折接线

1116. 三相三绕组电压互感器的铁芯应采用（**B**）。

A. 双框式　　　　　　　　　　　　　　B. 三相五柱式

C. 三相壳式　　　　　　　　　　　　　D. 三相柱式

1117. 有一互感器，一次额定电压为 50 000V，二次额定电压为 200V。用它测量电压，其二次电压表读数为 75V，所测电压为（**C**）。

A. 15 000V　　　　　B. 25 000V　　　　　C. 18 750V　　　　　D. 20 000V

1118. 蓄电池容量用（**B**）表示。

A. 放电功率与放电时间的乘积　　　　　B. 放电电流与放电时间的乘积

C. 充电功率与时间的乘积　　　　　　　D. 充电电流与电压的乘积

1119. 如果把电压表直接串联在被测负载电路中，则电压表（**A**）。

A. 指示不正常　　　　　　　　　　　　B. 指示被测负载端电压

C. 线圈被短路　　　　　　　　　　　　D. 烧坏

1120. 绝缘电阻表是测量绝缘电阻和（**A**）的专用仪表。

A. 吸收比　　　　　　B. 变比　　　　　　C. 电流比　　　　　　D. 电压比

1121. 正常运行的发电机，在调整有功负荷时，对发电机无功负荷（**B**）。

A. 没有影响　　　　　　　　　　　　B. 有一定的影响

C. 影响很大　　　　　　　　　　　　D. 不一定有影响

1122. 为了保证氢冷发电机的氢气不从两侧端盖与轴之间逸出，运行中要保持密封瓦的油压（**A**）氢压。

A. 大于　　　　　　B. 等于　　　　　　C. 小于　　　　　　D. 近似于

1123. 发电机连续运行的最高电压不得超过额定电压的（**A**）倍。

A. 1.1　　　　　　B. 1.2　　　　　　C. 1.3　　　　　　D. 1.4

1124. 发电机定子线圈出水温度差到（**C**），必须停机。

A. 8℃　　　　　　B. 10℃　　　　　　C. 12℃　　　　　　D. 14℃

1125. 发电机逆功率保护用于保护（**B**）。

A. 发电机　　　　　　B. 汽轮机　　　　　　C. 电网系统　　　　　　D. 锅炉

1126. 为防止水内冷机发电机因断水引起定子绕组超温损坏所装设的保护叫（**B**）保护。

A. 超温　　　　　　B. 断水　　　　　　C. 定子水　　　　　　D. 水位

1127. 发电机的（**B**）保护是发电机定子绕组及其引出线相间短路时的主保护。

A. 横差　　　　　　B. 纵差　　　　　　C. 匝间　　　　　　D. 接地保护

1128. 遇有电气设备着火时，应立即（**A**）进行救火。

A. 将有关设备电源切断　　　　　　　　B. 用干式灭火器灭火

C. 联系调度停电　　　　　　　　　　　D. 用 1211 型灭火器灭火

1129. 发电机的（**A**）保护是发电机定子绕组匝间层间短路时的主保护。

A. 横差　　　　　　B. 纵差　　　　　　C. 零序　　　　　　D. 接地保护

1130. 汽轮发电机承受负序电流的能力，主要决定于（**B**）。

A. 定子过载倍数　　　　　　　　　　　B. 转子散热（发热）条件

C. 机组振动　　　　　　　　　　　　　D. 定子散热条件

1131. 在进行发电机并列操作的调整中，同步表指针偏于表盘"快"的方向，表示待并发电机的相位（**A**）。

A. 超前　　　　　　B. 滞后　　　　　　C. 相序不同　　　　　　D. 电压不同

1132. 调整三绕组变压器的中压侧分接头开关，可改变（**B**）的电压。

A. 高压侧　　　　　　B. 中压侧　　　　　　C. 低压侧　　　　　　D. 高、低压侧

1133. 运行中的变压器电压允许在分接头额定值的（**B**）范围内，其额定容量不变。

A. 90％～100％　　　　　　　　　　　B. 95％～105％

C. 100％～110％　　　　　　　　　　　D. 90％～110％

1134. 通过变压器的（**D**）数据，可以求得阻抗电压。

A. 空载试验　　　　　　　　　　　　　B. 电压比试验

C. 耐压试验　　　　　　　　　　　　　D. 短路试验

1135. 发电机的功率因数越低，表明定子电流中的（**A**）分量越大。

A. 无功   B. 有功   C. 零序   D. 基波

1136. 直流系统正常运行时，必须保证其足够的浮充电流，任何情况下，不得用（**B**）单独向各个直流工作母线供电。

A. 蓄电池   B. 充电器或备用充电器

C. 联络开关   D. 蓄电池和联络开关

1137. 直流系统单极接地运行时间不能超过（**B**）。

A. 1h   B. 2h   C. 3h   D. 4h

1138. 直流系统发生负极完全接地时，正极对地电压（**A**）。

A. 升高到极间电压   B. 降低

C. 不变   D. 略升高

1139. 直流系统发生两点接地，将会使断路器（**C**）。

A. 拒动   B. 误动作

C. 误动或拒动   D. 烧毁

1140. 绝缘检查装置中，当直流系统对地绝缘（**B**），电桥失去平衡使装置发出声光信号。

A. 升高   B. 降低   C. 到零   D. 变化

1141. 防止发电机运行中产生轴电流，还应测量发电机的轴承对地、油管及水管对地的绝缘电阻不小于（**B**）。

A. 0.5MΩ   B. 1MΩ   C. 0.1MΩ   D. 1.5MΩ

1142. 使用绝缘电阻表时，手摇发电机的转数为（**D**）±20%，变动范围最多不可超过±25%。

A. 30r/min   B. 60r/min   C. 90r/min   D. 120r/min

1143. 钳型电流表使用时应先用（**A**）。

A. 较大量程   B. 较小量程   C. 最小量程   D. 空量程

1144. 用万用表欧姆挡测量电阻时，要选择好适当的倍率挡，应使指针尽量接近（**C**）。

A. 高阻值端   B. 低阻值端   C. 标尺中心   D. 怎样都行

1145. 微机保护的特点是可靠性高、灵活性强、（**A**）、维护调试方便、有利于实现变电站的综合自动化。

A. 保护性能得到改善、功能易于扩充   B. 具有完善的在线自检能力

C. 能很好地适应运行方式变化   D. 易于升级

1146. 两个电阻器件的额定功率不同，但额定电压相同，当它们并联在同一电压上时，则功率大的电阻器（**C**）。

A. 发热量相等   B. 发热量不等

C. 发热量较大   D. 发热量较小

1147. 绝缘体的电阻随着温度的升高而（**B**）。

A. 增大   B. 减小   C. 增大或减小   D. 不变

1148. 1MW 的负荷使用 10h，所用电量等于 （D）。

A. 10kWh　　　　　　B. 100kWh　　　　　　C. 1000kWh　　　　　　D. 10 000kWh

1149. 在纯电感交流电路中电压超前 （D） 90°。

A. 电阻　　　　　　B. 电感　　　　　　C. 电压　　　　　　D. 电流

1150. 负载取星形联结，还是三角形联结，是根据 （D）。

A. 电源的接法而定　　　　　　B. 电源的额定电压而定

C. 负载所需电流大小而定　　　　　　D. 电源电压大小、负载额定电压大小而定

1151. 当线圈与磁场发生相对运动时，在导线中产生感应电动势，电动势的方向可用 （C） 来确定。

A. 右手定则　　　　　　B. 左手定则

C. 右手螺旋法则　　　　　　D. 左、右手同时用

1152. 在电容 C 相同的情况下，某只电容器电压越高，则表明 （D）。

A. 充电电流大　　　　　　B. 容器的容积大

C. 电容器的容抗小　　　　　　D. 极板上的储存电荷越多

1153. 并联电容器的总容量 （C）。

A. 小于串联电容器的总容量

B. 小于并联电容器中最小的一只电容器的容量

C. 等于并联电容器电容量的和

D. 等于并联电容器各电容量倒数之和的倒数

1154. A 电容器电容 $C_A = 200\mu F$、耐压为 500V，B 电容器的电容 $C_B = 300\mu F$、耐压为 900V。两只电容器串联以后在两端加 1000V 的电压，结果是 （D）。

A. A 和 B 均不会被击穿　　　　　　B. A 被击穿，B 不会被击穿

C. B 被击穿，A 不会被击穿　　　　　　D. A 和 B 均会被击穿

1155. 有一个内阻为 0.15Ω 的电流表，最大量程是 1A，现将它并联一个 0.05Ω 的小电阻，则这个电流表量程可扩大为 （B）。

A. 3A　　　　　　B. 4A　　　　　　C. 6A　　　　　　D. 2A

1156. 将电压表扩大量程应该 （A）。

A. 串联电阻　　　　　　B. 并联电阻　　　　　　C. 混联电阻　　　　　　D. 串联电感

1157. 若同一平面上三根平行放置的等距导体，流过大小和方向都相同的电流时，则中间导体受到的力为 （C）。

A. 吸力　　　　　　B. 斥力　　　　　　C. 零　　　　　　D. 不变的力

1158. 某线圈有 100 匝，通过的电流为 2A，该线圈的磁势为 （C） 安匝。

A. 100/2　　　　　　B. 100×22　　　　　　C. 2×100　　　　　　D. 2×1000

1159. 电感 L 的定义是：通过某一线圈的自感磁链与通过该线圈的电流的 （C）。

A. 相量和　　　　　　B. 乘积　　　　　　C. 比值　　　　　　D. 微分值

1160. 一个线圈的电感与 （D） 无关。

A. 匝数　　　　　　B. 尺寸　　　　　　C. 有无铁芯　　　　　　D. 外加电压

1161. 工程上一般把感性无功功率 Q_L 和容性无功功率 Q_C 规定为（D）。

A. 前者为负，后者为正　　　　　　　　B. 两者都为正

C. 两者都为负　　　　　　　　　　　　D. 前者为正，后者为负

1162. 线圈中感应电动势的大小与（C）。

A. 线圈中磁通的大小成正比

B. 线圈中磁通的变化量成正比

C. 线圈中磁通变化率成正比，还与线圈的匝数成正比

D. 线圈中磁通的大小成反比

1163. 同一电磁线圈，分别接到电压值相同的直流电路或交流电路中，这时（A）。

A. 接入直流电路的磁场强　　　　　　　B. 接入交流电路的磁场强

C. 两种电路的磁场相同　　　　　　　　D. 两种电路的磁场无法比较

1164. 计算电路的依据是（C）。

A. 基尔霍夫第一、二定律　　　　　　　B. 欧姆定律和磁场守恒定律

C. 基尔霍夫定律和欧姆定律　　　　　　D. 叠加原理和等效电源定理

1165. 铁芯磁通接近饱和时，外加电压的升高引起的损耗会（B）。

A. 成正比增加　　　　　　　　　　　　B. 明显急剧增加

C. 成正比减少　　　　　　　　　　　　D. 成反比减少

1166. 涡流损耗的大小与频率的（B）成正比。

A. 大小　　　　　　　　　　　　　　　B. 平方值

C. 立方值　　　　　　　　　　　　　　D. 方根值

1167. 涡流损耗的大小，与铁芯材料的性质（A）。

A. 有关　　　　　　　B. 无关　　　　　　　C. 关系不大　　　　　　　D. 反比

1168. 同频率正弦量相加的结果（B）。

A. 不是一个同频率的正弦量　　　　　　B. 仍是一个同频率的正弦量

C. 不一定是一个同频率的正弦量　　　　D. 可能是一个同频率的正弦量

1169. 三相全波整流电路在交流一相电压消失时，直流输出电流（B）。

A. 降至零　　　　　　B. 减小　　　　　　C. 不变　　　　　　　D. 增大

1170. 晶闸管导通的条件是：可控硅（C）。

A. 主回路加反向电压，同时控制极加适当的正向电压

B. 主回路加反向电压，同时控制极加适当的反向电压

C. 主回路加正向电压，同时控制极加适当的正向电压

D. 主回路加正向电压，同时控制极加适当的反向电压

1171. 半导体中的自由电子和空穴的数目相等，这样的半导体叫做（D）。

A. N 型半导体　　　　　　　　　　　　B. P 型半导体

C. 杂质型半导体　　　　　　　　　　　D. 本征型半导体

1172. 二极管的最大正向电流是保证二极管不损坏的最大允许的半波电流的（D）值。

A. 最大　　　　　　B. 最小　　　　　　C. 有效　　　　　　　D. 平均

1173. 用万用表欧姆挡测量晶体管参数时，应选用（C）挡。

A. $R×1Ω$　　　　B. $R×10Ω$　　　　C. $R×100Ω$　　　　D. $R×1kΩ$

1174. 用万用表 $R×100Ω$ 的欧姆挡测量一只晶体三极管各极间的正反向电阻，若都呈现出最小的阻值，则这只晶体管（A）。

A. 两个 PN 结都被击穿　　　　　　　B. 两个 PN 结都被烧断

C. 发射结被击穿　　　　　　　　　　D. 发射极被烧断

1175. 用万用表 $R×100Ω$ 挡测量二极管的正、反向电阻，（D）时可判断二极管是好的。

A. 正向电阻几欧，反向电阻几兆欧　　　B. 正向电阻几十欧，反向电阻几千欧

C. 正向电阻几十欧，反向电阻几十千欧　D. 正向电阻几十欧，反向电阻几百千欧

1176. 目前大型汽轮发电机组大多采用内冷方式，冷却介质为（B）。

A. 水　　　　　　　　　　　　　　　B. 氢气和水

C. 氢气　　　　　　　　　　　　　　D. 水和空气

1177. 发电机采用的水—氢—氢冷却方式是指（A）。

A. 定子绕组水内冷、转子绕组氢内冷、铁芯氢冷

B. 转子绕组水内冷、定子绕组氢内冷、铁芯氢冷

C. 铁芯水内冷、定子绕组氢内冷、转子绕组氢冷

D. 定子、转子绕组水冷、铁芯氢冷

1178. 如果两台直流发电机要长期稳定并列运行，需要满足的一个条件是（B）。

A. 转速相同　　　　　　　　　　　　B. 向下倾斜的外特性

C. 励磁方式相同　　　　　　　　　　D. 向上倾斜的外特性

1179. 发电机内氢气循环的动力是由（A）提供的。

A. 发电机轴上风扇　　　　　　　　　B. 热冷气体比重差

C. 发电机转子的风斗　　　　　　　　D. 氢冷泵

1180. 使用静止半导体励磁系统的发电机，正常运行中励磁调节是通过（A）来实现的。

A. 自动励磁系统　　　　　　　　　　B. 手动励磁系统

C. 手、自动励磁系统并列运行　　　　D. 电网

1181. 国家标准规定变压器绕组允许温升（B）的根据是以 A 级绝缘为基础的。

A. 60℃　　　　B. 65℃　　　　C. 70℃　　　　D. 80℃

1182. 变压器的调压分接头装置都装在高压侧，原因是（D）。

A. 高压侧相间距离大，便于装设

B. 高压侧线圈在里层

C. 高压侧线圈材料好

D. 高压侧线圈中流过的电流小，分接装置因接触电阻引起的发热量小

1183. 发电厂的厂用电动机都是经过厂用变压器接到厂用母线上的，因此遭受（A）的机会很少。

A. 雷击过电压　　　　　　　　　　　B. 感性负荷拉闸过电压

C. 合闸瞬间由于转子开路产生过电压　D. 感应过电压

1184. 电源电压不变，电源频率增加一倍，变压器绕组的感应电动势（**A**）。

A. 增加一倍
B. 不变
C. 是原来的 1/2
D. 略有增加

1185. 变压器中主磁通是指在铁芯中成闭合回路的磁通，漏磁通是指（**B**）。

A. 在铁芯中成闭合回路的磁通
B. 要穿过铁芯外的空气或油路才能成为闭合回路的磁通
C. 在铁芯柱的中心流通的磁通
D. 在铁芯柱的边缘流通的磁通

1186. 在有载分接开关中，过渡电阻的作用是（**C**）。

A. 限制分头间的过电压
B. 熄弧
C. 限制切换过程中的循环电流
D. 限制切换过程中的负载电流

1187. 三相双绕组变压器相电动势波形最差的是（**B**）。

A. Yy 联结的三铁芯柱式变压器
B. Yy 联结的三相变压器组
C. Yd 联结的三铁芯柱式变压器
D. Yd 联结的三相变压器组

1188. 分裂绕组变压器低压侧的两个分裂绕组，它们各与不分裂的高压绕组之间所具有的短路阻抗（**A**）。

A. 相等
B. 不等
C. 其中一个应为另一个的 2 倍
D. 其中一个应为另一个的 3 倍

1189. 当电源电压高于变压器分接头额定电压较多时会引起（**A**）。

A. 励磁电流增加
B. 铁芯磁密减小
C. 漏磁减小
D. 一次绕组电动势波形畸变

1190. 通常变压器的空载电流 I_0 是（**C**）。

A. 交流有功电流
B. 交流无功电流
C. 交流电流的有功分量与无功分量的相量和
D. 直流电流

1191. 一般电动机的最大转矩与额定转矩的比值叫过载系数，一般此值应（**C**）。

A. 等于 1
B. 小于 1
C. 大于 1
D. 等于 0

1192. 电力系统发生短路故障时，其短路电流为（**B**）。

A. 电容性电流
B. 电感性电流
C. 电阻性电流
D. 无法判断

1193. 保护晶闸管的快速熔断器熔体材料是用（**B**）制作的。

A. 铜合金
B. 银合金
C. 铅
D. 铅合金

1194. 微机型保护装置运行环境温度为（**C**）。

A. 2～25℃
B. 5～25℃
C. 5～30℃
D. 5～35℃

1195. 三相系统中短路的基本类有四种。其中对称的短路是（**A**）。

A. 三相短路
B. 单相接地短路
C. 两相短路
D. 两相接地短路

121

1196. 在大电流接地系统中的电气设备，当带电部分偶尔与结构部分或与大地发生电气连接时，称为 （A）。

    A. 接地短路   B. 相间短路   C. 碰壳短路   D. 三相短路

1197. 阻抗继电器是反应 （D） 而动作的。

    A. 电压变化   B. 电流变化

    C. 电压与电流差值变化   D. 电压和电流比值变化

1198. 零序电流滤过器输出 $3I_0$ 是指 （C）。

    A. 通入的三相正序电流   B. 通入的三相负序电流

    C. 通入的三相零序电流   D. 通入的三相正序或负序电流

1199. 按躲过负荷电流整定的线路过电流保护，在正常负荷电流下，由于电流互感器极性接反而可能误动的接线方式为 （C）。

    A. 三相三继电器式完全星形接线   B. 两相两继电器式不完全星形接线

    C. 两相三继电器式不完全星形接线   D. 两相电流差式接线

1200. 下列判据中，不属于失磁保护判据的是 （B）。

    A. 异步边界阻抗圆   B. 发电机出口电压降低

    C. 静稳极限阻抗圆   D. 系统侧三相电压降低

1201. 接地保护反映的是 （C）。

    A. 负序电压、零序电流   B. 零序电压、负序电流

    C. 零序电压或零序电流   D. 电压和电流比值变化

1202. 综合重合闸在线路单相接地时，具有 （D） 功能。

    A. 切除三相瞬时重合   B. 切除三相延时重合

    C. 切除故障相延时三相重合   D. 切除故障相延时单相重合

1203. 对于电气设备而言，所谓接地电阻是指 （C）。

    A. 设备与接地装置之间连线的电阻

    B. 接地装置与土壤间的电阻

    C. 设备与接地体之间的连线电阻、接地体本身电阻和接地体与土壤间电阻的总和

    D. 外加接地电阻

1204. 所谓内部过电压的倍数就是内部过电压的 （A） 与电网工频相电压有效值的比值。

    A. 幅值   B. 有效值   C. 平均值   D. 均方根值

1205. 提高功率因数的目的与 （A） 无关。

    A. 提高机组与系统的稳定性   B. 提高设备的利用率

    C. 降低供电线路的电压降   D. 减少功率损失

1206. 高压大电网中，要尽量避免的是 （C）。

    A. 近距离大环网供电   B. 近距离单回路供电

    C. 远距离单回路供电   D. 远距离双回路供电

1207. 我国 220kV 及以上系统的中性点均采用 （A）。

    A. 直接接地方式   B. 经消弧线圈接地方式

C. 经大电抗器接地方式　　　　　　　　D. 不接地方式

1208. 电刷和集电环在滑动接触时，电刷下面的气流有抬起电刷的趋势，这种现象称为（**A**）。

A. 气垫现象　　　　　　　　　　　　　B. 悬浮现象

C. 离心现象　　　　　　　　　　　　　D. 电磁现象

1209. 高压厂用电系统工作和备用变压器为了限制短路电流，减少故障母线对非故障母线的影响，采用了（**B**）。

A. 双绕组变压器　　　　　　　　　　　B. 分裂绕组变压器

C. 自耦变压器　　　　　　　　　　　　D. 电抗器

1210. 在绕线式异步电动机转子回路中，串入电阻是（**A**）。

A. 为了改善电动机的启动特性　　　　　B. 为了调整电动机的速度

C. 为了减小运行电流　　　　　　　　　D. 为了减少启动电流

1211. 异步电动机的熔断器的定值一般按照电动机（**C**）来整定。

A. 额定电流的 1 倍　　　　　　　　　　B. 启动电流值

C. 额定电流的 1.5～2.5 倍　　　　　　　D. 额定电流的 5 倍

1212. 多台电动机的公用熔断器的额定电流，是按（**C**）。

A. 其中最大额定电流的 3 倍

B. 各台额定电流之和

C. 功率最大的一台电动机额定电流的 1.5～2.5 倍，加上其他同时工作的电动机额定电流之和来确定

D. 最大电流的 1.5～2.5 倍

1213. 电动机在额定功率运行时，三相的不平衡电流不得超过额定电流的（**B**）。

A. 2%　　　　　　B. 5%　　　　　　C. 10%　　　　　　D. 20%

1214. （**D**）装置与母线电压互感器无关。

A. 阻抗保护　　　　　　　　　　　　　B. 检同期重合闸

C. 方向保护　　　　　　　　　　　　　D. 电流速断保护

1215. 发电机定子回路绝缘监察装置，一般均接于（**C**）。

A. 零序电压滤波器处

B. 发电机出线电压互感器的中性点处

C. 发电机出线电压互感器开口三角处

D. 零序电压滤波器与发电机出线电压互感器串接

1216. 当电网频率降低时，运行中的发电机将出现（**A**）现象。

A. 铁芯温度升高　　　　　　　　　　　B. 转子风扇出力升高

C. 可能使汽轮机叶片断裂　　　　　　　D. 发电机的效率升高

1217. （**D**）不属于安全自动装置。

A. 自动调整励磁装置　　　　　　　　　B. 自动按频率减负荷装置

C. PSS　　　　　　　　　　　　　　　　D. 电流表

1218. 在距离保护中为了监视交流电压回路，均装设"电压断线闭锁装置"，当二次电压回路发生短路或断线时，该装置（B）。

A. 发出断线信号
B. 发出信号，断开保护电源
C. 断开保护电源
D. 发出声音报警

1219. 400V 电动机装设的接地保护若出现（D），则保护动作。

A. 接线或绕组断线
B. 相间短路
C. 缺相运行
D. 电动机引线或绕组接地

1220. 断路器失灵保护是（C）。

A. 一种近后备保护，当故障元件的保护拒动时，可依靠该保护切除故障
B. 一种远后备保护，当故障元件的断路器拒动时，必须依靠故障元件本身保护的动作信号启动失灵保护以后切除故障点
C. 一种近后备保护，当故障元件的断路器拒动时，可依靠该保护隔离故障点
D. 一种远后备保护，当故障元件的保护拒动时，可依靠该保护切除故障

1221. 微机保护中重合闸的启动，可以由保护启动，也可以由（B）启动。

A. 断路器位置不一致
B. 断路器位置不对应
C. 选相元件
D. 断路器辅助触点

1222. 电磁操动机构合闸线圈回路，熔断器熔体的额定电流按 0.25～0.3 倍合闸线圈额定电流选择，但熔体的熔断时间应（D）。

A. 大于断路器的固有分闸时间
B. 小于断路器的固有分闸时间
C. 小于断路器的合闸时间
D. 大于断路器的合闸时间

1223. 隔离开关允许拉合励磁电流不超过（C）、10kV 以下，容量小于 320kVA 的空载变压器。

A. 10A
B. 5A
C. 2A
D. 1A

1224. 拉开三相单极隔离开关或配电变压器高压跌落式熔断器时，应先拉（B）相。

A. 左边
B. 中间
C. 右边
D. 电流较大的

1225. 为把电能输送到远方，减少线路上的功率损耗和电压损失，主要采用（A）。

A. 提高输电电压水平
B. 增加线路截面减少电阻
C. 提高功率因数减少无功
D. 增加有功

1226. 动力用的熔断器应装在（B）。

A. 隔离开关的电源侧
B. 隔离开关的负荷侧
C. 方便施工的位置
D. 由设计人员决定

1227. 厂用电系统中（A）由两个独立的电源供电，当一个电源失电时，另一个电源应自动联动投入。

A. 第一类负荷
B. 第二类负荷
C. 第三类负荷
D. 所有负荷

1228. 对于电气接线图的电压等级显示，红色表示（A）。

A. 500kV
B. 220kV
C. 35kV
D. 0.4kV

1229. 对于电气接线图的电压等级显示，黄色表示（C）。

A. 500kV   B. 220kV   C. 35kV   D. 0.4kV

1230. 对于电气接线图的电压等级显示，蓝绿色表示（D）。

A. 500kV   B. 220kV   C. 35kV   D. 0.4kV

1231. 浮充电运行的铅酸蓄电池，单只蓄电池电压应保持在（C）之间。

A. 1.15 ± 0.05V   B. 1.65 ± 0.05V

C. 2.15 ± 0.05V   D. 2.55 ± 0.05V

1232. 新安装或大修后的铅酸蓄电池进行放电容量试验的目的是为了确定其（B）。

A. 额定容量   B. 实际容量   C. 终止电压   D. 放电电流

1233. 磁电式仪表用于测量（B）。

A. 交流电   B. 直流电   C. 瞬时值   D. 平均值

1234. 电动式仪表用于测量（B）。

A. 直流电   B. 交流电   C. 平均值   D. 有效值

1235. 直流负母线的颜色为（C）。

A. 黑色   B. 绿色   C. 蓝色   D. 赭色

1236. 在寻找直流系统接地时，应使用（C）。

A. 绝缘电阻表   B. 低内阻电压表

C. 高内阻电压表   D. 验电笔

1237. 低压验电笔一般适用于交、直流电压为（C）V 以下电气设备。

A. 220   B. 380   C. 500   D. 1000

1238. 装设接地线的顺序是（B）。

A. 先装中相后装两边相   B. 先装接地端，再装导体端

C. 先装导体端，再装接地端   D. 随意装

1239. 我国规定的安全电压是（A）V 及以下。

A. 36   B. 110   C. 220   D. 380

1240. 对电气设备停电检修时，实施的技术措施中，在停电后、装设接地线之前必须进行的工作是（D）。

A. 挂标志牌   B. 设栅栏

C. 讲解安全注意事项   D. 验电

1241. 要测量 380V 的交流电动机绝缘电阻，应选用额定电压为（B）的绝缘电阻表。

A. 250V   B. 500V   C. 1000V   D. 1500V

1242. 在没有专用验电器的特殊情况下，允许使用绝缘棒（绝缘拉杆），对（B）的电气设备进行验电。

A. 10kV 以下   B. 35kV 及以上   C. 35kV 及以下   D. 66kV

1243. 接地线应用多股软裸铜线，其截面积应符合短路电流的要求，但最小不得小于（B）。

A. 15mm²   B. 25mm²   C. 50mm²   D. 75mm²

1244. 现在使用的 10kV 高压验电笔，（B）。

A. 可以对 35kV 以下的带电设备进行验电

B. 是指验电笔的工作电压为 10kV

C. 可以对 6kV 以下的带电设备进行验电

D. 可以对任何设备进行验电

1245. 发电机遇有（A）时，应立即将发电机解列停机。

A. 发生直接威胁人身安全的紧急情况　　　B. 发电机无主保护运行

C. 发电机过负荷　　　　　　　　　　　　D. 发电机过电压

1246. 发电机振荡或失去同步的现象为（D）。

A. 有功、定子电压表指示降低，定子电流表指示大幅度升高，并可能摆动

B. 转子电流表指示到零或在零点摆动

C. 转子电流表指示在空载或在空载摆动

D. 定子电流表指示剧烈摆动，发电机发出有节奏的轰鸣声

1247. 大容量汽轮发电机组一般采用（A）法进行并网操作。

A. 自动准同期　　　　　　　　　　　　　B. 手动准同期

C. 自同期　　　　　　　　　　　　　　　D. 其他

1248. 变压器出现（C）情况时，应立即停止变压器运行。

A. 有载调压装置卡涩　　　　　　　　　　B. 变压器内部声音不正常

C. 内部声音异常，且有爆破声　　　　　　D. 变压器油位很低

1249. 带电手动取下三相水平排列的动力熔断器时，应（A）。

A. 先取下中间相，后取下两边相　　　　　B. 先取下边相，后取下中间相

C. 按从左至右的顺序依次取下　　　　　　D. 按从右至左的顺序依次取下

1250. 单机容量在 200MW 及以上机组的厂用电必须有（B）。

A. 多路备用电源　　　　　　　　　　　　B. 事故保安电源

C. 逆变控制电源　　　　　　　　　　　　D. UPS 电源

1251. 发现电动机冒烟时，应（A）。

A. 立即停止电动机运行　　　　　　　　　B. 汇报值长、班长后停止运行

C. 使用灭火器迅速灭火　　　　　　　　　D. 立即切换设备

1252. 对于用直流操作的交流接触器所带的电动机，当直流瞬间失去又恢复，则（C）。

A. 电动机瞬间停转又恢复原转速　　　　　B. 电动机跳闸停转

C. 电动机运行不受影响。　　　　　　　　D. 不能确定

1253. 有一台 380V 三相交流笼式电动机动力回路，熔断器、接触器、热偶相串联，操作电源取于 A 相，当电动机接线 AB 相短路，先切断故障电流设备有（C）。

A. 接触器线圈失压先动作切断故障电流　　B. 热偶先动作切断故障电流

C. 熔断器先熔断切断故障电流　　　　　　D. 熔断器熔断和接触器失压同时动作

1254. 转动设备的电动机被水淹没，应（B）。

A. 申请停运　　　　　　　　　　　　　　B. 紧急停止运行

C. 视情况而定 　　　　　　　　　　　　D. 可以运行

1255. 厂用电压降低时，若要不降低厂用电动机的功率，则电动机电流会 **（B）**。

A. 降低　　　　　　B. 显著增加　　　　　C. 保持不变　　　　　D. 摆动

1256. 发电机冷却水中断超过 **（B）** 保护拒动时，应手动停机。

A. 60s　　　　　　B. 30s　　　　　C. 90s　　　　　D. 120s

1257. 为在切断短路电流时加速灭弧和提高断路能力，自动开关均装有 **（B）**。

A. 限流装置　　　　　B. 灭弧装置　　　　　C. 速动装置　　　　　D. 均压装置

1258. 工作人员进入 SF_6 配电装置室，必须先通风 **（B）**，并用检漏仪测量 SF_6 气体含量。

A. 10min　　　　　B. 15min　　　　　C. 5min　　　　　D. 30min

1259. 中性点不接地的高压厂用电系统发生单相接地时 **（D）**。

A. 不允许接地运行，立即停电处理　　　　B. 不许超过 0.5h

C. 不许超过 1h　　　　　　　　　　　　D. 不许超过 2h

1260. 在系统中性点 **（D）** 方式时，操作过电压最高。

A. 直接接地　　　　　　　　　　　　　B. 经电阻接地

C. 经消弧电抗器接地　　　　　　　　　D. 不接地

1261. 电力系统发生振荡时，各点电压和电流 **（A）**。

A. 均作往复性摆动　　　　　　　　　　B. 均会发生突变

C. 在振荡的频率高时会发生突变　　　　D. 不变

1262. 为保证在检修任一出线断路器时相应的回路不停电，可采用的方法为 **（D）**。

A. 母线分段　　　　　　　　　　　　　B. 双母线接线

C. 单元接线　　　　　　　　　　　　　D. 主接线中加装旁路设施

1263. 对 **（C）** 电缆可以直接通过绝缘电阻测量来判断电缆的好坏。

A. 高压　　　　　　　　　　　　　　　B. 中压

C. 低压　　　　　　　　　　　　　　　D. 中、低压

1264. 电磁式电压互感器接在空载母线上，当给母线充电时，有的规定先把电压互感器一次侧隔离开关断开，母线充电正常后再合入，其目的是 **（C）**。

A. 防止冲击电流过大，损坏电压互感器　　B. 防止全电压冲击，二次产生过电压

C. 防止铁磁谐振　　　　　　　　　　　D. 防止与电压有关的保护误动

1265. 蓄电池浮充电运行，如果直流母线电压下降，超过许可范围时，则应 **（C）** 恢复电压。

A. 切断部分直流负载　　　　　　　　　B. 增加蓄电池投入的个数

C. 增加浮充电流　　　　　　　　　　　D. 减小浮充电流

1266. 全密封免维护酸性蓄电池在正常浮充条件下，可 **（A）** 均衡充电。

A. 不进行　　　　　　　　　　　　　　B. 进行

C. 延时进行　　　　　　　　　　　　　D. 无明确规定

1267. 阀控式密封免维护铅酸蓄电池在安装结束后，投入运行前应进行 **（B）**。

A. 初充电　　　　　　B. 补充充电　　　　　C. 均衡充电　　　　　D. 浮充电

127

1268. 蓄电池与硅整流充电机并联于直流母线上作浮充电运行，当断路器合闸时，突增的大电流负荷（A）。

A. 主要由蓄电池承担   B. 主要由硅整流充电机承担

C. 蓄电池和硅整流充电机各承担 1/2   D. 无法确定

1269. 阀控式密封免维护铅酸蓄电池浮充电应采用（D）充电法。

A. 半恒流   B. 恒流   C. 恒压   D. 恒压限流

1270. 使用钳型电流表时，如果将被测回路绝缘导线在钳口铁芯里多串绕几圈，此时被测回路的实际电流值为（C）。

A. 钳型表指示值   B. 钳型表指示值乘以匝数

C. 钳型表指示值除以匝数   D. 无法准确确定

1271. 带有整流元件的回路，摇测绝缘时，整流元件（A）。

A. 两端应短路   B. 两端应断路

C. 两端短路或断路均可   D. 可以和其他回路一起加压

1272. 万用表使用完毕，应将其转换开关拨到交流电压的（A）挡。

A. 最高   B. 最低   C. 任意   D. 不用管

1273. 直流屏上合闸馈线的熔断器熔体的额定电流应比断路器合闸回路熔断器熔体的额定电流大（B）级。

A. 1～2   B. 2～3   C. 3～4   D. 4～6

1274. 浮充运行时浮充电机输出电流应等于（C）。

A. 正常负荷电流和蓄电池浮充电流两者之差

B. 蓄电池浮充电流

C. 正常负荷电流和蓄电池浮充电流两者之和

D. 正常负荷电流

1275. 直流系统接地时，对于断路器合闸电源回路，可采用（A）寻找接地点。

A. 瞬间停电法   B. 转移负荷法

C. 分网法   D. 任意方法

1276. 在控制断路器把手时，（C），防止损坏控制开关。

A. 要戴手套   B. 要尽快返回开关

C. 要用力适中   D. 要单手缓慢操作

1277. 水内冷发电机定子回路的绝缘应使用（C）水内冷专用绝缘电阻表测量。

A. 500V   B. 1000V   C. 2500V   D. 5000V

1278. 转动设备威胁到人身及设备安全时，应（B）。

A. 先启备用设备，再停故障设备   B. 立即用事故按钮紧急停运

C. 立即汇报上级   D. 按当时情况实际

1279. 更换运行中的熔断器时，如果设备已停电，（B）。

A. 可不戴绝缘手套   B. 仍要戴绝缘手套

C. 可戴可不戴   D. 安全规程中没有严格规定

1280. 在交流电流 i 通过某电阻，在一定时间内产生的热量，与某直流电流 I 在相同时间内通过该电阻所产生的热量相等，那么就把此直流 I 值称为交流电流 i 的（A）。

A. 有效值　　　　B. 最大值　　　　C. 平均值　　　　D. 瞬时值

1281. 导体的电阻与导体的长度关系成（A）。

A. 正比　　　　B. 反比　　　　C. 随之增加　　　　D. 无关

1282. 导体的电阻与导体的截面积关系成（B）。

A. 正比　　　　B. 反比　　　　C. 随之减少　　　　D. 无关

1283. 长度为 1m，截面是 $1mm^2$ 的导体所具有的电阻值称为该导体的（C）。

A. 电阻　　　　B. 阻抗　　　　C. 电阻率　　　　D. 导纳

1284. 变压器的储油柜容积应保证变压器在环境温度为（C）停用时，储油柜中要经常存有油。

A. $-10℃$　　　　B. $-20℃$　　　　C. $-30℃$　　　　D. $0℃$

1285. 电流互感器的二次绕组严禁（A）。

A. 开路运行　　　　　　　　B. 短路运行
C. 带容性负载运行　　　　　　D. 带感性负载运行

1286. 电压互感器的二次绕组严禁（B）。

A. 开路运行　　　　　　　　B. 短路运行
C. 带容性负载运行　　　　　　D. 带感性负载运行

1287. 发电机绕组的最高温度与发电机入口风温差值称为发电机的（C）。

A. 温差　　　　　　　　B. 温降
C. 温升　　　　　　　　D. 温度

1288. 三相绕线式交流电动机通过（B）方法，可使电动机反转。

A. 调换转子任意两根引线　　　　B. 调换定子任意两相电源线
C. 转子引线、定子电源线全部进行调换　　D. 转子和定子引线互换

1289. 大容量的异步电动机（C）。

A. 可以无条件的直接启动

B. 据运行现场的具体情况，确定可以直接启动

C. 在电动机的额定容量不超过电源变压器额定容量的 $20\%\sim30\%$ 的条件下，可以直接启动

1290. 电流互感器过载运行时，其铁芯中的损耗（A）。

A. 增大　　　　　　　　B. 减小
C. 无变化　　　　　　　　D. 不确定

1291. 电动机外加电压的变化，对电动机的转速（A）。

A. 影响小　　　　B. 影响大　　　　C. 无影响　　　　D. 有影响

1292. 在电力系统中，由于操作或故障的过渡过程引起的过电压，其持续时间一般（A）。

A. 较短　　　　B. 较长　　　　C. 时长时短　　　　D. 不确定

1293. 在电力系统内，由于操作失误或故障发生之后，在系统某些部分形成自振回路，当自振频率与电网频率满足一定关系而发生谐振时，引起的过电压持续时间 **(C)**。

A. 较短
B. 较长
C. 有很长周期性
D. 不变

1294. 电压互感器的误差与二次负载的大小有关，当负载增加时，相应误差 **(A)**。

A. 将增大
B. 将减小
C. 可视为不变
D. 有变化

1295. 发电机在带负荷运行时，发电机与负荷之间存在着能量的 **(C)**。

A. 消耗过程
B. 交换过程
C. 消耗过程和交换过程
D. 传递

1296. 如果发电机的功率因数为迟相，则发电机送出的是 **(A)** 无功功率。

A. 感性的
B. 容性的
C. 感性和容性的
D. 电阻性的

1297. 自耦变压器的经济性与其变比有关，变比增加其经济效益 **(A)**。

A. 变差
B. 变好
C. 不明显
D. 无关

1298. 电力系统在运行中受到大的干扰时，同步发电机仍能过渡到稳定状态下运行，则称为 **(A)**。

A. 动态稳定
B. 静态稳定
C. 系统抗干扰能力
D. 发电机抗干扰能力

1299. 变压器一次侧为额定电压时，其二次电压 **(B)**。

A. 必然为额定值
B. 随着负载电流的大小和功率因数的高低而变化
C. 无变化规律
D. 随着所带负载的性质而变化

1300. 对于经常性反复启动而且启动负荷大的机械，通常采用 **(C)**。

A. 深槽式电动机
B. 双笼式电动机
C. 绕线式电动机
D. 笼式电动机

1301. 变压器所带的负荷是电阻、电感性的，其外特性曲线呈现 **(B)**。

A. 上升形曲线
B. 下降形曲线
C. 近于一条直线
D. 无规律变化

1302. 发电机自动励磁调节器用的电压互感器的二次侧 **(A)**。

A. 不装熔断器
B. 应装熔断器
C. 应装过负荷小开关
D. 直接引出

1303. 如果在发电机出口处发生短路故障，两相短路电流值 **(B)** 三相短路电流值。

A. 大于
B. 小于
C. 等于
D. 近似于

1304. 发电机匝间短路，其短路线匝中的电流 **(B)** 机端三相短路电流。

A. 大于
B. 小于
C. 近似于
D. 等于

1305. 如果发电机在运行中周波过高，发电机的转速增加，转子的（A）明显增大。

A. 离心力　　　　　B. 损耗　　　　　C. 温升　　　　　D. 电流

1306. 发电机在带负荷不平衡的条件下运行时，转子（C）温度最高。

A. 本体　　　　　　　　　　　　　　B. 转子绕组

C. 两端的槽楔和套箍在本体上嵌装处　　D. 定子绕组

1307. 无论分接开关在任何位置，变压器电源电压不超过其相应的（A），则变压器的二次绕组可带额定电流运行。

A. 105%　　　　　B. 110%　　　　　C. 115%　　　　　D. 120%

1308. 变压器容量与短路电压的关系是，变压器容量越大（B）。

A. 短路电压越小　　　　　　　　　　B. 短路电压越大

C. 短路电压不固定　　　　　　　　　D. 短路电压与其无关

1309. 异步电动机在启动过程中，使电动机转子转动并能达到额定转速的条件是（A）。

A. 电磁力矩大于阻力矩　　　　　　　B. 阻力矩大于电磁力矩

C. 电磁力矩等于阻力矩　　　　　　　D. 不确定

1310. 戴绝缘手套进行高压设备操作时，应将外衣袖口（A）。

A. 装入绝缘手套中　　　　　　　　　B. 卷上去

C. 套在手套外面　　　　　　　　　　D. 随意

1311. 发电机转子回路绝缘电阻值在（A）以上为合格。

A. 0.5MΩ　　　　　B. 1MΩ　　　　　C. 6MΩ　　　　　D. 30MΩ

1312. 在额定功率因数下，电压偏离额定值（A）范围内，且频率偏离额定值±2%范围内，发电机能连续输出额定功率。

A. ±5%　　　　　B. ±8%　　　　　C. ±10%　　　　　D. ±12%

1313. 发电机定子升不起电压，最直观的现象是（A）。

A. 定子电压表指示很低或为零　　　　B. 定子电流表指示很低或为零

C. 转子电压表指示很低或为零　　　　D. 转子电流表指示很低或为零

1314. 发电机电压回路断线的现象为（B）。

A. 功率表指示摆动

B. 电压表、功率表指示异常且电压平衡继电器动作

C. 定子电流表指示大幅度升高，并可能摆动

D. 转子电流表指示大幅度升高，并可能摆动

1315. 变压器出现（A）情况时，应汇报值长，通知检修处理。

A. 变压器正常负荷及冷却条件下，温度不断上升

B. 套管爆炸

C. 内部声音异常，且有爆破声

D. 变压器着火

1316. 蓄电池温度上升，当环境温度在（C）以上时，对环境温度进行降温处置。

A. 20℃　　　　　B. 30℃　　　　　C. 40℃　　　　　D. 50℃

1317. 过电流保护由电流继电器、时间继电器和（**A**）组成。

A. 中间继电器　　　　　　　　　　B. 电压继电器

C. 防跳继电器　　　　　　　　　　D. 差动继电器

1318. 电压互感器的二次线圈，运行中一点接地属于（**A**）。

A. 保护接地　　　B. 工作接地　　　C. 防雷接地　　　D. 安全接地

1319. 断路器热稳定电流是指在（**B**）时间内，各部件所能承受的热效应所对应的最大短路电流有效值。

A. 0.5s　　　　　　B. 1s　　　　　　C. 5s　　　　　　D. 10s

1320. 发电机做空载特性试验时，除注意稳定发电机转速外，在调节励磁电流的上升或下降曲线的过程中，不允许（**B**）。

A. 间断调节　　　　　　　　　　　B. 反向调节

C. 过量调节　　　　　　　　　　　D. 快速调节

1321. 电网中性点接地的运行方式对切除空载线路来说（**A**）。

A. 可以降低过电压　　　　　　　　B. 可以升高过电压

C. 没有影响　　　　　　　　　　　D. 影响不大

1322. 断路器开断纯电感电路要比开断电阻电路（**B**）。

A. 同样　　　　　　B. 困难得多　　　C. 容易得多　　　D. 区别不大

1323. 污闪过程包括积污、潮湿、干燥、（**C**）四个阶段。

A. 放电　　　　　　　　　　　　　B. 雾闪

C. 局部电弧发展　　　　　　　　　D. 短路

1324. 短路点的过渡电阻对距离保护的影响，一般情况下（**B**）。

A. 使保护范围伸长　　　　　　　　B. 使保护范围缩短

C. 保护范围不变　　　　　　　　　D. 二者无联系

1325. 断路器的额定开合电流应（**C**）。

A. 等于通过的最大短路电流　　　　B. 小于通过的最大短路电流

C. 大于通过的最大短路电流　　　　D. 等于断路器的额定电流

1326. 如果油的色谱分析结果表明，总烃含量没有明显变化，乙炔增加很快，氢气含量也较高，说明存在的缺陷是（**C**）。

A. 受潮　　　　　　B. 过热　　　　　C. 火花放电　　　D. 木质损坏

1327. 工频转速和电动机的转子转速的差数，与工频转速的比值，叫做（**B**）。

A. 转差　　　　　　B. 转差率　　　　C. 滑差　　　　　D. 滑差率

1328. 发电机的允许温升主要取决于发电机的（**D**）。

A. 有功负荷　　　　　　　　　　　B. 运行电压

C. 冷却方式　　　　　　　　　　　D. 绝缘材料等级

1329. 大型变压器的主保护有（**C**）。

A. 瓦斯保护　　　　　　　　　　　B. 差动保护

C. 瓦斯和差动保护　　　　　　　　D. 差动和过电流保护

1330. 电动机在正常运行中都有均匀的响声，这是由于（A）引起的。

A. 交变磁通通过铁芯硅钢片时，同电磁力的作用而振动

B. 电源电压过高

C. 电源电压过低

D. 三相电流不会绝对平衡

1331. 用隔离开关可以直接拉、合（B）。

A. 电流为 10A 的 35kV 等级的负荷　　　　B. 110kV 电压互感器

C. 220kV 空载变压器　　　　　　　　　　D. 10kW 的电动机

1332. 发电机中性点经消弧线圈或单相电压互感器接地，通常属于中性点不接地系统，因为它们的中性点对地（B）很大。

A. 电阻　　　　　　B. 感抗　　　　　　C. 容抗　　　　　　D. 电压

1333. 变压器带阻性负载，其外特性曲线呈现（B）。

A. 上升形曲线　　　　　　　　　　B. 下降形曲线

C. 近于一条直线　　　　　　　　　　D. 不确定曲线

1334. 为了提高发电机的容量，目前同步发电机的短路比正向减少的趋势发展，这将使发电机的（B）。

A. 过载能力增大　　　　　　　　　　B. 过载能力减小

C. 电压变化率增大　　　　　　　　　　D. 电压变化率减小

1335. 距离保护第Ⅰ段一般保护线路全长的（C）左右。

A. 40%　　　　　B. 60%　　　　　C. 80%　　　　　D. 90%

1336. 发电机长期停备期间，应采取措施保持定子绕组温度不低于（B）℃。

A. 10　　　　　B. 5　　　　　C. 30　　　　　D. 20

1337. 发电机排污管必须接至（B）。

A. 机房内　　　　B. 机房外　　　　C. 机房上部　　　　D. 发电机底部

1338. 发电机氢气系统操作必须使用（D）工具。

A. 没有棱角的　　　　B. 铁质　　　　C. 不锈钢　　　　D. 铜质

1339. 油浸式变压器内部发生故障，（D）保护首先动作。

A. 零序　　　　B. 速断　　　　C. 过电流　　　　D. 瓦斯

1340. 变压器差动保护整定时限为（A）。

A. 0s　　　　B. 0.2s　　　　C. 0.25s　　　　D. 0.3s

1341. 大型变压器的效率一般在（A）以上。

A. 99%　　　　B. 98%　　　　C. 97%　　　　D. 95%

1342. 对于弹簧储能型开关，一般情况下开关的状态是（A）。

A. 储能　　　　B. 未储能　　　　C. 合闸　　　　D. 分闸

1343. 开关控制回路中的 HWJ 继电器的作用是（B）。

A. 监视合闸回路是否正常　　　　　　B. 监视分闸回路是否正常

C. 防止开关跳跃　　　　　　　　　　D. 起信号自保持作用

1344. DCS 上无法记忆的开关跳闸信息是（C）。

A. 操作员误点操作器   B. 热工联锁保护动作

C. 按下就地事故按钮   D. 操作员正常点操作器

1345. 高压试验工作应（A）。

A. 填写电气第一种工作票   B. 填写电气第二种工作票

C. 填写热控第一种工作票   D. 填写热控第二种工作票

1346. 一经合闸即可送电到工作地点的断路器（开关）和隔离开关（刀闸）的操作把手上，每次应悬挂（A）的标示牌。

A. "禁止合闸，有人工作"   B. "止步，高压危险"

C. "禁止操作，有人工作"   D. "在此工作"

1347. 在室内高压设备上工作，其工作地点两旁间隔和对面间隔的遮栏上，禁止通行的过道上应悬挂（B）标示牌

A. "禁止合闸，有人工作"   B. "止步，高压危险"

C. "禁止操作，有人工作"   D. "在此工作"

1348. 对套管及其引线接头、隔离开关触头、引线接头的温度监测，（C）应至少进行一次红外成像测温。

A. 每季度   B. 每半年   C. 每年   D. 无要求

1349. 变压器中性点应有（B）与主接地网不同地点连接的接地引下线，且每根接地引下线均应符合热稳定的要求。

A. 一根   B. 两根   C. 三根   D. 四根

1350. 触电有三种情况，即单相（A）触电、跨步电压、接触电压和雷击触电。

A. 两相   B. 三相   C. 高压   D. 双手

1351. 加速绝缘老化的主要原因是使用的（C）。

A. 电压过高   B. 电流过大   C. 温度过高   D. 负荷过高

1352. 发电机三相定子绕组，一般都为星形联结，这主要是为了消除（B）。

A. 偶次谐波   B. 三次谐波

C. 五次谐波   D. 无法确定

1353. 发电机定子线圈的测温元件，通常都埋设在（C）。

A. 上层线棒槽口处   B. 下层线棒与铁芯之间

C. 上、下层线棒之间   D. 铁芯与铁芯之间

1354. 发电机带部分有功负荷运行，转子磁极轴线与定子磁极轴线的相互位置是（C）。

A. 定子磁极轴线在前   B. 相互重合

C. 转子磁极轴线在前   D. 无法确定

1355. 当发电机退出一组氢冷器运行时，发电机允许带（B）的额定负荷。

A. 70％   B. 80％   C. 90％   D. 60％

1356. 变压器的电源电压高于额定值时，铁芯中的损耗会（C）。

A. 减小   B. 不变   C. 增大   D. 无法确定

1357. 所谓电力系统的稳定性，是指（**C**）。

A. 系统无故障时间的长短   B. 系统发电机并列运行的能力

C. 在某种扰动下仍能恢复稳定状态的能力 D. 消除故障所需时间的长短

1358. 异步电动机在运行中，其允许额定电压在（**C**）范围内变化时，可保持额定出力。

A. $\pm5\%$ B. $\pm10\%$ C. $-5\%\sim+10\%$ D. $-2\%\sim+3\%$

1359. 规定为星形接线的电动机而错接成三角形，投入运行后（**A**）急剧增大。

A. 空载电流   B. 负荷电流   C. 三相不平衡电流

1360. 同步发电机不对称运行会使（**C**）发热。

A. 定子绕组   B. 定子铁芯   C. 转子表面

1361. 中性点用消弧线圈一般采用（**C**）方式。

A. 欠补偿   B. 全补偿   C. 过补偿

1362. 为保证厂用电可靠连续运行，重要的厂用工作电源均装设备用电源自投装置，其装置借助于（**B**）的启动来实现。

A. 保护联锁   B. 断路器辅助触点

C. 低电压联锁

1363. 零序电流只有发生（**C**）才会出现。

A. 相间故障   B. 振荡时

C. 接地故障或非全相运行时

1364. 消弧线圈在运行时，如果消弧线圈的抽头满足 $X_L=X_c$ 的条件时，这种运行方式称（**C**）。

A. 过补偿   B. 欠补偿   C. 全补偿

1365. 在发电机并列操作中，其中有一相发电机升压到 60% 左右时，要检查三相电压是否平稳，其目的是（**B**）。

A. 防止发电机三相电流不平稳   B. 防止发电机升压过程中超压

C. 检查发电机励磁回路是否有故障

1366. 为了避免高压厂用母线发生瞬时故障，引起低压厂用母线备用电源自投装置不必要的联动，通常使低压侧备用电源自投的时限（**A**）高压侧备用电源自投的时限。

A. 大于   B. 小于   C. 等于

1367. 备用变压器备用时，若备用变压器与工作变压器负荷之和大于备用变压器额定容量的（**C**）时，工作变压器自投开关应停用。

A. 90%   B. 100%   C. 110%

1368. 按照对称分量法，一个不对称的电气量可以分解为三组对称的分量，发电机三相电流不对称时，则没有（**C**）分量。

A. 正序   B. 负序   C. 零序

1369. 一般交流电压表和电流表的表盘刻度都是前密后疏，这是由于使指针偏转的力矩与所测量的电压或电流的（**C**）成比例的缘故。

A. 平均值   B. 有效值   C. 平方值

1370. 变压器接线组别表明（A）间的关系。

A. 两侧线电压相位　　　　　　　　B. 两侧相电压相位

C. 两侧电流相位

1371. 发电机转子过电压是由于运行中（B）而引起的。

A. 灭磁开关突然合入　　　　　　　B. 灭磁开关突然断开

C. 励磁回路突然发生一点接地

1372. 发电机做空载试验时，除注意稳定发电机转速外，在调节励磁电流的上升或下降曲线的过程中，不允许（B）。

A. 间断调节　　　　B. 反向调节　　　　C. 过量调节

1373. 发电机在运行中失去励磁后，其运行状态是（B）运行。

A. 继续维持同步　　　　　　　　　B. 由同步进入异步

C. 时而同步时而异步

1374. 一台直流电动机带动一台异步电动机同方向旋转时，当转子的转速高于旋转磁场的转速时，异步电动机的工作状态将（B）。

A. 没有变化　　　　　　　　　　　B. 变为异步发电机

C. 变为同步电动机

1375. 用绝缘电阻表测量电气设备绝缘时，如果绝缘电阻表转速比要求转速低得过多时，其测量结果与实际值比较（A）。

A. 可能偏高　　　　B. 可能偏低　　　　C. 大小一样

1376. 电压互感器接在空载母线上，当给母线充电时，有的规定先把电压互感器的一次侧隔离开关断开，母线充电正常后合入，其目的是（C）。

A. 防止冲击电流过大，损坏电压互感器　　B. 防止全电压冲击，二次产生过电压

C. 防止铁磁谐振熔断一次熔断器

1377. 在三相四线制电路中，中线的电流（C）。

A. 一定等于0　　　　　　　　　　B. 一定不等于0

C. 不一定等于0

1378. 有绕组的电气设备在运行中所允许的最高温度是由（C）性能决定的。

A. 设备保护装置　　　　　　　　　B. 设备的机械

C. 绕组的绝缘

1379. 在 Y/△接线的变压器两侧装设差动保护时，其高、低压侧的电流互感器二次接线必须与变压器一次绕组接线相反，这种措施一般叫做（A）。

A. 相位补偿　　　　B. 电流补偿　　　　C. 电压补偿

1380. 发电机变为同步电动机运行时，最主要的是对（C）造成危害。

A. 发电机本身　　　B. 电力系统　　　　C. 汽轮机尾部叶片

1381. 变压器空载合闸时，励磁涌流的大小与（B）有关。

A. 断路器合闸快慢　　　　　　　　B. 合闸初相角

C. 绕组的型式

1382. 由于汽轮发电机是隐极式且气隙较均匀，转子是分布绕组，因此气隙磁密的波形是（**B**）。

　　A. 呈正弦波　　　　　　　　　　　　B. 呈阶梯波形

　　C. 呈矩形波

1383. 同步发电机的短路比是指发电机空载时产生额定电压的励磁电流与三相短路时产生的额定电流的励磁电流（**A**）。

　　A. 之比值　　　　　　B. 之和　　　　　　C. 之差

1384. 空载特性是发电机在额定转速时定子空载电压与（**A**）之间的关系曲线。

　　A. 转子电流　　　　　B. 定子电流　　　　C. 空载电流

1385. 在母线倒闸操作过程中，母线（**A**）保护禁止退出运行。

　　A. 差动　　　　　　　B. 失灵　　　　　　C. 过电流

1386. LC 串联电路的谐振频率等于（**A**）。

　　A. $1/2\pi \sqrt{LC}$　　　　　　　　　　B. $2\pi \sqrt{LC}$

　　C. $1/\sqrt{LC}$　　　　　　　　　　　D. $\sqrt{L/C}$

1387. 在 LC 振荡电路中，电容器放电完毕的瞬间（**C**）。

　　A. 电场能正在向磁场能转化　　　　　B. 磁场能正在向电场能转化

　　C. 电场能正在向磁场能转化刚好完成　D. 电场能正在向电场能转化

1388. 用万用表 $R\times 100$ 的欧姆挡测量一只晶体三极管各极间的正、反向电阻，若都呈现出最小的阻值，是这只晶体管（**A**）。

　　A. 两个 PN 结都被击穿　　　　　　　B. 只有发射结被击穿

　　C. 只是发射结被烧断　　　　　　　　D. 只是集电结被击穿

1389. 架空线路的电气故障中，出现概率最高的是（**C**）。

　　A. 三相短路　　　　B. 两相短路　　　　C. 单相接地　　　　D. 断相

1390. 通常异步电动机三相电流的不平衡度不大于（**B**）。

　　A. 15%　　　　　　B. 10%　　　　　　C. 5%　　　　　　D. 75%

1391. 异步电动机实行能耗制动时，定子绕组中通入直流电流后，在电动机内部将产生一个（**A**）的磁场。

　　A. 静止　　　　　　B. 旋转　　　　　　C. 交变　　　　　　D. 脉动

1392. 运行中的电力系统发生一相断线故障时，不可能出现中性点位移的是（**B**）。

　　A. 中性点不接地系统　　　　　　　　B. 中性点直接接地系统

　　C. 中性点经消弧线圈接地系统　　　　D. 以上说法都不对

1393. 厂用低压电动机，允许直接启动的单相容量一般不允许超过供电变压器容量的（**B**）。

　　A. 35%　　　　　　B. 25%　　　　　　C. 40%　　　　　　D. 50%

1394. 为了避免电动机在低于额定电压较多的电源电压下运行，其控制线路中必须有（**B**）。

　　A. 过电压保护　　　　　　　　　　　B. 失压保护

C. 失磁保护　　　　　　　　　　　　　　　　D. 漏电保护

1395. 绕线式异步电动机的转子串频敏变阻器启动过程中变阻器阻抗（**C**）。

A. 由小变大　　　　B. 恒定不变　　　　C. 由大变小　　　　D. 忽大忽小

1396. 保护接地与中性线共用时，其文字符号是（**D**）。

A. N　　　　　　　B. PE　　　　　　　C. E　　　　　　　D. PEN

1397. 关于直流电动机的电枢反应，下列说法中正确的是（**C**）。

A. 电枢反应是产生换向火花的唯一原因

B. 在实际情况下电枢反应只使主磁场发生畸变，并不削弱主磁场

C. 理想空载时，直流电流无电枢反应

D. 电枢反应使电动机的物理中心线顺着电枢旋转方向偏离几何中心线 β 角

1398. 下列选项中不属于电力系统可靠性管理的内容是（**D**）。

A. 系统的故障统计与分析　　　　　　　　B. 系统可靠性准则的研究和制定

C. 提高系统可靠性的措施　　　　　　　　D. 提高机组（设备）的出力

1399. 发生（**D**）故障时，零序电流过滤器和零序电压互感器有零序电流输出。

A. 三相断线　　　　　　　　　　　　　　B. 三相短路

C. 三相短路并接地　　　　　　　　　　　D. 单相接地

1400. 变压器中表示化学性能的主要因素是（**A**）。

A. 酸值　　　　　　B. 闪点　　　　　　C. 水分　　　　　　D. 烃含量

1401. 变压器接入电网瞬间会产生励磁涌流，其峰值可能达到额定电流的（**A**）。

A. 8 倍左右　　　　B. 1～2 倍　　　　C. 2～3 倍　　　　D. 3～4 倍

1402. 对变压器油进行色谱分析所规定的油中溶解气体含量注意值中乙炔为（**C**）$\times 10^{-6}$。

A. 100　　　　　　B. 3　　　　　　　C. 150　　　　　　D. 50

1403. 各段熔断器的配合中，电路上一级的熔断时间应为下一级熔断器的（**C**）倍以上。

A. 1　　　　　　　B. 2　　　　　　　C. 3　　　　　　　D. 4

1404. 并联电路的总电流为各支路电流（**A**）。

A. 之和　　　　　　B. 之积　　　　　　C. 之商　　　　　　D. 倒数和

1405. 两只额定电压相同的灯泡，串联在适当的电压上，则功率较大的灯泡（**B**）。

A. 发热量大　　　　　　　　　　　　　　B. 发热量小

C. 与功率较小的发热量相等　　　　　　　D. 与功率较小的发热量不等

1406. 一个线圈的电感与（**D**）无关。

A. 匝数　　　　　　B. 尺寸　　　　　　C. 有无铁芯　　　　D. 外加电压

1407. 当系统频率高于额定频率时，方向阻抗继电器最大灵敏角（**A**）。

A. 变大　　　　　　　　　　　　　　　　B. 变小

C. 不变　　　　　　　　　　　　　　　　D. 与系统频率变化无关

1408. 利用接入电压互感器开口三角形电压反闭锁的电压回路断相闭锁装置，在电压互感器高压侧断开一相时，电压回路断线闭锁装置（**B**）。

A. 动作　　　　　　　　　　　　　　　　B. 不动作

C. 可动可不动　　　　　　　　　　　　D. 动作情况与电压大小有关

1409. 在中性点不接地系统中发生单相接地故障时，流过故障线路始端的零序电流 **(B)**。

A. 超前零序电压 90°　　　　　　　　　B. 滞后零序电压 90°

C. 和零序电压同相位　　　　　　　　　D. 滞后零序电压 45°

1410. 输电线路 **B、C** 两相金属性短路时，短路电流 I_{BC} **(A)**。

A. 滞后于 B、C 相间电压一个线路阻抗角　　B. 滞后于 B 相电压一个线路阻抗角

C. 滞后于 C 相电压一个线路阻抗角　　　　D. 超前 B、C 相间电压一个线路阻抗角

1411. 相当于负序分量的高次谐波是 **(C)** 谐波。

A. $3n$ 次　　　　　　　　　　　　　　B. $3n+1$ 次

C. $3n-1$ 次（其中 n 为正整数）　　　　D. 上述三种以外的

1412. 自耦变压器中性点必须接地，这是为了避免当高压侧电网内发生单相接地故障时，**(A)**。

A. 中压侧出现过电压　　　　　　　　　B. 高压侧出现过电压

C. 高压侧、中压侧都出现过电压　　　　D. 以上三种情况以外的

1413. 负序功率方向继电器的最大灵敏角是 **(C)**。

A. 70°　　　　　B. −45°　　　　　C. −105°　　　　　D. 110°

1414. 在电流互感器二次绕组接线方式不同的情况下，假定接入电流互感器二次导线电阻和继电器的阻抗均相同，二次计算负载以 **(A)**。

A. 两相电流差接线最大　　　　　　　　B. 三相三角形接线最大

C. 三相全星形接线最大　　　　　　　　D. 不完全星形接线最大

1415. 要使负载上得到最大的功率，必须使负载电阻与电源内阻 **(C)**。

A. 负载电阻＞电源内阻　　　　　　　　B. 负载电阻＜电源内阻

C. 负载电阻＝电源内阻　　　　　　　　D. 使电源内阻为零

1416. 在电力系统中发生不对称故障时，短路电流中的各序分量，其中受两侧电动势相角差影响的是 **(A)**。

A. 正序分量　　　　　　　　　　　　　B. 负序分量

C. 正序分量和负序分量　　　　　　　　D. 零序分量

1417. 单侧电源供电系统短路点的过渡电阻对距离保护的影响是 **(B)**。

A. 使保护范围伸长　　　　　　　　　　B. 使保护范围缩短

C. 保护范围不变　　　　　　　　　　　D. 保护范围不定

1418. 高频保护载波频率过低，如低于 **50kHz**，其缺点是 **(A)**。

A. 受工频干扰大，加工设备制造困难　　B. 受高频干扰大

C. 通道衰耗大　　　　　　　　　　　　D. 以上三个答案均正确

1419. 距离保护在运行中最主要优点是 **(B)**。

A. 具有方向性　　　　　　　　　　　　B. 具有时间阶梯特性

C. 具有快速性　　　　　　　　　　　　D. 具有灵敏性

1420. 变压器差动保护差动继电器内的平衡线圈消除哪一种不平衡电流 （C）。

A. 励磁涌流产生的不平衡电流

B. 两侧相位不同产生的不平衡电流

C. 二次回路额定电流不同产生的不平衡电流

D. 两侧电流互感器的型号不同产生的不平衡电流

1421. 综合重合闸中非全相闭锁回路带一定延时，其目的是 （A）。

A. 充分发挥保护的作用　　　　　　　　B. 防止保护误动

C. 躲过故障时暂态的影响　　　　　　　D. 提高保护的选择性

1422. 综合重合闸中的阻抗选相元件，在出口单相接地故障时，非故障相选相元件误动可能性最少的是 （B）。

A. 全阻抗继电器　　　　　　　　　　　B. 方向阻抗继电器

C. 偏移特性的阻抗继电器　　　　　　　D. 电抗特性的阻抗继电器

1423. 对称三相电源三角形联结时，线电流是 （D）。

A. 相电流　　　　　　　　　　　　　　B. 3 倍的相电流

C. 2 倍的相电流　　　　　　　　　　　D. $\sqrt{3}$ 倍的相电流

1424. 温度对三极管的参数有很大影响，温度上升，则 （B）。

A. 放大倍数 β 下降　　　　　　　　　B. 放大倍数 β 增大

C. 不影响放大倍数　　　　　　　　　　D. 不能确定

1425. 在正弦交流纯电容电路中，下列各式，正确的是 （A）。

A. $I=U\omega C$　　　　　　　　　　　　B. $I=U/\omega C$

C. $I=U/C$

1426. 对称三相电源作星形联结，若已知 $U_B=220\angle 60°$，则 $U_{AB}=$ （A）。

A. $220\sqrt{3}/\angle-500°$　　　　　　　B. $220/\angle-150°$

C. $220\sqrt{3}/\angle 500°$

1427. 电容器在充电和放电过程中，充放电电流与 （B） 成正比。

A. 电容器两端电压　　　　　　　　　　B. 电容器两端电压的变化率

C. 电容器两端电压的变化量　　　　　　D. 与电压无关

1428. 有两只电容器，其额定电压 U_e 均为 **110V**，电容量分别为 $C_1=3\mu F$，$C_2=6\mu F$，若将其串联接在 **220V** 的直流电源上，设电容 C_1、C_2 的电压分别为 U_1、U_2，则 （A）。

A. U_1 超过 U_2　　　　　　　　　　　B. U_1、U_2 均超过 U_e

C. U_2 超过 U_e　　　　　　　　　　　D. U_2 超过 U_1

1429. 继电保护装置是由 （B） 组成的。

A. 二次回路各元件　　　　　　　　　　B. 测量元件、逻辑元件、执行元件

C. 包括各种继电器、仪表回路　　　　　D. 仪表回路

1430. 电力系统发生振荡时，（A） 不可能会发生误动。

A. 电流差动保护　　　　　　　　　　　B. 距离保护

C. 电流速断保护

1431. 快速切除线路与母线的短路故障，是提高电力系统 **(A)** 的最重要手段。

A. 暂态稳定　　　　　B. 静态稳定　　　　　C. 动态稳定

1432. 下面的说法中正确的是 **(C)**。

A. 系统发生振荡时电流和电压值都往复摆动，并且三相严重不对称

B. 零序电流保护在电网发生振荡时容易误动作

C. 有一电流保护其动作时限为 4.5s，在系统发生振荡时它不会误动作

D. 距离保护在系统发生振荡时容易误动作，所以系统发生振荡时应断开距离保护投退
连接片

1433. 电力系统振荡时，阻抗继电器的工作状态是 **(A)**。

A. 继电器周期性地动作及返回　　　　　B. 继电器不会动作

C. 继电器一直处于动作状态

1434. 下列关于电力系统振荡和短路的描述 **(C)** 是不正确的。

A. 短路时电流、电压值是突变的，而系统振荡时系统各点电压和电流值均作往复性
摆动

B. 振荡时系统任何一点电流和电压之间的相位角都随着功角 δ 的变化而变化

C. 系统振荡时，将对以测量电流为原理的保护形成影响，如电流速断保护、电流纵联
差动保护等

D. 短路时电压与电流的相位角是基本不变的

1435. 电阻连接如图 2-1 所示，ab 间的电阻为 **(A)**。

A. 3Ω　　　　　　　　　　　　　B. 5Ω

C. 6Ω　　　　　　　　　　　　　D. 7Ω

图 2-1　电阻连接图

1436. 变压器供电的线路发生短路时，要使短路电流小些，下述措施哪个是对的 **(D)**。

A. 增加变压器电动势　　　　　　　B. 变压器加大外电阻值

C. 变压器增加内电阻 r　　　　　　D. 选用短路比大的变压器

1437. 如果线路送出有功与受进无功相等，则线路电流、电压相位关系为 **(B)**。

A. 电压超前电流 45°　　　　　　　B. 电流超前电压 45°

C. 电流超前电压 135°　　　　　　D. 电压超前电流 135°

1438. 如果线路输入有功与送出无功相等，则线路电流、电压相位关系为 **(A)**。

A. 电压超前电流 135°　　　　　　B. 电流超前电压 45°

C. 电流超前电压 135°

1439. 在小接地电流系统中发生单相接地短路时，为使电压互感器开口三角电压 $3U_0$ 为 100V，电压互感器的变比应选用 **(C)**。

A. $\dfrac{U_N}{\sqrt{3}} / \dfrac{100}{\sqrt{3}} / 100$　　　B. $\dfrac{U_N}{\sqrt{3}} / \dfrac{100}{\sqrt{3}} / \dfrac{100}{\sqrt{3}}$　　　C. $\dfrac{U_N}{\sqrt{3}} / \dfrac{100}{\sqrt{3}} / \dfrac{100}{3}$

1440. 三相五柱电压互感器用于 10kV 中性点不接地系统中，在发生单相金属性接地故障时，为使开口三角绕组电压为 100V，电压互感器的变比应为（**B**）。

A. $\frac{10}{\sqrt{3}}/\frac{0.1}{\sqrt{3}}/\frac{0.1}{\sqrt{3}}$ B. $\frac{10}{\sqrt{3}}/\frac{0.1}{\sqrt{3}}/\frac{0.1}{3}$ C. $\frac{10}{\sqrt{3}}/\frac{0.1}{\sqrt{3}}/0.1$

1441. 当小接地系统中发生单相金属性接地时，中性点对地电压为（**B**）。

A. U_x B. $-U_x$ C. 0   D. $\sqrt{3}U_x$

1442. 我国电力系统中性点接地方式主要有（**B**）三种。

A. 直接接地方式、经消弧线圈接地方式和经大电抗器接地方式

B. 直接接地方式、经消弧线圈接地方式和不接地方式

C. 不接地方式、经消弧线圈接地方式和经大电抗器接地方式

D. 直接接地方式、经大电抗器接地方式和不接地方式

1443. 我国 220kV 及以上系统的中性点均采用（**A**）。

A. 直接接地方式   B. 经消弧圈接地方式

C. 经大电抗器接地方式

1444. 在小接地电流系统中发生单相接地故障时，故障点远近与母线电压互感器开口三角电压的关系是（**C**）。

A. 故障点距母线越近，电压越高   B. 故障点距母线越远，电压越高

C. 与故障点远近无关

1445. 线路发生金属性三相短路时，保护安装处母线上的残余电压（**B**）。

A. 最高   B. 为故障点至保护安装处之间的线路压降

C. 与短路点相同   D. 不能判定

1446. 在我国大接地电流系统与小电流接地系统划分标准是依据 X_0/X_1 的值，（**C**）的系统属于大接地电流系统。

A. 大于 4～5   B. 小于 3～4

C. 小于或等于 4～5

1447. 接地故障时，零序电压与零序电流的相位关系取决于（**C**）。

A. 故障点过渡电阻的大小   B. 系统综合阻抗的大小

C. 相关元件的零序阻抗

1448. 在大接地电流系统中发生单相接地短路时，保护安装点的零序电压与零序电流之间的相位角（**C**）。

A. 决定于该点到故障点的线路零序阻抗角

B. 决定于该点正方向到零序网络中性点之间的零序阻抗角

C. 决定于该点反方向至零序网络中性点之间的零序阻抗角

1449. 大电流接地系统中，线路上发生正向接地故障时，在保护安装处流过该线路的 $3I_0$ 比母线 $3U_0$ 的相位（**A**）。

A. 超前约 110°   B. 滞后约 70°

C. 滞后约 110°

1450. 在大接地电流系统中，当相邻平行线路停运检修并在两侧接地时，电网发生接地故障，此时停运线路（A）零序电流。

A. 流过   B. 没有   C. 不一定有

1451. 大接地电流系统中，无论正向发生单相接地，还是发生两相接地短路时，都是 $3I_0$ 超前 $3U_0$ 约（D）。

A. 30°   B. 45°   C. 70°   D. 110°

1452. 如果三相输电线路的自感阻抗为 Z_L，互感阻抗为 Z_M，则正确的等式是（A）。

A. $Z_0 = Z_L + 2Z_M$ B. $Z_1 = Z_L + 2Z_M$

C. $Z_0 = Z_L - Z_M$

1453. 有一组正序对称向量，彼此间相位角是 120°，它按（A）方向旋转。

A. 顺时针旋转   B. 逆时针旋转

C. 平行方向旋转

1454. 当架空输电线路发生三相短路故障时，该线路保护安装处的电流和电压的相位关系是（B）。

A. 功率因数角   B. 线路阻抗角

C. 保护安装处的功角   D. 0

1455. 大电流接地系统中发生单相接地故障时，故障点距母线远近与母线上零序电压值的关系是（C）。

A. 与故障点位置无关   B. 故障点越远零序电压越高

C. 故障点越远零序电压越低

1456. 接地故障时，零序电流的大小（B）。

A. 与零序等值网络的状况和正负序等值网络的变化有关

B. 只与零序等值网络的状况有关，与正负序等值网络的变化无关

C. 只与正负序等值网络的变化有关，与零序等值网络的状况无关

1457. 大接地电流系统中，发生接地故障时，零序电压在（A）。

A. 接地短路点最高   B. 变压器中性点最高

C. 各处相等   D. 发电机中性点最高

1458. 为保证接地后备最后一段保护可靠地有选择性地切除故障，220kV 线路接地电阻最大按（A）考虑。

A. 100Ω   B. 200Ω   C. 300Ω   D. 400Ω

1459. 下列对 DKB（电抗变换器）和 TA（电流互感器）的表述，（B）是正确的。

A. DKB 励磁电流大，二次负载大，为开路状态；TA 励磁电流大，二次负载大，为开路状态

B. DKB 励磁电流大，二次负载大，为开路状态；TA 励磁电流小，二次负载小，为短路状态

C. DKB 励磁电流小，二次负载小，为短路状态；TA 励磁电流大，二次负载大，为开路状态

1460. 关于电压互感器和电流互感器二次接地正确的说法是（D）。

A. 电压互感器二次接地属保护接地，电流互感器属工作接地

B. 电压互感器二次接地属工作接地，电流互感器属保护接地

C. 均属工作接地

D. 均属保护接地

1461. 变压器励磁涌流与变压器充电合闸初相有关，当初相角为（A）时励磁涌流最大。

A. 0　　　　　　　B. 60°　　　　　　　C. 120°　　　　　　D. 180°

1462. 双卷变压器空载合闸的励磁涌流的特点有（C）。

A. 变压器两侧电流相位一致

B. 变压器两侧电流相位无直接联系

C. 仅在变压器一侧有电流

1463. 变压器励磁涌流中含有大量高次谐波，其中以（A）。

A. 二次谐波为主　　　　　　　　　　　　B. 三次谐波为主

C. 五次谐波为主

1464. 变压器差动保护防止励磁涌流影响的措施有（A）。

A. 鉴别短路电流和励磁涌流波形的区别，要求间断角为 60°~65°

B. 加装电压元件

C. 各侧均接入制动绕组

1465. 在 Y/d11 接线的变压器低压侧发生两相短路时，星形侧的某一相的电流等于其他两相短路电流的（B）倍。

A. 1　　　　　　　B. 2　　　　　　　C. 0.5　　　　　　D. $\sqrt{3}$

1466. 在 Y/△11 接线的变压器低压侧发生两相短路（短路电流为 I_d）时，星形侧的某一相的电流等于其他两相短路电流的两倍，如果低压侧 AB 相短路，则高压侧的电流（A）。

A. $I_a = 2/\sqrt{3} I_d$　　　　B. $I_b = 2/\sqrt{3} I_d$　　　　C. $I_c = 2/\sqrt{3} I_d$

1467. 变压器中性点间隙接地保护包括（D）。

A. 间隙过电流保护

B. 间隙过电压保护

C. 间隙过电流保护与间隙过电压保护，且其接点串联出口

D. 间隙过电流保护与间隙过电压保护，且其接点并联出口

1468. 变压器中性点间隙接地保护是由（A）构成的。

A. 零序电流继电器与零序电压继电器并联

B. 零序电流继电器与零序电压继电器串联

C. 单独的零序电流继电器或零序电压继电器

1469. 220kV 变压器的中性点经间隙接地的零序过电压保护定值一般可整定（B）。

A. 120V　　　　　　B. 180V　　　　　　C. 70V　　　　　　D. 220V

1470. 为防止变压器后备阻抗保护在电压断线时误动作必须（C）。

A. 装设电流增量启动元件

B. 装设电压断线闭锁装置

C. 同时装设电压断线闭锁装置和电流增量启动元件

1471. 220kV 自耦变压器零序方向保护的 TA 不能安装在（A）。

A. 变压器中性点   B. 220kV 侧

C. 110kV 侧

1472. 自耦变压器的零序方向保护中，零序电流（B）从变压器中性点的流变来取得。

A. 必须   B. 不应   C. 可以

1473. 如果一台三绕组自耦变压器的高中绕组变比为 2.5，S_n 为额定容量，则低压绕组的最大容量为（B）。

A. $0.5S_n$ B. $0.6S_n$ C. $0.4S_n$

1474. 运行中的变压器保护，当现场进行什么工作时，重瓦斯保护应由"跳闸"位置改为"信号"位置运行（A）。

A. 进行注油和滤油时   B. 变压器中性点不接地运行时

C. 变压器轻瓦斯保护动作后

1475. 发电机在电力系统发生不对称短路时，在转子中就会感应出（B）电流。

A. 50Hz   B. 100Hz   C. 150Hz

1476. 发电机复合电压启动的过电流保护在（B）低电压启动过电流保护。

A. 反应对称短路及不对称短路时灵敏度均高于

B. 反应对称短路灵敏度相同但反应不对称短路时灵敏度高于

C. 反应对称短路及不对称短路时灵敏度相同只是接线简单于

D. 反应不对称短路灵敏度相同但反应对称短路时灵敏度高于

1477. 定子绕组中性点不接地的发电机，当发电机出口侧 A 相接地时，发电机中性点的电压为（A）。

A. 相电压   B. $\sqrt{3}$ 相电压

C. 1/3 相电压   D. 零

1478. 发电机正常运行时，其（B）。

A. 机端三次谐波电压大于中性点三次谐波电压

B. 机端三次谐波电压小于中性点三次谐波电压

C. 机端三次谐波电压与中性点三次谐波电压相同

1479. 汽轮发电机完全失磁之后，在失步以前，将出现（A）的情况。

A. 发电机有功功率基本不变，从系统吸收无功功率，使机端电压下降，定子电流增大。
      失磁前送有功功率越多，失磁后电流增大越多

B. 发电机无功功率维持不变，有功减少，定子电流减少

C. 发电机有功功率基本不变，定子电压升高，定子电流减少

1480. 形成发电机过励磁的原因可能是（C）。

A. 发电机出口短路，强行励磁动作，励磁电流增加

B. 汽轮发电机在启动低速预热过程中，由于转速过低产生过励磁

C. 发电机甩负荷，但因自动励磁调节器退出或失灵，或在发电机启动低速预热转子时，误加励磁等

1481. 大型发电机要配置逆功率保护，目的是（B）。

A. 防止主汽门突然关闭后，汽轮机反转

B. 防止主汽门关闭后，长期电动机运行造成汽轮机尾部叶片过热

C. 防止主汽门关闭后，发电机失步

1482. 发电机逆功率保护的主要作用是（C）。

A. 防止发电机在逆功率状态下损坏

B. 防止系统发电机在逆功率状态下产生振荡

C. 防止汽轮机在逆功率状态下损坏

D. 防止汽轮机及发电机在逆功率状态下损坏

1483. 大型发变组非全相保护，主要由（A）。

A. 灵敏负序或零序电流元件与非全相判别回路构成

B. 灵敏负序或零序电压元件与非全相判别回路构成

C. 灵敏相电流元件与非全相判别回路构成

D. 灵敏相电压元件与非全相判别回路构成

1484. 同期继电器是反应母线电压和线路电压的（C）。

A. 幅值之差   B. 相位之差   C. 矢量之差

1485. 在检定同期、检定无压重合闸装置中，下列的做法哪些是正确的是（B）。

A. 只能投入检定无压或检定同期继电器的一种

B. 两侧都要投入检定同期继电器

C. 两侧都要投入检定无压和检定同期的继电器

D. 不允许有，一侧投入检定无压的继电器

1486. 一变电站备用电源自投装置（BZT）在工作母线有电压且断路器未跳开的情况下将备用电源合上了，检查 BZT 装置一切正常，则外部设备和回路的主要问题是（A）。

A. 工作母线电压回路故障和判断工作断路器位置的回路不正确

B. 备用电源系统失去电压

C. 工作母线断路器瞬时低电压

1487. 母线充电保护是（B）。

A. 母线故障的后备保护

B. 利用母联断路器给另一母线充电的保护

C. 利用母线上任一断路器给母线充电的保护

1488. 电流互感器是（A）。

A. 电流源，内阻视为无穷大   B. 电压源，内阻视为零

C. 电流源，内阻视为零

1489. 电流互感器的不完全星形接线，在运行中（A）。

A. 不能反映所有的接地   B. 对相间故障反应不灵敏

C. 对反应单相接地故障灵敏　　　　　　　D. 能够反应所有的故障

1490. 电抗变压器是（**C**）。

A. 把输入电流转换成输出电流的中间转换装置

B. 把输入电压转换成输出电压的中间转换装置

C. 把输入电流转换成输出电压的中间转换装置

1491. 自耦变压器中性点必须接地，这是为了避免当高压侧电网内发生单相接地故障时，（**A**）。

A. 中压侧出现过电压　　　　　　　　　　B. 高压侧出现过电压

C. 高压侧、中压侧都出现过电压

1492. 中性点直接接地的变压器通常采用（**C**），此类变压器中性点侧的绕组绝缘水平比进线侧绕组端部的绝缘水平低。

A. 主绝缘　　　　　B. 纵绝缘　　　　　C. 分级绝缘　　　　　D. 主、附绝缘

1493. 断路器的跳闸辅助触点应在（**B**）接通。

A. 合闸过程中，合闸辅助触点断开后　　　B. 合闸过程中，动静触头接触前

C. 合闸过程中　　　　　　　　　　　　　D. 合闸终结后

1494. 如果在发电机出口处发生短路故障，在短路初期，两相短路电流值（**B**）三相短路电流值。

A. 大于　　　　　　　　B. 小于　　　　　　　　C. 等于

1495. 在 RLC 串联电路中，减小电阻 R，将使（**C**）。

A. 谐振频率降低　　　　　　　　　　　　B. 谐振频率升高

C. 谐振曲线变陡　　　　　　　　　　　　D. 谐振曲线变钝

1496. 在距离保护中，为了监视交流回路，均装设"电压断线闭锁装置"，当二次电压回路发生短路或断线时，该装置（**B**）。

A. 发出断线信号　　　　　　　　　　　　B. 发出信号，断开保护正电源

C. 断开保护正电源

1497. 为避免厂用高压母线发生瞬时故障，引起低压母线备用电源自投装置不必要的联动，通常使低压侧备用电源自投的时限（**A**）高压侧备用电源自投的时限。

A. 大于　　　　　　　　B. 小于　　　　　　　　C. 等于

1498. 线路两侧的保护装置在发生短路时，其中的一侧保护装置先动作，等它动作跳闸后，另一侧保护装置才动作，这种情况称之为（**B**）。

A. 保护有死区　　　　　　　　　　　　　B. 保护相继动作

C. 保护不正确动作　　　　　　　　　　　D. 保护既存在相继动作又存在死区

1499. 变压器差动保护做相量图试验应在变压器（**C**）时进行。

A. 停电　　　　　B. 空载　　　　　C. 载有一定负荷　　　　　D. 满载

1500. 小接地电流系统指（**D**）。

A. 中性点不接地系统

B. 中性点经消弧线圈接地系统

C. 中性点直接接地

D. 中性点不接地系统和经消弧线圈接地系统

1501. 发电机振荡或失步时，一般采用增加发电机的励磁，其目的是（**D**）。

A. 提高发电机的电压　　　　　　　　　B. 多向系统提供无功

C. 多向系统提供有功　　　　　　　　　D. 增加转子磁极间的拉力

1502. 电力系统中性点安装消弧线圈的目的是（**C**）。

A. 提高电网电压水平　　　　　　　　　B. 限制变压器的故障电流

C. 补偿网络接地电流　　　　　　　　　D. 消除潜供电流

1503. 为把电流表量程扩大 100 倍，分流电阻的电阻，应是仪表内阻的（**B**）倍。

A. 1/100　　　　　B. 1/99　　　　　C. 99　　　　　D. 100

1504. 电力系统发生振荡时，电气量的变化比系统中发生故障时电气量的变化（**B**）。

A. 快　　　　　B. 较慢　　　　　C. 相同　　　　　D. 以上都不对

1505. 当电力系统发生短路时，使原电流剧增至额定电流的数倍，此时电流互感器将工作磁化曲线的非线形部分、角误差及变比误差（**A**）。

A. 均增加

B. 均减少

C. 变比误差增大，角误差减少

D. 变比误差减少

1506. 同步发电机运行时，定子三相电流任意两相电流的算数差不宜超过额定值（**C**）。同时任意相电流不得超过额定值。

A. 20%　　　　　B. 15%　　　　　C. 8%　　　　　D. 6%

1507. 金属导体的电阻与（**C**）无关。

A. 导体长度　　　B. 导体截面　　　C. 外加电压　　　D. 导体属性

1508. 把一根导线均匀拉长为原长度的 2 倍，则它的电阻值约为原来值的（**C**）。

A. 不变　　　　　B. 2 倍　　　　　C. 4 倍　　　　　D. 8 倍

1509. 把额定电压为 220V 的灯泡接在 110V 电源上，灯泡的功率是原来的（**C**）。

A. 2 倍　　　　　B. 1/2　　　　　C. 1/4　　　　　D. 1/8

1510. 同一带铁芯的线圈分别接到电压相同的直流电路和交流电路中，此时电流强度（**A**）。

A. 接入直流强　　　　　　　　　　　　B. 接入交流强

C. 相同　　　　　　　　　　　　　　　D. 无法确定

1511. 磁力线、电流方向和导体受力的方向，它们之间（**D**）。

A. 方向一致　　　　　　　　　　　　　B. 方向相反

C. 有两者一定相同　　　　　　　　　　D. 互相垂直

1512. 用钳形电流表测量三相平衡负荷电流，钳口中放入两相导线，其表指示值（**C**）。

A. 大于一相电流　　　　　　　　　　　B. 小于一相电流

C. 等于一相电流　　　　　　　　　　　D. 等于零

1513. 变压器施加交流电压后，一、二次不变的是（**C**）。

A. 电压　　　　　B. 电流　　　　　C. 频率　　　　　D. 功率

1514. 铅酸蓄电池在运行中，电解液温度不准超过 **（D）**。

A. 20℃ 　　　　　B. 25℃ 　　　　　C. 30℃ 　　　　　D. 35℃

1515. 油浸自冷厂用变压器上层油温一般不宜超过 **（B）**。

A. 75℃ 　　　　　B. 85℃ 　　　　　C. 95℃ 　　　　　D. 105℃

1516. 当转差率 $s=0$ 时，则表示转子转速 **（B）**。

A. 超过同步速 　　　　　　　　　　　B. 等于同步速

C. 低于同步速 　　　　　　　　　　　D. 等于零

1517. 对称的三相交流电路的总功率等于单相功率的 **（D）** 倍。

A. 1/3 倍 　　　　　B. 相等 　　　　　C. $\sqrt{3}$ 倍 　　　　　D. 3 倍

1518. 浮充运行的铅酸蓄电池单只电瓶电压应保持在 **（C）** 之间。

A. （1.15±0.05）V 　　　　　　　　　B. （1.65±0.05）V

C. （2.15±0.05）V 　　　　　　　　　D. （2.55±0.05）V

1519. 遇有电气设备着火时，不能使用 **（B）** 灭火。

A. 干式灭火器 　　　　　　　　　　　B. 泡沫灭火器

C. 二氧化碳灭火器 　　　　　　　　　D. 四氯化碳灭火器

1520. 系统频率的高低取决于系统中 **（B）** 的平衡。

A. 有功率与无功功率 　　　　　　　　B. 有功功率

C. 无功功率 　　　　　　　　　　　　D. 电压

1521. 三相异步电动机负荷减小时，其功率因数 **（B）**。

A. 增大 　　　　　　　　　　　　　　B. 减小

C. 不变 　　　　　　　　　　　　　　D. 有可能增加或减小

1522. 有一个三相电动机，当绕组成星形接于 $U_1=380V$ 的三相电源上，或绕组连成三角形接于 $U_1=220V$ 的三相电源上，这两种情况下，从电源输入功率为 **（A）**。

A. 相等 　　　　　B. 差 $\sqrt{3}$ 倍 　　　　　C. 差 $1/\sqrt{3}$ 倍 　　　　　D. 差 3 倍

1523. 用绝缘电阻表测量设备的对地绝缘电阻时，通过被测电阻的电流是 **（A）**。

A. 直流 　　　　　B. 交流 　　　　　C. 无法确定

1524. 判定一台变压器的运行是否过载的根据是 **（D）**。

A. 有功功率 　　　　　　　　　　　　B. 无功功率

C. 电压 　　　　　　　　　　　　　　D. 电流

1525. 变压器低压绕组中性线直接接地电阻值为 **（A）**。

A. 4Ω 　　　　　B. 50Ω 　　　　　C. 10Ω 　　　　　D. 30Ω

1526. 停止运行 **（C）** 的变压器，在重新投入运行前需测量绝缘电阻及做油的耐压试验。

A. 一个月 　　　　　B. 三个月 　　　　　C. 半年 　　　　　D. 一年

1527. 调节分接开关后，测量其接触电阻，三次差别不应超过 **（A）**。

A. 2% 　　　　　B. 2.5% 　　　　　C. 3% 　　　　　D. 5%

1528. 新投入运行的变压器，需要空载运行的时间为 **（C）**。

A. 8h 　　　　　B. 16h 　　　　　C. 24h 　　　　　D. 48h

1529. 变压器正常运行时，中性线电流不应超过相应相电流的（C）。

A. 15%　　　　　　　B. 20%　　　　　　　C. 25%　　　　　　　D. 30%

1530. 变压器在（C）情况下，会产生操作过电压。

A. 合闸　　　　　　　　　　　　　　B. 分闸

C. 合闸及分闸　　　　　　　　　　　D. 误操作

1531. 当高压厂用电系统发生单相接地故障时，如变压器不过载，则（B）。

A. 仍可持续运行　　　　　　　　　　B. 只允许运行两小时

C. 只允许运行半小时　　　　　　　　D. 应立即退出运行

1532. 运行中的变压器，铁芯中的磁通量大小决定于（B）。

A. 电源电压　　　B. 负荷电流　　　C. 铁芯材料　　　D. 输出功率

1533. 变压器的电压不变，当负荷增加时，输出电压将会（C）。

A. 增加　　　　　B. 减小　　　　　C. 不变　　　　　D. 不定

1534. 当电源电压升高时，变压器的空载电流将会（B）。

A. 减小　　　　　　　　　　　　　　B. 不变

C. 按比例增加　　　　　　　　　　　D. 大幅度增加

1535. 当负荷增加时，变压器的二次电流将会（C）。

A. 减小　　　　　　　　　　　　　　B. 不变

C. 按比例增加　　　　　　　　　　　D. 大幅度增加

1536. 当负荷增加时，变压器的效率将会（A）。

A. 变高　　　　　B. 变低　　　　　C. 不变　　　　　D. 不确定

1537. 变压器的接线组别是指（A）两个量的相位关系。

A. 一次线电压与二次线电压　　　　　B. 一次线电流与二次线电流

C. 一次相电压与二次相电压　　　　　D. 一次相电流与二次相电流

1538. 变压器的短路电压是指（D）。

A. 当一次发生短路时的二次电压

B. 当二次发生短路时的二次电压

C. 当二次发生短路时，一次电压下降的百分比值

D. 二次短路时，为使二次达到额定电流所需在一次侧家的电压值

1539. 当负荷增加时，变压器的铁损将会（C）。

A. 增加　　　　　B. 减少　　　　　C. 不变　　　　　D. 不定

1540. 当负荷增加时，变压器的铜损将会（A）。

A. 增加　　　　　B. 减少　　　　　C. 不变　　　　　D. 不定

1541. 变压器在（A）情况下，会产生冲击电流。

A. 合闸　　　　　B. 分闸　　　　　C. 合闸及分闸　　　D. 误操作

1542. 变压器的介质损耗指的是变压器的（C）。

A. 铜损　　　　　　　　　　　　　　B. 铁损

C. 铜损和铁损　　　　　　　　　　　D. 绝缘材料的损耗

1543. 变压器的外特征是指（**A**）。

A. 一、二次电压的关系　　　　　　　　B. 一、二次电流的关系

C. 一次电压与二次电流的关系　　　　　D. 二次电压与二次电流的关系

1544. 在事故过负荷中，当过负荷倍数为 **1.3** 倍时，允许的过负荷时间为（**A**）。

A. 12min　　　　　B. 150min　　　　　C. 180min　　　　　D. 300min

1545. 降压变压器一、二次电压电流之间的关系是（**C**）。

A. 一次电压高电流大　　　　　　　　　B. 一次电压低电流小

C. 一次电压高电流小　　　　　　　　　D. 一次电压低电流大

1546. 电压 **10/0.4kV** 变压器的一次额定电流是二次额定电流的（**D**）倍。

A. 25　　　　　B. 10　　　　　C. 0.4　　　　　D. 0.04

1547. 变压器的铁芯用（**C**）制作。

A. 钢板　　　　　B. 铜板　　　　　C. 硅钢片　　　　　D. 永久磁铁

1548. 新变压器投运时，应进行（**A**）次空载全电压冲击合闸试验。

A. 5　　　　　B. 3　　　　　C. 2　　　　　D. 1

1549. 变压器瓦斯保护动作后，收集气体颜色为淡黄色，有强烈臭味，可燃，则表明变压器内（**C**）。

A. 变压器油析出空气　　　　　　　　　B. 木质结构故障

C. 纸质绝缘故障　　　　　　　　　　　D. 变压器油故障

1550. 变压器的空载损耗与电源电压之间的关系是（**D**）。

A. 空载损耗与电源电压无确定关系　　　B. 随电源电压升高空载损耗减小

C. 随电源电压升高空载损耗减小　　　　D. 空载损耗不随电源电压变化

1551. **Dy11** 联结组别的变压器，二次线电压与一次线电压之间的相位差为（**B**）。

A. 0°　　　　　B. 30°　　　　　C. 120°　　　　　D. 240°

1552. 电力系统扰动可能产生（**C**）过电压。

A. 操作　　　　　B. 故障　　　　　C. 谐振　　　　　D. 大气

1553. 发电机如果在运行中功率因数过高（$\cos\varphi = 1$）会使发电机（**C**）。

A. 功角减小　　　　　　　　　　　　　B. 动态稳定性降低

C. 静态稳定性降低　　　　　　　　　　D. 功角增大

1554. 作为发电厂的主变压器接线组别一般采用（**B**）。

A. YNy0　　　　　B. YNd11　　　　　C. YNd1　　　　　D. Dd0

1555. 同电源的交流电动机，极对数多的电动机其转速（**B**）。

A. 高　　　　　B. 低　　　　　C. 一样　　　　　D. 不一定

1556. 当一台电动机轴上的负载增加时，其定子电流将（**B**）。

A. 不变　　　　　　　　　　　　　　　B. 增加

C. 减小　　　　　　　　　　　　　　　D. 可能增加也可能减小

1557. 异步电动机是一种（**B**）的设备。

A. 高功率因数　　　　　　　　　　　　B. 低功率因数

C. 功率因数是 1

D. 功率因数是 0

1558. 一只标有 "1kΩ、10kW" 的电阻，允许电压 **（B）**。

A. 无限制

B. 有最高限制

C. 有最低限制

D. 无法表示

1559. 当线圈中的电流 **（A）** 时，线圈两端产生自感电动势。

A. 变化时   B. 不变时   C. 很大时   D. 很小时

1560. 在正弦交流电路中，节点电流的方程是 **（A）**。

A. $\sum I = 0$ B. $\sum I = 1$ C. $\sum I = 2$ D. $\sum I = 3$

1561. 三极管基极的作用是 **（D）** 载流子。

A. 发射   B. 收集   C. 输出   D. 控制

1562. 铁磁材料在反复磁化过程中，磁感应强度的变化始终落后于磁场强度的变化，这种现象称为 **（B）**。

A. 磁化   B. 磁滞   C. 剩磁   D. 减磁

1563. 电容器在充电过程中，其 **（B）**。

A. 充电电流不能发生变化   B. 两端电压不能发生突变

C. 储存能量发生突变   D. 储存电场发生突变

1564. 在 R_L 串联的交流电路中，阻抗的模 Z 是 **（D）**。

A. $R + X$ B. $(R + X)^2$ C. $R^2 + X^2$ D. $\sqrt{R^2 + X^2}$

1565. 当线圈中磁通减小时，感应电流的磁通方向 **（B）**。

A. 与原磁通方向相反   B. 与原磁通方向相同

C. 与原磁通方向无关   D. 与线圈尺寸大小有关

1566. 对严重创伤伤员急救时，应首先进行 **（C）**。

A. 维持伤员气道通畅   B. 人工呼吸

C. 止血包扎   D. 固定骨折

1567. 大型汽轮发电机定子绕组端部的紧固很重要，因为当绕组端部受力时，最容易损坏的部件是线棒的 **（A）**。

A. 出槽口处   B. 焊接接头部分

C. 线圈换位部分   D. 直槽部分

1568. 笼形电动机不能采用哪种调速方法调速 **（D）**。

A. 改变极数   B. 改变频率

C. 改变端电压   D. 改变转子回路电阻

1569. 在三相对称电路中，各相的有功功率 **（A）**。

A. 相等   B. 不等   C. 不一定

1570. 直流电机为了消除环火而加装了补偿绕组，正确的安装方法是补偿绕组应与 **（C）**。

A. 励磁绕组串联   B. 励磁绕组并联

C. 电枢绕组串联   D. 电枢绕组并联

1571. 在变压器中性点装入消弧线圈的目的是（**D**）。

A. 提高电网电压水平　　　　　　　　　B. 限制变压器故障电流

C. 提高变压器绝缘水平　　　　　　　　D. 补偿接地及故障时的电流

1572. 两个 10μF 的电容器并联后与一个 20μF 的电容器串联，则总电容是（**A**）。

A. 10μF　　　　　　B. 20μF　　　　　　C. 30μF　　　　　　D. 40μF

1573. 构件受力后，内部产生的单位面积上的内力，称为（**D**）。

A. 张力　　　　　　B. 压力　　　　　　C. 压强　　　　　　D. 应力

1574. 戴维南定理可将任一有源二端网络等效成一个有内阻的电压源，该等效电源的内阻和电动势是（**A**）。

A. 由网络的参数和结构决定的　　　　　B. 由所接负载的大小和性质决定的

C. 由网络结构和负载共同决定的　　　　D. 由网络参数和负载共同决定的

1575. 为了防止油过快老化，变压器上层油温不得经常超过（**C**）。

A. 60°　　　　　　B. 75°　　　　　　C. 85°　　　　　　D. 100°

1576. 绝缘油做气体分析试验的目的是检查其是否出现（**A**）现象。

A. 过热放电　　　　B. 酸价增高　　　　C. 绝缘受潮　　　　D. 机械损坏

1577. 电气试验用仪表的准确度要求在（**A**）级。

A. 0.5　　　　　　B. 1.0　　　　　　C. 0.2　　　　　　D. 1.5

1578. 避雷器的作用在于它能防止（**B**）对设备的侵害。

A. 直击雷　　　　　B. 进行波　　　　　C. 感应雷　　　　　D. 三次谐波

1579. Yd11 接线的变压器，二次侧线电压超前一次线电压（**D**）。

A. 330°　　　　　　B. 45°　　　　　　C. 60°　　　　　　D. 30°

1580. 为了降低触头之间恢复电压速度和防止出现振荡过电压，有时在断路器触头间加装（**B**）。

A. 均压电容　　　　B. 并联电容　　　　C. 均压带　　　　　D. 并联均压环

1581. 《电业安全工作规程》规定，进入凝汽器内工作时应使用（**A**）行灯。

A. 12V　　　　　　B. 24V　　　　　　C. 36V　　　　　　D. 42V

1582. 大容量汽轮发电机转子，均采用（**C**）通风方式。

A. 斜流式气隙　　　　　　　　　　　　B. 辐射形

C. 压力式　　　　　　　　　　　　　　D. 对流式

1583. 绕线式异步电动机转子回路中，串入电阻是（**A**）。

A. 为了改善电动机的启动性能　　　　　B. 为了调整电动机的速度

C. 为了减少运行电流

1584. 有载调压装置在调压过程中，切换触头与选择触头的关系是（**B**）。

A. 前者比后者先动　　　　　　　　　　B. 前者比后者后动

C. 同时动　　　　　　　　　　　　　　D. 二者均不动

1585. 设备发生事故而损坏，必须立即进行的恢复性检修称为（**B**）检修。

A. 临时性　　　　　　B. 事故性　　　　　C. 计划性　　　　　D. 异常性

1586. 绝缘油作为灭弧介质时，最大允许发热温度为（B）。

A. 60℃   B. 80℃   C. 90℃   D. 100℃

1587. 选择变压器的容量应根据其安装处（D）来决定。

A. 变压器容量   B. 线路容量

C. 负荷电源   D. 最大短路电流

1588. 电流通过人体最危险的途径是（B）。

A. 左手到右手   B. 左手到脚

C. 右手到脚   D. 左脚到右脚

1589. A 级绝缘材料的最高工作温度为（B）。

A. 90℃   B. 105℃   C. 120℃   D. 130℃

1590. 线路过电流保护整定的启动电流是（C）。

A. 该线路的负荷电流   B. 最大负荷电流

C. 大于允许的过负荷电流   D. 该线路的电流

1591. 电网发生三相对称短路时，短路电流中包含有（C）分量。

A. 直流   B. 零序   C. 正序   D. 负序

1592. 变压器发生内部故障时的主保护是（A）。

A. 瓦斯   B. 差动   C. 过电流   D. 速断

1593. 下列因素中（A）对变压器油的绝缘强度影响最大。

A. 水分   B. 温度   C. 杂质   D. 比重

1594. 真空断路器的灭弧介质是（C）。

A. 油   B. SF_6 C. 真空   D. 空气

1595. 户外配电装置 35kV 以上软导线采用（C）。

A. 多股铜绞线   B. 多股铝绞线

C. 钢芯铝绞线   D. 钢芯多股绞线

1596. 断路器的分、合闸位置监视灯串联一个电阻的目的是（C）。

A. 限制通过跳合闸线圈的电流   B. 补偿灯泡的额定电压

C. 防止因灯座短路造成断路器误跳闸   D. 为处长灯泡寿命

1597. 变压器在额定电压下二次侧开路时，其铁芯中消耗的功率称为（A）。

A. 铁损   B. 铜损   C. 无功损耗   D. 线损

1598. 用绝缘电阻表测量吸收比是测量（A）时绝缘电阻之比，当温度在 10～30℃ 时吸收比为 1.3～2.0 时合格。

A. 15s 和 60s   B. 15s 和 45s   C. 20s 和 70s   D. 20s 和 60s

1599. 25 号变压器油中的 25 号表示（B）。

A. 变压器的闪点是 25℃   B. 油的凝固点是－25℃

C. 变压器油的耐压是 25kV   D. 变压器油的比重是 25

1600. 变压器防爆装置的防爆膜，当压力达到（B）kPa 时将冲破。

A. 40   B. 50   C. 60   D. 45

1601. 户外配电装置 35kV 以上软件导线采用（**C**）。

A. 多股铜绞线　　　　　　　　　　　B. 多股铝绞线

C. 钢芯铝绞线　　　　　　　　　　　D. 钢芯多股绞线

1602. 当发现变压器本体油的酸价（**B**）时，应及时更换净油器中的吸附剂。

A. 下降　　　　　B. 上升　　　　　C. 不变　　　　　D. 不清楚

1603. 电磁操动机构，跳闸线圈动作电压应不高于额定电压的（**C**）。

A. 55%　　　　　B. 75%　　　　　C. 65%　　　　　D. 30%

1604. 35kV 室内、10kV 及以下室内外母线和多元件绝缘子，进行绝缘电阻测试时，其每个元件不低于 1000MΩ，若低于（**C**）MΩ 时必须更换。

A. 250　　　　　B. 400　　　　　C. 300　　　　　D. 500

1605. 变压器净油器中硅胶质量是变压器油质量的（**D**）。

A. 5%　　　　　B. 0.5%　　　　　C. 10%　　　　　D. 1%

1606. 限流电抗器的实测电抗与其保证值的偏差不得超过（**C**）。

A. ±15%　　　　B. ±10%　　　　C. ±5%　　　　D. ±17%

1607. 在 LC 振荡电路，电容器放电完毕的瞬间（**C**）。

A. 电场能正在向磁场能转化　　　　　B. 磁场能正在向电场能转化

C. 电场能正在向磁场能转化刚好完成　D. 电场能正在向电场能转化

1608. 电流 I 通过具有电阻 R 的导体，在时间 t 内所产生的热量为 $Q=I_2R_t$，这个关系式又叫（**C**）定律。

A. 牛顿第一　　　　　　　　　　　　B. 牛顿第二

C. 焦耳—楞次　　　　　　　　　　　D. 欧姆

1609. 设电容器的电容为 C，两极板之间的电压 U，则该电容器中储藏的电场能量应为（**B**）。

A. $Q_c=1/(2CU)$　　　　　　　　　B. $Q_c=CU_2/2$

C. $W_c=1/2C$　　　　　　　　　　　D. $W_c=1/2U$

1610. 有一个电容器，其电容为 50μF，加在电容器两极板之间的电压为 500V，则该电容器极板上储存的电荷为（**A**）。

A. 0.025C　　　　B. 0.25C　　　　C. 0.45C　　　　D. 0.1C

1611. 在 R、L、C 串联电路上，发生谐振的条件是（**B**）。

A. $\omega L_2C_2=1$　　B. $\omega2LC=1$　　C. $\omega LC=1$　　D. $\omega=LC$

1612. 将电阻、电容、电感并联到正弦交流电源上，改变电源频率时，发现电容器上的电流比改变频率前的电流增加了一倍，改变频率后，电阻上的电流将（**C**）。

A. 增加　　　　　B. 减少　　　　　C. 不变　　　　　D. 增减都可能

1613. 在 RLC 串联正弦交流电路中，当外加交流电源的频率为 f 时发生谐振，当外加交流电源的频率为 $2f$ 时，电路的性质为（**B**）。

A. 电阻性电路　　　　　　　　　　　B. 电感性电路

C. 电容性电路　　　　　　　　　　　D. 纯容性电路

1614. 变压器中主磁通是指在铁芯中成闭合回路的磁通，漏磁通是指（**B**）。

　　A. 在铁芯中成闭合回路的磁通

　　B. 要穿过铁芯外的空气或油路才能成为闭合回路的磁通

　　C. 在铁芯柱的中心流通的磁通

　　D. 在铁芯柱的边缘流通的磁通

1615. 空气间隙两端的电压高到一定程度时，空气就完全失去其绝缘性能，这种现象叫做气体击穿或气体放电。此电压加在间隙之间的电压叫做（**D**）。

　　A. 安全电压　　　　B. 额定电压　　　　C. 跨步电压　　　　D. 击穿电

1616. 当雷电波传播到变压器绕组时，相邻两匝间的电位差比运行时工频电压作用下的电位差（**C**）。

　　A. 小　　　　　　B. 差不多　　　　　C. 大很多　　　　　D. 不变

1617. 绝缘材料的机械强度，一般随温度和湿度升高而（**C**）。

　　A. 升高　　　　　B. 不变　　　　　　C. 下降　　　　　　D. 影响不大

1618. 避雷器的均压环，主要以其对（**B**）的电容来实现均压的。

　　A. 地　　　　　　B. 各节法兰　　　　C. 导线　　　　　　D. 周围

1619. 要将电流表扩大量程，应（**B**）。

　　A. 串联电阻　　　　　B. 并联电阻

1620. 大容量的发电机采用相封闭母线，其目的主要是防止发生（**B**）。

　　A. 单相接地　　　　B. 相间短路　　　　C. 人身触电

1621. 纯电容元件在电路中（**B**）。

　　A. 消耗电能　　　　B. 不消耗电能　　　C. 储存电能

1622. 电流互感器的二次负荷阻抗增大，其准确度（**C**）。

　　A. 提高　　　　　　B. 不变　　　　　　C. 降低

1623. 电流互感器的二次负荷阻抗减小，其准确度（**A**）。

　　A. 提高　　　　　　B. 不变　　　　　　C. 降低

1624. 电压互感器二次绕组应装设熔断器，该熔断器起（**C**）作用。

　　A. 短路保护　　　　　　　　　　　B. 过载保护

　　C. 短路和过载保护

1625. 发电机—变压器单元接线的特征之一是（**B**）。

　　A. 发电机的台数大于主变压器的台数　　B. 发电机的台数等于主变压器的台数

　　C. 发电机的台数小于主变压器的台数

1626. 发电机—变压器扩大单元接线的特征之一是（**A**）。

　　A. 发电机的台数大于主变压器的台数　　B. 发电机的台数等于主变压器的台数

　　C. 发电机的台数小于主变压器的台数

1627. 发电机—双绕组变压器单元接线，发电机和变压器必须同时工作，所以在发电机与变压器之间（**B**）断路器。

　　A. 应装设　　　　　B. 不应装设　　　　C. 可以装设也可以不装设

1628. 在发电机—三绕组变压器的单元接线，为了在发电机停止工作时，主变压器高压和中压侧仍能保持联系，在发电机与变压器之间（**A**）断路器。

A. 应装设　　　　　　　　　　　B. 不应装设

C. 可以装设也可以不装设

1629. 安装在 380/220V 三相四线制系统电路中的自动空气开关应装设（**C**）脱扣器。

A. 一个　　　　　　　B. 二个　　　　　　　C. 三个

1630. 安装在 380V 三相三线制系统电路中的自动空气开关至少应装设（**B**）脱扣器。

A. 一个　　　　　　　B. 二个　　　　　　　C. 三个

1631. 所谓中速断路器是指全开断时间在（**B**）。

A. 0.1～0.15s　　　　B. 0.08～0.12s　　　　C. 0.12～0.15s

1632. 小接地短路电流系统发生单相接地时的接地电流等于正常时相对地电容电流的（**C**）。

A. $\sqrt{3}$ 倍　　　　　　B. 2 倍　　　　　　C. 3 倍

1633. 额定电压等级小于 1000V 的低压电网，为了提高供电的可靠性，可采用（**A**）。

A. 中性点不接地系统　　　　　　B. 中性点直接接地系统

C. 中性点经消弧线圈接地系统

1634. 3～6kV 中性点不接地电网的单相接地电流不大于（**D**）。

A. 5A　　　　B. 10A　　　　C. 20A　　　　D. 30A

1635. 20～60kV 中性点不接地电网的单相接地电流不大于（**B**）。

A. 5A　　　　B. 10A　　　　C. 20A　　　　D. 30A

1636. 10kV 中性点不接地电网的单相接地电流不大于（**C**）。

A. 5A　　　　B. 10A　　　　C. 20A　　　　D. 30A

1637. 限流熔断器都要填充石英砂，这是因为石英砂具有相当好的（**B**）。

A. 导电性能和导热性能　　　　　B. 绝缘性能和导热性能

C. 导热性能和热容量　　　　　　D. 导电性能和热容量

1638. 电压互感器一次绕组结构上的特点是（**A**）。

A. 匝数多、导线细　　　　　　　B. 匝数多、导线粗

C. 匝数少、导线细　　　　　　　D. 匝数少、导线粗

1639. 电压互感器二次绕组结构上的特点是（**D**）。

A. 匝数多、导线细　　　　　　　B. 匝数多、导线粗

C. 匝数少、导线细　　　　　　　D. 匝数少、导线粗

1640. 电流互感器一次绕组结构上的特点是（**D**）。

A. 匝数多、导线细　　　　　　　B. 匝数多、导线粗

C. 匝数少、导线细　　　　　　　D. 匝数少、导线粗

1641. 电流互感器二次绕组结构上的特点是（**A**）。

A. 匝数多、导线细　　　　　　　B. 匝数多、导线粗

C. 匝数少、导线细　　　　　　　D. 匝数少、导线粗

1642. 铅酸蓄电池的标准放电电流是（**C**）。

A. 5h 放电电流　　　　　　　　　　B. 8h 放电电流

C. 10h 放电电流　　　　　　　　　　D. 12h 放电电流

1643. 对于采用不对应接线的断路器控制回路，控制手柄在"预备合闸"及"合闸后"位置均处于竖直状态，在这种状态时，如接线正确，则（**C**）。

A. "预备合闸"时红灯闪光，"合闸后"自动跳闸时绿灯闪光

B. "预备合闸"时绿灯闪光，"合闸后"自动跳闸时红灯闪光

C. "预备合闸"时绿灯闪光，"合闸后"自动跳闸时绿灯闪光

1644. 当电力系统发生 A 相金属性接地短路时，故障点的零序电压（**B**）。

A. 与 A 相电压同相位　　　　　　　B. 与 A 相电压相位相差 180°

C. 超前于 A 相电压 90°

1645. 在大接地短路电流系统中，线路发生接地故障时，母线处的零序电压（**B**）。

A. 距故障点越远就越高　　　　　　B. 距故障点越近就越高

C. 与距离无关

1646. 电力系统出现两相短路时，短路点距母线的远近与母线上负序电压值的关系（**B**）。

A. 距故障点越远负序电压就越高　　B. 距故障点越远负序电压就越高

C. 与故障点的位置无关

1647. 额定电压为 10kV 的断路器用于 6kV 电压上，其断流容量（**C**）。

A. 不变　　　　　　B. 增大　　　　　　C. 减小

1648. 在接地体径向地面上，水平距离为（**A**）的两点间的电压，称为跨步电压。

A. 0.8m　　　　　　B. 0.6m　　　　　　C. 1.0m

1649. 一般将距接地设备水平距离为 0.8m 及沿该设备金属外壳（或构架）垂直于地面的距离为（**B**）处的两点间的电位差称为接触电压。

A. 1.6m　　　　　　B. 1.8m　　　　　　C. 2.0m

1650. 在高压电力系统中，将接地短路电流大于（**C**）的称为大接地短路电流系统。

A. 1000A　　　　　　B. 800A　　　　　　C. 500A

1651. 在高压电力系统中，将接地电流小于（**A**）的称为小接地短路电流系统。

A. 500A　　　　　　B. 800A　　　　　　C. 1000A

1652. 对于电气设备而言，所谓接地电阻是指（**C**）。

A. 设备与接地装置之间的连线电阻

B. 接地装置与土壤之间的电阻

C. 设备与接地体之间的连线电阻，接地体本身的电阻和接地体与土壤间电阻的总和

1653. 单芯电力电缆的金属外皮（**A**）接地。

A. 允许一点　　　　　　B. 允许多点　　　　　　C. 不能

1654. 三芯电力电缆的金属外皮（**B**）接地。

A. 允许一点　　　　　　B. 允许多点　　　　　　C. 不能

1655. 三双绕组降压变压器高压绕组的额定容量应 **（D）**。

A. 为中压和低压绕组额定容量之和　　　　B. 与中压绕组容量相等

C. 与低压绕组容量相等　　　　　　　　　D. 与变压器的额定容量相等

1656. 少油断路器中的绝缘油主要作用是 **（C）**。

A. 绝缘　　　　　　B. 散热　　　　　　C. 熄灭电弧

1657. 断路器的技术数据中，电流绝对值最大的是 **（C）**。

A. 额定电流　　　　　　　　　　　　B. 额定开断电流

C. 额定动稳定电流

1658. 装设旁路母线及旁路断路器可以在不中断供电的情况下检修 **（B）**。

A. 主母线　　　　B. 断路器　　　　C. 隔离开关　　　　D. 线路

1659. 隔离开关最主要的作用是 **（C）**。

A. 进行倒闸操作　　　　　　　　　　B. 切断电气设备

C. 使检修设备和带电设备隔离

1660. 瓷绝缘子表面做成波纹形状，主要作用是 **（A）**。

A. 增加电弧爬距　　　　　　　　　　B. 提高耐压强度

C. 防止尘埃落在瓷绝缘子上

1661. 电弧过零后，弧隙介质绝缘强度的恢复速度，主要与 **（A）** 有关。

A. 弧隙的冷却条件　　　　　　　　　　B. 弧隙介质的性质

C. 电弧电流的大小

1662. 单相间歇性弧光接地引起过电压只发生在 **（C）** 中。

A. 中性点直接接地的电力网　　　　　B. 中性点经消弧线圈接地的电力网

C. 中性点绝缘的电力网

1663. 单相同容量的电烘箱和电动机，两者的低压熔丝选择原则是 **（B）**。

A. 相同　　　　　　　　　　　　　　B. 电动机的应大于电烘箱的

C. 电动机的应小于电烘箱的

1664. 熔断器内填充石英砂是为了 **（A）**。

A. 吸收电弧能量　　　　　　　　　　B. 提高绝缘强度

C. 密封防潮

1665. 有电动跳、合闸装置的自动空气开关 **（B）**。

A. 不允许使用在冲击短路电流大的电路中

B. 不允许作为频繁操作的控制电器

C. 可以作为频繁操作的控制电器

1666. 10kV 的高压设备，用在 6kV 系统中 **（C）**。

A. 全部可以使用　　　　　　　　　　B. 全部不能使用

C. 个别的不能使用

1667. 少油断路器所规定的故障检修，应在经过切断故障短路电流 **（C）**。

A. 一次后进行　　　　　　　　　　　B. 二次后进行

C. 三次后进行

1668. 在低压三相四线制系统供电系统中，电气设备外壳接零，主要目的是（B）。

A. 防止零线断线造成人身触电　　　　　　B. 促使漏电的设备尽快与电源断开

C. 使带电外壳与零点等电位

1669. 避雷针的接地装置是（B）。

A. 保护接地　　　　　　B. 工作接地　　　　　　C. 重复接地

1670. 配电变压器一次侧熔断器熔丝是作为变压器本身的（B）。

A. 过负荷保护　　　　　　　　　　　　B. 主保护和二次侧出线短路的后备保护

C. 二次短路保护

1671. 在载流量不变，损耗不增加到前提下，用铝芯电缆替换铜芯电缆，铝芯截面积应为铜芯截面积的（C）。

A. 1. 25 倍　　　　　　B. 1. 55 倍　　　　　　C. 1. 65 倍

1672. 断路器的额定开断电流值是指（B）。

A. 最大短路电流周期分量峰值　　　　　　B. 最大短路电流周期分量有效值

C. 最大短路电流非周期分量峰值

1673. RN1-10 型熔断器的额定开断容量为 200MVA（三相），RN2-10 型的额定开断电流为 15kA，前者的开断能力比（与）后者（C）。

A. 大　　　　　　B. 相同　　　　　　C. 小

1674. 变压器的短路电压百分值与短路阻抗百分值（A）。

A. 相等　　　　　　　　　　　　B. 前者大于后者

C. 后者大于前者

1675. 在 110kV 及以上系统中，采用圆形母线主要是为了（B）。

A. 减少涡流损耗　　　　　　　　B. 提高电晕起始电压

C. 加强机械强度

1676. 在 110kV 及以上电压等级的电网，采用直接接地运行方式是因为（A）。

A. 造价低　　　　　　　　　　　B. 电网维护工作量小

C. 供电可靠性高

1677. 一级负荷为重要用户，其供电应为双路电源，该电源最好应该是（C）。

A. 同一变电站的同一段母线引出的两个回路供电

B. 同一变电站的两段母线分别引出的两个回路供电

C. 分别由两个变电站供电

1678. 跌落式熔断器安装完毕后，其倾角为（A）。

A. 15°～30°　　　　　　B. 20°～35°　　　　　　C. 10°～25°

1679. 经消弧线圈接地系统发生单相接地故障后，流经故障点的电流为（C）。

A. 容性电流　　　　　　B. 感性电流　　　　　　C. 容性、感性电流的相量和

1680. 当电气设备发生不正常运行情况时应启动（C）。

A. 位置信号　　　　　　B. 事故信号　　　　　　C. 预告信号

1681. 当隔离开关在接通状态时，指示器的模拟牌应在（B）。

A. 水平位置　　　　　B. 垂直位置　　　　　C. 45°位置

1682. 在电力负荷中，如供电中断将造成生产严重下降或产生次品，属于（B）。

A. 一级负荷　　　　　B. 二级负荷　　　　　C. 三级负荷

1683. 35kV 及以上的屋外配电装置的软母线常采用（C）。

A. 多股铜导线　　　　B. 多股铝绞线　　　　C. 钢芯铝绞线

1684. 接地体的连接应采用（A）。

A. 搭接焊　　　　　　B. 螺栓连接　　　　　C. 对焊接

1685. 变压器中性点装设消弧线圈的目的是（C）。

A. 提高电网电压水平　　　　　　　　B. 限制变压器的故障电流

C. 补偿网络接地时的电容电流

1686. 断路器的红色指示灯串联一个电阻的目的是（C）。

A. 限制通过跳闸线圈的电流　　　　　B. 补偿灯泡的额定电压

C. 防止因灯座短路造成断路器误跳闸

1687. 断路器的开断能力应根据（C）选择。

A. 变压器的容量　　　　　　　　　　B. 运行中的最大负荷

C. 安装处出现的最大短路电流

1688. 断路器跳闸回路的辅助触点应在（B）接通。

A. 合闸过程中，当合闸回路辅助触点断开后

B. 合闸过程中，动、静触头接触前

C. 合闸终结后

1689. 断路器液压机构中压力表指示的是（A）压力。

A. 液体　　　　　　　B. 氮气　　　　　　　C. 空气

1690. 断路器降压运行时，其开断能力会（C）。

A. 相应增加　　　　　B. 不变　　　　　　　C. 相应降低

1691. 变电站的汇流主母线上安装避雷器是为了防止（B）过电压。

A. 直击雷　　　　　　B. 侵入波　　　　　　C. 反击

1692. 触摸运行中的变压器外壳时，如果有麻电感觉，则可能是（C）。

A. 线路接地　　　　　B. 过负荷　　　　　　C. 外壳接地不良

1693. 发生两相短路时，短路电流中含有（A）分量。

A. 正序和负序　　　　　　　　　　　B. 正序和零序

C. 负序和零序

1694. 中性点不接地电流系统发生单相接地故障，接地电流为（B）。

A. 电阻性　　　　　　B. 电容性　　　　　　C. 电感性

1695. 小接地电流系统采用过补偿方式，当发生单相接地故障时，接地点通过的电流是（C）。

A. 电阻性　　　　　　B. 电容性　　　　　　C. 电感性

1696. 小接地电流系统采用欠补偿方式，当发生单相接地故障时，接地点通过的电流是（B）。

A. 电阻性　　　　　　　B. 电容性　　　　　　　C. 电感性

1697. 由浮充整流设备对蓄电池进行浮充电时，浮充电设备同时承担（A）。

A. 经常负荷　　　　　　B. 冲击负荷　　　　　　C. 事故负荷

1698. 为了防止零线断裂而造成电气设备的金属外壳带电，应采用（C）。

A. 保护接地　　　　　　B. 保护接零　　　　　　C. 重复接地

1699. 运行中的铅酸蓄电池单个电池的电压小于2.1V时为（C）状态。

A. 充电　　　　　　　　B. 浮充电　　　　　　　C. 放电

1700. 当中性点不接地系统的接地电流小于（D）时，仅产生瞬时性的弧光接地。

A. 30A　　　　　　B. 20A　　　　　　C. 10A　　　　　　D. 5A

1701. 当中性点不接地系统的接地电流约为（C）时，会产生间歇性弧光接地过电压。

A. 30A　　　　　　B. 20A　　　　　　C. 10A　　　　　　D. 5A

1702. 10kV中性点不接地系统的接地电流大于（B）时，将产生稳定性的弧光接地。

A. 30A　　　　　　B. 20A　　　　　　C. 10A　　　　　　D. 5A

1703. 3～6kV中性点不接地系统的接地电流大于（A）时，将产生稳定性的弧光接地过电压。

A. 30A　　　　　　B. 20A　　　　　　C. 10A　　　　　　D. 5A

1704. 当大接地短路电流系统发生单相接地时，产生的零序电流的大小与（B）无直接关系。

A. 变压器中性点接地的数目及分布

B. 电网中电源数目及分布

1705. 在大接地短路电流系统中发生两相接地短路时，零序电流等于通过接地点电流的（C）。

A. 2倍　　　　　　　B. 1.5倍　　　　　　C. 1/3

1706. 在大接地短路电流系统中，发生两相接地短路时，零序电流与通过接地点电流在相位上是（A）。

A. 同相位　　　　　　B. 相差90°　　　　　　C. 相差180°

1707. 电力线路发生接地短路时，在接地点周围将会产生（B）。

A. 接地电压　　　　　　B. 跨步电压　　　　　　C. 短路电压

1708. 载流导体的发热与（C）无关。

A. 电流的大小　　　　　　　　　　B. 作用时间的长短

C. 电压的高低

1709. 停电拉闸操作必须按照（A）的顺序进行。

A. 断路器→线路侧隔离开关→母线侧隔离开关

B. 母线侧隔离开关→线路侧隔离开关→断路器

C. 断路器→母线侧隔离开关→线路侧隔离开关

1710. 送电合闸操作必须按照（B）的顺序依次进行。

A. 断路器→线路侧隔离开关→母线侧隔离开关

B. 母线侧隔离开关→线路侧隔离开关→断路器

C. 断路器→母线侧隔离开关→线路侧隔离开关

1711. 避雷器的残压和雷电流的（C）有关。

A. 陡度   B. 波形   C. 幅值

1712. SF_6 气体比空气的耐压强度（A）。

A. 高   B. 低   C. 相等

1713. 中断供电将造成人身伤亡者，其负荷类别为（A）。

A. 一级负荷   B. 二级负荷   C. 三级负荷

1714. 变压器储油池内一般要铺设厚度不小于（B）的卵石作为阻火层。

A. 10mm   B. 250mm   C. 50mm

1715. 变压器储油池内铺设的卵石的直径为（A）。

A. 30～50mm   B. 50～60mm   C. 70～80mm

1716. 变电站主母线上装设阀型避雷器是为了防止（C）过电压。

A. 直击雷   B. 感应雷   C. 侵入波   D. 母线谐振

1717. 电压互感器的电压比（A）匝数比。

A. 大于   B. 等于   C. 小于   D. 约等于

1718. 电流互感器的电流比（A）匝数比。

A. 大于   B. 等于   C. 小于   D. 约等于

1719. SF_6 断路器按规定使用，一般（B）年不用检修。

A. 20～30   B. 15～20   C. 10～15   D. 5～10

1720. 断路器的固有分闸时间是由发布分闸命令起到灭弧触头（B）的一段时间。

A. 一相的分离终了   B. 首先一相刚分离

C. 三相分离终了

1721. 装设旁路母线及旁路断路器，可以在不中断供电的情况下检修（C）。

A. 母线侧隔离开关   B. 分段断路器

C. 出线断路器   D. 旁路断路器

1722. 我国避雷器的额定电压是指（D）。

A. 灭弧电压   B. 残压

C. 工频放电电压   D. 安装地点系统的额定电压等级

1723. 变电站装设避雷针的作用是（B）。

A. 防止发生反击   B. 防止直击雷

C. 防止感应雷   D. 防止雷电发生

1724. 在进行手动准同期并列操作时，合断路器前应先将手动同期开关 STK 置于（C）位置。

A. 断开   B. 粗调   C. 细调   D. 粗调或细调

1725. 绝缘子表面做成波纹形状的主要作用是（A）。

A. 增加电弧爬距   B. 提高防污闪能力

C. 防止尘埃在表面积累   D. 阻断雨水

1726. 变压器油在电弧作用下产生的气体大部分是（B）。

A. 烃类   B. 氢气和乙炔

C. 一氧化碳和二氧化碳

1727. 电压互感器开口三角形绕组侧反映的是（C）电压。

A. 正序   B. 负序   C. 零序   D. 三相

1728. 互感器误差的最主要原因是受（B）影响。

A. 二次负荷   B. 励磁电流   C. 制造工艺

1729. 二次回路展开图中各连线进行编号的原则是（D）。

A. 区别不同回路   B. 安装方便的原则

C. 相对编号的原则   D. 等电位原则

1730. 作为计费用的互感器的准确度级次应为（C）级。

A. 0.1   B. 0.2   C. 0.5

1731. 在中性点不接地系统发生单相接地故障时，非故障相电压（B）超过线电压。

A. 不会   B. 可能会

1732. 中性点经消弧线圈接地系统当发生单相接地故障时，流过接地点电流为（C）。

A. 电容电流   B. 电感电流

C. 电容电流和电感电流的合成电流

1733. 电力生产过程是由下列五个环节组成（C）。

A. 安装，发电，变电，配电，用电   B. 安装，发电，变电，送电，配电

C. 发电，变电，送电，配电，用电

1734. 线路首端电压一般比电力网额定电压等级高（A）。

A. 5%   B. 10%   C. 15%

1735. 无避雷线架空线路的正序电抗与有避雷线架空线路的正序电抗相比是（C）。

A. 较大   B. 较小   C. 相等

1736. 如果蓄电池的极板上活性物质脱落，并卡在极板间，将会造成（A）。

A. 极板短路   B. 极板弯曲   C. 极板硫化

1737. 如果蓄电池电解液液面低落，以致极板外露，将会造成（B）。

A. 极板短路   B. 极板弯曲   C. 极板硫化

1738. 如果蓄电池经常性充电不足，将会造成（C）。

A. 极板短路   B. 极板弯曲   C. 极板硫化

1739. 铅酸蓄电池充电时，电解液中的硫酸浓度（C）。

A. 增加   B. 减少   C. 无反应

1740. 铅酸蓄电池放电时，蓄电池的内阻（A）。

A. 增加   B. 减少   C. 无变化

1741. 铅酸蓄电池充电时，蓄电池的内阻（B）。

A. 增加　　　　　　　　B. 减少　　　　　　　　C. 无变化

1742. 在铅酸蓄电池中，负极板数比正极板数（A）。

A. 多一片　　　　　　　B. 同样多　　　　　　　C. 少一片

1743. 铅酸蓄电池的电动势与电解液的浓度有一定关系，其关系是（B）。

A. 浓度大，电动势小　　　　　　　　B. 浓度大，电动势也大

C. 浓度小，电动势大

1744. 断路器合闸过程中，跳闸回路的辅助触点与主触头的通断顺序以满足（A）关系为好。

A. 先接通、后断开　　　　　　　　B. 同时接通和断开

C. 后接通、先断开

1745. 正序分量系统属于（A）。

A. 对称系统和平衡系统　　　　　　　　B. 不对称系统和不平衡系统

C. 对称系统和不平衡系统

1746. 负序分量系统属于（A）。

A. 对称系统和平衡系统　　　　　　　　B. 不对称系统和不平衡系统

C. 对称系统和不平衡系统

1747. 零序分量系统属于（C）。

A. 对称系统和平衡系统　　　　　　　　B. 不对称系统和不平衡系统

C. 对称系统和不平衡系统

1748. 电流互感器的误差与二次回路的阻抗有关，并伴随着阻抗值的变化而变化，其特性是（A）。

A. 阻抗值增大，误差增大　　　　　　　　B. 阻抗值增大，误差减小

C. 阻抗值减小，误差增大

1749. 电压互感器的误差与二次回路的阻抗有关，并伴随着阻抗值的变化而变化，其特性是（B）。

A. 阻抗值增大，误差增大　　　　　　　　B. 阻抗值增大，误差减小

C. 阻抗值减小，误差减小

1750. 高压断路器的额定电压是指（C）。

A. 断路器的正常工作电压　　　　　　　　B. 断路器的正常工作相电压

C. 断路器正常工作线电压有效值

1751. 高压断路器的额定电流是指（B）。

A. 断路器的长期运行电流　　　　　　　　B. 断路器的允许长期运行电流有效值

C. 断路器运行中的峰值电流

1752. 高压断路器的极限通过电流是指（A）。

A. 断路器在合闸状态下能承受的峰值电流

B. 断路器正常通过的最大电流

C. 断路器通过的最大短路电流有效值

1753. 断路器切断载流电路是指（**C**）。

A. 触头分开   B. 电路全部断开

C. 触头间电弧完全熄灭

1754. 电弧形成后，使电弧得以维持和发展的主要条件是（**C**）。

A. 电弧电压   B. 电弧电流

C. 介质的热游离

第三部分 判断题

1. 双绕组变压器的分接开关装设在高压侧。(√)

2. 中间继电器的主要作用是用以增加触点的数量和容量。(√)

3. 发电机转子集电环是将励磁电流导入转子绕组所需的电器元件。(√)

4. 电容器具有隔断直流电，通过交流电的性能。(√)

5. 气体（瓦斯）保护既能反映变压器油箱内部的各种类型的故障，也能反映油箱外部的一些故障。(×)

6. 当氢压变化时，发电机的允许功率由绕组最热点的温度决定。(√)

7. 在发电机非全相运行时，可以断开灭磁开关。(×)

8. 当线路出现不对称断相时，因为没有发生接地故障，所以线路没零序电流。(×)

9. 当电压互感器退出运行时，相差高频保护将阻抗元件触点断开后，保护仍可运行。(√)

10. 场强越大的地方，电动势也越大。(×)

11. 把交流 10mA 及直流 50mA 确定为人体的安全电流值。(√)

12. 同频正弦量的相位差就是它们的初相之差。(√)

13. 变压器如因为大量漏油而使油位迅速下降时，应将气体继电器改为只动作于信号，而且必需迅速采取停止漏油的措施，立即加油。(×)

14. 有载调压变压器的分接头调整时，无需将设备停电。(√)

15. 当冷氢温度低于额定值时，发电机功率不得高于额定值。(×)

16. 两根各自通过反向电流的平行导线之间是相互吸引的。(×)

17. 实现发电机并列的方法有准同期并列和非同期并列两种。(×)

18. 通过某一垂直面积的磁力线也叫做磁链。(×)

19. 发电机纵差动保护可以反应定子绕组匝间短路。(×)

20. 所有发变组跳闸保护动作时，都向汽机发跳闸信号。(√)

21. 变压器的高压侧就是一次侧。(×)

22. 只要相序一致就可以进行合环操作。(×)

23. 固定连接的母差保护在运行中不能任意改变运行方式。(√)

24. 电能表的铝盘旋转的速度，与通入该表的电流线圈中的电流大小成反比。(×)

25. 距离保护的第Ⅲ段不受振荡闭锁控制，主要是靠第Ⅲ段的延时来躲过振荡。(√)

26. 方向阻抗继电器中，电抗变压器的转移阻抗角决定着继电器的最大灵敏角。(√)

27. 对于传送大功率的输电线路保护，一般宜于强调可信赖性；而对于其他线路保护，则往往宜于强调安全性。(×)

28. 功率因数低，在输电线路上引起较大的电压降和功率损耗。(√)

167

29. 运行中的发电机集电环温度不允许超过 100℃。（×）

30. 高压设备发生接地时，室外不得接近故障点 4m 以内。（×）

31. 由于绕组自身电流变化而产生感应电动势的现象叫互感现象。（×）

32. 变压器的额定容量是指变压器输出的视在功率。（√）

33. 合上是指把断路器或隔离开关放在接通位置（包括高压熔断器）。（√）

34. 对电流互感器的一、二次侧引出端一般采用减极性标注。（√）

35. 直流系统发生一点接地后可能引起保护装置拒动或误动。（√）

36. 电压互感器二次绕组不允许开路。（×）

37. 电流互感器二次绕组不允许短路。（×）

38. 控制熔断器的额定电流应为最大负荷电流的 2 倍。（×）

39. 发电机失磁是指发电机在运行中失去励磁电流而使转子磁场消失。（√）

40. 设备的额定电压是指正常工作电压。（√）

41. 火力发电厂的能量转换过程是：燃料的化学能──→热能──→机械能──→电能。（√）

42. 发电机失磁时，定子电流指示值升高。（√）

43. 基尔霍夫定律适用于任何电路。（×）

44. 当三相电动势的相序为 A－B－C 时称为正序。（√）

45. 发电机振荡时，定子电流表的指示降低。（×）

46. 电流互感器在二次回路上工作时，禁止采用熔丝或导线缠绕方式短接二次回路。（√）

47. 为了防止主变压器绝缘过热损坏，主变压器冷却器全停时保护应立即将变压器切除。（×）

48. 在 SF_6 断路器中，密度继电器指示的是 SF_6 气体的压力值。（√）

49. 电力系统是由发电厂、变压器和用户组成的统一体。（×）

50. 汽轮机联跳发电机，只能通过发电机逆功率保护动作。（√）

51. 同步电动机的转速不随负载的变化而变化。（√）

52. 测量定子线圈的绝缘电阻时，不包括引出母线或电缆在内。（×）

53. 装设接地线的顺序是先装接地端，后装导线端。（√）

54. 铁磁电动系仪表的特点是：在较小的功率下可以获得较大的转矩，受外磁场的影响小。（√）

55. 过电压根据产生的原因可分为：内部过电压和外部电压。（√）

56. 直流互感器是根据抑制偶次谐波的饱和电抗器原理工作的。（√）

57. 当一个导线（线圈）与磁场发生相对运动时，导线（线圈）中产生感应电动势。（√）

58. 变压器的零序保护是线路的后备保护。（√）

59. 强迫油循环风冷冷却装置由两路电源供电，两路电源可互为备用。（√）

60. 电流互感器在运行中二次侧不能开路，电压互感器在运行中二次侧不能短路。（√）

61. 低压设备所取用的电压是安全电压。（×）

62. 绝缘子的电气性故障主要有闪络和击穿。（√）

63. 发电机在运行中若发生转子两点接地，由于转子绕组一部分被短路，转子磁场发生畸变，使磁通不平衡，机体将发生强烈振动。（√）

64. 在小电流、低电压的电路中，隔离开关具有一定的自然灭弧能力。（√）

65. 直流回路中串入一个电感线圈，回路中的灯就会变暗。（×）

66. 一般都在三绕组变压器的低压侧装设分接开关。（×）

67. 发电机的调相运行是指发电机不发有功，主要向电网输送感性无功。（×）

68. 采用计算机监控系统时，远方、就地操作均应具有电气闭锁功能。（√）

69. 断路器位置指示灯串联电阻是为了防止灯泡过电压。（×）

70. 在并联电路中，由于流过各电阻的电流不一样，因此，每个电阻的电压降也不一样。（×）

71. 电场强度是衡量电场强弱的一个物理量。（√）

72. 把电容器与负载或用电设备并联叫并联补偿。（√）

73. 几个阻值不同的串联电阻，通过电流相同，且承受同一个电压。（×）

74. 距离保护失压时易误动。（√）

75. 断路器切断载流电路是指触头分开。（×）

76. 同频率正弦量相加的结果仍是一个同频率的正弦量。（√）

77. 周期性非正弦量的有效值等于它的各次谐波的有效值平方和的算术平方根。（√）

78. 同步发电机的功率因数越接近1时，其稳定性越高。（×）

79. 电压速断保护必须加装电流闭锁元件才能使用。（√）

80. 低频减载装置的动作没有时限。（×）

81. 主变压器风扇全停启动失灵保护。（×）

82. 电材料的电阻，不仅和材料、尺寸有关，而且还会受外界环境的影响，金属导体的电阻值，随温度升高而增大，非金属导体电阻值，却随温度的上升而减少。（√）

83. 生产厂用电率是指发电厂各设备自耗电量占全部发电量的百分比。（√）

84. 变压器的油位是随所带负荷变化而变化的。（√）

85. 用伏安法可间接测电阻。（√）

86. 变压器铁芯中的主磁通随负载的变化而变化。（×）

87. 基尔霍夫第二定律的根据是，电位的单值性原理。（√）

88. 发电机转子回路两点接地保护投入后，应将横差保护退出运行。（×）

89. 如果两台变比不相等的变压器并联运行，将会在它们的绕组中引起循环电流。（√）

90. 三相不对称负载一定连接三相四线制，否则不能正常工作。（√）

91. 互感系数的大小决定于通入线圈的电流大小。（×）

92. 电容器的过电流保护应按躲过电容器组的最大电容负荷电流整定。（×）

93. 正序电压越靠近故障点数值越小，负序电压和零序电压越靠近故障点数值越大。（√）

94. 发电机定子一点接地时定子三相电流不平衡。（×）

95. 熔断器可分为限流和不限流两大类。（√）

96. 电动机启动装置的外壳可以不接地。（×）

97. 正弦交流电压任一瞬间所具有的数值叫瞬时值。（√）

98. 对操作电源的要求主要是供电的可靠性，尽可能不受供电系统运行的影响。（√）

99. 水内冷发电机内冷却水的导电率过大会引起较大的泄漏电流，使绝缘引水管加速老化。（√）

100. 在电流的周围空间存在一种特殊的物质成为电流磁场。（×）

101. 电容器储存的电量与电压的平方成正比。（×）

102. 金属氧化锌避雷器与阀式避雷器相比，具有动作迅速、通流容量大、残压低、无续流、对大气过电压和操作过电压都起保护作用。（√）

103. 发电机励磁调节器两组 TV 均断线时，发电机将跳闸。（×）

104. 一个支路的电流除该支路的电压等于电阻。（√）

105. 笼形电动机转子断条，有启动时冒火花、静子电流时大时小、振动现象。（√）

106. 开关的熄弧时间取决于开关的分闸速度及熄弧距离。（√）

107. 发电机各有效部分的允许温度受到绝缘材料冷却方式的限制。（×）

108. 主变压器保护出口信号继电器线圈通过的电流就是各种故障时的动作电流。（×）

109. 发电机失磁后，由于励磁绕组电感较大，励磁电流用其产生的磁通按线性规律衰减到零。（×）

110. 直流发电机的功率等于电压与电流之和。（×）

111. 运行中的发电机灭磁开关突然断开，会导致发电机过电压。（×）

112. 电气误操作是指误分、合断路器；误入带电间隔；带负荷拉、合隔离开关；带电装设接地线或合接地开关；带接地线或接地开关合隔离开关或断路器。（√）

113. 异步电动机的转速，总要等于定子旋转磁场的转速。（×）

114. 电动机投运前要求检查地角螺栓完好无松动，靠背轮螺丝齐全，安全罩完整牢固。（√）

115. 电气设备短路时，电流的热效应有可能使设备烧毁及损坏绝缘。（√）

116. 变压器正常过负荷的必要条件是，不损害变压器的正常使用期限。（√）

117. 发电机振荡时，转子电流表将在全刻度内摆动。（×）

118. 电压互感器二次回路通电试验时，为防止由二次侧向一次侧反充电，只需将二次回路断开。（×）

119. 当直流回路有一点接地的状况下，允许长期运行。（×）

120. 为便于识别母线的相别，所以将母线涂上任意颜色。（×）

121. 雷电流是指直接雷击时，通过被击物体而泄入大地的电流。（√）

122. 氢系统氧气含量小于 1.2%。（√）

123. 串联电容器等效电容的倒数，等于各电容倒数的总和。（√）

124. 电路中由于电压、电流突变引起铁磁谐振时，电压互感器的高压侧熔断器不应熔断。（×）

125. GIS 设备的接地材料是采用铜质材料。（√）

126. 长期停用或受潮的电动机在启动前必须对电动机进行测绝缘，合格后方可启动。（√）

127. 电气主接线的基本形式可分为有母线和无母线两大类。（√）

128. 500kV 输电系统，一般不投断路器保护的重合闸，而用线路保护的重合闸。（×）

129. 电力系统发生振荡时，各处的频率不等。（√）

130. 接地线应使用多股软裸铜线，其截面应符合负荷电流的要求。（×）

131. 无论任何情况都必须保持发电机定子冷却水压力低于发电机氢气压力。（√）

132. 衡量电能质量的三个参数是：电压、频率、波形。（√）

133. 备用电源无电压时，备用电源自投装置不动作。（√）

134. 绝缘靴也可作耐酸、碱、耐油靴使用。（×）

135. 在电场或电路中，某一点的电位就是该点和零电位的电位差。（√）

136. 感应电动机启动时电流大，启动力矩也大。（×）

137. 220kV 及以上主变压器、电抗器、组合电器（GIS）、断路器损坏，45 天内不能修复或修复后不能达到原铭牌功率，构成重大设备事故。（×）

138. 不需将生产设备、系统停止运行或退出备用应使用热力机械第二种工作票。（√）

139. 同步发电机振荡时，定子电流表的指示降低。（×）

140. 电缆着火后，容易引起电网系统振荡及系统瓦解等重大恶性事故的电缆，必须实施耐火防护和选用耐火、阻燃电缆。（√）

141. 并联电路中的总电阻等于电阻值的倒数之和。（×）

142. 异步电动机同直流电动机和交流同步电动机相比较，具有结构简单、价格便宜、工作可靠、使用方便等一系列优点，因此被广泛使用。（√）

143. 停用电压互感器时，不需考虑该电压互感器所带继电保护及自动装置。（×）

144. 变压器取气时，必须两人同时进行。（√）

145. 发电机三相不对称运行，将使转子产生振荡和表面发热。（√）

146. 能量集中、温度高和亮强度是电弧的主要特征。（√）

147. 封闭母线内含氢量超过 1% 时，应立即停机找漏。（√）

148. 发电机组接空载长线路易发生自励磁。（√）

149. 改变三相交流电动机旋转方向，只要任意对调其两根电源线即可。（√）

150. 电气设备的金属外壳接地属于工作接地。（×）

151. 线路断路器，由于人员误操作或误碰而跳闸，应立即强送并向值班调度员汇报。（×）

152. 发现断路器液压机构压力异常时，不允许随意充放氮气，必须判断准确后方可处理。（√）

153. 厂用电系统中的第二类负荷由两个独立的电源供电，当一个电源失电时，另一个电源迅速手动进行切换，使其恢复供电。（√）

154. 二极管两端的电压与电流的关系称为二极管的伏安特性。（√）

155. 短路阻抗不相同的两台变压器并列运行会造成负荷分配不合理。（√）

156. 为防止发电机在准同期并列时可能失去同步，因此并列时，频率差不应过大，要求不超过 0.5％～10％额定频率。（×）

157. 深槽式电动机是利用交流电的集肤效应作用来增加转子绕组启动时的电阻以改善启动特性的。（√）

158. 用绝缘电阻表测绝缘时，E 端接导线，L 端接地。（×）

159. 发电机是将电能变为机械能的设备。（×）

160. 在几个电气连接部分上依次进行不停电的同一类型的工作，可以发给一张第二种工作票。（√）

161. 差流检定重合闸优点特别多。（√）

162. 绝缘子的击穿电压应低于闪络电压。（×）

163. 交流电压在每一瞬间的数值，叫交流电的有效值。（×）

164. 继电保护装置切除故障的时间，等于继电保护装置的动作时间。（×）

165. 发电机定子绕组发生接地故障时，故障点的零序电压值与故障点距中性点的距离成反比。（×）

166. 同步发电机变为电动机运行时，既可以是送出无功也可以是吸收无功。（√）

167. 断路器操作把手在预备跳闸位置时红灯闪光。（√）

168. 零序保护无时限。（×）

169. 互感器用于测量和保护回路时，用于保护的互感器准确度等级比用于测量的互感器准确等级高一些。（×）

170. 衡量火电厂经济运行的三大指标是：发电量、煤耗和厂用电率。（√）

171. 线路停送电时应相互联系约定好停送电时间。（×）

172. 高压开关铭牌上标明的额定电流，即为长期允许通过的工作电流。（√）

173. 雷电时，禁止进行室外倒闸操作。（√）

174. 直流电机电枢反应使主磁场去磁。（√）

175. 单相变压器的变比是变压器在空载时一次相电动势与二次相电动势之比。（√）

176. 异常处理可不用操作票。（×）

177. 沿电压的方向上电位是逐渐减小的。（×）

178. 投入保护连接片，投入时应先加保护投入连接片再投跳闸出口连接片。（√）

179. 焦耳定律反映了电磁感应的普遍规律。（×）

180. 装有非同期合闸闭锁的开关合闸回路，在做开关合闸试验时，应将闭锁解除。（×）

181. 严禁操作项目和检查项目一并打"√"。（√）

182. 油断路器跳闸后应检查喷油情况、油色、油位变化。（√）

183. 发电机炭刷环火是一种危险的现象，在短时间内就可能把发电机损坏。（√）

184. 发电机定子绕组的直流耐压及泄漏试验一般两年进行一次。（×）

185. 三相负载的连接方式常采用 Y 接线或△接线。（√）

186. 发电机冷却方式效果最好的是水内冷。(√)

187. 发电机强励时，不得干涉其强励动作。(√)

188. 发电机的体积是随发电机容量的增加而成比例的增加。(×)

189. 对接触器的触头要求是耐磨、抗熔、耐腐蚀且接触电阻小，所以必须采用纯铜制成。(×)

190. 电气设备停电后，在没有断开电源开关和采取安全措施以前，不得触及设备或进入设备的遮栏内，以免发生人身触电事故。(√)

191. "电压回路断线"光字牌出现时，值班员应停用复合电压闭锁过电流保护，断开连接片，查找原因，如不能及时处理则应通知继保人员处理。(√)

192. 距离保护是反映故障点到保护安装处的电气距离并根据此距离的大小确定动作时限的保护装置。(√)

193. DEH调节系统的转速控制回路和负荷控制回路能根据电网要求参与一次调频，而不能参与二次调频。(×)

194. 在发电厂中，3～10kV的厂用电系统，大都采用成套配电装置柜，目的是减少厂用母线相间短路故障的发生，以提高可靠性。(√)

195. 交流电气设备铭牌所标的电压和电流值，都是最大值。(×)

196. 氢气不助燃，发电机内氢气含氧量小于2%，可能引起发电机发生着火、爆炸的危险。(×)

197. 倒闸操作时，遇到闭锁装置出现问题，可以不经请示，直接解锁操作。(×)

198. 谐振过电压常使电压互感器喷油冒烟、高压熔丝熔断等异常现象和引起接地指示的误动作。(√)

199. 断路器能接通或断开负荷或短路电流。(√)

200. 电流保护接线方式有两种。(×)

201. 电流互感器的二次开路不会对设备产生不良影响。(×)

202. 小电流接地系统发生单相金属性接地时，故障相电压为0，非故障相电压上升为线电压。(√)

203. 发电机励磁系统的作用是调节有功和无功。(×)

204. 变压器并列运行的条件：①接线组别相同；②一、二次侧的额定电压分别相等（变比相等）；③阻抗电压相等。(√)

205. 发电机主开关红灯不亮很可能会引起所有的发变组保护动作后不能跳开此开关。(√)

206. 运算放大器有两种输入端，即同相输入端和反相输入端。(√)

207. 中性点经消弧线圈接地系统发生单相接地时，可以长期运行。(×)

208. 6kV快切装置的事故切换采用的是并联切换方式。(×)

209. 电流互感器二次回路采用多点接地，易造成保护拒绝动作。(√)

210. 线圈中电流减小时，自感电动势的方向与电流的方向相反。(×)

211. 短路电流越大，反时限过电流保护的动作时间越短。(√)

212．系统电压降低时会增加输电线路的线路损耗。（√）

213．当系统频率降低时，应增加系统中的有功功率。（√）

214．在发电机开机升压过程中，当电压达到励磁装置整定值，初励电源自动退出。（√）

215．当运行中的电动机发生燃烧时，可以使用干砂灭火。（×）

216．发电机内部的各种损耗变成热能。一部分被冷却介质带走，余下的部分则使发电机各部件的温度升高。（√）

217．电动机的温升就是电动机允许的最高工作温度。（×）

218．同步发电机的外特性是指在额定转速下，保持励磁电流，功率因数不变时，其端电压与负载电流的关系。（√）

219．电力系统进行解列操作，需先将解列断路器处的有功功率和无功功率尽量调整为零，使解列后不致因为系统功率不平衡而引起频率和电压的变化。（√）

220．380V电源停电拔熔断器时先拔中间相。（√）

221．同步发电机转子极数越多，则转子转速越低。（√）

222．为使三相异步电动机改变旋转方向，必须把电动机接至电源的三根相线中任意两根的位置对调。（√）

223．低频率运行可能引起汽轮机叶片断裂。（√）

224．变压器的励磁涌流会对变压器产生极大危害。（×）

225．零序电流保护受系统振荡和过负荷的影响。（×）

226．断路器分合闸不同期将造成线路或变压器的非全相接入或切断，从而造成危害绝缘的过电压。（√）

227．隔离开关可以拉合主变压器中性点。（√）

228．线圈中电流增加时，自感电动势的方向与电流的方向一致。（×）

229．一段电路的电流和电压方向相反时，是接受电能的。（×）

230．发电机振荡或失步时，采取增加发电机的励磁的目的是提高发电机电压。（×）

231．断路器是合入还是断开，从断路器信号指示灯的状态就可以判断出来。（×）

232．在电阻并联的电路中，总电流、总电压都分别等于各分电阻上电流、分电压之和。（×）

233．目前 SF_6 气体在电力系统中，只能应用在断路器中。（×）

234．所谓运行中的电气设备，是指全部带有电压或一部分带有电压及一经操作即带电压的电气设备。（√）

235．直流系统正常运行时，必须保证其足够的浮充电流，任何情况下，不得用充电器单独向各个直流工作母线供电。（√）

236．分闸线圈的电源电压过低，往往使高压断路器发生跳闸失灵的故障。（√）

237．电动机启动时间的长短与周波的高低有直接的关系。（×）

238．直流系统发生负极接地时，其负极对地电压降低，而正极对地电压升高。（√）

239．集肤效应对电路的影响是随着交流的电流频率和导线截面积的增加而增加的。

（√）

240. 发电厂的转动设备和电气元件着火时不准使用二氧化碳灭火器。（×）

241. 发电机在不对称负荷下运行会出现负序电流，负序电流将产生两个主要后果：一是使定子表面发热；二是使定子产生振动。（×）

242. 500kV 母线差动保护动作后将使相应发电机解列。（×）

243. 异步电动机的定子与转子之间的间隙越大，电动机的功率因数就越低，而同步电机的气隙大小不影响它的功率因数。（√）

244. 发电机低频运行，可能造成转子回路断线。（×）

245. 蓄电池的直流负荷分为经常性负荷、短时负荷和事故负荷。（√）

246. 直流系统两组蓄电池不可长期并列运行。（√）

247. 安装并联电容器的目的，一是改善系统的功率因数，二是调整网络电压。（√）

248. 为防止电流互感器二次侧短路，应在其二次侧装设低压熔断器。（×）

249. 直流电机运行是可逆的。（√）

250. 低压验电笔只能用于验明交流 380V/220V 系统设备有无电压。（×）

251. 两个平行的载流导线之间存在电磁力的作用，两导线中电流方向相同时，作用力相吸引，电流方向相反时，作用力相排斥。（√）

252. 在零初始条件下，刚一接通电源瞬间，电容元件相当于短路。（√）

253. 电场力使正电荷沿电位降低的路径移动。（√）

254. 操作时，监护人只进行监护，其他都由操作人完成。（×）

255. 发电机进相运行时，厂用电电压会降低。（√）

256. 电流的功率因数是视在功率与有功功率的比值。（×）

257. 加速电气设备老化的原因是运行中温度过高。（√）

258. 距离保护在多电源的复杂网络中，有很高的工作可靠性。（×）

259. 导体在磁场中做切割磁力线运动时，导体内会产生感应电动势，这种现象叫电磁感应，由电磁感应产生的电动势叫做感应电动势。（√）

260. 一份操作票的操作任务完成后，由操作人在操作票上盖"已执行"章，由操作人按《电气倒闸操作后应完成的工作项目表》，完成现场操作后的相关工作。（×）

261. 变压器的铁芯不能多点接地。（√）

262. 电压也称电位差，电压的方向是由高电位指向低电位，外电路中，电流的方向与电压的方向是一致的，总是由高电位流向低电位。（√）

263. 蓄电池在充电过程中，每个电瓶电压上升到 2.3V 时，正负极板均有气体逸出。（√）

264. 漏电保安器的作用是防止人身触电，人体最大允许电流是 49mA。（×）

265. 超高压系统产生的电晕是一种无功功率损耗。（×）

266. 变压器轻瓦斯保护动作后应立即进行气体取样分析，寻找故障原因。（√）

267. 水冷发电机入口水温应高于发电机内空气的露点，以防发电机内部结露。（√）

268. 当系统发生单相接地时，由于电压不平衡，距离保护的断线闭锁继电器会动作距

离保护闭锁。（×）

269. 断开是指把断路器或隔离开关放在断开位置（包括高压熔断器）。（√）

270. 当确定是由于保护误动作使变压器掉闸时，立即恢复变压器运行。（×）

271. 系统中无功电源有四种：发电机、调相机、电容器及充电输电线路。（√）

272. 变压器较粗的接线端一般是低压侧。（√）

273. 变压器保护或开关拒动应立即停止变压器运行。（√）

274. 电场力将正电荷从 a 点推到 b 做正功，则电压的实际方向是 b→a。（×）

275. 为防止保护拒动，短路保护又有主保护和后备保护之分。（√）

276. 主要发、变电设备异常运行已达到规程规定的紧急停止运行条件而未停止运行时，则构成一般设备事故。（√）

277. 变压器的差动保护装置的保护范围是变压器及其两侧的电流互感器安装地点之间的区域。（√）

278. 断路器从得到分闸命令起到电弧熄灭为止的时间，称为全分闸时间。（√）

279. 小电流接地系统中，发生单相接地故障时，非故障线路的零序电流落后零序电压90°；故障线路的零序电流超前零序电压 90°。（×）

280. 当发电机在并网前升压过程中定子电压到额定值时，转子电压、转子电流应与空载值相近。（√）

281. 新、扩建电厂，防误装置应在主设备投运正常后投入运行。（×）

282. 阻抗继电器动作特性是个圆时，圆内为制动区，圆外为动作区。（×）

283. 高压断路器是指额定电压为 35kV 及以上主要用于开断或关合电路的高压电器。（√）

284. 发电机准同期并列的三个条件是：待并发电机的电压与系统电压相同；待并发电机的频率与系统频率相同；待并发电机的相位与系统相位一致。（√）

285. 三相对称星形联结的电气设备中性点，在设备运行时，可视为不带电。（×）

286. 接线组别不同的变压器可以并列运行。（×）

287. 发现杆上或高处有人触电，应争取时间在杆上或高处进行抢救。（√）

288. 消防水泵应采取双电源或双回路供电，如果有困难，可采取内燃机作动力。（√）

289. 逆变器是一种将直流电能变换为交流电能的装置。（√）

290. 同步发电机失磁主要是由于励磁回路开路、短路、励磁机励磁电源消失或转子回路故障所引起的。（√）

291. 三相星形接线电流保护能反映各种类型故障。（√）

292. 电流强度是在电场作用下，单位时间通过导体截面的电量。（√）

293. 电桥是把已知标准量与被测量进行比较而测出被测量的值，故称比较式测量仪器。（√）

294. 发电机三相定子绕组一般都为星形联结，这主要是为了消除 5、7 次等高次谐波。（×）

295. UPS 电源系统为单相两线制系统。（√）

296. 拉出手车式开关时，应首先检查开关在断开状态，并断开其控制电源，以防止发生带负荷拉隔离开关事故。（√）

297. 蓄电池正负极板的片数是相等的。（×）

298. 变压器每隔1~3年做一次预防性试验。（√）

299. 新投运的变压器做冲击试验为二次，其他情况为一次。（×）

300. 在单相整流电路中，输出的直流电压的高低与负载的大小无关。（√）

301. 氢冷发电机内部一旦充满氢气，密封油系统应正常投入运行。（√）

302. 高压设备上工作需要全部停电或部分停电者应使用电气第一种工作票。（√）

303. 钳形电流表主要由电流互感器和电流表组成。（√）

304. 转动设备电动机及电缆冒烟冒火，有短路象征，应紧急停止运行。（√）

305. 发电机定子三相电流之差不得超过额定电流的8%。（√）

306. 当系统发生振荡事故时，应迅速将发电机解列，以免发电机受危害。（×）

307. 正常运行中，直流母线联络隔离开关在"合"位。（×）

308. 变压器的铁芯必须一点接地。（√）

309. 无载调压变压器可以在变压器空载运行时调整分接开关。（×）

310. 新装保护在投入运行前，经保护人员测试正确就可投入。（×）

311. 交流电流表和电压表所指示的都是有效值。（√）

312. 提高系统运行电压可以提高系统的稳定性。（√）

313. 大容量的发电机采用离相封闭母线，其目的主要是防止发生人身触电。（×）

314. 相差高频保护既可做全线路快速切除保护，又可做相邻母线和线路的后备保护。（×）

315. 电力系统中内部过电压的幅值基本上与电网工频电压成正比。（√）

316. 蓄电池在放电过程中，内阻增大，端电压升高。（×）

317. 在欧姆定律中，导体的电阻与两端的电压成正比，与通过其中的电流强度成反比。（√）

318. 当磁路中的长度、横截面积和磁压一定时，磁通与构成磁路物质的磁导率成反比。（×）

319. 变压器的差动保护装置能保护变压器油箱内部所有短路故障。（×）

320. 串联电容器与并联电容器一样，都可提高系统的功率因数和改善电压质量。（√）

321. 同步发电机在内部发生故障时，为了尽快灭磁，可以装设快速断路器。（×）

322. 对于可能送电至停电设备的各方面或停电设备可能产生感应电压的都要装设接地线，所装接地线与带电部分应符合安全距离的规定。（√）

323. 直流多点接地不会造成设备开关跳闸。（×）

324. 用钳形电流表测量三相平衡负载电流，钳口中放入两相导线与放入一相导线时，其表指示值相等。（√）

325. 断路器操动机构的储压器是液压机构的能源，属于充气活塞式结构。（√）

326. 电场中两点之间没有电位差，就不会出现电流。（√）

327. 检修长度 10m 及以内的母线，可以不装设临时接地线。（×）

328. 在电路中，若发生并联谐振，在各储能元件上有可能流过很大的电流。（√）

329. 电缆沟应设有合理、有效的排水设施和通风设施。（√）

330. 瓦斯保护范围是变压器的外部。（×）

331. 在并联电路中，各支路电流的分配与各支路电阻成反比。（√）

332. 电流互感器的一次匝数很多，二次匝数很少。（×）

333. 在现场工作过程中，遇到异常现象或断路器跳闸时，无论与本身工作是否有关，应立即停止工作，保持现状。（√）

334. 一段电阻电路中，如果电压不变，当增加电阻时，电流就减少，如果电阻不变，增加电压时，电流就减少。（×）

335. 空载高压长线路的末端电压高于始端电压。（√）

336. 发变组的纵差保护是根据发电机中性点侧电流和主变压器高压侧电流相位和幅值的差值原理构成的。（√）

337. 变压器铜损等于铁损时最经济。（√）

338. 检修人员因工作需要使用配电室、配电盘、配电柜钥匙时，应向运行人员说明原由，履行借钥匙手续。检修人员完工后，必须立即将钥匙交回。（×）

339. 直流系统投入前装置的输入、输出线已接好，且极性正确。（√）

340. 发电机失磁保护在发电机并网前投入，发电机解列后可不停用。（√）

341. 电压互感器隔离开关检修时，应取下二次侧熔丝，防止反充电造成高压触电。（√）

342. 绕组中有感应电动势产生时，其方向总是与原电流方向相反。（×）

343. 在反时限过电流保护中，短路电流越大保护动作时间越短。（√）

344. 断路器动、静触头分开瞬间，触头间产生电弧，此时电路仍然处于导通状态。（√）

345. 构成正弦交流电的三要素是：最大值、角频率、初相角。（√）

346. 电力系统的中性点，有大电流接地和小电流接地两种运行方式。（×）

347. 主变压器合闸冲击前应投入纵差动保护。（√）

348. 发电机定子冷却水中含铜量的多少是衡量铜腐蚀程度的重要依据。（√）

349. 电动机着火用四氯化碳或二氧化碳灭火器进行灭火。（√）

350. 差动保护范围是变压器各侧电流互感器之间的设备。（√）

351. 在变压器中性点装设消弧线圈目的是补偿电网接地时电容电流。（√）

352. 所谓同步是指转子磁场与定子磁场以相同的方向和相同的速度旋转。（√）

353. 电机采用离相式封闭母线，其主要目的是防止发生相间短路。（√）

354. 电流回路开路时保护可以使用。（×）

355. 变压器在负载运行状态下，将产生铜耗与铁耗。（√）

356. 不同的绝缘材料，其耐热能力不同。如果长时间在高于绝缘材料的耐热能力下运行，绝缘材料容易老化。（√）

357. 正常运行中的电流互感器一次最大负荷不得超过 1.2 倍额定电流。(√)

358. 在电路中，若发生串联谐振，在各储能元件上有可能出现很高的过电压。(√)

359. 拉合开关的单一操作可不监护操作。(×)

360. 非零初始条件下，刚一换路瞬间，电容元件相当于一个恒压源。(√)

361. 发电机"强行励磁"是指系统发生短路，发电机的端电压突然下降，当超过一定数值时，励磁系统会自动、迅速地将励磁电流增到最大。(√)

362. 发电机两端的风路是以其轴向中线为对称的。(√)

363. 串联电阻可以用来分流。(×)

364. 一般在小电流接地系统中发生单相接地故障时，保护装置应动作，使断路器跳闸。(×)

365. 用绝缘电阻表测量绝缘时，E 端接导线，L 端接地。(×)

366. 双笼式异步电动机刚启动时工作绕组感抗小，启动绕组感抗大。(×)

367. 三极管的电流放大系数 β 反映了基极电流对集电极电流的控制能力的大小，因此 β 值越大越好。(×)

368. 电流互感器二次回路允许有多个接地点。(×)

369. 电位与参考点的选择有关，而电压与参考点的选择无关。(√)

370. 发电厂事故照明，必须是独立电源，与常用照明不能混接。(√)

371. 检查低压电动机定子、转子绕组各相之间和绕组对地的绝缘电阻，用 500V 绝缘电阻测量时，其数值不应低于 0.5MΩ，否则应进行干燥处理。(√)

372. 电容器电流的大小和它的电容值成正比。(√)

373. 一般金属导体的电阻随着温度的升高而降低。(×)

374. 发电机的气密性试验，如果情况不允许，持续 4h 即可。(×)

375. 一组操作人员，可同时持多份操作分别进行操作。(×)

376. 蓄电池容量的安培小时数是充电电流的安培数和充电时间的乘积。(×)

377. 发电机逆功率保护，用于保护汽轮机。(√)

378. 欧姆定律也同样适用于电路中非线性电阻元件。(×)

379. 断路器液压机构中的氮气是起传递能量作用的。(×)

380. 叠加交流电压测量导纳原理的发电机转子接地保护存在死区。(×)

381. 发电机的调整特性是指在发电机定子电压、转速和功率因数为常数的情况下，定子电流和励磁电流之间的关系。(√)

382. 蓄电池的电解液是导体。(√)

383. 导线越长，电阻越大，它的电导也就越大。(×)

384. 发电厂中的蓄电池，一般都采用串联使用方法，串入回路中的蓄电池数，其总电压即为直流母线电压。(√)

385. 变压器并列运行条件接线组别相同、变比相同、初相角相同。(×)

386. 电晕是高压带电体表面向周围空气游离放电现象。(√)

387. 在同样电压下输出相同容量时，变压器星形联结的绕组铜线截面积要比三角形联

结时的截面积大。（√）

388. 发电机的极对数和转子转速，决定了交流电动势的频率。（√）

389. 三段式距离保护的第 I 段可保护线路全长的 80％～85％。（√）

390. 倒闸操作中，如果预料有可能引起保护装置失去正确配合，要提前采取措施或将其停用。（√）

391. 断路器失灵保护，是近后备保护中防止断路器拒动的一项有效措施，只有当远后备保护不能满足灵敏度要求时，才考虑装设断路器失灵保护。（√）

392. 发电机出口开关非全相运行，应迅速降低该发电机有功、无功功率至零，然后进行处理。（√）

393. 铁芯绕组上的交流电压与电流的关系是非线性的。（√）

394. 保安段的工作电源和事故电源之间进行切换时，应先断开其工作电源开关，然后再合上其备用电源开关。（√）

395. 当 RLC 串联电路发生谐振时，电路中的电流将达到其最大值。（×）

396. 六氟化硫 SF_6 是一种无色、无臭、不燃气体，其性能非常稳定。（√）

397. 线圈额定电压高的交流接触器，当误接低电压时，线圈会烧坏。（√）

398. 当线圈加以直流电时，其感抗为零，线圈相当于"短路"。（√）

399. 接触器在额定电压和额定电流下工作时，触头仍过热，其原因是动静触头之间的接触电阻增大所引起的。（√）

400. 距离保护的时限特性与保护安装处至故障点的距离无关。（×）

401. 发电机可以在转速未到零的情况下进行氢置换。（×）

402. 不允许交、直流回路共用一条电缆。（√）

403. 在测量吸收比和绝缘电阻时，要得到正确的结果，应使用容量足够、在测量范围内负载特性平衡的绝缘电阻表。（√）

404. 异步电动机的转差率，即转子转速与同步转速的差值对转子转速的比值。（×）

405. 稳压二极管与普通二极管的主要区别是它工作在反向区，而耗散功率大。（√）

406. 雷雨天气巡视室外高压设备时，应穿绝缘靴，且不得靠近避雷器和避雷针。（√）

407. 发电机、励磁变压器保护柜直流电源中断后，发电机将跳闸。（×）

408. 电阻温度计是根据物质的电阻随温度变化的性质而制成的。（√）

409. 在线圈中，自感电动势的大小与线圈中流动电流的大小成正比。（×）

410. 零序保护反映的是单相接地故障。（√）

411. 主系统及与主系统连接的所有相关系统（包括专用装置）的通信总线的负荷率应不大于 30％～40％。（√）

412. 按频率自动减负荷时，可以不打开重合闸放电连接片。（×）

413. 功角是定子电流与内电动势的夹角。（×）

414. 电压互感器和避雷器可利用隔离开关进行拉合故障。（×）

415. 水内冷发电机的端部件发热与端部漏磁场无关。（×）

416. 避雷针是引雷击中针尖而起到保护其他电气设备作用的。（√）

417. 恶性误操作是指误分、合断路器；误入带电间隔；带负荷拉、合隔离开关。（×）

418. 正弦交流电的三要素是最大值、平均值、有效值。（×）

419. 220kV 母线 TV 停电顺序是先断开一次侧隔离开关，再断开二次侧空开。（×）

420. 避雷线和避雷针的作用是防止直击雷。（√）

421. 事故处理、拉合断路器的单一操作和拉合接地开关或拆除全厂（所）仅有的一组接地线等工作可以不用操作票。（×）

422. 当通过线圈的磁场发生变化时，线圈中产生感应电动势。（√）

423. 由于变压器储油柜在变压器油箱顶部，因此储油柜中油的温度比油箱中的上层油温高。（×）

424. 相位比较式母差保护在单母线运行时，母差应改非选择。（√）

425. 基尔霍夫第一定律的数学表达式为 $\sum I = 0$。（√）

426. 并列运行的两台容量不同的机组，如果其调节系统的迟缓率与速度变动率相同，当发生扰动时，其摆动幅度相同。（×）

427. 当定子内冷水箱内的含氢量超过 10%，或确认机内已经进水，应立即停机处理。（√）

428. 一台三角形接线的电动机，被误接成星形，如果还带原来的机械负载，则转速将降低。（√）

429. 发电机集电环与电刷由于是在高速旋转中传递励磁电流的，它们不同于静止的部件，因此是机组的薄弱环节。（√）

430. 套管有裂纹且有放电痕迹应汇报值长，通知检修处理。（√）

431. 在一个三相电路中，三相分别是一个电阻、一个电感、一个电容，各项阻抗都等于 10Ω，此时三相负载是对称的。（×）

432. 对于分级绝缘的变压器，中性点不接地或经放电间隙接地时应装设零序过电压和零序电流保护，以防止发生接地故障时因过电压而损坏变压器。（√）

433. 操作中要核对运行方式，确保标准操作票使用正确。（×）

434. 在系统故障的紧急情况下，允许同步发电机采用非同期并列方法。（×）

435. 任何运用中的星形接线设备的中性点，可视为不带电。（×）

436. 变压器绝缘的老化程度主要是由其机械强度来决定。（×）

437. 电动机原则上不允许带负荷启动。（√）

438. 两相短路、单相接地短路和两相接地短路均属于不对称短路。（√）

439. 在大量漏油而使油位迅速下降时，禁止将重瓦斯保护改投信号位置。（√）

440. 运行分析的方法通常采用对比分析法、动态分析法及多元分析法。（√）

441. 异步电动机空载启动困难，声音不均匀，说明转子笼条断裂。（√）

442. 电动机电流速断保护的定值应大于电动机的最大自启动电流。（√）

443. 无时限电流速断保护范围是线路的 70%。（×）

444. 同步发电机的功角越接近 90℃，其稳定性越高。（×）

445. 电压互感器的变比是指互感器一、二次侧额定电压之比。（√）

446. 电流互感器的误差与一次回路电流大小无关。（×）

447. 运行变压器轻瓦斯保护动作，收集到黄色不易燃的气体，可判断此变压器有木质故障。（√）

448. 电流互感器在运行中二次侧不能短路，电压互感器在运行中二次侧不能开路。（×）

449. 对称三相电路在任一瞬间三个负载的功率之和都为零。（×）

450. 在相同工作电压下的电阻元件，电阻值越大的功率越大。（×）

451. 发电机定子氢气冷却风路系统可分为轴向分段通风冷却系统和轴向分区通风冷却系统。（√）

452. 发电机保护专用电压互感器回路断线时，发电机各表计指示显示正常。（√）

453. 发电机变成同步电动机运行时，最主要的是对电力系统造成危害。（×）

454. 变压器差动保护反映该保护范围内的变压器内部及外部故障。（√）

455. 同步发电机电枢反应的性质，决定于定子绕组的空载电动势和电枢电流的夹角。（√）

456. 断路器失灵保护的动作时间应大于故障线路断路器的跳闸时间及保护装置返回时间之和。（√）

457. 低电压保护在系统运行方式变大时，保护范围会缩短。（√）

458. 防误闭锁装置不能随意退出运行，停用防误闭锁装置时，要经当班值长批准。（×）

459. 同步发电机的运行特性，一般是指发电机的空载特性、短路特性、负载特性、外特性及调整特性。（√）

460. 电动机空载时，空载电流较小，所以空试电机时，允许不投保护进行试转。（×）

461. 由于外界原因，正电荷可以由一个物体转移到另一个物体。（×）

462. 所谓短路是相与相之间通过电弧或其他较小阻抗的一种非正常连接。（√）

463. 断路器操作把手在预备合闸位置时绿灯闪光，在预备跳闸位置时红灯闪光。（√）

464. 氢冷发电机运行时，应每周一次从排烟机出口和主油箱顶取样监测氢气含量。（√）

465. 大型机组应加装失磁保护，失磁保护一般投入信号位置。（×）

466. 变压器的瓦斯保护是为了保护变压器不过载。（×）

467. 蓄电池电解液的比重，随温度的变化而变化，温度升高时比重下降。（√）

468. 所谓内部过电压的倍数就是内部过电压的有效值与电网工频相电压有效值的比值。（×）

469. 轴电流将造成发电机转子表面严重发热。（×）

470. 运行中的变压器中性点可视为不带电。（×）

471. 额定电压 380V 的电动机用 500V 绝缘电阻表测量，绝缘电阻值大于等于 $0.5M\Omega$ 即合格。（√）

472. 新安装变压器投运后，气体继电器动作频繁，应将变压器退出运行。（×）

473. 晶体三极管的开关特性是指控制基极电流，使晶体管处于放大状态和截止关闭状态。（×）

474. 在系统未发生接地故障时，可以拉、合变压器中性点隔离开关。（√）

475. 变压器空载时，一次绕组中仅流过励磁电流。（√）

476. GIS设备的气室是相互连通的。（×）

477. 系统电压降低时，应减少发电机的有功功率。（×）

478. 变压器铁芯损耗是无功损耗。（×）

479. UPS电源输入的是交流380V电源，其输出也为交流380V。（×）

480. 变压器安装呼吸器的目的是防止变压器的油与大气直接接触。（√）

481. 运行中的发电机集电环温度不允许超过120℃。（√）

482. 禁止在电流互感器与临时短路点之间进行工作。（√）

483. 6kV厂用快切装置保护切换、失压切换均采用串联方式。（√）

484. 在氢区动火，应用两台仪表测量氢气含量。（√）

485. 在发电机绕组中流有负序电流，将引起频率为100Hz的振动。（√）

486. 发电机转子线圈发生两点接地时，会使发电机产生振动。（√）

487. 发电机振荡或失去同步，应检查发电机励磁系统，若因发电机失磁引起的振荡，应立即将发电机解列。（√）

488. 相差高频保护当线路两端电流相位相差180°时，保护装置就应动作。（×）

489. 当电流互感器的变比误差超过10％时，将影响继电保护的正确动作。（√）

490. 三相异步电动机磁极对数越多，其转速越高。（×）

491. 电压又称电位差、电压降。（√）

492. 自同期并列即是并列，即将发电机用自同期法与系统并列运行。（×）

493. 变压器防爆门破裂或压力释放阀打开应立即停止变压器运行。（×）

494. 电压也称电位差，电压的方向是由低电位指向高电位。（×）

495. 电气设备是按最大短路电流条件下进行热稳定和动稳定校验的。（√）

496. 油浸变压器的储油柜有增加散热面积，改善冷却条件的作用。（×）

497. 蓄电池正常运行中应采取浮充电方式。（√）

498. 在雷雨时，电气运行值班人员可以允许在露天配电设备附近工作。（×）

499. 断路器停电作业，操作直流必须在两侧隔离开关全部拉开后脱离，送电时相反。（√）

500. 在将断路器合入有永久性故障时跳闸回路中的跳跃闭锁继电器不起作用。（×）

501. 220kV进行母线倒换时，只需将母联开关操作熔断器取下。（×）

502. 中性点经消弧线圈接地的系统，正常运行时中性点电压不能超过额定相电压2％。（×）

503. 母线充电保护是母线故障的后备保护。（×）

504. 6kV厂用电系统装有厂用电快切装置，当工作电源掉闸后，备用电源应快速自动投入。（√）

505. 发电机低频运行，可能造成汽轮机叶片共振损伤甚至断裂。（√）

506. 交流电的电压单位是伏特，用字母 V 表示。（√）

507. 电容器在充电和放电过程中，充电电流与电容器两端电压的变化率成正比。（√）

508. 高压断路器停止运行，允许手动机构或就地手动操作按钮分闸。（×）

509. 发电机运行中发生振荡时应立即将励磁调节器倒为手动运行。（×）

510. 故障录波器装置的零序电流启动元件接于主变压器中性点上。（√）

511. 投入保护连接片前，以高内阻电压表测量跳闸连接片两端无电流。（×）

512. 变压器二次电流与一次电流之比，等于二次绕组匝数与一次绕组匝数之比。（×）

513. 变压器的过电流保护，一般都应安装在变压器的负荷侧。（×）

514. 电力系统的静态稳定性，是指电力系统在受到小的扰动后，能自动恢复到原始运行状态的能力。（√）

515. 使用绝缘电阻表测量时，手摇发电机的转速要求为120r/min。（√）

516. 厂用电源的串联切换过程是：一个电源切除后，才允许另一个电源投入。（√）

517. 断路器油量过多在遮断故障时会发生爆炸。（√）

518. 调节发电机励磁电流，可以改变发电机的有功功率。（×）

519. 纵差保护用以保护发电机定子绕组及其引出线的相间短路。（√）

520. 变压器的变比是指变压器在满负荷工况下一次绕组电压与二次绕组电压的比值。（×）

521. 电容器接到直流回路上，只有充电和放电时，才有电流流过。充电、放电过程一旦结束，电路中就不会再有电流流过。（√）

522. 电力系统负荷可分为有功负荷和无功负荷两种。（√）

523. 变电站使用的试温蜡片有 60、70、80℃ 三种。（√）

524. 交流同步电动机启动、控制均较麻烦，启动转矩也小，所以在机械功率较大或者转速必须恒定时，才选用交流同步电动机。（√）

525. 距离保护的时限元件是用来保证装置有选择性的切除故障。（√）

526. 接地故障时零序电流的分布，与一次系统发电机的开、停有关。（×）

527. 断路器失灵保护是系统中母线的主保护，其目的是防止断路器拒动扩大事故。（×）

528. 异步电动机在负载下运行时，其转差率比空载运行时的转差率大。（√）

529. 发电机突加电压保护在停机时投入，发电机并网后退出。（√）

530. 雷电时，可以进行室内设备的倒闸操作。（×）

531. 采用相位比较式母差保护，在各种运行方式下都能保证其选择性。（√）

532. 电流互感器二次回路采用多点接地，这样既安全又可靠。（×）

533. 在线性电路中可运用叠加原理来计算电流、电压，同时也可计算功率。（×）

534. 高压断路器的熄弧能力只取决于开关本身的结构和性能，而与所开断的电路无关。（×）

535. 厂用变压器应由带保护的高压侧向低压侧充电，任何情况下，严禁变压器由低压

侧向高压侧全电压充电。（√）

536. 电动机在运行中，允许电压在额定值的−5％～+10％范围内变化，电动机功率不变。（√）

537. 固体介质表面的气体发生的放电称为电晕放电。（×）

538. 在小电流接地系统发生单相接地故障时保护装置动作发生接地信号。（√）

539. 发电机出口 TV 断线时，要退出发电机匝间保护。（√）

540. 防误装置万能钥匙使用时必须经监护人批准。（×）

541. 变压器空载运行时将产生铜耗。（×）

542. 定子三相电流不平衡时，就一定会产生负序电流。（√）

543. 在电容器两端的电压，不能发生突变。（√）

544. 发电机充氢时，密封油系统必须连续运行，并保持密封油压与氢压的差值，排烟风机也必须连续运行。（√）

545. 异步电动机定子电流为空载电流与负载电流的相量和。（√）

546. 低电压带电作业时，应先断开零线，再断开火线。（×）

547. 转速表显示不正确或失效时，禁止机组启动。（√）

548. 电动机缺相运行时，电流表指示一定上升，电动机本体温度升高，同时振动增大，声音异常。（×）

549. 大型发电机组的短路电流水平比中小型机组的短路电流水平大。（×）

550. 大型同步发电机与系统发生非同期并列，会引起发电机与系统振荡。（×）

551. 用一只 0.5 级 100V 和 1.5 级 15V 的电压表分别测量 10V 电压时，后者的误差比前者小。（√）

552. 双母线带旁路接线方式缺点很多。（×）

553. 比例—积分调节器（PI 调节器）的比例带大小对调节系统的稳定性有影响，比例带越小，系统的稳定性越低。（√）

554. 稳压管与普通二极管的主要区别是它工作在反向特性区，且耗散功率大。（√）

555. 装接地线时，应先装三相线路端，然后装接地端；拆时相反，先拆接地端，后拆三相线路端。（×）

556. 断路器或隔离开关闭锁回路应使用重动继电器。（×）

557. 电流互感器二次作业时，工作中必须有专人监护。（√）

558. 电压互感器发生基波谐振的现象是两相对地电压升高，一相降低，或是两相对地电压降低，一相升高。（√）

559. 把电容器串联在供电线路上叫做串联补偿。（√）

560. 变压器过负荷运行时也可以调节有载调压装置的分接开关。（×）

561. 网内大机组配置的高频率、低频率、过电压、欠电压保护及振荡解列装置的定值必须经电网调度机构审定。（√）

562. 避雷器的作用是仅限制雷电过电压的，而对电力系统内部产生的过电压无限制和防御作用。（×）

563. 变压器的阻抗压降是引起变压器电压变化的根本原因。(√)

564. 所谓对称的三相负载就是指三相的阻抗值相等。(√)

565. 主厂房内架空电缆与热体管路应保持足够的距离，控制电缆不小于 0.5m，动力电缆不小于 1m。(√)

566. 零序电流只有发生相间故障时才会出现。(×)

567. 隔离开关可以拉合空母线。(√)

568. 二次回路的电路图，包括原理展开图和安装接线图两种。(√)

569. 超速保护不能可靠动作时，机组可以监视启动和运行。(×)

570. 为了消除超高压断路器各断口的电压分布不均，改善灭弧性能，一般在断路器各断口上加装均压电阻。(×)

571. FZ 型避雷器在非雷雨季节可以退出运行。(√)

572. 电流速断保护必须加装电流闭锁元件才能使用。(√)

573. 应该采用星形接法而错误地采用三角形接法时，每相负载的相电压比其额定电压升高 $\sqrt{3}$ 倍，电功率要增大 3 倍，所接负载就会被烧毁。(√)

574. 变电站各种工器具要设专柜，固定地点存放，设专人负责管理维护试验。(√)

575. 断路器的跳闸、合闸操作电源有直流和交流两种。(√)

576. 主变压器过励磁保护动作延时 T_1 降低发电机励磁电流，延时 T_2 全停发电机变压器组。(×)

577. 一切物质都是由分子组成的，物体内存在着大量电荷。(√)

578. 主变压器装设了过负荷保护作为主变压器的后备保护。(×)

579. 运行中，蓄电池室内温度，应保持 10～25℃ 为宜。(√)

580. 开关检修后，投运前应做开关的合、跳闸试验，确认开关合、跳正常。(√)

581. 电网电压过低会使并列运行中的发电机定子绕组温度升高。(√)

582. 在三相四线制电路中，三个线电流之和等于零。(×)

583. 发生触电时，电流作用的时间越长，伤害越重。(√)

584. 对检修自理的安全措施，组织运行人员做好相关的事故预想是值长应负的安全责任。(×)

585. 在 RLC 串联电路中，减小电阻 R，将使谐振频率降低。(×)

586. 在直流电路中，不能使用以油灭弧的断路器。(√)

587. 导体的电阻与导体的截面积成正比，与导体的长度成反比。(×)

588. 只有油断路器可以在断路器现场就地用手动操作方式进行停送电操作。(×)

589. 双绕组变压器的纵差保护是根据变压器两侧电流的相位和幅值构成的，所以变压器两侧应安装同型号和变比的电流互感器。(×)

590. 有载调压变压器带负荷调分头时，应将中性点隔离开关合入。(√)

591. 大、中型发电机灭磁过程，是指并接在转子绕组两端的电阻自动投入后的过程。(×)

592. 发电机转子一点接地保护动作结果是全停。(×)

593. 保护接地是指正常运行中不带电的金属部分与接地装置间做良好的金属连接。（√）

594. 系统内发生两相接地短路时，对电力系统稳定性干扰最严重。（√）

595. 对于任一分支的电阻电路，只要知道电路中的电压、电流和电阻三个量中任意一个量，就可以求出另外一个量。（×）

596. 在变压器有载调压装置中，它的触头回路都串有一个过渡电阻，其作用是限制励磁电流。（×）

597. 发生单相接地时，消弧线圈的电感电流超前零序电压90°。（×）

598. 作业现场，严禁随意跨越和移动安全网或安全警示线。（√）

599. 无功功率就是没有用的功率。（×）

600. 如果两条平行线路长度相等，则可以装设横差保护。（×）

601. 发变组纵差保护是按比率制动原理构成的发变组系统内部短路故障的主保护。（√）

602. 氢冷系统氢气纯度应不低于96%，氧气纯度应不大于2%。（√）

603. 摇测低压变压器的绝缘，如果其高压侧对地、低压侧对地绝缘均合格，那么该变压器的绝缘就合格。（×）

604. 220V充电机正常启动必须先合入其交流电源开关再合直流侧开关与直流母线并列。（√）

605. 大电流接地系统发生单相接地系统故障时，其接地点的零序电压最高，距离故障点越远其零序型电压越低。（√）

606. 电源力使正电荷沿电位升高的路径移动。（√）

607. 变压器装设磁吹避雷器可以保护变压器绕组不因过电压而损坏。（√）

608. 电力系统发生短路的主要原因是电气设备载流部分的绝缘被破坏。（√）

609. 自动重合闸只能动作一次，避免把断路器多次重合至永久性故障上。（√）

610. 一个支路的电流与其回路的电阻的乘积等于电动势。（×）

611. 将两只220V，40W的白炽灯串联后，接入220V的电路，消耗的功率是20W。（√）

612. 强迫油循环风冷变压器冷却器备用状态是正常的情况下，当工作或辅助冷却器任一组事故停止运行时，备用冷却器自动投入运行。（√）

613. 高频相差保护不能反映系统振荡，当发生振荡时会误动作。（×）

614. 有载调压变压器过载时，不得进行有载调压。（√）

615. 电力系统调度管理的任务是领导整个系统的运行和操作。（×）

616. 地面上绝缘油着火应用干砂灭火。（√）

617. 非线性电阻元件随着控制量的变化而阻值随之变化，但特性不变。（√）

618. 隔离开关不仅用来倒闸操作，还可以切断负荷电流。（×）

619. 在三相变压器中，由于磁路和绕组连接方式或不同谐波对电动势的波形产生很大影响，对于Y接法的变压器，3次谐波不能流通，而对于△接变压器3次谐波只在三角形内

流动而不会注入系统。（√）

620. 110kV 油断路器的绝缘油，起绝缘和灭弧作用。（×）

621. 新投设备投入时应核对相位相序正确，相应的保护装置通信自动化设备同步调试投入将新设备全电压合闸送电。（√）

622. 系统发生振荡时，应尽量增加发电机的励磁电流。（√）

623. 绿灯表示合闸回路完好。（√）

624. 高压隔离开关上带的接地开关，主要是为了保证人身安全用的。（√）

625. 发电机三相不平衡电流最大允许值不得超过 8% I_e。（√）

626. 对变压器差动保护进行六角图相量测试，应在变压器空载时进行。（×）

627. 电动机着火可以使用泡沫灭火器或砂土灭火。（×）

628. 在装有单相重合闸的线路下，所有保护不直接动作于跳闸，而经过单重以后跳闸。（×）

629. 在电阻并联的电路中，其总电阻的倒数等于各分电阻的倒数之和。（√）

630. 如果电流通过触电者入地，并且触电者紧握电线，用有绝缘柄的钳子将电线剪断时，必须快速一下将电线剪断。（√）

631. 在并联电路中，各支路电压的分配与支路电阻的倒数成正比。（×）

632. 变压器的损耗是指输入与输出功率之差，它由铜损和铁损两部分组成。（√）

633. 三相异步电动机运行中定子一相开路，仍可继续转动。（√）

634. 当蓄电池电解液温度超过 35℃ 时，其容量减少。（√）

635. 在电厂中，3～10kV 的室内电压互感器，其高压侧均采用充满石英砂的瓷管式熔断器，其熔丝的容量均为 0.5A。（√）

636. 变压器是通过电的感应原理而变压的。（×）

637. 变压器跳闸时，如果是过电流等后备保护动作允许重合一次。（×）

638. 无论是测直流电或交流电，验电器的氖灯炮发光情况是一样的。（×）

639. 电力系统过电压即指雷电过电压。（×）

640. 电流是恒定电流的电路称直流电路。（√）

641. 大电流接地系统的差动保护均为三相差动而不采用两相差动。（√）

642. 发电机失磁时转子电流指示到零或在零值附近摆动，无功指示为正。（×）

643. 一经操作即带有电压的电气设备称为备用电气设备。（×）

644. 油浸自冷、风冷变压器正常过负荷不应超过 1.1 倍的额定值。（×）

645. 定子线棒温差达 14℃ 或定子引水管出水温差达 12℃，或任一定子槽内层间测温元件温度超过 90℃ 或出水温度超过 85℃ 时，应立即减负荷，确认测温元件无误后，应立即停机处理。（√）

646. 发电机定子线圈的测温元件，通常都埋设在下层线棒与铁芯之间。（×）

647. 更换发电机炭刷时，一次更换数量不宜过多。（√）

648. 继电保护和自动装置屏的前后，必须有明显的同一名称标志及标称符号，目的是防止工作时走错间隔或误拆、动设备，造成保护在运行中误动作。（√）

649. 直流系统每组直流母线均配有各自独立的一套电压绝缘监察装置；每只充电器配备各自的保护及监视装置。（√）

650. 参考点改变，电路中两点间电压也随之改变。（×）

651. 当操作把手的位置与断路器实际位置不对应时，开关位置指示灯将发出闪光。（√）

652. 接受电网调度命令的操作要做到五清：接受命令清、布置操作任务清、操作联系清、发生疑问要查清、操作完毕汇报清。（×）

653. 电气设备停电等指切断各侧电源的断路器。（×）

654. 串联电路的总电流等于各个电阻上的电流之和。（×）

655. P型半导体是靠电子导电。（×）

656. 准同期并列时并列开关两侧的电压最大允许相差为20％以内。（√）

657. 发电机氢气的湿度越小越好。（×）

658. 消弧线圈经常采用的是过补偿方式。（√）

659. 空载长线路充电时，末端电压会升高。这是由于对地电容电流在线路自感电抗上产生了压降。（√）

660. 线圈中电流减小时，自感电动势的方向与电流方向相同。（√）

661. 发电机的进相运行是指发电机不发有功，主要向电网输送感性无功。（×）

662. 自动重合闸装置只能动作一次。（√）

663. 交流电流表或电压表指示的数值为平均值。（×）

664. SF_6 断路器是用 SF_6 气体作为灭弧介质和绝缘介质的。（√）

665. 用试电笔（站直地上）接触直流系统的正、负极时，若电笔氖灯泡发亮就是直流系统接地，不发亮就是不接地。（√）

666. 发电机可以采取真空法进行气体置换。（×）

667. 无论是高压还是低压熔断器，熔断器内熔丝阻值越小越好。（×）

668. 同步发电机定子绕组一般都接成 Y 而不接成 △。（√）

669. 瓦斯保护是变压器油箱内部故障的后备保护。（×）

670. 发电机失磁后，定子电流升高。（√）

671. 凡是电缆、电线有裸露的地方，应视为带电部位，不准触碰。（√）

672. 编制变电站电气主接线运行方式时，要力求满足供电可靠性、灵活性和经济性等要求。（√）

673. 发电机置换气体的方法一般采用二氧化碳法和真空置换法。（√）

674. 由于氢气不能助燃，因此发电机绕组元件没击穿时着火的危险很小。（√）

675. 由于距离保护是依据故障点至保护安装处的阻抗值来动作的，因此，保护范围基本上不受运行方式及短路电流大小影响。（√）

676. 电力系统发生振荡时，任一点电流与电压的大小，随着两侧电动势周期性的变化而变化。当变化周期小于该点距离保护某段的整定时间时，则该段距离保护不会误动作。（√）

677. 晶体三极管的发射极电流控制集电极电流，而集电极电流的大小又受基极电流的控制。（√）

678. 静子电流大于规定或三相电流不平衡达到 $10\%I_c$ 不能恢复应请示停运电机。（√）

679. 要将电流表扩大量程，应该串联电阻。（×）

680. 发电机无主保护运行，（短时间停用，如差动、做试验等可除外）应紧急停机。（×）

681. 主变压器冷却器全停，应立即将主变压器停运。（×）

682. 电力系统的设备状态一般划分为运行、热备用、冷备用和检修四种状态。（√）

683. 同步发电机的定子三相电流不对称运行时，会引起转子内部过热。（×）

684. 用隔离开关可以拉合无故障的电压互感器或避雷器。（√）

685. 同步发电机的静子三相电流不对称运行时，会引起转子内部过热。（×）

686. 大型机组设置保安电源的目的是为了机组在厂用电事故停电时，保证安全停机以及在厂用电恢复后快速启动并网。（√）

687. 为了装设发电机纵差保护，要求发电机中性点侧和引出线侧的电流互感器的特性和变比完全相同。（√）

688. 蓄电池的运行方式只有浮充电方式。（×）

689. 开关跳合闸回路指示灯串联一只电阻，主要是降低灯泡的压降，延长灯泡的使用寿命。（×）

690. 发电机的温升试验，就是为了在发电机带负荷运行时，了解各部分温度的变化情况，以便将其控制在限额之内，保证发电机的安全运行。（√）

691. 所用电流互感器和电压互感器的二次绕组应有永久性的、可靠的保护接地。（√）

692. 发电机的三相电流之差不得超过额定电流的 10%。（√）

693. 机组转速低于 $2950\mathrm{r/min}$ 时，禁止投入励磁系统。（√）

694. 发电厂与变电站距离较远，一个是电源中心，一个是负荷中心，所以频率不同。（×）

695. 在停机时发电机发生非全相运行时，应立即再合上发电机出口断路器。（√）

696. 异步电动机的启动电流一般为电动机额定电流的 $4\sim7$ 倍。（√）

697. 接地距离保护受系统运行方式变化的影响较大。（×）

698. 在带电体的周围都有电力存在，这种有电力存在的空间就叫电场。（√）

699. 电容器的无功输出功率与电容器的电容成正比与外施电压的平方成反比。（×）

700. 消弧线圈在运行时，如果消弧的抽头满足 $X_L = X_C$ 的条件时，这种运行方式称全补偿。（√）

701. 电动机绕组末端 x、y、z 连成一点，始端 A、B、C 引出，这种连接称星形联结。（√）

702. 变电站装设避雷器是为了防止直击雷。（×）

703. 强送是指设备故障跳闸后未经检查即送电。（√）

704. 静电只有在带电体绝缘时才会产生。（×）

705. 发电机失磁时，吸收有功功率，送出无功功率。（×）

706. 三极管最基本的作用是放大。（×）

707. 变压器中性点直接接地时，采用零序过电流保护。（√）

708. 高压设备发生接地时，室外不得接近故障点 8m 以内。（√）

709. 发电机不允许在定子冷却水不合格的情况下带负荷运行。（√）

710. 电流速断保护的主要缺点是受系统运行方式变化的影响较大。（√）

711. SF₆ 气体断路器的 SF₆ 气体在常压下绝缘强度比空气大 3 倍。（×）

712. 无稳态电路实际上是一种振荡电路，它输出的是前后沿都很陡的矩形波。（√）

713. 同步发电机失去励磁时，无功电力表指示为零。（×）

714. 直流系统两点接地短路，将会造成保护装置的拒动或误动作。（√）

715. 电阻元件的电压和电流方向总是相同的。（√）

716. 三相变压器和三相交流电机铭牌上的额定电压、额定电流都是指线电压、线电流而不是相电压、相电流。（√）

717. 发电机逆功率保护是用来保护发电机的保护之一。（×）

718. 三相交流电机铭牌上的额定电压、额定电流都是指线电压、线电流，而不是指相电压、相电流。（√）

719. 厂用开关室装设有气体消防装置，当装置发出火灾报警信号时，在室内的所有人员必须立即撤离开关室。（√）

720. 电流互感器的二次电流随一次电流而变化，而一次电流不受二次电流的影响。（√）

721. 变压器充电时，重瓦斯应投信号。（×）

722. 断路器的操动机构包括合闸机构和分闸机构。（√）

723. 500kV 母线 TV 断线报警时，该母线的母差保护将闭锁。（√）

724. 影响变压器使用寿命的主要原因是绝缘老化，而绝缘老化的主要原因是超温造成的。（√）

725. 变压器在额定负荷运行时，强迫油循环风冷装置全部停止运行，只要上层油温不超过 75℃，变压器就可以连续运行。（×）

726. 电厂常用的温度测量仪表有膨胀式、热电偶式和热电阻式温度计三种。（√）

727. 楞次定律反映了电磁感应的普遍规律。（√）

728. 正弦交流电变化一周，就相当于变化了 2πrad（360°）。（√）

729. 当投 AGC 时，DEH 应在遥控状态。（√）

730. 对于绝缘工具上的泄漏电流，主要是指绝缘表面流过电流。（√）

731. 若发电机强励动作，则不得随意干涉。20s 后强励仍不返回，应手动解除强励。（√）

732. 正常运行的变压器，一次绕组中流过两部分电流，一部分用来励磁，另一部分用来平衡二次电流。（√）

733. 变压器一次侧输入的无功功率等于铁芯励磁的无功功率、传递给二次侧的无功功

率及一次侧漏抗所吸收的无功功率之和。（√）

734. 电力网中，当电感元件与电容元件发生串联且感抗等于容抗时，就会发生电压谐振现象。（√）

735. 110V 直流系统工作充电器故障时短时由蓄电池供电，如果工作充电器长时间故障，则应投入联络开关由另一段母线供电。（√）

736. 新投运的断路器应进行远方电动操作试验良好。（√）

737. 零序电流保护在线路两侧都有变压器中性点接地时，装不装设功率方向元件都不影响保护的正确动作。（×）

738. 万用表、绝缘电阻表的极线应有明显的容量区分。（×）

739. 由于 RLC 串联电路发生谐振时呈纯电阻性，所以纯电阻电路也能发生谐振。（×）

740. 电流互感器的一次电流取决于二次电流，二次电流变大，一次电流也变大。（×）

741. 同一机炉或在生产流程上相互关联的电动机和其他厂用电设备，应在同一分段上。（√）

742. 直流系统采用拉回路法查找到接地点时，应立即将该分路从系统中隔离出来，以免影响其他设备。（×）

743. 考虑频变对发电机机组的影响，因此汽轮发电机组的频率最高不应超过 52.5Hz，即不超出额定值的 5%，这是由发电机、汽轮机转子的机械强度决定的。（√）

744. 当高压设备发生接地时，离故障点越远则跨步电压就越高。（×）

745. 振荡时系统任何一点电流与电压之间的相位角都随功角 δ 的变化而改变；而短路时，电流与电压之间的角度是基本不变的。（√）

746. 接地距离保护不仅能反应单相接地故障，而且也能反应两相接地故障。（√）

747. 继电器线圈带电时，触点是闭合的称为动断触点。（×）

748. 速断保护是按躲过线路末端短路电流整定的。（√）

749. 操作票中的关键字严禁修改，如"拉、合、投、退、装、拆"等。（√）

750. 变压器的温度指示器指示的是变压器绕组的温度。（×）

751. 当系统振荡或发生两相短路时，会有零序电压和零序电流出现。（×）

752. 变压器差动保护用电流互感器应装设在变压器高、低压侧少油断路器的靠变压器侧。（√）

753. 三相异步电动机运行中定子回路断一相，将不能继续转动。（×）

754. 在星形联结的电路中，线电压和相电压相等。（×）

755. 发电机定子线圈接地故障主要危害是故障点电弧灼伤铁芯。（√）

756. 无功功率是能量转换的那部分功率，而不是进行交换的那部分功率。（×）

757. 交接班应正点进行，交接班以双方相互交代事宜为准。（×）

758. 测量 1kV 及以上电力电缆的绝缘电阻应选用 2500V 绝缘电阻表。（√）

759. 我国采用的中性点工作方式有：中性点直接接地、中性点经消弧线圈接地和中性点不接地三种。（√）

760. 发电机入口风温低于下限将造成发电机线圈上结露，降低绝缘能力，使发电机损

伤。(√)

761．汽轮机打闸后，逆功率保护拒动应申请停机。(×)

762．功率因数过低，电源设备的容量就不能充分利用。(√)

763．查找直流接地应用仪表内阻不得低于 1000MΩ。(×)

764．RL 联的正弦交流电路中，$I_总＝I_L＋I_R$。(×)

765．发电机内有摩擦、撞击声，振动超过允许值，应立即将发电机解列停机。(√)

766．发电机低频保护受发电机出口开关闭锁，只在发电机并网后才投入。(√)

767．变压器储油柜油位计的＋40℃油位线是表示环境温度在＋40℃时的油标准位置线。(√)

768．发生各种不同类型短路时，电压各序对称分量的变化规律是，三相短路时，母线上正序电压下降得最厉害，单相短路时正序电压下降最少。(√)

769．可以用隔离开关向变压器充电或切除空载变压器。(×)

770．同步发电机带阻性负荷时，产生纵轴电枢反应。(×)

771．在最大运行方式下，电流保护的保护区大于最小运行方式下的保护区。(√)

772．运行中的变压器，当更换油再生器的硅胶工作结束后，应立即将重瓦斯保护投入运行。(×)

773．有载调压变压器停运 6 个月以上，要重新投入运行时。应用手动机械方式对有载调压装置在整个调节范围进行往返两次试验。(√)

774．电压互感器一、二次熔断器的保护范围是电压互感器内部故障。(×)

775．变压器的励磁涌流一般是额定电流的 5～8 倍，危害较大，断路器应动作于跳闸。(×)

776．断路器合闸后加速与重合闸后加速共用一块加速继电器。(√)

777．过电流保护与过负荷保护的区别在于继电保护的整定值不同。(√)

778．发电机在带负荷不平衡的条件下运行时转子两端槽楔和套箍在本体上嵌装处温度最高。(√)

779．电动机定子槽数与转子槽数一定相等的。(×)

780．瓦斯保护是防御变压器各种故障的唯一保护。(×)

781．速断保护的主要缺点是受系统运行方式变化的影响较大。(×)

782．SF₆ 气体在常温下其绝缘强度比空气高 2～3 倍，灭弧性能是空气的 100 倍。(√)

783．在中性点直接接地的电网中，当过电流保护采用三相星形接线方式时也能保护接地短路。(√)

784．为防止 6kV 电机受潮，6kV 电机启动后，要及时将其加热器投入运行。(×)

785．中性点直接接地系统，发生单相接地时，非故障相对地电压升高 1.732 倍。(×)

786．断路器红灯回路应串有断路器动断触点。(×)

787．避雷针是由针的尖端放电作用，中和雷云中的电荷而不致遭雷击。(×)

788．强送是指设备故障跳闸后经初步检查即送电。(×)

789．当 220kV 线路保护高频保护投信号时，只需将高频保护投入连接片退出。(√)

790. 电力系统电压过高会使并列运行的发电机定子铁芯温度升高。（√）

791. 电力系统的中性点接地方式，有大接地电流系统和小接地电流系统两种方式。（√）

792. 为防止厂用工作母线失去电压，备用电源应在工作电源电压下降后，断路器跳闸前自动投入。（×）

793. 电流互感器的二次两个绕组串联后变比不变，容量增加一倍。（√）

794. 变压器瓦斯保护反映该保护的作用及保护范围相同的。（×）

795. 在串联电阻电路中，总电压等于各电阻上的电压之和。（√）

796. 呼吸器油盅里装油不是为了防止空气进入。（√）

797. 新安装的电流互感器极性错误会引起保护装置误动作。（√）

798. 变压器可以在正常过负荷和事故过负荷情况下限时运行。（√）

799. 载流导体在磁场中要受到力的作用。（√）

800. 真空灭弧室易于灭弧的原理是由于触头置于真空中，其触头间隙中带电微粒少，电弧难于存在，真空中的击穿电压比在大气中要小。（×）

801. 室内着火时，应立即打开门窗，以降低室内温度进行灭火。（×）

802. 变压器各绕组的电压比与各绕组的匝数比成正比。（×）

803. 异步电动机电源电压过低时，定子绕组所产生的旋转磁场减弱，启动转矩小，因此，电动机启动困难。（√）

804. 绝缘工具上的泄露电流，主要是指绝缘表面流过的电流。（√）

805. 电压互感器的用途是把一次大电流按一定比例变小，用于测量等。（×）

806. 电动机可以在额定电压变动$-5\% \sim +10\%$范围内运行，其额定功率不变。（√）

807. RLC 串联电路谐振时电流最小，阻抗最大。（×）

808. 直流母线电压的允许变动范围是 $215 \sim 225$V。（×）

809. 安装有零序电流互感器的电流终端盒的接地线，必须穿过零序电流互感器的铁芯，发生单相接地故障时，继电器才会动作。（√）

810. 6kV 母线 TV 柜 TV 二次小开关断开后，DCS 将发"失电"信号。（×）

811. 发电机的最小励磁电流随发电机有功功率的不同而改变，有功功率越大，保证稳定运行的最小励磁电流相应也越小。（×）

812. 发电机置换、排污过程中，氢气排出地点周围 20m 以内禁止有明火。（√）

813. 用基尔霍夫第一定律列节点电流方程时，当求解的电流为负值，表示实际方向与假设方向相反。（√）

814. 人体安全电流为交流电 50mA 和直流电 10mA。（×）

815. 汽轮发电机在额定负载运行时，其功角约为 90°。（×）

816. 变压器部分冷却器工作时，应使冷却器对称运行，使其散热均匀。（√）

817. 电流对人体的伤害形式主要有电击和电伤两种。（√）

818. 发电机做调相机运行时，励磁电流不得超过额定值。（√）

819. 简单电气倒闸操作可以无监护操作。（×）

820. 综合重合闸与继电保护配合时，N端子接非全相运行不会误动的保护。（√）

821. 辅助继电器可分为中间继电器、时间继电器和信号继电器。（√）

822. 当双回线中一条线路停电时，应将双回线方向横差保护停用。（√）

823. 避雷器爆炸，冒烟着火时，必须用开关切断电源。（√）

824. 变压器正常负荷及冷却条件下，温度不断上升应立即停止变压器运行。（×）

825. 发电机定子线圈漏水，并伴有定子接地立即将发电机解列停机。（√）

826. 过电流保护是根据电路故障时，电流增大的原理构成的。（√）

827. 真空断路器适用于35kV及以下的户内变电站和工矿企业中要求频繁操作的场合和故障较多的配电系统，特别适合于开断容性负载电流。其运行维护简单、噪声小。（√）

828. 当主变压器上层油温达到90℃时变压器跳闸。（×）

829. 合环是指将电气环路用断路器或隔离开关闭合的操作。（√）

830. 对强油导向的变压器应选用转速不大于2000r/min的低速油泵。（×）

831. 电压互感器一次熔丝熔断时，可更换加大容量的熔丝。（×）

832. 输变电设施的非计划停运是设施不可用的状态。（√）

833. 蓄电池在放电过程中，电解液中的水分增多，浓度和比重下降。（√）

834. 电流表的阻抗较大，电压表的阻抗则较小。（×）

835. 雷电过电压分为直击雷过电压和感应雷过电压两种。（√）

836. 强迫油循环风冷变压器冷却装置投入的数量应根据变压器温度、负荷来决定。（√）

837. 停运中的三相异步电动机电源缺一相时，仍可启动起来。（×）

838. 制氢设备中，气体含氢量不应低于96%，含氧量不应超过4%。（×）

839. 并联电容器的总容量等于并联电容器电容量的和。（√）

840. 保安电源的作用是当400V厂用电源全部失去后，保障机组安全停运。（√）

841. 距离保护一段范围是线路全长。（×）

842. 变压器的铜损不随负荷的大小而变化。（×）

843. 主变压器充电，停电操作前，应合中性点接地开关，运行中切换中性点接地开关，应先拉后合。（×）

844. 内部过电压的产生是由于系统的电磁能量发生瞬间突变引起的。（√）

845. 电功率是长时间内电场力所做的功。（×）

846. 线圈自感电动势的大小，正比于线圈中电流的变化率，与线圈中的电流的大小无关。（√）

847. 6kV开关上的接地开关，主要是为保证人身安全设置的。（√）

848. 变压器在进行送电及充电合闸试验以前，要测各回路的绝缘电阻。（√）

849. 电流直接经过人体或不经过人体的触电伤害叫做电击。（×）

850. 判断直导体和线圈中电流产生的磁场方向，可以用右手螺旋定则。（√）

851. 在串联电路中，总电阻等于各电阻之和。（√）

852. 在直导体中，感应电动势的方向由左手定则确定。（×）

853. 汽轮发电机转子铁芯是用矽钢片叠加而成的。（×）

854. 电流互感器工作原理与变压器相同，在电流互感器运行时，相当于变压器二次侧开路状态。（×）

855. 在电路中，任意两点间电压的大小与参考点的选择无关。（√）

856. 熔断器的熔断时间与通过的电流大小有关。当通过电流为熔体额定电流的两倍以下时，必须经过相当长的时间熔体才能熔断。（√）

857. 电流源输出电流随它连接的外电路不同而异。（×）

858. 电机铭牌上的"温升"，指的是定子绕组的允许温升。（√）

859. 在电气设备上工作，保证安全的组织措施有：工作票制度、工作许可制度、工作监护制度。（×）

860. 电力系统发生短路故障时，其短路电流为电感性电流。（√）

861. 所有电流互感器和电压互感器的二次绕组应有永久性的、可靠的保护接地。（√）

862. 变压器呼吸器在运行中必须保持畅通，巡视设备时，要检查干燥器下部透气孔是否有堵塞现象。（√）

863. 断路器 SF_6 气体压力降低时，立即断开该开关。（×）

864. 电压互感器高压侧熔断器熔断，可能引起保护误动作，所以应该先将有关保护停用，再进行处理。（√）

865. 高频保护是反应线路各种故障的保护。（√）

866. 金属材料的电阻随温度的升高而减少。（×）

867. 在液压机构油泵电机回路中，电源已加装熔断器，再加装热继电器是作为熔断器的后备保护。（×）

868. 接地保护又称为零序保护。（√）

869. 距离保护一段的保护范围基本不受运行方式变化的影响。（√）

870. 在升压过程中，发现定子电流升起或出现定子电压失控时，立即对发电机进行灭磁。（√）

871. 双母线接线，当线路开关因故拒跳时，可用母联断开该线路。（√）

872. 发电机并网后，可通过增减磁按钮进行有功的调整。（×）

873. 变压器大盖沿气体继电器方向坡度为 $2\%\sim4\%$。（×）

874. 少油断路器只需通过观察窗能看见有油就是能运行。（×）

875. 同期装置新投入或大修后，必须进行假同期试验。（√）

876. 系统长期低频运行时，汽轮机低压级叶片将会因振动加大而产生裂纹，甚至发生断裂事故。（√）

877. 变压器油的黏度越低，对变压器冷却越好。（√）

878. 误合隔离开关，必须立即拉开。（×）

879. 主变压器冷却器全停时，允许继续运行 20min，当油面温度不超过 75℃ 时，允许继续运行 1h。（√）

880. 当保护、自动装置及二次回路继电器接点振动频繁，线圈过热冒烟应退出该保护

及自动装置，汇报值长并通知继电保护人员处理。（√）

881. 系统发生谐振时，三相不对称，因而有零序分量。（√）

882. 因为电压有方向，所以是向量。（×）

883. 备用母线无须试充电，可以直接投入运行。（×）

884. 绝缘油除用于绝缘外，对变压器还有冷却作用，对断路器兼有熄弧作用。（√）

885. 交流装置中 A 相为黄色，B 相为绿色，C 相为红色。（√）

886. 500kV 系统为 3/2 接线时，在两台开关间均装设有短引线保护，在发电机或线路的出口隔离开关断开的情况下短引线保护自动投入。（√）

887. 感应电动机在额定负荷下，当电压升高时，转差率与电压的平方成反比地变化；当电压降低时，转差率迅速增大。（√）

888. 绝缘手套的试验周期是一年。（×）

889. 环境温度为 25℃时，母线接头允许运行温度为 80℃。（×）

890. 系统频率的变化对发电厂本身也有影响，当系统频率降低时，异步电动机和变压器的励磁涌流也大大下降，引起系统无功负荷的减少，结果引起系统电压下降。（×）

891. 三相负载接收的总有功功率，等于每相负载接收的有功功率之和。（√）

892. 在实际运行中，三相线路的对地电容，不能达到完全相等，三相对地电容电流也不完全对称，这时中性点和大地之间的电位不相等，称为中性点出现位移。（√）

893. 监护人必须由高一级岗位或对系统设备熟悉经验丰富的人员担任，监护人应参与操作。（×）

894. 如需要重复测量绝缘或更换测量人员，必须按一个新的操作项目对待，必须从操作票首项开始。（×）

895. 接线展开图由交流电流电压回路、直流操作回路和信号回路三部分组成。（√）

896. 氢冷发电机气体置换的中间介质只能用 CO_2。（×）

897. 发电机不允许在定子不通内冷水的情况下带负荷运行。（√）

898. 为使发电机并列时不产生过大的冲击电流，应在功率角接近于 0°时将断路器接通，通常，控制 δ 角不大于 20°时，就认为符合要求了。（×）

899. 电流互感器的二次内阻很大，所以认为电流互感器是一个电流源。（√）

900. 正常运行时，发电机定子三相不平衡电流不得超过额定值的 5%，且其中任何一相电流不得超过额定值。（√）

901. 发电机绕组中流过电流之后，就在绕组的导体内产生损耗而发热，这种损耗称为铜损耗。（√）

902. 在系统变压器中，无功功率损耗较有功功率损耗大得多。（√）

903. 发电机定子绕组通入除盐水后的绝缘电阻主要取决于水的绝缘电阻，相间和对地绝缘电阻不作为绝缘的判断依据，主要检查水质，保持定子冷却水入口处的冷却水的导电率小于 $2\mu s/cm$。（√）

904. 断路器（电磁机构）合闸控制回路的负荷包括断路器的合闸接触器和合闸线圈。（×）

905. 功率角 δ 是同步发电机运行状态的一个重要的变量，它不仅决定了发电机输出功率的大小，而且还说明发电机转子运动的空间位置。（√）

906. 主变压器压力释放保护动作于信号。（√）

907. 测量发电机转子及励磁回路的绝缘电阻，应使用 $500\sim1000\text{V}$ 的绝缘电阻表。（√）

908. 变压器大量漏油而使油位迅速下降时，应将重瓦斯保护改投信号，但差动保护不能退出。（×）

909. 千瓦时是功的单位。（√）

910. 一般认为电阻系数很大的导电体为绝缘材料。（√）

911. 在几个电阻串联电路中，电压分配与各电阻成正比。（√）

912. 在系统振荡过程中，系统电压最高点叫振荡中心，它位于系统综合阻抗的 1/2 处。（×）

913. 倒闸操作中途因实际需要一般可以临时换人，但监护人要自始至终认真监护。（×）

914. 日光灯管是非线性电阻元件。（√）

915. 蓄电池的工作过程实际上是可逆的物理变化过程。（×）

916. 消弧线圈的补偿方式有：欠补偿、过补偿、全补偿三种。（√）

917. 电流互感器与电压互感器二次侧需要时可以相互连接。（×）

918. 在装有综合重合闸的线路下，所有保护不直接动作于跳闸，而经过综合以后跳闸。（√）

919. 主变压器绕组温度是由埋在绕组中的温度测量元件测得。（×）

920. 电流互感器二次应接地。（√）

921. 影响变压器励磁涌流的主要原因有：①变压器剩磁的存在；②电压合闸角。（√）

922. 发电机出口 GIS 组合控制柜切换钥匙切至"就地"操作时，电气回路闭锁被解除，但 SF_6 气体压力低的机械闭锁仍有效。（×）

923. 蓄电池室禁止点火、吸烟，但可以使用普通照明开关、插座。（×）

924. RLC 串联电路，当 $\omega C < \omega L$ 电路成容性。（√）

925. 发电机轴承油系统或主油箱内含氢量超过 1% 时应停机处理。（√）

926. 直流系统发生负极接地时，其负极对地电压降低，而正极对地电压不变。（×）

927. 断路器在合闸位置时红灯亮，红灯亮时也代表跳闸回路的完好性。（√）

928. 6kV 高压电机运行中电流突然升高，而 DCS 远方停不下来时，应立即派人到 6kV 母线室手动打跳开关。（×）

929. 同步发电机发生振荡时，应设法增加发电机励磁电流。（√）

930. 系统频率降低，发电机转子转速也降低，其两端风扇的功率降低，使发电机的冷却条件变坏，使各部分的温度升高。（√）

931. 双绕组变压器工作时，电压较高的绕组通过的电流较小，而电压较低的绕组通过的电流较大。（√）

932. 两个相邻节点的部分电路叫做支路。（√）

933. 操作开关时，操作中操作人员只需检查表计是否正确。（×）

934. 隔离开关是对电力系统起安全隔离作用的开关。（√）

935. 接用或使用临时电源时，应装有动作可靠的漏电保护器。（√）

936. 强迫油循环风冷变压器的油流速度越快越好。（×）

937. 进入保护室内的操作禁止使用通信设备。（×）

938. 对备用电源自动投入装置的基本要求之一是备用电源投入后，工作电源才断开。（×）

939. 发电机准同期并列的条件是电压频率相位必须和系统相同。（√）

940. 发电机正常运行期间，当氢侧密封油泵停用时，应注意氢气纯度在90%以上。（×）

941. 电源电压过低，异步电动机启动力矩下降，会造成启动困难，可能不能启动。（√）

942. 线路重合闸装置的投入或者退出，必须得到调度的命令，在退出重合闸时必须将线路的两台开关的重合闸同时退出。（√）

943. 380V保安某段工作电源跳闸后，若备用电源未联投，柴油机也未自启时，可先强投一次备用电源，否则应强启柴油机。（×）

944. 当发现油开关本体缺油时，应立即将该开关的操作断路器取下。（√）

945. 在雷雨时，可以在露天配电设备附近工作。（×）

946. 当运行中的电动机发生燃烧，无二氧化碳、1211灭火器时，可用消防栓连接喷雾水枪灭火。（√）

947. 一经合闸即可送电到工作地点的断路器（开关）和隔离开关（刀闸）的操作把手上，均应悬挂"止步，高压危险"的标示牌。（×）

948. 套管表面脏污将使闪络电压降低。（√）

949. 瓦斯保护能反应变压器油箱内的任何电气故障，差动保护却不能。（√）

950. 高压厂用变压器重瓦斯保护属于发变组的主保护。（√）

951. 变压器空载合闸时，由于励磁涌流存在的时间很短，因此一般对变压器无危害。（√）

952. 发电机运行的氢气纯度不得低于94%，含氧量小于2%。（×）

953. 同步发电机励磁绕组的直流电源极性改变，而转子旋转方向不变时，定子三相交流电动势的相序将不变。（√）

954. 低压熔断器所用熔体材料必须采用低熔点金属材料。（×）

955. 励磁调节器的自动通道发生故障时应及时修复并投入运行。（√）

956. 变压器的过负荷电流通常是不对称，因此变压器的过负荷保护必须接入三相电流。（×）

957. 发电机与系统并列运行时，增加发电机有功时，发电机的无功将改变。（√）

958. 母线保护在外部故障时，其差动回路电流等于各连接元件的电流之和（不考虑电流互感器的误差）；在内部故障时，其差动回路的电流等于零。（×）

959. 电磁式测量仪表既能测量交流量又能测量直流量。（√）

960. 电流互感器的一次电流随二次电流变化。（×）

961. 在切除长距离高压空载线路之前，应将母线电压适当调高一些，以防空载线路停运后，系统电压过低，影响系统稳定运行。（√）

962. 电流互感器可以把高电压与仪表和保护装置等二次设备隔开，保证了测量人员与仪表的安全。（√）

963. 等效电源定理中的诺顿定理，是指任何一个线性有源二端网络都可以用一个电压源来代替。（×）

964. 只要发电机电压和系统电压两相量重合就满足并机条件。（×）

965. 主变压器重瓦斯保护不属于发变组的主保护。（×）

966. 电阻串联电路的总电阻为各电阻之倒数和。（×）

967. 停用备用电源自动投入装置时，应先停用电压回路。（×）

968. R 和 L 串联的正弦电路，电压的相位总是超前电流的相位。（×）

969. 发电机灭磁电阻阻值 R 的确定原则是尽量缩短灭磁过程，R 越大越好。（×）

970. 当线路出现非全相时，不一定有负序电流或零序电流的产生。（×）

971. 直流系统正常时，蓄电池处于浮充电状态。（√）

972. SF_6 开关大修后投入前，必须进行两次分、合闸试验。（√）

973. 电流互感器在运行时，二次绕组绝不能开路，否则就会感应出很高的电压，造成人身和设备事故。（√）

974. 电流互感器是把大电流变为小电流的设备，又称变流器。（√）

975. 6kV 电动机用 2500V 绝缘电阻表测量绝缘，应不低于 6MΩ。（√）

976. 严格执行保护连接片投退的规定，除了规定允许可以不测板间压差的情况外，必须在保护投入前测量板间压差。（√）

977. 电网频率过高对汽轮机运行没有影响，过低则有较大影响。（×）

978. 变压器励磁涌流含有大量的高次谐波分量，并以 5 次谐波为主。（×）

979. 发电机绝缘过热监测过热报警时，应立即取样进行色谱分析，必要时停机进行消缺处理。（√）

980. 运行中的变压器的中性点可视为不带电。（×）

981. 开关的交流合闸绕组通入同样数值的直流电压时，绕组会烧坏。（√）

982. 无论高压设备带电与否，值班人员不得单独移开或越过遮栏进行工作。（√）

983. 使用万用表测回路电阻时，必须将有关回路电源拉开。（√）

984. 交流电路中，电阻元件上的电压与电流的相位差为零。（√）

985. 电流通过一个电阻，在此电阻上电能转化为热能，计算公式 $Q = I^2 R t$。（√）

986. 在发电机非全相运行时，禁止断开灭磁开关，以免发电机从系统吸收无功负荷，使负序电流增加。（√）

987. 在中性点直接接地的系统中，发生单相接地故障时，非故障相对地电压将升高。（×）

988. 在大接地电流系统中，变压器中性点接地的数量和变压器在系统中的位置，是经综合考虑变压器的绝缘水平、降低接地短路电流、保证继电保护可靠动作等要求而决定的。（√）

989. 同步发电机是利用电磁感应原理产生电动势的。（√）

990. 用向量表示正弦量可以形象地突出正弦量的平均值和相位。（×）

991. 干式变压器如遭受异常潮湿，发生凝露现象，则无论绝缘电阻如何，在投入前，必须进行干燥处理。（√）

992. 发电机的负序电流不能超过8％额定电流。（√）

993. 相差动高频保护的基本原理是比较被保护线路两侧的短路功率方向。（×）

994. 发电机任一定子槽内测温元件温度超过90℃或出水温度超过85℃时，在确认测温元件无误后，应立即停机。（√）

995. 自并励的发电机失步时的影响要比他励发电机严重。（√）

996. 电源和负载就可以构成一个完整的电路。（×）

997. 发电机做短路试验时，必须退出发电机差动、主变压器差动、发变组差动。（×）

998. 发电机发生非周期振荡与转子一点接地有关。（×）

999. 电阻、电感和电容串联的电路，画相量图时，最简单的方法是以电流为参考相量。（√）

1000. 我国电力系统中性点接地方式有三种，分别是直接接地方式、经消弧线圈接地方式和经大电抗器接地方式。（×）

1001. 电和磁两者是相互联系不可分割的基本现象。（√）

1002. 转动设备开关绿灯不亮灯泡不坏不影响该设备用。（×）

1003. 电压互感器可以隔离高压，保证了测量人员和仪表及保护装置的安全。（√）

1004. 两只电流互感器串联使用，此时电流变比将减小。（×）

1005. 大电流接地系统是指变压器中性点直接接地。（√）

1006. 用并联容性设备来提高功率因数，应补偿功率因数接近于1。（×）

1007. 发电机气体置换，所用的介质容积基本上等于发电机的内部气体容积。（×）

1008. 电机进相运行时必须加强监视，如果发现有功、无功负荷摆动或者不稳，立即拉回滞相运行并且汇报值长，由值长汇报调度。（√）

1009. 试送是指设备检修后或故障跳闸后，经初步检查再送电。（√）

1010. 接触器按其吸持线圈使用的电源种类可分为直流接触器和交流接触器。（√）

1011. 电网安全自动装置出现故障或异常，必须立即汇报中调并根据调度命令执行有关操作。（×）

1012. 电压互感器又称仪表变压器，也称TV，工作原理、结构和接线方式都与变压器相同。（√）

1013. 为避免消弧线圈的抽头处 $I_L = I_C$ 时出现谐振，应满足 $I_L > I_C$，且 I_L 选得越大越好。（×）

1014. 变压器零序保护是线路的后备保护。（√）

1015. 任意电路中支路数一定大于节点数。（×）

1016. 为了保护电压互感器，二次线圈和开口三角的出线上均应装设熔断器。（×）

1017. 验电时，应先在有电设备上验电，确认验电器良好后再在被验设备上验电。（√）

1018. 110V 直流系统工作充电器故障时短时可以由蓄电池供电。（√）

1019. 变压器内的油起灭弧和冷却作用。（×）

1020. 对于厂用电备自投的要求是需要联动多次。（×）

1021. 励磁方式不同的两台同步发电机是不能并列运行的。（×）

1022. 在一次设备运行而停部分保护进行工作时，应特别注意断开不经连接片的跳、合闸线圈及与运行设备安全有关的连线。（√）

1023. 电弧是一种气体游离放电现象。（√）

1024. 站内所有避雷针和接地网装置为一个单元进行评级。（√）

1025. 同一电源接两台交流电动机，电动机的极对数多的一台转速低，电动机的极对数少的一台转速高。（√）

1026. 厂用电系统中的第一类负荷为常用负荷，一般由单电源供电。（×）

1027. 五防闭锁解锁钥匙应现场封存，按班交接。（×）

1028. 感应电动机的额定功率等于从电源吸收的总功率。（×）

1029. 电源的开路电压为 60V，短路电流为 2A，负载从该电源能获得的最大功率为 30W。（√）

1030. 变压器短路故障后备保护主要是作为相邻元件及变压器外部的后备保护。（×）

1031. 变压器的绝缘电阻 R60″，应不低于出厂值的 85%，吸收比 R60″/R15″≥1.3。（√）

1032. 转动着的发电机，即使未加励磁，也应认为有电压。（√）

1033. 高压厂用变压器上层油温达到 55℃时，冷却器将自动投入运行。（√）

1034. 电路中两个或两个以上元件的连接点叫做节点。（×）

1035. 发电机的负序电抗是指当发电机定子绕组中流过负序电流时所呈现的电抗。（√）

1036. 测量直流电压和电流时，要注意仪表的极性与被测量回路的极性一致。（√）

1037. 在电容器的特性中，最重要的参数是电容量和介质损耗。（×）

1038. 在直流电路中，电容器通过电流瞬时值的大小和电容器两端电压的大小成正比。（×）

1039. 为了防止发电机定子线圈和铁芯温度升高，绝缘发热老化，风温应越低越好。（×）

1040. 变压器外加的一次电压可以较额定电压高，但不得超过相应分接头额定电压值的 105%。（√）

1041. 为防止电流互感器短路，二次侧必须装设熔断器。（×）

1042. 频率的高低对电流互感器变比的误差影响较大。（×）

1043. 异步电动机在额定负载运行时，其功率因数最高。（√）

1044. 系统运行电压降低时，应增加系统中的无功功率。（√）

1045. 熔断器的作用是一样的，只有形状与容量大小及熔断时间的区分。（×）

1046. 特别重要和复杂的操作，由熟练的值班人员操作，值班负责人、值长或专业负责人监护。（√）

1047. 进行变压器的空载试验时，不管从变压器哪一侧绕组加压，测出的空载电流百分数都是一样的。（√）

1048. 金属导体电阻的大小与加在其两端的电压有关。（×）

1049. 分裂电抗器的两个支路，运行中没有电磁的联系。（×）

1050. 为防止厂用工作母线失电，备用电源应在工作母线电压下降至下限值时，立即投入。（×）

1051. 蓄电池在充电过程中，内阻增大，端电压降低。（×）

1052. 调节发电机的有功功率时，会引起无功功率的变化。（√）

1053. 当需要将发电机某屏保护全部退出时，只要将其电源断开就可以了。（×）

1054. 断路器的失灵保护主要由启动回路、时间元件、电压闭锁、跳闸出口回路四部分组成。（√）

1055. 为了防止发电机轴电流造成的电化学腐蚀，汽轮机各轴承应稳固接地。（×）

1056. 在正常运行方式下，所有的厂用电源均投入工作，把没有明显断开的备用电源称为暗备用。（√）

1057. 电路的组成只有电源和负载。（×）

1058. 需为运行中的变压器补油时，应先将重瓦斯保护改接信号后再工作。（√）

1059. 并接在电路中的熔断器，可以防止过载电流和短路电流的危害。（×）

1060. 变压器中性点应有一根与主地网连接的接地引下线，并应符合热稳定技核的要求。（×）

1061. 跳闸（合闸）线圈的压降均小于电源电压的90%才为合格。（√）

1062. 线路停电时，必须按照断路器、母线侧隔离开关、负荷侧隔离开关的顺序操作，送电时相反。（×）

1063. 如果发电机在运行中铁芯温度长期过高，会使硅钢片间的绝缘老化，发生局部短路，使铁芯涡流损耗增加，引起局部发热。（√）

1064. 感性无功功率的电流向量超前电压向量90°，容性无功功率的电流向量滞后电压向量90°。（×）

1065. 在整流电路中，把两只或几只整流二极管并联时，为了避免各支路电流不能平均分配而烧毁二极管，须在每只二极管上并联一个均流电阻。（×）

1066. 空气、变压器油、SF_6都可用做绝缘和灭弧介质。（√）

1067. 采用V—V型接线的电压互感器，只能测量相电压。（×）

1068. 变压器中性点直接接地时，采用零序电压保护。（×）

1069. 电压互感器与变压器不同，互感比不等于匝数比。（√）

1070. 为保证电刷的接触良好，电刷的压力越大越好。（×）

1071. 变压器呼吸器中的硅胶，正常未吸潮时颜色为粉色。（×）

1072. 变压器有载调压的分接开关主要由选择开关、切换开关、限流电阻和机械传动部分组成。（√）

1073. 距离保护的测量阻抗值不随运行方式而变。（√）

1074. 采用 Y/Y 接线的变压器，只能得到偶数的接线组别。（√）

1075. 在电阻串联的电路中，其电路和总电阻、总电压、总电流都等于各分支电路中电阻、电压、电流的总和。（×）

1076. 发电机转子绕组铁芯的氢内冷有间接冷却转子通风系统和直接冷却转子气隙取气斜流式通风系统两种。（√）

1077. 变比不相同的变压器不能并列运行。（√）

1078. 通常所说的负载大小是指负载电流的大小。（√）

1079. 并列是指将发电机（或两个系统）并列运行。（×）

1080. 发电机风温过高会使定子线圈温度、铁芯温度相应升高；使绝缘发生脆化，丧失机械强度；使发电机寿命大大缩短。（√）

1081. 定冷水温度过高，容易引起水在发电机导线内汽化，造成导线超温烧毁。（√）

1082. 在一般电路里，熔断器既可以是短路保护，又可以是过载保护。（√）

1083. 变压器投入运行时，应先从电源侧充电，后合负荷侧开关。变压器停用时应先拉电源侧开关，后拉负荷侧开关。（×）

1084. 在电阻串联电路中，每个电阻上的电压大小与电阻大小成正比。（√）

1085. 在模拟演习中，保护连接片及二次熔丝等设备的模拟操作，要在模拟图版上指出相当的位置。（√）

1086. 系统电源应设计有可靠的两路供电电源，备用电源的切换时间应小于 10ms。（×）

1087. 中性点经消弧线圈接地的运行方式称为大电流接地系统。（×）

1088. 调整炭刷、擦拭整流子不能两人同时进行工作。（√）

1089. 变压器的铁损是交变磁通在铁芯中产生的涡流损失和磁滞损失之和。（√）

1090. 三相异步电动机的定子绕组在同一个电源中使用时，既可以做 Y 连接，又可以做 △ 连接。（×）

1091. 单位时间内电场力所做的功叫做电功率，电功率反映了电场力移动电荷做功的速度。（√）

1092. 变压器差动保护的关键问题是不平衡电流大，而且不能完全消除。因此在实现此类保护时必须采取措施躲开不平衡电流的影响。（√）

1093. 新安装的蓄电池应有检修负责人、值班员、站长进行三级验收。（×）

1094. 电气三相母线 A、B、C 三相的识别，分别用黄、绿、红作为标志。（√）

1095. 电气设备分为高压和低压两种，其中设备对地电压在 1000V 及以上者为高压。（√）

1096. 严禁用隔离开关向变压器充电或切断变压器的负荷电流和空载电流。（√）

1097. 发电机定子冷却水压力任何情况下都不能高于发电机内气体的压力。（×）

1098. 发电机定子绕组接地的主要危害是故障点电弧烧坏定子绕组。（×）

1099. 变压器铭牌上的阻抗电压就是短路电压。（√）

1100. 工作票的有效期，以值长批准的工作期限为准。（√）

1101. 辅助继电器不能直接反应电气量的变化，其主要作用是用来改进和完善保护的功能。（√）

1102. 户内隔离开关的泄露比距比户外隔离开关的泄露比距小。（√）

1103. 正常情况下，将电气设备不带电的金属外壳或构架与大地相接，称为保护接地。（√）

1104. 电压互感器的二次回路中，必须加熔断器。（√）

1105. 距离保护装置中的阻抗继电器一般都采用90°接线。（×）

1106. 变压器空载运行时，其铜耗较小，所以空载时的损耗近似等于铁耗。（√）

1107. 采用取下熔断器寻找直流系统接地时，应先取下负极熔断器，后取下正极熔断器。（×）

1108. 6kV 及以下的电力电缆长期运行导体温度不能超65℃。（√）

1109. 强励保护、过电压保护、低频率保护、逆功率保护、过负荷保护、失磁保护等是反映发电机组故障工况的电气量保护。（×）

1110. 可以用三相三柱式电压互感器测量相对地电压。（×）

1111. SF_6 断路器如遇到 SF_6 气室严重漏气发出操作闭锁信号时，应申请停电处理。（×）

1112. 发电厂的蓄电池，一般都采用串联使用方法，串入回路中的蓄电池数，其总电压为直流母线电压。（√）

1113. 检修人员用钳形电流表测量高压回路的电流可不使用工作票。（×）

1114. 交流电流表指示的电流值，表示交流电流的平均值。（×）

1115. 同步发电机的功角 $\delta < 0$ 时，发电机处于调相机或同步电动机运行状态。（√）

1116. 异步电动机在运行中，定子与转子之间只有磁的联系，而没有电的联系。（√）

1117. 模拟操作中发生异常，应立即停止操作。查明原因，处理完毕后，重新开始模拟操作。（√）

1118. RTO 型熔断器属于快速熔断器。（×）

1119. 接地距离保护比零序电流保护灵敏可靠。（√）

1120. 电流表与被测负荷并联测量电流。（×）

1121. 使用万用表测量电阻，每换一次欧姆挡都要把指针调零一次。（√）

1122. 任何运行中的星形接线设备的中性点，必须视为带电设备。（√）

1123. 双母线上的电压互感器二次侧必须经过该互感器一次侧隔离开关的辅助触头。（√）

1124. 我国规定的安全电压等级是 42、36、24、12、6V 额定值五个等级。（√）

1125. 两个平行放置的载流导体，当通过的电流为同方向时，两导体将呈现出互相排斥。（×）

1126. 电气上的"地"的含义不是指大地，而是指电位为零的地方。（√）

1127. 能使电流继电器接点返回原来位置的最小电流叫作该继电器的返回电流。（√）

1128. 变压器过负荷时应该投入全部冷却器。（√）

1129. 发电机封闭母线微正压充气装置是为了防止周围潮湿、受污染的空气进入封闭母线。（√）

1130. 定子匝间短路保护不仅可作为发电机内部短路的主保护，还可作为发电机内部相间短路及定子绕组开焊的保护。（√）

1131. 发电机解列后，应尽快停止冷却水的运行。（×）

1132. 高压设备发生接地时，室内不得接近故障点 4m 以内。（√）

1133. 电力系统对继电保护的基本要求是：快速性、灵活性、可靠性和选择性。（√）

1134. 厂用电是指发电厂辅助设备、辅助车间的用电，不包括生产照明用电。（×）

1135. 绝缘体不容易导电是因为绝缘体中几乎没有电子。（×）

1136. 新投运的变压器做冲击合闸实验，是为了检查变压器各侧主断路器是否承受操作过电压。（×）

1137. 距离保护可显著提高保护的灵敏度和速动性。（√）

1138. 在 220kV 系统中电气设备的绝缘水平主要由大气过电压决定。（×）

1139. 系统频率降低时应增加发电机的有功功率。（√）

1140. 取下三相交流熔断器，应先取中间相。（√）

1141. 电气设备着火的扑救方法是：先切断有关电源，而后用专用灭火器材扑救。（√）

1142. 断路器的开断电流，就是在给定电压下无损地开断最大电流。（√）

1143. 电流互感器二次回路只允许有一个接地点。（√）

1144. 变压器的输出等效电阻（阻抗）与其匝数比 N_1/N_2 成正比。（×）

1145. 变压器储油柜中的胶囊器起使空气与油隔离和调节内部油压的作用。（√）

1146. 少油式断路器中的变压器油除用做灭弧和触头间隙的绝缘外，还有对地绝缘的作用。（×）

1147. 双笼形式或深槽式电动机最大特点是启动性能好。（√）

1148. 两个频率相同的正弦量的相位差为 180°，叫做同相。（×）

1149. 单元制接线是指发电机出口不设母线，发电机直接与主变压器相接升压后送入系统。（√）

1150. 发变组系统发生直接威胁人身安全的紧急情况，应立即将发电机解列停机。（√）

1151. 电容器充电时的电流，由小逐渐增大。（×）

1152. 变压器的三相连接方式，最常用的就是星形和三角形联结。（√）

1153. 变压器过负荷保护接入跳闸回路。（×）

1154. 携带型短路接地线的导线、线卡、导线护套要符合标准，固定螺栓无松动，接地线标示牌、试验合格证清晰，无脱落。（√）

1155. 磁滞损耗的大小与频率成正比关系。（√）

1156. 电气设备在保留主保护条件下运行，可以停用后备保护。（√）

1157. 并列是指将发电机（或两个系统）经用同期表检查同期后并列运行。（√）

1158. 三相负载三角形联结时，当负载对称时，线电压是相电压的 1.732 倍。（×）

1159. 导体的电阻与导体截面积成反比。（√）

1160. 水内冷发电机水质不合格时会引起电导率增加，管道结垢。（√）

1161. 在系统发生不对称断路时，会出现负序分量，可使发电机转子过热，局部温度高而烧毁。（√）

1162. 变压器可以在过负荷时调节分头。（×）

1163. 当距离保护突然失去电压，只要闭锁回路动作不失灵，距离保护就不会产生误动。（√）

1164. 接地开关进行检修时，必须另设携带型短路接地线。（√）

1165. 低压验电笔只适用于 500V 及以下的低压电气设备。（√）

1166. TV 二次侧接地是为了保护接地。（√）

1167. 高压断路器在大修后应调试有关行程。（√）

1168. 三相负载采用星形联结或三角形联结与三相电源的联结方式有关。（×）

1169. 变压器过电流保护一般装在负荷侧。（×）

1170. 当发电机 TV 断线报警时，处理首先是停用该 TV 相关保护。（√）

1171. 准确度为 0.1 级的仪表，其允许的基本误差不超过 ±0.1%。（√）

1172. 根据最大运行方式计算的短路电流来检验继电保护的灵敏度。（×）

1173. 当发生单相接地故障时，零序功率的方向可以看做以变压器中性点为电源向短路点扩散。（×）

1174. 氢冷发电机不允许在未充氢气和定子线圈未通冷却水的情况下投入励磁升压。（√）

1175. 对称三相电源三角形联结，线电流是相电流的 3 倍。（×）

1176. 某变电站的某一条线路的电流表指示运行中的电流为 200A，这就是变电站供给用户的实际电流。（×）

1177. 真空灭弧室易于灭弧的原理是由于触头置于真空中，其触头间隙中可电离的微粒少。（√）

1178. 线圈匝数 W 与其中电流 I 的乘积，即 WI 称为磁动势。（√）

1179. 发电机绕组接地的主要危害是故障点电弧灼伤铁芯。（√）

1180. 自耦变压器中性点必须直接接地运行。（√）

1181. 发电机的氢气湿度越小越好。（×）

1182. 主变压器大量漏油使油位迅速下降时，可以将重瓦斯保护退出。（×）

1183. 为保证人身和设备的安全，电力设备外壳应接地或接零。（√）

1184. 当发电机的转子绕组发生一点接地时，应立即停机处理。（×）

1185. 变压器冷却器控制投自动，当变压器投入运行时，工作冷却器应自动投入运行；当变压器退出运行时，冷却器全部自动停止运行。（√）

1186. 利用单结晶体管的特性，配合适当的电阻和电容元件就可构成可控硅的触发电

路。（√）

1187. 在电路计算中，电流不能出现负值。（×）

1188. 电动机的外壳接地线是保护人身及电动机安全，所以禁止在运行中的电动机接地线上进行工作。（√）

1189. 主变压器冷却器直流控制电源开关跳闸，20min 后，若主变压器油面温度达到75℃时，主变压器冷却器电源全停保护将动作跳闸。（×）

1190. 在单相接地时，消弧线圈中的感性电流能够补偿单相接地的电容电流，可避免产生接地电弧的过电压。（√）

1191. 电抗角就是线电压超前线电流的角度。（×）

1192. 铅酸蓄电池在放电过程中，内阻增大，端电压升高。（×）

1193. 发电机加励磁必须在转速达 3000r/min 时方可进行。（√）

1194. 线路零序保护是距离保护的后备保护。（×）

1195. 运行中电流表发热冒烟，应短路电流端子，甩开故障仪表，再准备更换仪表。（√）

1196. 电压互感器二次回路采用多点接地，易造成保护拒绝动作。（√）

1197. 手动合隔离开关时，必须迅速果断，但合闸终了时不得用力过猛，在合闸过程中产生电弧，应迅速把隔离开关再拉开。（×）

1198. 发电机的功率因数一般不超过迟相 0.95。（√）

1199. 大气过电压只有一种，即因雷击于设备附近时在设备上产生的感应过电压。（×）

1200. 当电压回路断线时，将造成距离保护装置拒动，所以距离保护中装设了断线闭锁装置。（×）

1201. 高压断路器铭牌上的遮断容量，即在某电压下的开断电流与该电压的乘积。（×）

1202. 各变电站防误装置万能锁钥匙要由值班员登记保管和交接。（×）

1203. 并联电容器不能提高感性负载本身的功率因数。（√）

1204. 电动机在额定功率运行时，相间电压不平衡不超过 10%。（×）

1205. 电机的功率因数是视在功率与有功功率的比值。（×）

1206. 蓄电池电解液的比重随温度的变化而变化，温度升高则比重下降。（√）

1207. 直流系统正常时，蓄电池提供设备的负荷电流。（×）

1208. 在有灯光监察的控制回路中，红灯亮时，指示断路器整个合闸回路完好。（×）

1209. 水内冷发电机的绝缘引水管，运行中要承受水的压力和强电场的作用，所以，引水管要经水压试验。（√）

1210. 不停电电源装置输出的是直流电。（×）

1211. 接地的中性点又叫零点。（×）

1212. 变比不相等的两台变压器并列运行只会使负荷分配不合理。（×）

1213. 直流电磁式仪表是根据磁场对通电矩形线圈有力的作用这一原理制成的。（√）

1214. 电气设备是按正常工作额定电压和额定电流选择的。（×）

1215. 审查工作票所列安全措施应正确完备和符合现场实际安全条件是值长应负的安全

责任。（×）

1216. 蓄电池室应使用防爆型照明和防爆型排风机，开关、熔断器、插座等可以装在蓄电池室内。（×）

1217. 复杂电路与简单电路的根本区别，在于电路中元件数量的多少。（×）

1218. 使用 500kV GIS 解锁钥匙就地解锁操作时，电气回路闭锁被解除，但 SF_6 气体压力低的机械闭锁仍有效。（√）

1219. 电流在一定时间内所做的功称为功率。（×）

1220. 厂用工作段 6kV 母线故障后高压厂用变压器差动保护应动作于跳闸。（×）

1221. 变压器温度计所反映的温度是变压器运行中的上部油层的温度。（√）

1222. 电动机因检修工作拆过接线时，必须进行电动机转向试验。（√）

1223. 事故照明回路中不应装设日光灯。（√）

1224. 对于直流电路，电容元件相当于短路。（×）

1225. 将检修设备停电，对已拉开的断路器和隔离开关取下操作电源，隔离开关操作把手必须锁住。（√）

1226. 绕线式电动机的频敏变阻器是起降低启动电流提高启动力矩作用。（√）

1227. 手动励磁调节运行期间，在调节发电机的有功负荷时必须先适当调节发电机的无功负荷，以防止发电机失去静态稳定性。（√）

1228. 系统发生振荡时，电厂应将电压调整到最大允许值。（√）

1229. 在气体继电器及其二次回路上工作时应先将重瓦斯保护由"跳闸"改接为"信号"。（√）

1230. 发电机停机后必须退出主变压器差动保护连接片。（×）

1231. 发电机运行中要求定子冷却水温必须高于氢温是为了防止定子绕组结露。（√）

1232. 如变压器的一次侧是高压，二次侧是低压，则称为升压变压器；反之，称为降压变压器。（×）

1233. 二次回路的任务是反映一次系统的工作状态，控制和调整二次设备，并在一次系统发生事故时，使事故部分退出工作。（√）

1234. 励磁涌流对变压器并无危险，因为这种冲击电流存在的时间短。（√）

1235. 变压器差动保护的保护范围是变压器本身。（×）

1236. 交流发电机的容量越大，频率越高；容量越小，频率越低。（×）

1237. 距离保护中的振荡闭锁装置，是在系统发生振荡时，才启动去闭锁保护。（×）

1238. 电流的方向规定为电子的运动方向。（×）

1239. 装拆接地线必须使用绝缘杆，戴绝缘手套和安全帽，并不准攀登设备。（√）

1240. 发电机定子铁芯温度升高是由于定子绕组将热量传到铁芯造成的。（×）

1241. 并联电容器能提高感性负载本身的功率因数。（×）

1242. 直流电路中应用欧姆定律，交流电路也可以应用。（√）

1243. 三相端线之间的电压称为相电压。（×）

1244. 发电厂中高压电动机电源网络的接地电流大于 5A 时对大容量的电动机才考虑装

设接地保护。（√）

1245. 基尔霍夫定律是直流电路的定律，对于交流电路是不能应用的。（×）

1246. 可控硅整流电路，是把交流电变为大小可调的直流电，因此输出电压随控制角的增大而减小。（√）

1247. 变压器在空载时一次绕组中仅流过励磁电流。（√）

1248. 电流强度的方向是负电荷移动的方向。（×）

1249. 为防止厂用工作母线失去电源，备用电源应在工作电源的断路器事故跳闸前自动投入。（×）

1250. 能使低压继电器触点从断开到闭合的最高电压叫作该继电器的动作电压。（√）

1251. 接触器是用来实现低压电路的接通和断开的，并能迅速切除短路电流。（×）

1252. 蓄电池室内禁止点火、吸烟，但允许安装普通用的开关、插销等器具。（×）

1253. 恒压源并联的元件不同，则恒压源的端电压不同。（×）

1254. 防止人员误操作是指防止电气、热控二次系统三误。（×）

1255. 零序电流保护，能反映各种不对称短路，但不反映三相对称短路。（×）

1256. 非同期并列是指将发电机（或两个系统）非同期并列运行。（×）

1257. 高压厂用备用变压器冷却器投自动运行时，通过变压器的上层油温、高压绕组温度和负荷电流来自动控制冷却器的运行。（√）

1258. 为了防止变压器保护误动造成厂用失压，主变压器高压侧开关装设了重合闸装置。（×）

1259. 三相电源中，任意两根相线间的电压为线电压。（√）

1260. 交流铁芯绕组的电压、电流、磁通能同为正弦波。（×）

1261. 绝缘电阻表是测量电气设备绝缘电阻的一种仪表。它发出的电压越高，测量绝缘电阻的范围越大。（√）

1262. 有源元件开路时的端电压与电动势的大小、方向相同。（×）

1263. 由零序电压滤过器组成的断线闭锁装置，只有当电压回路断线时才动作。（×）

1264. 厂用电工作的可靠性，在很大程度上由电源的连接方式决定。（√）

1265. 交流电路中对电感元件 $u_L = L di / dt$ 总成立。（×）

1266. 直流发电机电枢是原动机拖动旋转，在电枢绕组中产生感应电动势将机械能转换成电能。（√）

1267. 发电厂一次主接线通常包括发电机母线侧的接线和升压变电站的接线。（√）

1268. 提高发电机的电压将使发电机铁芯中的磁通密度增大，引起铜损增加，铁芯发热。（×）

1269. 方向高频保护是根据比较被保护线路两侧的功率方向这一原理构成。（√）

1270. 相差高频保护是一种对保护线路全线故障接地能够瞬时切除的保护，但它不能兼作相邻线路的后备保护。（√）

1271. 发电机定子绕组或外部发生接地故障时，机端三相对中性点电压保持对称，三相对地电压不对称。（×）

1272. 变压器三相负载不对称时，将出现负序电流。（√）

1273. 解环是指将电气环路用断路器或隔离开关闭合的操作。（×）

1274. 电阻元件的伏安关系是一条通过原点的直线。（×）

1275. 为了防止变压器在运行或试验中，由于静电感应而在铁芯或其他金属构件上产生悬浮电位造成对地放电，其穿心螺杆应可靠接地。（×）

1276. 电压互感器一次绕组与二次绕组的感应电动势，在同一瞬间方向相同或相反，即为电压互感器的极性。（√）

1277. 新变压器投入运行前需进行一次冲击试验。（×）

1278. 在回路中，感应电动势的大小与回路中磁通的大小成正比。（×）

1279. 发电厂重要道路应建成环形，并应有道路与主要建筑物和消防队（所）连通。（√）

1280. 当系统发生振荡时，距振荡中心远近的影响都一样。（×）

1281. 强充机可以带两段直流母线运行。（×）

1282. 装设接地线必须先接接地端，后接导体端，且必须接触良好。（√）

1283. 发电机励磁回路一点接地故障，由于构不成电流回路，对发电机不会构成直接的危害。（√）

1284. 主变压器冷却器直流控制电源开关跳闸后，主变压器冷却器电源将全停。（√）

1285. 断路器固有分闸时间称断路时间。（×）

1286. 中性点不接地系统发生单相接地时，线电压没有升高。（√）

1287. 非正常运行方式下进行的电气倒闸操作，操作人等要认真审核操作票，防止因操作票填写的疏漏而引发误操作。（×）

1288. 电动机发生强烈振动、串动或内部发生撞击、静、转子摩擦冒火应紧停。（√）

1289. 对称的三相正弦交流电的瞬时值之和等于零。（√）

1290. 要将电压表扩大量程，应该串联电阻。（√）

1291. 衡量电能质量的指标有电压、频率和谐波分量。（√）

1292. 非同期并列是指将发电机与电力系统不经同期检查即合闸并列运行。（√）

1293. 直流回路中不宜使用动作速度快的断路器。（√）

1294. 万用表、绝缘电阻表的极线应有明显的颜色区分。（√）

1295. 在使用移动电动工具时，金属外壳必须接地。（√）

1296. 电动势与电压的方向是相同的。（×）

1297. 磁感应强度 $B = \varphi/S$ 又叫磁通密度。（√）

1298. 从功角特性曲线可知功率平衡点即为稳定工作点。（×）

1299. 转子匝间短路严重，转子电流达到额定值，无功仍然很小，应申请停机。（×）

1300. TV 中性点接地是对 TV 保护回路起保护作用。（√）

1301. 变压器要并列运行，应满足以下条件：接线组别相同、变比相同、短路电压相同。（√）

1302. 负载的功率因数低，对电力系统的运行不利。（√）

1303. 继电保护的灵敏度越高越好。（×）

1304. 变压器铜损的大小仅与负载大小有关。（×）

1305. 直流系统一点接地后，可以继续运行。（√）

1306. 电流互感器在运行中二次侧严禁短路。（×）

1307. 手动断开隔离开关操作中，若刀口刚拉开时产生电弧应立即迅速拉开。（×）

1308. 对称三相正弦量在任一时刻瞬时值的代数和都等于零。（√）

1309. 发电机定子主要由定子绕组、定子铁芯、机座和端盖等部分组成。（√）

1310. 各电压等级母线、母联断路器、旁路断路器、母联兼旁路断路器的名称必须有电压等级。（√）

1311. 电力网是由输、配电线路和变、配电装置组成的。（√）

1312. 电压互感器的二次内阻抗很小，甚至可以忽略，所以认为电压互感器是一个电压源。（√）

1313. 当电网电压降低时，应增加系统中的无功功率；当系统频率降低时，应增加系统中的有功功率。（√）

1314. 并联谐振时也叫电压谐振。（√）

1315. 6kV 工作电源开关停电操作时其间隔内所有控制开关必须全部断开。（×）

1316. 在调节有载调压分接头时，如果出现分头连续动作的情况，应立即断开操作电源，而后用手动方式将分接头调至合适的位置。（√）

1317. 零序电流只有在电力系统发生接地故障或非全相运行时才会出现。（√）

1318. 变电站装设了并联电容器组后，上一级线路输送的无功功率将减少。（√）

1319. 计算电气设备的耐压水平时，要按交流电压的最大值考虑。（√）

1320. 操作开关时，操作中操作人要检查灯光、表计是否正确。（√）

1321. 直流系统的绝缘降低，相当于该回路的某一点经一定的电阻接地。（√）

1322. 直流输电主要用于长距离、大容量的输电线路。（√）

1323. 蓄电池的自放电是一种现象，而不会引起损耗。（×）

1324. 断路器的位置指示灯红灯亮时，不仅表示断路器在合闸位置，而且表示合闸回路是完好的。（×）

1325. 继电保护人员输入定值应停用整套微机继电保护装置。（√）

1326. 操作过程中，发生疑问时，应根据现场实际情况及时更改操作票方可继续操作。（×）

1327. 自动励磁调节装置在系统发生短路时能自动使短路电流减小，从而提高保护的灵敏度。（×）

1328. 发电机与系统并列运行时，增加发电机有功时，发电机的无功不变。（×）

1329. 三相四线制的中性线也应装有熔断器。（×）

1330. 常用仪表标准等级越高，仪表的测量误差越小。（√）

1331. 在系统发生事故时，不允许变压器过负荷运行。（×）

1332. 电压互感器二次负载变化时，电压基本维持不变，相当于一个电压源。（√）

1333. 三相短路电流计算的方法不适用于不对称短路计算。（×）

1334. 电压互感器中的油主要起灭弧作用。（×）

1335. 变压器的二次电流与一次电流之比，等于二次绕组匝数与一次绕组匝数之比。（×）

1336. 当系统电压升高或频率下降时，变压器会产生过励磁现象。（√）

1337. 在装设高频保护的线路两端，一端装有发信机，另一端装有收信机。（×）

1338. 变压器储油柜的容积一般为变压器容积的 5% 左右。（×）

1339. 高峰负荷时升高电压，低谷负荷时降低电压的中枢点电压调整方法，称为"顺调压."。（×）

1340. 并联电阻可以用来分压。（×）

1341. 电机的发热主要是由电流引起的电阻发热和磁滞损失引起的。（√）

1342. 水内冷发电机出水温度过高，容易引起水在发电机导线内汽化，造成导线超温烧毁。（√）

1343. 隔离开关可以切无故障电流。（×）

1344. 电流流过导体时，由于导体具有一定的电阻，因此就要消耗一定的电能，这些电能转变的热能，使导体温度升高，这种效应称为电流的热效应。（√）

1345. 故障时，高频闭锁方向保护的高频电流信号在故障线路上流通。（×）

1346. 变压器温度所反应的是变压器上部油层的温度。（√）

1347. 如果两台直流发电机要长期稳定并列运行，需要满足的一个条件是向下倾斜的外特性。（√）

1348. 水内冷发电机在运行中，定子铁芯的温度比绕组的温度高。（√）

1349. 发电机并列分为"自动准同期"和"手动准同期"两种方式。（√）

1350. 所有变压器的铁芯、绕组均浸在变压器油箱油中。（×）

1351. 改善异步电动机的启动特性，主要指降低启动时的功率因数，增加启动转矩。（×）

1352. 在对故障掉闸线路实施强送成功后，可不检查强送后的断路器。（×）

1353. 当发电机的电压下降至低于额定值的 95% 时，定子电流长时期允许值的数值仍不得超过额定值。（×）

1354. 恶性误操作是指带负荷拉、合开关；带电装设接地线或合接地开关；带接地线或接地开关合开关。（×）

1355. 变压器和电动机都是依靠电磁感应来传递和转换能量的。（√）

1356. 厂用电动机对启动次数的规定：在正常情况下，允许冷态状态启动 3 次，每次时间间隔不小于 5min。（×）

1357. 当功角 δ>90° 时，发电机运行处于静态稳定状态。（×）

1358. 同步发电机的损耗主要为铁损和铜损。（√）

1359. 零电位的改变，必然改变各点的电位大小，当然也改变了各点间的电位差。（×）

1360. 当系统发生振荡事故时，不得擅自将发电机解列。（√）

1361. 发电机励磁调节器直流控制电源掉电后，调节器将自动切换至手动方式运行。（×）

1362. 发电机定子接地保护动作于跳闸。（√）

1363. 紧急情况下，电气设备允许短时间无保护运行。（×）

1364. 当变压器轻瓦斯动作报警后，应立即将重瓦斯保护退出。（×）

1365. 涡流对一般电气设备是无危害的。（×）

1366. 发电机正常运行时，调整无功功率，有功不变；调整有功功率，无功不变。（×）

1367. 自然循环风冷、自然冷却的变压器，上层油温不得超过 95℃。（√）

1368. 自然油循环风冷冷却装置由两路电源供电，分别为电源Ⅰ和电源Ⅱ，两路电源可互为备用。（√）

1369. 雷电流由零值上升到最大值所用的时间叫波头。（√）

1370. 异步电动机的转速总是不能达到定子旋转磁场的转速，即永远低于同步转速。（√）

1371. 380V 电源系统一般为中性点不接地系统。（×）

1372. 为防止误操作，高压电气设备都应加装防误操作的闭锁装置。（√）

1373. 电力变压器的油起绝缘和防锈作用。（×）

1374. 在由零序电压滤过器组成的距离保护的电压断线闭锁装置中，有一个零序电流继电器是起反闭锁作用的。（√）

1375. 电气设备的额定值是制造厂家按照安全、经济、寿命全面考虑为电气设备规定的正常运行参数。（√）

1376. 发电厂的厂用电，包括厂内有关发电的机械用电、照明用电和交、直流配电装置的电源用电等。（√）

1377. 一个支路的电流与其回路的电阻的乘积等于电功。（×）

1378. 电容元件的容抗与频率成反比关系。（√）

1379. 密封油箱补油量大，不会造成氢气纯度下降。（√）

1380. 直流磁路中的磁通随时间变化。（×）

1381. 把电容器串联在线路上以补偿电路电抗，可以改善电压质量，提高系统稳定性和增加电力输出能力。（√）

1382. 直接启动 10kW 以上的电动机，冷态启动不可超过 2 次，每次间隔不少于 10min。（×）

1383. 电压互感器与变压器主要区别在于容量小。（√）

1384. 对于电源，电源力总是把正电荷从高电位移向低电位做功。（×）

1385. 在输送容量相同的情况下，输送电流与线路电压成正比。（×）

1386. 低频、低压减负荷装置出口动作后，应当启动重合闸回路，使线路重合。（×）

1387. 电容电路中，电流的大小完全决定于交流电压的大小。（×）

1388. 对称的三相电源星形联结时，相电压是线电压的 0.577 倍，线电流与相电流相等。（√）

1389. 运行中出现异常或事故时，值班人员应首先复归信号继电器，再检查记录仪表、保护动作情况。（×）

1390. 高压断路器铭牌上标明的额定电压，即为允许的最高工作电压。（×）

1391. 在大接地电流系统中，某线路的零序功率方向继电器的零序电压接于母线电压互感器的开口三角电压时，在线路非全相（断开一相）运行期间，该继电器不会误动作。（×）

1392. 对于电动机负载，熔断器的熔断电流应保证启动状态（电流可达 5～7 倍额定电流）下不致熔断。（√）

1393. 断路器去游离过程等于游离过程时电弧熄灭。（×）

1394. 电容器组各相之间电容的差值应不超过一相电容总值的 25%。（×）

1395. 电缆线路在运行中电压不得超过电缆额定电压的 15% 以上。（√）

1396. 如果发电机在运行中周波过高，发电机的转速增加，转子的离心力明显增大。（√）

1397. 变压器大量漏油使油位迅速降低，此时应将瓦斯保护由跳闸改信号。（×）

1398. 电动机的滑动轴承温度不能超过 65℃，滚动轴承不能超过 75℃。（×）

1399. 变压器的低压绕组绝缘容易满足，所以低压绕组需绕在外边，高压绕组电压高，必须绕在里边。（×）

1400. 绝对压力、表压力和真空都是气体状态参数。（×）

1401. 发电机解列停机时要确认发电机有功负荷至低限，无功负荷近于零。（√）

1402. 当运行中的电动机发生燃烧时，应立即将电动机电源切断，尽快使用泡沫灭火器及干砂灭火。（×）

1403. 一般交流接触器和直流接触器在使用条件上基本一样。（×）

1404. 变压器充电时，重瓦斯保护必须投入跳闸位置，投运后，可根据有关的命令和规定，投入相应的位置。（×）

1405. 中性点直接接地电网中发生单相接地故障时，故障点的零序电压最高，零序电流从故障点沿线路流向变压器中性点。（√）

1406. 直流母线电压过低是断路器拒绝合闸的原因之一。（√）

1407. 电力系统在很小的干扰下，能独立恢复到原状态的能力，称为静态稳定。（√）

1408. 当三相异步电动机的定子绕组接于电压 380V 的电源上时，此时电动机定子每相绕组的电压是 380V。（×）

1409. 异步电动机启动电流的大小与是否带负荷启动无关。（√）

1410. 厂用备用电源自动投入装置每月进行实际传动试验。（×）

1411. 交直流接触器不能互换使用。（√）

1412. 电流对人体伤害的严重程度同通过人体电流的大小、通过时间的长短、电流的频率、人体的部位、健康状况有关。（√）

1413. 二次接线回路上的工作，无须将高压设备停电者应使用第二种工作票。（√）

1414. 发电机进相或无功负荷较少时，在启动 6kV 电机前，应增加发电机无功，将厂用

电压提高后，再启动电机运行。（√）

1415. 电力系统是由发电厂、变、配电装置，电力线路和用户所组成。（√）

1416. 用支路电流法求解复杂直流电路时，首先要列出与节点数相同的独立方程。（×）

1417. 判别磁场中运动导线的感应电动势方向应使用左手定则。（×）

1418. 电路的功率因数是视在功率与有功功率的比值。（×）

1419. 频率的单位是乏尔，用字母 Hz 表示。（×）

1420. 当主母线、主变压器故障跳闸，无外部电源充电或不宜外部电源充电时，可用发电机从零起升压的方法进行加压试验。（√）

1421. 一导体的电阻与所加的电压成正比，与通过的电流成反比。（×）

1422. 蓄电池的容量随着电解液比重的增加而减少。（×）

1423. 双卷变压器的纵差保护是根据变压器两侧电流的相位和幅值构成的，所以变压器两侧应安装同型号和同变比的电流互感器。（×）

1424. 任何情况下变压器均不能过负荷运行。（×）

1425. 三相异步电动机定子绕组一相断线时仍可启动起来。（×）

1426. 在处理变压器的呼吸器透气孔堵塞过程中，不准将重瓦斯保护退出运行。（×）

1427. 高压断路器投入运行，允许在带有工作电压的情况下，手动机构合闸或就地操作按钮合闸。（×）

1428. 6kV 电机应用 1000V 绝缘电阻表测绝缘。（×）

1429. 当整个发电厂与系统失去同步时，该电厂所有发电机都将发生振荡，在 2min 后应将电厂与系统解列。（×）

1430. 操作中发生疑问时，不准擅自更改操作票。（√）

1431. 轴功率为 1000kW 的水泵可配用 1000kW 的电动机。（×）

1432. 600MW 发电机的冷却风区分为 11 个风区，其中分为 5 进 6 出。（√）

1433. 变压器重瓦斯保护与差动保护不能同时退出运行。（√）

1434. 电流互感器二次开路会引起铁芯发热。（√）

1435. 定时限过电流保护，短路电流越大，动作时限越小。（×）

1436. 发生接地故障时，特有的电气量是零序电压和零序电流。（√）

1437. 电动机在运行时有两个主要力矩：使电动机转动的电磁力矩和由电动机带动的机械负载产生的阻力力矩。（√）

1438. 在变压器中，输出电能的绕组叫作一次绕组，吸取电能的绕组叫作二次绕组。（×）

1439. 电流互感器二次绕组严禁开路运行。（√）

1440. 发电机转子回路发生一点接地，定子三相电流将出现不平衡。（×）

1441. 线路发生单相接地故障后，离故障点越近零序电压越高。（√）

1442. 线路串联电容器可提高电力系统静态稳定性。（√）

1443. 电动机的额定转速是指电动机空载时的转速。（×）

1444. 感抗等于电感元件的电压和电流瞬时值的比。（×）

1445. 采用 Yy 接线的变压器，只能得到奇数的接线组别。（×）

1446. 发电机转子回路发生一点接地故障时，其励磁绕组的电压降低。（×）

1447. 一般情况下，频率超过 50±0.2Hz 的持续时间不应超过 20min。（√）

1448. 所有要停电的工作都要开第一种工作票。（×）

1449. 装设地线时可不验电。（×）

1450. 主开关合闸后主变压器风扇自动投入，主开关跳开时主变压器风扇自动停止。（√）

1451. 操作过程中发生疑问时，不准擅自更改操作票。（√）

1452. 双笼形电动机的内笼形电阻小，感抗大，启动时产生的力矩较小。（√）

1453. 变压器潜油泵的轴承应采用 A 级或者 B 级，禁止使用无铭牌、无级别的轴承。（×）

1454. 励磁流涌可达变压器额定电流的 6～8 倍。（√）

1455. 在负序网络或零序网络中，只在故障点有电动势作用于网络，所以故障点有时称为负序或零序电流的发生点。（√）

1456. 直流母线应采用分段运行的方式，设置在两段直流母线之间联络开关，正常运行时开关处于合上位置。（×）

1457. 三相异步电动机运行中定子回路断一相，仍可继续转动。（√）

1458. 有载调压装置装在变压器的低压侧。（×）

1459. 同频正弦量的相位差就是它们初相之差。（√）

1460. 在同样的绝缘水平下，变压器采用星形接线比三角形接线可获取较高的电压。（√）

1461. 6kV 厂用开关合闸时，必须将非同期闭锁手把投入。（√）

1462. 重合闸后加速是当线路发生永久性故障时，启动保护不带时限，无选择地动作再次断开断路器。（√）

1463. 高压输电线路采用分裂导线，可以提高系统的静态稳定性。（√）

1464. 380V 电动机用 1000V 绝缘电阻表测量绝缘，应不低于 1MΩ。（×）

1465. 一般油浸变压器的绝缘属于 A 级绝缘材料，在正常运行中，当最高环境温度为 40℃时，变压器绕组的最高允许温度规定为 105℃。（√）

1466. 同步发电机失磁时，无功负荷表指示在零位。（×）

1467. 双回线方向横差保护只保护本线路，不反映线路外部及相邻线路故障，不存在保护配置问题。（√）

1468. 所谓对称的三相负载是指三相的电流有效值相等，三相的相电压的相位差相等（互差 120°）。（×）

1469. 右手定则和左手定则的关系是一个定则的两种法。（×）

1470. 零序保护必须带有方向。（×）

1471. 发电机炭刷的接触压降越小越好。（×）

1472. 变压器储油柜的作用是扩大散热面积，改善冷却条件。（×）

1473. 发变组保护没有单个的保护投退连接片，保护的投退在软件中实现。（×）

1474. 等效电源定理中的戴维南定理，是指任何一个线性有源二端网络都可以用一个恒流源 I_s 和电阻 R_s 并联的电路来代替。（×）

1475. 母线充电保护在正常运行时可不退出。（×）

1476. 母线倒闸操作中，必须将母差保护停用。（×）

1477. SF_6 是无色、无臭、不燃、无毒的惰性气体。（√）

1478. 为了限制故障的扩大，减轻设备的损坏提高系统的稳定性，要求继电保护装置应具有快速性。（√）

1479. 油开关内部油的作用是灭弧和冷却作用。（×）

1480. 电力系统振荡时，对继电保护装置的电流继电器、阻抗继电器有影响。（√）

1481. 6kV 厂用电系统为中性点经低电阻接地系统，因此该 6kV 厂用电系统不允许单相接地运行。（√）

1482. 在换路瞬间电感两端的电压不能跃变。（×）

1483. 正在运行中的同期继电器的一个线圈失电，不会影响同期重合闸。（×）

1484. 晶体三极管的输入特性曲线呈线性。（×）

1485. 当发电机定子发生匝间短路时发电机差动保护将肯定动作。（×）

1486. 变压器的铁芯是直接接地的。（√）

1487. 变压器输出无功功率也会引起有功损耗。（√）

1488. 每个指令项的起止操作项目执行后要记录操作时间。（√）

1489. 遇有电气设备着火时应立即将有关设备的电源切断，然后再进行灭火。（√）

1490. 灯光监视的断路器控制回路，红灯亮时说明断路器在合闸位置且合闸回路完好。（×）

1491. 钳形电流表的主要优点是精确度高。（×）

1492. 电阻与导线长度 L 成正比，与导线截面积成反比。（√）

1493. 瞬时电流速断是主保护。（×）

1494. 电容器允许在 1.1 倍额定电压、1.3 倍额定电流下运行。（√）

1495. 当带铁芯的绕组外加电压越高时电流越大，所以说它是一个线性元件。（×）

1496. 具有自动控制与自动调节功能的励磁系统，称为自动调节励磁系统。它由供给直流励磁的电源部分及控制、调节励磁的调节器两大部分组成。（√）

1497. 发电机组大、小修时，可按设备、系统、专业工作情况使用一张工作票。（√）

1498. 运行中的电压互感器溢油时，应立即停止运行。（√）

1499. 6kV 断路器检修时，应合上相关电机的接地开关。（×）

1500. 电网运行遇有危及人身及设备安全的情况时，发电厂、变电站的运行值班单位的值班人员可以按照有关规定处理，处理后应当立即报告有关调度机构的值班人员。（√）

1501. 高处坠落是危险点控制措施的重点，但机械伤害不是危险点控制措施的重点。（×）

1502. 继电保护在新投入运行前应检查纪录合格可以投入运行，检查设备完整良好，检

查标志清楚正确。（√）

1503. 在直流电流中，电容器通过电流瞬时值的大小和电容器两端电压的大小成正比。（×）

1504. 充足电的蓄电池，如果放置不用，将逐渐失去电量，这种现象叫蓄电池自放电。（√）

1505. 造成低励和失磁的主要原因为励磁回路部件故障、系统故障、自动控制部分失调以及人为操作不当等。（√）

1506. 在 Y/Y 接线的变压器中，因为各相的三次谐波电流任何瞬间的数值相等，方向相反，故绕组中不会有 3 次谐波电流流过。（×）

1507. 当采用检无压—同期重合闸时，若线路的一端装设同期重合闸，则线路的另一端必须装设检无压重合闸。（√）

1508. 在星形联结的三相对称电源或负载中，线电流等于相电流。（√）

1509. UPS 的逆变器故障，UPS 将自动切换为直流供电。（×）

1510. 避雷器的作用是为了避雷。（×）

1511. 在三角形联结的电路中，线电流等于相电流。（×）

1512. 无论是在变压器投入运行的过程中还是在停运的过程中均应先合入中性点接地开关。（√）

1513. 同频率正弦量相加的结果仍是一个同频的正弦量。（√）

1514. 改变调相机的励磁电流只能改变它的无功功率，起补偿作用。（√）

1515. 变压器净油器作用是吸收油中水分。（√）

1516. 在事故处理中积极恢复设备运行、抢救安置伤员，在事故调查中主动反映事故真相，使事故调查顺利进行的有关事故责任人员，可酌情从宽处理。（√）

1517. 新投入的变压器或大修后变动过内外连接线的变压器，在投入运行前必须进行定相。（√）

1518. 同步发电机的稳态短路电流主要受暂态电抗的限制。（×）

1519. 对发电机励磁装置的要求是动作迅速，但转子线圈两端的过电压不允许超出转子绝缘的允许值。（√）

1520. 室内照明灯开关断开时，开关两端电位差为 0V。（×）

1521. 目前，转子两点接地保护多是利用四臂电桥原理构成的。（√）

1522. 发电机定子一点接地后发电机差动保护将动作。（×）

1523. 电磁式仪表与磁电式仪表的区别在于电磁式仪表的磁场是由被测量的电流产生的。（√）

1524. 零初始条件下，刚一接通电源瞬间，电感元件相当于短路。（√）

1525. 变压器分接头调整不能增减系统的无功，只能改变无功分布。（√）

1526. 发电机运行的稳定性，包括发电机并列运行的稳定性和发电机电压的稳定性。（√）

1527. 发电机内冷水温度不允许低于冷氢温度。（√）

1528. 三角形联结的对称电源或负荷中，线电流是相电流的 1.414 倍。（×）

1529. 差动保护、方向保护、距离保护在投入运行前都应进行六角图试验。（√）

1530. 引起绝缘电击穿的主要原因是作用在电介质上的电场强度过高，当其超过一定限值时，电介质就会因失去绝缘性能而损坏。（√）

1531. 发电机定子线棒最高与最低温度间的温差达 8℃或定子线棒引水管出水温差达 8℃时，应查明原因并加强监视，此时应降低负荷。（√）

1532. 距离保护不带方向。（×）

1533. 所谓变压器高、低压侧电压相位关系，实际上是指电压相量之间的角度关系。（√）

1534. 异步电动机启动力矩小，其原因是启动时功率因数低，电流的有功部分小。（√）

1535. 套管爆炸或破裂，大量漏油，油面突然下降应立即停止变压器运行。（√）

1536. 断路器动、静触头分开瞬间，触头间产生电弧，此时电路处于断路状态。（×）

1537. 具有双星形绕组引出端的发电机，一般装设横联差动保护来反映定子绕组匝间故障和层间短路故障。（√）

1538. 由于电动机负载过重使得直流电动机不能启动，可采用提高电源电压的方法使电机启动。（×）

1539. 空载长线路电容效应引起的工频电压升高与电源容量有关。（√）

1540. 在空载投入变压器或外部故障切除后恢复供电等情况下，有可能产生很大的励磁涌流。（√）

1541. 电流与磁力线方向的关系是用左手握住导体，大拇指指电流方向，四指所指的方向即为磁力线方向。（×）

1542. 电压互感器连接成不完全三角形接线时能取得线电压、相对中性点电压、相对地电压。（×）

1543. 判断载流导体在磁场中的受力方向采用左手定则。（√）

1544. 发变组保护中阻抗保护属于主保护。（×）

1545. 直流电流表也可以测交流电流。（×）

1546. 保持发电机励磁电流不变，则发电机的端电压随负载电流的增大而减小。（√）

1547. 事故信号的主要任务是在断路器事故跳闸时，能及时地发出音响，并做相应的断路器灯位置信号闪光。（√）

1548. 电气设备停电是指切断各侧电源的断路器。（×）

1549. 电压互感器的二次绕组匝数少，经常工作在相当于空载的工作状态下。（√）

1550. 根据基尔霍夫第一定律可知：电流只能在闭合的电路中流通。（√）

1551. 电容量的大小，反映了电容器储存电荷的能力。（√）

1552. 电气系统中挂接地线数量和号码要求运行日志记录和工作票、操作票记录一致，否则要进行认真严格检查，确保现场使用地线记录无误。（√）

1553. 变压器油面突然降至气体继电器以下应汇报值长，通知检修处理。（×）

1554. 变压器负载损耗中，绕组电阻损耗与温度成正比；附加损耗与温度成反比。（√）

1555. 三相交流发电机的有功功率等于电压、电流和功率因数的乘积。（×）

1556. 电动机检修后，先连接靠背轮，再试转。（×）

1557. 避雷器的作用是防护大气过电压和操作过电压。（√）

1558. 涡流损耗的大小，与铁芯材料的性质无关。（×）

1559. 叠加定理适用于复杂线性电路中的电流和电压。（√）

1560. 通电绕组的磁通方向可用右手定则判断。（×）

1561. 发电机发生振荡时，如判明该发电机为送端，应增加无功输出，减小有功输出。（√）

1562. 电流互感器二次开路应用旁路断路器替代后停止运行。（√）

1563. 电动机检修后，试转成功就可结束工作票。（×）

1564. 正弦振荡器产生持续振荡的两个条件为振幅平衡条件和相位平衡条件。（√）

1565. 变压器气体继电器的安装，要求变压器顶盖沿气体继电器方向与水平面具有 1%～1.5%的升高坡度。（√）

1566. 基尔霍夫第一定律的根据是电流的连续性原理。（√）

1567. 安装接地线要先装导体端，后装接地端。（×）

1568. 三相异步电动机的转子转速越低，电动机的转差率越大。（√）

1569. 6kV 系统 TV 高压熔丝熔断与发生单相接地现象一样。（×）

1570. 变压器温度计所反映的温度是变压器的中部温度。（×）

1571. 当电力系统发生不对称短路或非全相运行时，发电机定子绕组中将流过负序电流，并在发电机空气隙中建立负序旋转磁场。（√）

1572. 变压器温升指的是变压器周围的环境温度。（×）

1573. 当低电压保护动作后，不能查明原因时通知继电保护人员。（√）

1574. 电感元件两端电压升高时，电压与电流方向相同。（√）

1575. 交流电流与电压的乘积叫做视在功率。（√）

1576. 三相中性点不接地系统，当发生单相接地时，其三个线电压不变化。（√）

1577. 当三相对称负载三角形联结时，线电流等于相电流。（×）

1578. 保护室内可以使用无线通信对讲设备。（×）

1579. 交流电的初相位是当 $t=0$ 时的相位，用 ψ 表示。（√）

1580. 三相中性点不接地系统发生一点接地时，其他相对地电压不变。（×）

1581. 异步电动机相间突然短路，当发生在定子绕组端部附近时，故障最严重。（√）

1582. 当把电流互感器两个二次绕组串联起来使用时，其每个二次绕组只承受原来电压的一半，负荷减少一半。（√）

1583. 发电机在运行时，当定子磁场和转子磁场以相同的方向、相同的速度旋转时，称为同步。（√）

1584. 发电机损耗分为铜损、铁损、通风损耗与风摩擦损耗、轴承摩擦损耗等。（√）

1585. 对称三相正弦量在任一时刻瞬时值的代数和都等于一个固定常数。（×）

1586. 交流铁芯绕组的主磁通由电压 U、频率 f 及匝数 N 所决定的。（√）

1587. 真空灭弧不需要外界供给介质，但开断失败也会发生爆炸事故。（×）

1588. 对行波防护的主要措施是装避雷器。（√）

1589. 发电机升压时，应监视定子三相电流为零，无异常或事故信号。（√）

1590. 运行中自耦变压器中性点必须接地。（√）

1591. 暂态稳定是指电力系统受到小的扰动（如负荷和电压较小的变化）后，能自动地恢复到原来运行状态的能力。（×）

1592. 变压器冒烟着火应立即停止变压器运行。（√）

1593. 金属导体的电阻与外加电压无关。（√）

1594. 大电流接地系统接地时，系统零序电流的分布与中性点接地的多少及故障位置无关。（√）

1595. 分裂变压器在运行中，原则上应控制所有线圈都不过负荷。（√）

1596. 发电机冷却方式效果最好的是氢冷。（×）

1597. 运行值班人员发现检修人员违反《电业安全工作规程》，应停止其工作，并收回工作票。（√）

1598. 串联电路中，总电阻等于各电阻的倒数之和。（×）

1599. 电动机铭牌上的温升，是指定子铁芯的允许温升。（×）

1600. 电荷之间存在作用力，同性电荷互相排斥，异性电荷相互吸引。（√）

1601. 发电机有功功率过剩时会使频率升高。（√）

1602. 熔断器熔丝的熔断时间与通过熔丝的电流间的关系曲线称为安秒特性。（√）

1603. 在电路中，并联的电容器越多，容抗越小。（√）

1604. 在经常有高频电流的通道中，当故障时高频电流停止即代表为高频信号。（×）

1605. 发电机定子绕组过负荷或外部故障对称过负荷保护，经延时动作于信号。（√）

1606. 操作票要妥善保管留存，保存期为一年。（√）

1607. 电路的任一点所连各支路的电流代数和等于零。（√）

1608. 在测量绝缘前后，必须将被测设备对地放电。（√）

1609. 电容器是储能元件，而电感是耗能元件。（√）

1610. 电压互感器二次绕组严禁短路运行。（√）

1611. 发变组差动保护能保护到 6kV 工作段母线。（×）

1612. 绕线式异步电动机在运行中，转子回路电阻增大，转速降低；电阻减少，转速升高。（√）

1613. 发电机假同期试验的目的是检查同期回路接线的正确性，防止二次接线错误而造成发电机非同期并列。（√）

1614. 发电机进相运行时，负荷电流产生去磁电枢反应。（×）

1615. 电气设备对地电压高于 380V 以上为高压设备。（×）

1616. 6kV 电动机启动时，启动电流较正常运行值大很多，所以产生的启动力矩也较正常运行时大。（×）

1617. 变压器差动保护在新投运前应带负荷测量向量和差电压。（√）

1618. 只有在发电机出口断路器三相全部断开后，才能进行灭磁。（√）

1619. 在非直接接地系统正常运行时，电压互感器二次侧辅助绕组的开口三角处有100V 电压。（×）

1620. 合环是指将电气环路用断路器或隔离开关断开的操作。（×）

1621. 不对称的三相电流分解成正序、负序、零序三组三相对称的电流。（√）

1622. 隔离开关可以拉合负荷电流和接地故障电流。（×）

1623. 发电机启动前应检查所属系统工作票全部结束，并确认无人工作后进行恢复备用工作。（√）

1624. 熔断器熔断时，可以任意更换不同型号的熔丝。（×）

1625. 发电机不允许在空气状态下或不通冷却水的情况下投入发电机励磁。（√）

1626. 发电机密封油只能起到密封作用。（×）

1627. 利用基波零序分量构成的发电机定子接地保护，在中性点附近总是有死区。（√）

1628. 变压器主绝缘是指绕组对地，绕组与绕组之间的绝缘。（√）

1629. 当高压设备发生接地时，在室内不得接近故障点内 8m。（×）

1630. 晶体三极管的输入特性曲线呈非线性。（√）

1631. 直流电机的电枢反应，不仅使主磁场发生严重畸变，而且还产生去磁作用。（√）

1632. 发电机的功率因数提高后，发电机的稳定性降低。（√）

1633. 误拉隔离开关时，如发现电弧，应迅速拉开。（×）

1634. 介质损耗试验主要是检查电气设备对地绝缘状况。（×）

1635. 当系统发生短路或变压器过载时，禁止调节变压器的有载调压分接头。（√）

1636. 直流系统正常情况下，蓄电池组与充电器装置并列运行，采用浮充方式，充电器除供给正常连续直流负荷外，还以小电流向蓄电池进行浮充电。（√）

1637. SF₆ 气体湿度是 SF₆ 设备的主要测试项目。（√）

1638. 母差保护范围是从母线至线路电流互感器之间设备。（√）

1639. 异步电动机的三相绕组，其中有一相绕组反接时，从电路来看，三相负载仍是对称的。（×）

1640. 运行中的变压器，当更换潜油泵工作结束后，应放尽气体继电器内的气体，立即将重瓦斯保护投入运行。（×）

1641. 机组运行中，高压外缸上、下缸温差超过 50℃，高压内缸上、下缸温差超过35℃，应打闸停机。（√）

1642. 在同一回路中有零序保护、高频保护、电流互感器二次有作业时，均应在二次短路前停用上述保护。（√）

1643. 运行中的变压器，在进行更换潜油泵工作前，应将重瓦斯保护退出。（√）

1644. 在中性点直接接地系统上，凡运行变压器的中性点都必须直接接地。（×）

1645. 直流电机的换向过程，是一个比较复杂的过程，换向不良的直接后果是炭刷发热碎裂。（×）

1646. 使用钳形表时，钳口两个面应接触良好，不得有杂质。（√）

1647．发电机无主保护运行应立即将发电机解列停机。（×）

1648．运行中的变压器如果冷却装置全部故障时，应紧急停止变压器运行。（×）

1649．两台变压器铭牌上的数据符合并列条件时，就可直接并列运行。（×）

1650．直流系统正常运行时可以用充电器单独向各个直流工作母线供电。（×）

1651．在中性点不直接接地的电网中，发生单相接地时，非故障相对地电压有时会超过线电压。（√）

1652．当电压回路断线时，将造成距离保护装置误动，所以在距离保护中装设了断线闭锁装置。（√）

1653．变压器套管外面发生短路，变压器差动、瓦斯、过电流保护均要动作跳闸。（×）

1654．干式变压器的温度探头是放置在变压器的低压侧绕组中的。（√）

1655．进行高压验电必须戴绝缘手套。（√）

1656．开关有损坏或者无法操作时及时联系检修处理。（√）

1657．蓄电池的工作过程实际上是可逆的化学变化过程。（√）

1658．串联电路中，电路两端的总电压等于各电阻两端的分压之和。（√）

1659．变压器和发电机都是根据电磁感应原理而工作的。（√）

1660．需要为运行中的变压器补油时先将重瓦斯保护改接信号再工作。（√）

1661．变压器在正常运行中上部油温高于下部油温。（√）

1662．变压器冒烟着火应汇报值长，通知检修处理。（×）

1663．误碰保护使断路器跳闸后，自动重合闸不动作。（×）

1664．仪表的误差有本身固有误差和外部环境造成的附加误差。（√）

1665．在消弧线圈接地系统中补偿度越小，中性点电压越高。（√）

1666．无论电源或负载是星形联结还是三角形联结，无论线电压是否对称，三个线电压的瞬时值的代数和恒等于零。（×）

1667．用绝缘电阻表测量电容器时，应先将摇把停下后再将接线断开。（×）

1668．变压器无论分接头在何位置，如果所加一次电压不超过其相应额定值的10%，则二次侧可带额定电流。（×）

1669．交流电的周期和频率互为倒数。（√）

1670．发电机过负荷能力是随发电机容量的增大而增大的。（×）

1671．靠热游离维持电弧；靠去游离熄灭电弧。（√）

1672．强励动作的原因一般都是由于励磁系统故障引起的。（×）

1673．操作票上的操作项目必须填写双重名称，即设备的名称和位置。（×）

1674．500kV主变压器零序差动保护是变压器纵差保护的后备保护。（×）

1675．中性点不接地系统，在发生单相接地时，由于线电压是对称的，故一般情况下允许带接地继续运行2h左右。（√）

1676．变压器空载时无电流流过。（×）

1677．厂用电在正常情况下，工作变压器投入，备用电源断开，这种方式叫做明备用。（√）

1678. 电流互感器的极性，对继电保护能否正确动作没有关系。（×）

1679. 6kV 电动机若要装设三相纵差保护，必须要有 6 只电流互感器。（×）

1680. 发电机振荡时，定子电流表的指示降低。（×）

1681. 柴油机做到至少每季度试转一次。（×）

1682. 变压器过负荷时，应立即将变压器停运。（×）

1683. 变压器压力式温度计所指温度是绕组温度。（×）

1684. 电气仪表与继电保护装置应分别使用电流互感器的不同次级。（√）

1685. 拉熔丝时，先拉负极，后拉正极，合熔丝时与此相反。（×）

1686. 变压器正常运行时，重瓦斯保护应投跳闸位置，有载调压分接开关的瓦斯保护应投跳闸位置，未经总工批准不得将其退出运行。（√）

1687. 我国电流互感器一次绕组和二次绕组是按加极性方式缠绕的。（×）

1688. 当 UPS 工作电源整流器故障时，UPS 自动切至（直流）经逆变器供电。（√）

1689. 运行中的变压器，当气体继电器本身存在缺陷时，应将重瓦斯保护退出。（√）

1690. 一个线圈的电感与外加电压无关。（√）

1691. 电力系统有功功率不足时，不只影响系统的频率，对系统电压的影响更大。（×）

1692. 电压源和电流源的等值变换，只能对外电路等值，对内电路则不等值。（√）

1693. 母线完全差动保护启动元件的整定值，应能避开外部故障时的最大短路电流。（×）

1694. 励磁回路的一点接地故障，对发电机会构成直接的危害，因此必须立即停机处理。（×）

1695. 操作断路器、隔离开关、接地开关后必须检查到位。（√）

1696. 对继电保护装置的基本要求是：可靠性、选择性、快速性和灵敏性。（√）

1697. 在直流电路中，不能使用油开关来断开大电感回路。（√）

1798. 电感元件在电路中并不消耗能量，因为它是无功负荷。（√）

1799. 发电厂中的母线配电装置，是指用以接收和分配电能的电气装置。（√）

1700. 正常运行中直流母线联络隔离开关在"断开"位。（√）

1701. 新安装或变动过内、外连接以及改变过接线组别的变压器，在并列之前必须定相。（√）

1702. 大气过电压的幅值取决于雷电参数和防雷措施，与电网额定电压无直接关系。（√）

1703. 通过电感线圈的电流，不能发生突变。（√）

1704. 380V 及以下电气的设备，使用 500V 绝缘电阻表，测得其绝缘电阻应大于等于 1MΩ。（×）

1705. 铁磁谐振过电压一般表现为三相电压同时升高或降低。（×）

1706. 感应雷是地面物体附近发生雷击时，由于静电感应和电磁感应而引起的雷电现象。（√）

1707. 当冷却器失去电源全部停止运行后，主变压器允许运行 60min。（×）

1708. 直流系统一点接地后允许长期运行。（×）

1709. 操作时，如隔离开关没合到位，允许用绝缘杆进行调整，但要加强监护。（√）

1710. 在正常运行方式下，电工绝缘材料是按其允许最高工作电压分级的。（×）

1711. 三相异步电动机定子绕组断一相时，仍可继续运行。（√）

1712. 在大接地电流系统中，单相接地故障电流大于三相短路电流的条件（设 $x_1 = x_2$）是：故障点零序综合阻抗小于正序综合阻抗。（√）

1713. 每项操作完毕，监护人核对操作无误后，在操作票栏内打一个红色"对号"，并记录操作时间。（√）

1714. 铁磁材料被磁化的内因是具有磁导。（√）

1715. 发电机进水温度正常值为 35～40℃。（×）

1716. 充电是指不带电设备与电源接通，但设备没有供电（不带负荷）。（√）

1717. 同步发电机带容性负荷时，产生纵轴电枢反应。（√）

1718. 运行中的变压器，在进行滤油工作前，应将重瓦斯保护退出。（√）

1719. 断路器是利用交流电流自然过零时，熄灭电弧的。（√）

1720. 电气配电开关柜要具有防火、防小动物、防尘、防潮和通风的措施。（√）

1721. 硬磁材料的剩磁、矫顽磁力以及磁滞损失都较小。（×）

1722. 用绝缘电阻表摇测电气设备绝缘时，如绝缘电阻表转速比要求转速低的过多，其测量值比实际值将可能偏低。（×）

1723. 隔离开关能拉合电容电流不超过 5.5A 的空载线路。（×）

1724. 发电机的功角就是功率因数角。（×）

1725. 同步发电机发生振荡时，应设法降低发电机励磁电流。（×）

1726. 巡检中如遇高压设备接地，如果高压设备不带电，可以移开或越过遮栏。（×）

1727. 380V 进线开关低电压测量回路的小开关掉闸后，发"失电"信号。（×）

1728. 电力系统的中性点，有直接接地和不接地两种运行方式。（√）

1729. 正常运行时有设备接地，检查时严格遵守安全距离，保证离接地点距离在安全范围内，防止跨步电压触电。（√）

1730. 在中性点直接接地系统中，零序电流互感器一般接在中性点的接地线上。（√）

1731. 当系统频率变化时，整个系统的负荷也要随着改变，即这种负荷随频率而改变的特性叫做负荷频率特性。（√）

1732. 直流装置中的正极为褐色，负极为蓝色。（√）

1733. 在计算和分析三相不对称系统短路时，广泛应用对称分量法。（√）

1734. 逆功率保护属于主变压器的后备保护。（×）

1735. 流过电阻的电流与电阻成正比，与电压成反比。（×）

1736. 隔离开关可以拉合无故障的电压互感器和避雷器。（√）

1737. 在并联电路中，电阻的阻值越大它的压降也就越大，阻值越小它的压降也越小。（×）

1738. 线路发生 TV 断线时，将闭锁零序保护。（√）

1739. 三绕组变压器低压侧的过电流保护动作后，不光跳开本侧断路器还跳开中压侧断路器。（×）

1740. 变压器的阻抗电压越小，效率越高。（√）

1741. 发电机转子回路应用 2500V 绝缘电阻表测绝缘。（×）

1742. 3/2 接线的 500kV 系统，正常运行时，500kV GIS 所有边断路器"投先重"功能连接片应投入。（×）

1743. 发生单相接地短路时，零序电流的大小，等于通过故障点的电流。（×）

1744. 变压器允许正常过负荷，其过负荷的倍数及允许的时间应根据变压器的负载特性和冷却介质温度来决定。（√）

1745. 周期性交流量循环一次所需的时间叫周期。（√）

1746. 磁感应强度又叫磁通密度。（√）

1747. 发电机互感器冒烟、着火、爆炸应申请解列停机。（×）

1748. 电动机绕组电感一定时，频率越高，阻抗越小。（×）

1749. 拆除接地线要先拆接地端，后拆导体端。（×）

1750. 不启动重合闸的保护有：母差保护、失灵保护。（√）

1751. 容性电路的无功功率一定是正值。（×）

1752. 快切装置应保证只动作一次，在下次动作前，必须经人工复归。（√）

1753. 电压互感器一次绕组导线很细，匝数很多，二次匝数很少，经常处于空载的工作状态。（√）

1754. 用万用表测量电阻时，换挡后无需重新校准零位。（×）

1755. 绝缘体不导电是因为绝缘体中几乎没有电子。（√）

1756. 直流系统接地时间不能超过 1h。（×）

1757. 电动机着火的现象是发电机内部冒火、冒烟、嗅到胶臭味。（√）

1758. 稳压管的用途与普通晶体二极管的用途相同。（×）

1759. 带电设备着火时，应使用干式灭火器、CO_2 灭火器等灭火，不得使用泡沫灭火器。（√）

1760. 所谓电流互感器的 10％ 误差特性曲线，是指以电流误差等于 10％ 为前提，一次电流对额定电流的倍数与二次阻抗之间的关系曲线。（√）

1761. 隔离开关没有专门的灭弧装置，所以它不能开断负荷或短路电流，其作用是使停电与带电部分有明显断点和用于倒换电力系统运行方式。（√）

1762. 发电机定子铁芯温度最高不应超过 120℃。（√）

1763. 变压器有载调压分为无级调压和分级调压两大类。（√）

1764. SF_6 气体具有优良的灭弧性能和导电性能。（×）

1765. 厂用一般电动机断笼条多发生在频繁启动或重载启动时。（√）

1766. 遇有电气设备着火时，可在设备未停电前立即进行灭火。（×）

1767. 我厂 500kV 母线电压互感器一次测装有隔离开关，在母线停电时拉开。（×）

1768. 3/2 接线的 500kV 系统，500kV 短引线保护在线路隔离开关断开后会自动投入运

行，只要其"出口跳闸连接片"在"投入"位即可，不用考虑"投短引线保护连接片"在"投入"位或"退出"位。（√）

1769. 大接地电流系统接地短路时，系统零序电流的分布与中性点接地的多少有关，而与其位置无关。（×）

1770. 变压器油位与周围环境温度无关。（×）

1771. 电力系统稳定器（PSS）只能在值长许可的条件下才能投入运行。（×）

1772. 输电线路本身的零序阻抗大于正序阻抗。（√）

1773. 500kV 线路由于输送功率大，故采用导线截面积大的即可。（×）

1774. 欧姆定律是用来说明电路中电压、电流、电阻，这三个基本物理量之间关系的定律，它指出：在一段电路中流过电阻的电流 I，与电阻 R 两端电压成正比，而与这段电路的电阻成反比。（√）

1775. 红灯亮表示跳闸回路完好。（√）

1776. 对发电机—变压器组的防雷保护，只考虑变压器，一般不再考虑发电机。（√）

1777. 重瓦斯保护是变压器内部故障的主保护。（√）

1778. BCH 型差动继电器的差电压与负载电流成反比。（×）

1779. 由基波零序电压原理组成的发电机定子接地保护能保护绕组的全部部分。（×）

1780. 三相三线制电路中，三个相电流之和必等于零。（×）

1781. 当电力系统故障引起电压下降时，为了维持系统的稳定运行和保证对重要用户供电的可靠性，允许发电机在短时间内过负荷运行。（√）

1782. 变压器投入运行后，励磁电流几乎不变。（√）

1783. 按频率自动减负荷装置中电流闭锁元件的作用是防止电流反馈造成低频误动。（√）

1784. 在保护或自动装置中，中间继电器的作用是增加接点数量和容量。（√）

1785. 直流母线电压过高或过低时，只要调整整流器的输出电压即可。（×）

1786. 一个支路电流除该支路的电压等于电阻。（√）

1787. 厂用低压变压器过载时，可根据情况停用一些不重要的负荷或将一些负荷转移到其他变压器上运行。（√）

1788. 为了保证变压器风冷却器的冷却效果，应该定期进行水冲洗。（√）

1789. 对称三相电路星形联结时，线电压为相电压的 $\sqrt{3}$ 倍。（√）

1790. 直流系统绝缘监察装置长期保持在运行状态，直流系统发生一点接地后，运行人员与检修人员共同配合，保证在尽可能短的时间内消除，防止因直流系统两点接地引起保护误动。（√）

1791. 发电机断水保护动作时，直接跳发电机出口开关、灭磁开关、关主汽门。（×）

1792. 铁磁谐振一旦激发，其谐振状态不能"自保持"，持续时间也很短。（×）

1793. 电压互感器的互感比和匝数比完全相等。（×）

1794. 当磁力线、电流和作用力这三者的方向互相垂直时，可以用右手定则来确定其中任一量的方向。（×）

1795. 6kV 发生一点接地时，禁止拉合 TV。（√）

1796. 定时限过电流保护的动作时限，与短路电流的大小有关。（×）

1797. 变压器的中性点直接接地时，采用零序过电压保护。（×）

1798. 在几个电阻串联的电路中，电流分配与各电阻大小无关。（√）

1799. 叠加原理适用于各种电路。（×）

1800. 在用试停的方法寻找直流回路接点时，应将距离保护和高频保护停用。（√）

1801. 发电机 AVC 投入的必要条件是 AVR 在自动运行状态。（√）

1802. 三相五柱式的电压互感器均可用在中性点不接地系统中。（×）

1803. 变压器的变比与匝数比成反比。（×）

1804. 在星形联结的三相对称电源或负荷中，线电压 U_{AB} 的相位超前相电压 U_A 相位 30°。（√）

1805. 电流是交变电流的电路称为交流电路。（√）

1806. 对称的三相电源三角形联结时，线电压与相电压相等，线电流是相电流的 $\sqrt{3}$ 倍。（√）

1807. 发电机采用的水氢氢冷却方式是指定子绕组水内冷、转子绕组氢内冷、铁芯氢冷。（√）

1808. 变压器铁芯可以多点接地。（×）

1809. 高压少油断路器，一般是采用变压器油作为灭弧介质的。（√）

1810. 触电人心脏停止跳动时，应采取胸外心脏按压方法进行抢救。（√）

1811. 用万用表测量交流电时，实际上是把交流电经过整流后，用其平均值来表示的。（√）

1812. 电荷移动的方向为电流的正方向。（×）

1813. 直流电的电流单位是安培，用字母 A 表示。（√）

1814. 互感器的二次侧必须开路。（×）

1815. 变压器一、二次电压之比等于一、二次绕组匝数之比。（√）

1816. 流入电路中一个节点的电流和等于流出节点的电流和。（√）

1817. 在发电机集电环上工作时，应戴绝缘手套，并将袖口扎紧，女同志还应将长发盘在帽内。（×）

1818. 高频保护运行中两侧必须同时投入或退出运行。（√）

1819. 变压器的空载电流主要是有功性质的。（×）

1820. 变压器供出无功负荷，也会引起有功损耗。（√）

1821. 强迫油循环冷却变压器的油流速越快越好。（×）

1822. 发电机定子冷却水出水温度不得超过 85℃。（√）

1823. 变压器的接线组别是表示高低压绕组之间相位关系的一种方法。（√）

1824. 在一个串联电阻的电路中，它的总电流也就是流过某一个电阻的电流。（√）

1825. 在串联电路中，总电阻等于各电阻的倒数之和。（×）

1826. 变压器用胶囊的膨胀和收缩来调节储油柜油面上的空间，从而防止了变压器油与

空气的接触。（√）

1827．发电机的逆变灭磁是利用可控硅的控制角处于 0°～180°范围时来实现的。（×）

1828．母差保护会启动失灵保护。（×）

1829．由于发电机轴电压一般只有 3～5V，故不会对发电机产生不良后果。（×）

1830．对薄绝缘、铝线圈及运行超过 15 年的变压器，应加强技术监督工作。（×）

1831．停电拉闸必须按照熔断器——母线侧开关——负荷侧开关依次操作。（×）

1832．装拆接地线时，均应戴绝缘手套。（√）

1833．电机是进行能量变换或传递的电磁装置，所以变压器也是一种电机。（√）

1834．在半导体中，靠电子导电的半导体称为 P 型半导体。（×）

1835．变压器温度升高时绝缘电阻值不变。（×）

1836．失去同步的发电机其转子电流表指针摆动最为剧烈。（×）

1837．TA 不得短路运行，TV 不得开路运行。（×）

1838．漏磁通和高次谐波磁通引起的附加损耗所产生的热量，能使转子表面和转子绕组的温度升高。（√）

1839．当发生定子接地的处理时，如果保护未投跳闸，当中性点电流达到 0.5～1A 时，应立即停机。（×）

1840．发电厂一次主接线的接线方式主要有单母线、单母线分段，单元、双母线带旁路接线等。（√）

1841．在发生人身触电事故时，为了解救触电人，可不经许可，立即断开有关设备电源，事后再立即汇报上级。（√）

1842．电流的热效应是对电气运行的一大危害。（√）

1843．油浸自冷、风冷变压器正常过负荷不应超过 1.3 倍的额定值。（√）

1844．电感线圈具有通高频、阻低频、通直流、阻交流的特点。（×）

1845．在半导体中，靠空穴导电的半导体称为 N 型半导体。（×）

1846．氢系统最低允许纯度为 96%。（√）

1847．交流电路中，电感元件两端的电压相位超前电流相位 90°。（√）

1848．发电机出口开关就地合闸操作时，只受出口隔离开关的动断触点闭锁，与接地开关的状态无关。（√）

1849．发电机正常情况下解列，应采取汽机打闸联跳发电机出口断路器的方法。（√）

1850．升压站的母线保护电缆、系统稳定装置、线路保护等电缆，不得与动力电缆同沟敷设。（√）

1851．无论在变压器投入运行的过程中，还是在停用过程中，均应先接通各侧中性点接地隔离开关。（√）

1852．新安装或二次回路工作过的变压器，应做保护传动试验。（√）

1853．变压器差动保护，作为变压器的主保护，可代替瓦斯保护。（×）

1854．微机保护的数据采集系统包括交流变换、电压形成、模拟滤波、采样保持、多路转换以及模数转换等环节。（√）

1855. 发电机每一个给定的有功功率都有一个对应的最小励磁电流，进一步减小励磁电流将使发电机失去稳定。(√)

1856. 线路一端的高频保护停运，则另一端的高频保护可以继续运行。(×)

1857. 水内冷定子绕组的导体，既是导电回路，又是冷水通路。(√)

1858. 变压器套管有裂纹且有放电痕迹应立即停止变压器运行。(×)

1859. 一切物体的负电荷的总量，永远多于正电荷的总量，否则就不会有多余的电子流动以形成电流。(×)

1860. 对于回转式空气预热器，为防止厂用电中断后发生转子不均匀变形，必须设置保安电源。(√)

1861. 直流系统接地查找应由继电保护人员主要负责。(×)

1862. 发电机失磁保护与主变压器高压侧电压无关。(×)

1863. 变压器突然短路的最大短路电流通常为额定电流的25～30倍。(√)

1864. 三相全波整流电路在交流一相电压消失时，直流输出电流减小。(√)

1865. 大接地电流系统中，正方向接地故障时，零序电压超前零序电流约100°。(×)

1866. 发电机负序电流不应超过机组额定电流的6%，超过时应降负荷运行。(×)

1867. 当定子绕组冷却水中断时，断水保护延时解列发电机。(√)

1868. 二氧化碳在发电机内滞留时间最长为168h。(×)

1869. 串联在线路上的补偿电容器是为了补偿无功。(×)

1870. 变压器外部有穿越电流流过时，气体继电器动作。(×)

1871. 安全规程规定220kV系统的安全距离为3m。(√)

1872. 变压器的励磁涌流只有变压器空载合闸的时会发生。(×)

1873. 变压器事故过负荷可以经常使用。(×)

1874. 提高功率因数的目的是：①提高设备的利用率；②降低供电线路的电压降；③减少功率损耗。(√)

1875. 变压器内的油又称变压器油。油的黏度越低，对变压器冷却越好。(√)

1876. 变压器的重瓦斯保护与差动保护不能同时退出运行。(√)

1877. 发电机定子接地点离中性点越近，基波零序电压越高。(×)

1878. 电气倒闸操作严禁在操作过程中进行其他的检查、巡视等工作。(√)

1879. 所谓大型变压器储油柜隔膜密封保护，就是在储油柜中放置一个耐油的尼龙橡胶制成的隔膜袋，其作用是把储油柜中的油与空气隔离，达到减慢油劣化速度的目的。(√)

1880. 当变压器的三相负载不对称时，将出现负序电流。(√)

1881. 同步发电机功角$\delta<0$时，发电机处于调相机或同步电动机运行状态。(√)

1882. 电动机启动后发现运转方向反了，应立即拉闸，停电。(√)

1883. 同期装置新投入或大修后，必须进行假同期试验。(√)

1884. 容量不等的两台变压器原则上可以并列运行，但需限制负荷，不能使任意一台变压器过负荷。(√)

1885. 他励式直流发电机，励磁绕组除用另外一台小型直流发电机供电外，还可以用整

流器供电。（√）

1886. 一般大型汽轮发电机—变压器组的过电压保护动作于解列灭磁。（√）

1887. 能满足系统稳定及设备安全要求，能以最快速度有选择地切除被保护设备和线路故障的保护称为主保护。（√）

1888. 断路器、隔离开关、接地开关闭锁失灵时严禁操作。（√）

1889. 凡短时停电会带来设备损坏，危及人身安全，造成主机停运，大量影响出力的厂用电负荷称为三类负荷。（×）

1890. 高压设备发生接地时，室内不得靠近故障点8m以内。（×）

1891. 改变异步电动机电源频率就改变电动机的转速。（√）

1892. 发电机极对数和转子转速决定了交流电动势的频率。（√）

1893. 雷雨天气不准进行室外设备的巡视工作。（×）

1894. 与热力管道交叉时，动力电缆与热力管路的距离为不小于0.5m。（√）

1895. 发电厂的厂用电率是用发电量与厂用电量的比值的百分数表示的。（×）

1896. 在事故处理或进行倒闸操作时，不得进行交接班，交接班时发生事故，应立即停止交接班，并由交班人员处理，接班人员在交班值长指挥下协助工作。（√）

1897. 拉合隔离开关时，必须在所属断路器断开后进行。（√）

1898. 一般情况下，不准在有压力的管道上进行任何检修工作。（√）

1899. 直流耐压试验比工频交流耐压试验更能发现电机端部的绝缘缺陷，所以能代替工频交流耐压试验。（×）

1900. 频率和有效值相同的三相正弦量，即为对称的三相正弦量。（×）

1901. 用万用表电阻挡测量一只二极管的电阻，先测量时读数大，反过来测量读数小，则大的为正向电阻，小的为反向电阻。（×）

1902. 电气设备着火时，可以使用泡沫灭火器进行灭火。（×）

1903. 主变压器引线上所接的避雷器其作用主要是防止雷击造成过电压。（×）

1904. 6kV厂用母线TV停电时，应停用的保护连接片是该母线各低电压保护出口连接片。（×）

1905. 变压器是一种传递电能的设备。（√）

1906. 发现发电机失磁运行时，应立即切除发电机。（×）

1907. 在半导体中，靠电子导电的半导体称P型半导体。（×）

1908. 通常所说的变压器容量，就是指定的有功功率。（×）

1909. 熔断器在电路中可以当断路器使用。（×）

1910. 感性电路的无功功率是负值。（×）

1911. 载流导线在电场中，要受到力的作用，作用力的方向用左手定则判定。（×）

1912. 造成电压崩溃的原因是系统电压严重上升。（×）

1913. 电泵运行时，若其所在6kV厂用母线失电，应立即断开电源开关。（×）

1914. 中性点直接接地系统发生单相接地时，非故障相电压升高。（×）

1915. 两个金属板之间电容量的大小与外加的电压无关。（√）

1916. 发电机运行中电压不得低于额定值的 95%。（×）

1917. 电力系统中电能质量的三个指标通常指的是频率、电压和波形。（√）

1918. 所有继电保护在系统发生振荡时，保护范围内有故障，保护装置均应可靠动作。（√）

1919. 运行中发电机定子接地后应查找接地点并汇报总工。（×）

1920. 高压输电线路的故障，绝大部分是单相接地故障。（√）

1921. 异步电动机在启动过程中，随着转速的增加，转子电流的频率升高，感抗减少。（√）

1922. 发电机失磁后，就不再发出有功功率。（×）

1923. 发电机集电环表面及电刷温度不应超过 120℃。（√）

1924. 速度变动率越大，调节系统的静态特牲线越陡。因此，调频机组的速度变动率应大些。（×）

1925. 大型汽轮发电机常采用准同期方式并网。（√）

1926. 发电机转子一点接地时，励磁电压、电流不会发生变化。（√）

1927. 故障点至距离保护安装处的距离越远，距离保护的动作时限越短。（×）

1928. 运行中的发电机所消耗能量主要包括铁损、铜损、摩擦损耗、通风损耗、杂散损耗。（√）

1929. 发现隔离开关过热时，应采用倒闸的方法，将故障隔离开关退出运行，如不能倒闸则应停电处理。（√）

1930. 电网中的所有设备在投入运行前，保护装置不必全部投入运行。（×）

1931. 电流互感器接线端子松动或回路断线造成开路，处理时应戴线手套，使用绝缘工具，并站在绝缘垫上进行处理。（√）

1932. 6kV 厂用电系统快切装置，事故切换时，采用"并联"切换方式。（×）

1933. 涡流损耗的大小与频率的平方值成正比。（√）

1934. 高压断路器的额定电压指的是线电压。（√）

1935. SF₆ 断路器中，SF₆ 气体压力越高越好。（×）

1936. 在磁路的任一闭合回路中，所有磁势的代数和等于各段磁压的代数和。（√）

1937. 进行心肺复苏时，病人体位宜取头高足低仰卧位。（×）

1938. 所有钥匙均应按规定使用；严禁当班值班人员和检修人员使用解锁钥匙。（×）

1939. 氢冷发电机在投氢过程中或投氢以后，无论发电机是否运行，密封油系统均应正常投入运行。（√）

1940. 在额定功率因数下，电压偏离额定值±10%范围内，同时频率偏离额定值±2%范围内，发电机能连续输出额定功率。（×）

1941. 非同期并列是指将发电机（或两个系统）不经同期检查即并列运行。（√）

1942. 500kV 3/2 接线是指有两条母线三个开关。（×）

1943. 发电机转子一点接地保护动作后应投入转子两点接地保护。（√）

1944. 无高压熔断器的电压互感器，当内部有故障时，可以用其高压隔离开关断电。

（×）

1945. 电阻率用"ρ"表示，是一个常数，反映了导体导电性的好坏，电阻率大，说明导电性能差，电阻率小，说明导电性能好。（√）

1946. 热继电器是利用电流的热效应而动作的，它是用来作为过载和短路保护的。（×）

1947. 强送成功是指设备故障后，未经详细检查或试验，用断路器对其送电成功。（√）

1948. 运行中的发电机失磁后，就由原来的同步运行，转入异步运行。（√）

1949. 异步电动机的定、转子之间的气隙越小越好。（×）

1950. 运行中的电流互感器过负荷，应立即停止运行。（×）

1951. 电流互感器的一次电流由一次回路的负荷电流决定，不随二次回路的阻抗改变而变化。（√）

1952. 接地线是防止在未停电的设备或线路上意外地出现电压而保护工作人员安全的重要工具。（×）

1953. 同步发电机转子的转动与正序旋转磁场之间无相对运动。（√）

1954. 按正弦规律变化的交流电的三个要素是有效值、频率和电位差。（×）

1955. 在三角形连线的对称电源或负载中，线电压等于相电压。（√）

1956. 过电流保护可以独立使用。（√）

1957. 无论在什么情况下，三相短路电流总是大于单相短路电流。（×）

1958. 运行中的电力电抗器周围有很强的磁场。（√）

1959. 励磁调节器故障跳闸后，手动柜自动投入运行。（×）

1960. 实现标准化作业是提高安全生产水平，克服工作过程中人员行为随意性的重要措施。（√）

1961. 可使用导线或其他金属线作临时短路线。（×）

1962. 两个频率相同的正弦量的相位差为180°，叫做反相。（√）

1963. 逆功率保护主要是为了保护发电机。（×）

1964. 直流发电机的容量越大，发出的电压越高。（×）

1965. 在直流系统中，无论哪一极的对地绝缘被破坏，则另一极电压就升高。（×）

1966. 中性点直接接地的缺点之一是单相接地短路对邻近通信线路的电磁干扰。（√）

1967. 全电路欧姆定律是用来说明，在单一闭合电路中，电压、电流、电阻之间基本关系定律，即在单一闭合电路中，电流与电源的电动势成正比，与电路电源的内阻和外阻之和成反比。（√）

1968. 如果断路器的液压装置打压频繁，可将第二微动开关往下移动一段距离，就可以。（×）

1969. 高频保护既可做全线路快速切除保护，又可做相邻母线和相邻线路的后备保护。（×）

1970. 测量各种辅助设备绝缘时，应使用相应电压等级的绝缘电阻表。（√）

1971. 在大接地电流系统中，线路发生单相接地短路时，母线上电压互感器开口三角形的电压，就是母线的零序电压 $3U_0$。（√）

1972. 在一般情况下 110kV 以下的配电装置，不会出现电晕放电现象。（√）

1973. 变压器的铁损基本上等于它的空载损失。（√）

1974. 三极管集电极的作用是收集载流子。（√）

1975. 强迫油循环风冷变压器的正常过负荷不应超过 1.3 倍的额定值。（√）

1976. 导体的长度与导体电阻成反比。（×）

1977. 用电流表、电压表间接可测出电容器的电容。（√）

1978. 真空断路器的真空度越高击穿电压就越高。（×）

1979. 变压器中性点接地属于工作接地。（√）

1980. 属于中调管辖的保护及自动装置，改变定值后，应与调度核对定值。（√）

1981. 500、220kV 变压器所装设的保护都一样。（×）

1982. 运行中的变压器，当加油或滤油工作结束后，应放尽气体继电器内的气体，立即将重瓦斯保护投入运行。（×）

1983. 变压器油温是指下层的油温。（×）

1984. 380V 施耐德开关在试验位置，需拆除开关控制回路中"不可用"二次线就可以实现远方分、合闸。（√）

1985. 电动机运行中，如果电压下降，则电流也随之下降。（×）

1986. 合上接地开关前，必须确知有关各侧电源开关在断开位置，并在验明无电流后进行。（×）

1987. 电力系统在运行中，突然短路引起的过电压叫做弧光接地过电压。（√）

1988. 电压互感器在二次侧带有电压调节器时，二次侧一般不装设熔断器。（√）

1989. 同期并列时，两侧断路器电压相差小于 25%，频率相差 1.0Hz 范围内，即可准同期并列。（×）

1990. 接地电阻越小跨步电压越低。（√）

1991. 变压器的励磁涌流一般是额定电流的 5～8 倍。（√）

1992. 强迫油循环变压器在运行中，其铁芯的温度最高。（×）

1993. 运行中的电压互感器，二次侧不能短路，否则会烧毁线圈，二次回路应有一点接地。（√）

1994. 电压互感器的变比与其匝数比相比较，则变比等于匝数比。（×）

1995. 发电机在运行中，全部励磁回路的绝缘电阻值不小于 1.5MΩ。（×）

1996. 通过增加线路电抗以增大系统的总阻抗，是改善系统稳定及电压水平的主要措施之一。（×）

1997. 发电机的定子绕组发生相间短路时，横差保护也可能动作。（×）

1998. 中央信号装置分为事故信号和预告信号。（√）

1999. 发电厂中低压厂用供电系统，一般多采用三相四线制，即 380/220V。（√）

2000. 在正常运行方式下，电工绝缘材料是按其允许最高工作温度分级的。（√）

2001. 并联运行的变压器如阻抗不同，则阻抗小的变压器负荷大。（√）

2002. 蓄电池电解液密度增加其容量会减小。（×）

2003. 改变直流电动机的旋转方向，一是要改变电枢绕组电流方向，二是改变磁场绕组电流方向，二者缺一不可。（×）

2004. 发电机定子绕组发生接地故障点的零序电压值与故障点距中性点的距离成正比。（√）

2005. 反时限过电流保护的动作时间与短路电流的大小成正比。（×）

2006. 为保护电压互感器的正常运行，必须在电压互感器的高、低侧均要装设熔断器。（×）

2007. 为了计算导电材料在不同温度下的电阻值，我们把温度每升高 1℃ 时，导体电阻值的增加与原来电阻值的比值叫做导体电阻的温度系数，用 "α" 表示。（√）

2008. 真空断路器动、静触头的开距小于油断路器的动、静触头的开距，所以油断路器的寿命高于真空断路器。（×）

2009. 电力系统的中性点，经消弧线圈接地的系统称为大电流接地系统。（×）

2010. 对于电动机负载，通常按 1.5～2.5 倍电动机额定电流选择熔体的额定电流。（√）

2011. 值班人员可以仅根据红绿指示灯全灭来判断设备已停电。（×）

2012. 变压器在加油时，瓦斯保护必须投跳闸。（×）

2013. 电气倒闸操作中中断操作的、再次操作前，从第一操作任务的复查开始。（√）

2014. 汽轮发电机并列一般分为 "自动准同期" 和 "手动准同期" 二种方式。（√）

2015. 发电机灭磁开关跳闸时将联跳发电机出口开关和汽轮机。（√）

2016. 母线的作用是汇集分配和传输电能。（√）

2017. 当发电机转子回路发生一点接地故障时，其励磁绕组的电压降低。（×）

2018. 在三角形联结的对称电源或负载中，线电流滞后相电流 30°。（√）

2019. 汽轮发电机大轴上安装接地炭刷，是为了消除大轴对地的静电电压。（√）

2020. 高压手车式断路器的运行位置有工作位置、试验位置、检修位置。（√）

2021. 当 Yd 接线的变压器三角形侧发生两相短路时，变压器另一侧三相电流是不相等的，其中两相的只为第三相的一半。（√）

2022. 反应相间短路的阻抗继电器，一般采用零度接线。（√）

2023. 五防闭锁解锁钥匙使用后，重新贴上封条，并在封条上注明月、日、时。（×）

2024. 在电场中两电荷所受力大小与它们距离成反比。（×）

2025. 电力系统通常采用的 "逆调压" 是指在大负荷时升高电压，小负荷时降低电压的调压方式。（√）

2026. 电动机转子与定子摩擦冒火应紧急停止运行。（√）

2027. 1s 内正弦量交变的次数叫频率，用字母 f 表示。（√）

2028. 发电机完全失磁比发电机部分失磁的后果要严重。（×）

2029. 真空断路器的真空开关管可长期使用而无需定期维护。（×）

2030. 运行中的电流互感器一次最大负荷不得超过 1.2 倍额定电流。（√）

2031. 发电厂的所有 TV 二次 B 相都接地，其原因是为了保护接地。（×）

2032. 我国规定大、中容量的发电机，其额定冷却气体温度为 40℃。（√）

2033. 倒闸操作中，监护人自始至终认真监护，不得离开操作现场或进行其他工作。（√）

2034. 当电气设备着火时，允许用干粉灭火器和 1211 灭火器。（√）

2035. 串联谐振时，电路阻抗最小。（√）

2036. 厂用 6kV 系统发生一点接地，可以拉合 TV。（×）

2037. 停电拉闸操作必须按照断路器（开关）——母线侧隔离开关（刀闸）——负荷侧隔离开关（刀闸）的顺序依次操作，送电合闸操作应按与上述相反的顺序进行。严防带负荷拉合隔离开关。（×）

2038. 主变压器零序保护是该厂母线和线路的后备保护。（√）

2039. 控制电缆和动力电缆应分层、分竖井布置。（√）

2040. 变压器的铜损，是指电流通过绕组时，变压器一次、二次绕组的电阻所消耗的电能之和。（√）

2041. 对工作票中所列内容即使发生很小疑问，也必须向工作票签发人询问清楚，必要时应要求做详细补充。（√）

2042. 发电机发生振荡或失步时，应立即将机组解列。（×）

2043. 当两个并联支路接通时，电阻的支路电流大。（√）

2044. 电流是物体中带电粒子的定向运动。（√）

2045. 停用按频率自动减负荷装置时，可以不打开重合闸放电连接片。（×）

2046. 所谓运行中的电气设备是指全部带有电压的电气设备。（×）

2047. 电动机的绝缘等级，表示电动机绕组的绝缘材料和导线所能耐受温度极限的等级。（√）

2048. 发电机冷却介质一般有空气、氢气。（×）

2049. 高压隔离开关在运行中，若发现绝缘子表面严重放电或绝缘子破裂，应立即将高压隔离开关断开退出运行。（×）

2050. 发现电动机进水及受潮现象时，应测得绝缘合格后方可启动。（√）

2051. 发电机转子接地时不形成短路回路，故保护只动作于信号，允许发电机继续运行一段时间。（×）

2052. 频率升高时发电机定子铁芯的磁滞、涡流损耗增加，从而引起铁芯的温度上升。（√）

2053. 发电机主开关断开后，DEH 的功率回路会自动退出。（√）

2054. "⊙" 符号是表示电机绕组导线流出电流。（√）

2055. 事故音响信号是由蜂鸣器发出的音响。（√）

2056. 断路器中的油起冷却作用。（×）

2057. 运行中的电流互感器二次侧不允许开路。（√）

2058. 变压器最热处是变压器的下层 1/3 处。（×）

2059. 变压器分级绝缘是指变压器绕组靠近中性点的主绝缘水平高于首端部分的主绝

缘。（×）

2060. 自动重合闸中的电容的充电时间一般为 15～25s。（√）

2061. 运行中的变压器，当更换潜油泵工作结束后，应立即将重瓦斯保护投入运行。（×）

2062. 发电机允许在负序电流分量不大于额定电流的 8% 时持续运行，但此时任何一相电流不得超过额定值。（√）

2063. 变压器温度计所指温度是变压器内部油温。（×）

2064. 在整流电路中，把两只或几只整流二极管串联使用时，为了避免反向电压使二极管相继击穿，通常在每只二极管上串联一只阻值相等的均压电阻。（×）

2065. 电动机开关或接触器合上后，电动机不转且发出嗡嗡的声音，应立即断开电源。（√）

2066. 发电厂主接线采用双母线接线，可提高供电可靠性，增加灵活性。（√）

2067. 叠加原理也适用于电路功率计算。（×）

2068. 变压器差动保护和变压器瓦斯保护都是变压器的主保护，但在变压器差动保护双重化后瓦斯保护可以取消。（×）

2069. 在氢气与空气混合的气体中，当氢气的含量达 4%～76% 时，属于爆炸危险范围。（√）

2070. 蓄电池组在使用一段时间后，发现有的蓄电池电压已很低，多数电池电压仍较高，则可继续使用。（×）

2071. 一段电路的电流和电压方向一致时，是发出电能的。（×）

2072. 对联系较弱的，易发生振荡的环形线路，应加装三相重合闸，对联系较强的线路应加装单相重合闸。（×）

2073. 电压互感器既能用于测量电压又能用于测量电流。（×）

2074. 如果不考虑电流和线路电阻，在大电流接地系统中发生接地短路时，零序电流超前零序电压 90°。（√）

2075. 发电机差动和主变压器差动分别保护发电机和主变压器，为了防止保护无选择性，所以它们的保护范围又互不交叉。（×）

2076. 400V 及以下的二次回路的带电体之间的电气间隙应不小于 2mm，带电体与接地间漏电距离应不小于 6mm。（×）

2077. 有载调压变压器在无载时改变分接头。（×）

2078. 发电机电刷材料一般有石墨电刷、电化石墨电刷和金属石墨电刷三种。（√）

2079. 系统中变压器和线路阻抗中产生的损耗，称可变损耗，它与负荷大小的平方成正比。（√）

2080. 电流相位比较式母线差动保护要求正常运行时，母联断路器必须处于合闸状态，且每组母线上都应接有电源。（√）

2081. 阻抗保护既做全线路快速切除保护，又可做相邻线路及母线的后备保护。（×）

2082. 减少电网无功负荷使用容性无功功率来补偿感性无功功率。（√）

2083. 交流发电机的频率决定于发电机的转子转数和磁极对数。（√）

2084. 解列是指将发电机（或一个系统）与全系统解除并列运行。（√）

2085. 发电机中性点经配电变压器高阻接地必然导致单相接地故障电流的增大。（×）

2086. 在保护盘上或附近进行打眼等振动较大的工作时，应采取防止运行中设备跳闸的措施，必要时经值班调度员或值班负责人同意，将保护暂时停用。（√）

2087. 柴油发电机在全厂停电的情况下，其控制电源失去将不能自启动。（×）

2088. 重合闸充电回路受控制开关触点的控制。（√）

2089. 平行线路之间存在零序互感，当相邻平行线流过零序电流时，将在线路上产生感应零序电动势；有可能改变零序电流与零序电压的相量关系。（√）

2090. 在紧急情况下，可以将拒绝跳闸或严重缺油、漏油的断路器暂时投入运行。（×）

2091. 变压器呼吸器中的硅胶在吸潮后，其颜色变为粉红色。（√）

2092. 带电手动取下三相水平排列的动力熔断器时，应先取下中间相，后取两边相，上熔断器时与此相反。（√）

2093. 厂用变压器停电时，必须先断高压侧开关，后断低压侧开关。（×）

2094. 准确度为 1.5 级的仪表，测量的基本误差为±3%。（×）

2095. 消弧线圈与变压器的铁芯是相同的。（×）

2096. 新安装或改造后的主变压器投入运行的 24h 内每小时巡视一次，其他设备投入运行 8h 内每小时巡视一次。（×）

2097. 电流互感器是用小电流反映大电流值，直接供给仪表和继电装置。（√）

2098. 380V 电源停电时，拨熔断器应先拨中间相。（√）

2099. 机组进行自动准同期并网时，先合上发电机出口端断路器，然后马上给发电机加上励磁。（×）

2100. 进行倒母线操作时，母联断路器操作直流电源必须在投入。（×）

2101. 隔离开关可以进行同期并列。（×）

2102. 发电机的气密性试验应持续 24h，特殊情况下不应小于 12h。（√）

2103. 在一段时间内电源力所做的功称为电功。（√）

2104. 稳压管的作用是在电源电压上可起到稳压和均压的作用。（√）

2105. 变压器的励磁涌流的大小主要与合闸瞬间的相角有关。（√）

2106. 发电机允许无保护运行。（×）

2107. 电压互感器停电，只需将高压侧断开即可。（×）

2108. 钳形电流表可做成既能测量交流电流，也能测量直流电流。（√）

2109. 常用同期方式有准同期和自同期。（√）

2110. 我国常用仪表的标准等级越高，仪表测量误差越小。（√）

2111. 交流接触器接于相同的直流电源电压会很快烧坏。（√）

2112. 交流电路中，电容元件两端的电流相位超前电压相位 90°。（√）

2113. 当电动机着火时应使用泡沫灭火器灭火。（×）

2114. 对于直流电路，电感元件相当于开路。（×）

2115. 在测量电动机绝缘电阻时，有电加热装置的电动机必须退出电动机的加热电源。（√）

2116. 电动机及启动装置的外壳均应接地。（√）

2117. 发电机的频率特性是反映频率变化而引起发电机功率变化的关系。（√）

2118. 电压互感器故障时，必须用隔离开关断开。（×）

2119. 当6kV母线发生铁磁谐振时，其现象与发生一点接地的现象一样。（×）

2120. 变压器的瓦斯、差动保护在总工的批准下可以短时间同时停用。（×）

2121. 蓄电池串联的只数越多，其容量越大。（×）

2122. 变压器绝缘的老化，是指绝缘受热或其他物理化学作用逐渐失去其机械强度和电气强度。（√）

2123. 加装电压闭锁装置可以防止因电压互感器故障而使发电机定子接地保护动作。（√）

2124. 交流电的相位差（相角差），是指两个频率相等的正弦交流电相位之差，相位差实际上说明两交流电之间在时间上超前或滞后的关系。（√）

2125. 在复杂的电网中，方向电流保护往往不能有选择地切除故障。（√）

2126. 二氧化碳灭火器的作用是冷却燃烧物和把燃烧层空气中氧的含量由21%降到12%～13%，从而阻止燃烧。（√）

2127. 发电机密封油系统中的油氢自动跟踪调节装置是在氢压变化时自动调节密封油压的。（√）

2128. 用隔离开关可以断开系统中发生接地故障时的消弧线圈。（×）

2129. 变压器是依据电磁感应原理，把一种交流电的电压和电流变为频率不同、数值不同的电压和电流。（×）

2130. 变压器的绕组绝缘分为主绝缘和辅助绝缘。（×）

2131. 变压器短路电压的百分数值和短路阻抗的百分数值相等。（√）

2132. 在开机或运行时发电机发生非全相运行时，当发电机非全相保护未动作时，应立即再合上发电机出口断路器。（×）

2133. 倒闸操作过程中，当发生疑问时，应立即停止操作。（√）

2134. 二氧化碳和一氧化碳都是无色有毒的气体。（×）

2135. 对地电压在1000V以下的电气设备称低压设备。（√）

2136. 发电机采用离相式封闭母线，其主要目的是防止发生相间短路。（√）

2137. 电源电压一定的同一负载按星形联结与按三角形联结所获得的功率是一样的。（×）

2138. 发电机内部发生故障时，只有去掉发电机外加电压和内部电动势才能使故障电流停止。（√）

2139. 发电机转子一点接地，定子三相电流将出现不平衡电流。（×）

2140. 电流互感器在运行中二次线圈不允许接地。（×）

2141. 铁磁材料被磁化的外因是有外磁场。（√）

2142. 同步发电机是利用电磁感应原理，将机械能转换为电能的旋转机械。（√）

2143. 纵联差动保护能快速、灵敏地切除保护范围内的相间短路故障，一般作为发电机和变压器的主保护。（√）

2144. 绝缘体不可能导电。（×）

2145. 有载调压变压器的厂用电系统，当过负荷运行时电压降低，可以通过调压来提高厂用电电压。（×）

2146. 线圈切割相邻线圈磁通所感应出来的电动势，称为互感电动势。（√）

2147. 主变压器差动保护，保护范围是主变压器本身。（×）

2148. 直流回路中不能使用以油灭弧的断路器。（√）

2149. 铁芯中通过磁通就会发热，这是由于铁芯中有了交变磁通后产生的两种损耗：涡流损耗和磁滞损耗。（√）

2150. 用钳形电流表测量三相设备的电流，测一相的电流值与同时测两相的电流值相等。（√）

2151. 在 CRT 画面上电气开关拉不开，原因是 DCS 有问题。（×）

2152. 6kV 发生一点接地时间不得超过 2h。（√）

2153. 在并联电路中，各并联支路两端的电压之和为总电压，总电流于各支路电流相同。（×）

2154. 运行中的发电机主断路器突然跳闸，发电机转速瞬间可能升高。（√）

2155. 变压器进行加油、滤油时应先将重瓦斯保护由"跳闸"改接为"信号"。（√）

2156. 电阻率也称电阻系数，它指某种导体作成长 1m，横截面积 1mm² 的导体，在温度 20℃时的电阻值。（√）

2157. 接自动电压调整器的电压互感器二次侧一般不装熔断器。（√）

2158. 在串联谐振电路中，电感和电容的电压数值相等，方向相反。（√）

2159. 继电保护、热控、电控、仪控等二次系统的工作必须严格执行工作票和继电保护安全措施票制度，严格执行工作监护制度。（√）

2160. LC 串联电路，当 $wC > 1/wL$ 使电路成容性。（×）

2161. 串联谐振时的特性阻抗是由电源频率决定的。（×）

2162. 检修断路器的停电操作，可以不取下断路器的主合闸熔断管和控制熔断管。（×）

2163. 某些光字信号，如"备用电源无压"、"电压回路断线"等具有监控功能，可根据操作前后信号的变化来辅助检查操作质量。（√）

2164. 在开关控制回路中防跳继电器是由电压启动线圈启动，电流线圈保持来起防跳作用。（×）

2165. 一导体中，在外加电压的作用下，所通过的电流与所加电压成正比，与导体电阻成反比。（√）

2166. 当220、110kV 母线 TV 停电检修时（短时），在母联开关正常运行的情况下，可以通过并列倒换的方法转移电压互感器的二次负荷。（√）

2167. 操作过电压是外部过电压。（×）

2168. 当电压互感器停电时，应先将二次侧熔断器取下，拉开隔离开关，然后将一次熔断器取下。（√）

2169. 能躲开非全相运行的保护接入综合重合闸的 M 端，不能躲开非全相运行的保护接入重合闸 N 端。（×）

2170. 变压器在空载时，一次绕组中没有电流流过。（×）

2171. 改变电网中各机组负荷的分配，从而改变电网的频率，称之为二次调频。（√）

2172. 蓄电池容量的单位名称是 kWh。（×）

2173. 正常运行时，6kV 厂用 A 段工作电源开关跳闸，"快切装置闭锁"报警时，在 DCS 中 A 段的备用电源开关合闸回路将闭锁，无法实现远方手动强投。（×）

2174. 发电机并列后负荷不应增加过快的主要原因是防止定子绕组温度升高。（×）

2175. 在短路电流计算中，基准值是不能任意选定的。（×）

2176. 发电机发生振荡时，应增加励磁电流。（√）

2177. 投入保护装置的顺序为先投入直流电源，后投入出口连接片。（√）

2178. 线性电路中电压、电流、功率都可用叠加法计算。（×）

2179. UPS 不停电电源是由整流器、逆变器、静态开关、控制、保护回路组成。（√）

2180. 电气设备着火，应立即隔绝着火设备，然后进行灭火。（×）

2181. 发电机转子回路绝缘测量由运行人员在启动前和停机后分别进行。（√）

2182. 变压器轻瓦斯保护动作，放气检查为可燃性气体应立即停止变压器运行。（×）

2183. 二氧化碳灭火器使用时应注意风向，逆风喷射会影响灭火效果。（√）

2184. 电力系统属于电感、电容系统，当发生单相接地（中性点不接地）时，有可能形成并联谐振，而产生过电压。（×）

2185. 发电厂的事故照明，必须是独立电源，与常用照明不能混接。（√）

2186. 发电机正常运行时，其机座汇水环必须可靠接地。（√）

2187. 两个平行的载流导线之间存在电磁力的作用，两导线中电流方向相同时，作用力相排斥，电流方向相反时，作用力相吸引。（×）

2188. 发电机与汽轮机之间的大轴接地炭刷是为了防止转子接地。（×）

2189. 高压负荷开关有灭弧装置，可以断开短路电流。（√）

2190. 变压器的一次绕组就是高压绕组。（×）

2191. 三相短路是对称短路，此外都是不对称短路。（√）

2192. 电压互感器其二次线圈，在运行中不许短路。（√）

2193. 继电保护装置是保证电力元件安全运行的基本装备，任何电力元件不得在无保护的状态下运行。（√）

2194. 励磁机失火时，应迅速通知电气解列发电机励磁，同时使用干式灭火器、二氧化碳或泡沫灭火器进行灭火。（×）

2195. 当电力系统发生不对称短路的时候，在发电机中就流有负序电流。该电流在发电机气隙中产生反向的旋转磁场，它相对于转子来说为 2 倍的同步转速，因此在转子中感应出倍频电流。（√）

2196. 380V/220V 系统母线发生单相接地后，可运行 2h。（×）

2197. 为了防止 500kV 主变压器中性点绝缘击穿损坏，配置了主变压器零序电压保护。（×）

2198. 安全色规定为红、蓝、黄、绿四种颜色，其中黄色是禁止和必须遵守的规定。（×）

2199. 不满足同期条件的并列方法叫准同期并列法。（×）

2200. 运行中的变压器，在进行加油工作前，应将重瓦斯保护退出。（√）

2201. 对设备进行重新查核，严禁无操作票直接进行测量。（√）

2202. 发电机定子线棒或导水管漏水，氢压将升高。（×）

2203. 正常运行中加在变压器上的电压不得超过其运行分头额定电压的 5%。（√）

2204. 电动机的额定电压是指输入定子绕组的每相电压而不是线间电压。（×）

2205. 电压表与被测负荷串联，测量电压。（×）

2206. 高压厂用母线一般采用单母线，而低压母线则采用单母线分段。（√）

2207. 变压器额定负荷时强油风冷装置全部停止运行，此时其上层油温不超过 75℃ 就可以长时间运行。（×）

2208. 采用故障的快速切除和自动重合闸可提高电力系统暂态稳定性。（√）

2209. 变压器防爆管安装在变压器箱盖上，作为变压器内部发生故障时，用来防止油箱内产生高压力的释放保护。（√）

2210. 发电机不允许在未充氢气和定子线圈未通冷却水的情况下投入励磁升压。（√）

2211. 同步发电机和调相机并网有准同期并列和自同期并列两种基本方法。（√）

2212. 用隔离开关可以断开系统中发生接地故障的消弧线圈。（×）

2213. 输电线路 B、C 两相金属性短路时，短路电流 I_{bc} 滞后于 BC 相间电压一线路阻抗角。（√）

2214. 由 $L = \varphi/i$ 可知，电感 L 与电流 i 成反比。（×）

2215. 6kV 及以上电压等级的设备，应使用 2500V 绝缘电阻表测量其绝缘。（√）

2216. 变压器在运行中补充油，应事先将重瓦斯保护改接信号位置，以防止误动跳闸。（√）

2217. 发电机发生事故应遵循以下原则：首先设法保证厂用电，尤其事故保安电源的可靠性。（√）

2218. 设备缺陷是通过设备巡视检查、各种检修、试验和维护发现的。（√）

2219. 在操作中经调度及值长同意，方可穿插口头命令的操作项目。（×）

2220. 直流电路中，导体两端电压和通过导体的电流的比值等于导体的电阻。（√）

2221. 当导体没有电流流过时，整个导体是等电位的。（√）

2222. 发电机定子接地保护的范围为发电机中性点到引出线端。（×）

2223. 电力系统发生短路故障时，其短路电流为电容性电流。（×）

2224. 变压器的本体、有载开关的重瓦斯保护应投跳闸，若需退出重瓦斯保护时，应预先制定安全措施，并经总工程师批准，并限期恢复。（√）

2225. 可以直接用隔离开关拉已接地的避雷器。（×）

2226. 如发现油开关运行中缺油时，应立即将其拉开。（×）

2227. 磁电系仪表测量机构内部的磁场很强，动线圈中只需通过很小电流就能产生足够的转动力矩。（√）

2228. 匝间保护用于保护变压器匝间短路故障。（×）

2229. 使用绝缘电阻表时，应先将绝缘电阻表摇到正常转速，指针指无穷大，然后瞬间将两测量线对搭一下，指针指零，此表才可以用来测量绝缘电阻。（√）

2230. 变电站只有当值班长可以受令。（×）

2231. 发电机升压时，应监视定子三相电流为额定电流，无异常或事故信号。（×）

2232. 并联电容器，吸收系统感性无功功率。（×）

2233. 变压器投入运行后投入变压器保护。（×）

2234. 一般缺陷处理、各种临检和日常维护工作应由检修负责人和运行值班员进行验收。（√）

2235. 电力设备（包括设施）损坏，直接经济损失达 1000 万元者，则构成特大设备事故。（×）

2236. 在三相三线制电路中，无论电源或负载是星形或三角形联结，无论线电流是否对称，三个线电流瞬时值的代数和等于零。（√）

2237. 变压器的油位与周围环境温度无关。（×）

2238. 同步发电机带感性负荷时，产生横轴电枢反应。（×）

2239. 在操作过程中，当发现错合隔离开关（刀闸）时，应立即将错合的隔离开关（刀闸）拉开。（×）

2240. 装有并联电容器发电机就可以发无功。（√）

2241. 当两个绕组中的电流分别由某一固定端流入或流出时，它们所产生的磁通是互相减弱的，则称这两端为同名端。（×）

2242. 欧姆定律指出：通过电阻元件的电流与电阻两端的电压成正比，而与电阻成反比。（√）

2243. 备用变压器平时也应将气体继电器接入信号电路。（√）

2244. 电缆在运行中，只要监视其负荷不要超过允许值，不必监测电缆的温度，因为这两者都是一致的。（×）

2245. 真空断路器由于绝缘强度很高，电弧容易熄灭，因此不容易产生危险的过电压。（×）

2246. 在直流电路中电容相当于开路。（√）

2247. 差动保护的优点是：能够迅速地、有选择地切除保护范围内的故障。（√）

2248. 运行中电刷呈现的火花越大则火花等级就越高。（√）

2249. 电压的方向是从高电位点指向低电位点。（√）

2250. 发电机差动保护 TA 回路断线时，发电机差动保护将动作跳闸。（√）

2251. 装设接地线必须先接导体端，后接接地端，且必须接触良好。拆接地线的顺序与

此相反。装、拆接地线均应使用绝缘棒和戴绝缘手套。（×）

2252. 浮充机的正常方式应在自动稳压（自动浮充）方式运行。（√）

2253. 发电机铜损与发电机机端电压的平方成正比；发电机铁损与电流平方成正比。（×）

2254. 复合电压过电流保护中复合电压元件是指低电压和负序过电压。（√）

2255. 磁场对载流导体的电磁力方向用右手定则确定。（×）

2256. 两台变压器并列运行时，其过电流保护要加装低电压闭锁装置。（√）

2257. 发生转子一点接地后应投入转子两点接地保护。（√）

2258. "三相四线制"电路，其中性线的作用是迫使中性点电压近于零，负载电压近于对称和不变。（√）

2259. 接地线必须用专用线夹，当导体上不易挂上时，应采用缠绕的方法接地。（×）

2260. 自动调整励磁装置，在发电机正常运行或发生事故的情况下，能够提高电力系统的静态稳定动态稳定。（√）

2261. 救护触电伤员切除电源时，有时会同时使照明失电，因此应同时考虑事故照明，应急灯等临时照明。（√）

2262. 运行值班人员发现检修人员违反工作票内所列安全措施时，应停止其工作，并收回工作票。（√）

2263. 继电保护的"三误"是指误碰（误动）、误整定、误接线。（√）

2264. 变压器的铜损耗是通过空载测得的，而变压器的铁损耗是通过短路试验测得的。（×）

2265. 高压厂用电压采用多少伏，取决于选用的电动机额定电压。（×）

2266. 进行熔断器更换时，应换型号和容量相同的熔断器。（√）

2267. 负序磁场扫过同步发电机转子表面，将在转子上感应出 50Hz 的电流。（×）

2268. 在电路中若发生并联谐振，在储能元件上有可能出现很大的过电压。（×）

2269. 6kV 电动机的绝缘电阻，应用 2500V 等级的绝缘电阻表来测量，其绝缘电阻值不低于 1MΩ/kV（6MΩ）。（√）

2270. 定子线棒层间最高与最低温度间的温差达 14℃ 或定子线棒引水管出水温差达 12℃ 应报警。（×）

2271. 当选择不同的电位参考点时，各点的电位值是不同的值，两点间的电位差是不变的。（√）

2272. 方向过电流保护是在过电流保护的基础上，加一个方向元件。（√）

2273. 变压器中性点不接地时，采用零序电流保护。（×）

2274. 加入跳闸连接片时，应用万用表电流挡，在连接片间测量无电流后方可加入。（×）

2275. 变压器大修时一般不需要测量绕阻连同套管的 $\tan\delta$ 值。（×）

2276. 电气运行值班人员，在紧急情况下，有权将拒绝跳闸或严重缺油，漏油的断路器暂时投入运行。（×）

2277. 发电机正常运行中应保持密封油压力＞氢气压力＞定子内冷水压力。（√）

2278. 三相交流发电机的视在功率等于电压和电流的乘积。（×）

2279. 发电机的转子绕组发生一点接地时，应立即查明故障点与性质。如是稳定性的金属接地，应立即停机处理。（√）

2280. 用钳形电流表测量三相平衡负载电流时钳口中放入三相导线，该表的指示值为零。（√）

2281. 短路电流越大，反时限过电流保护的动作时间越长。（×）

2282. 电动机从电源吸收的无功功率是用来建立磁场的。（√）

2283. 串联谐振电路的阻抗最大，电流最小。（×）

2284. 继电器按继电保护的作用，可分为测量继电器和辅助继电器两大类，而时间继电器就是测量继电器中的一种。（×）

2285. 反时限过电流保护的动作时间与短路电流大小成反比关系，短路电流越大，动作时间越短。（√）

2286. 油浸式变压器就地温度指示表盘上的红色指针指示的温度，如超过其设定温度后就表示变压器在运行中曾经达到的最高温度。（√）

2287. 短路对电气设备的危害主要有：电流的热效应使设备烧毁或损坏绝缘；电动力使电气设备变形损坏。（√）

2288. 倒闸操作需要开（合）的隔离开关，在操作前已经在开（合）位的则在操作票中不用再列入。（×）

2289. 交流电正弦量的三要素指的是电压、频率、相序。（×）

2290. 为了防止发电机转子绕组接地，应对发电机转子的绝缘电阻进行监视，当发现绝缘电阻下降到 0.5MΩ 时，可视作转子绕组一点接地的故障。（×）

2291. 绕线式三相异步电动机常采用降低端电压的方法来改善启动性能。（×）

2292. 当主变压器的接线方式为△/Yn 接线时，发电机与系统并列的系统端同期必须用转角度后，才能并列。（√）

2293. 运行中的变压器，当在瓦斯保护回路工作结束后，应立即将重瓦斯保护投入运行。（×）

2294. 当电气触头刚分开时，虽然电压不一定很高，但触头间距离很小，因此会产生很强的电场强度。（√）

2295. 电压互感器的二次线圈，运行中一点接地属于防雷接地。（×）

2296. 所谓对称的三相负载就是指三相的电阻值相等。（×）

2297. 变压器无论带什么性质的负载，只要负载电流增大，其输出电压就必然降低。（×）

2298. 为了使变压器铁芯可靠接地，可以增加接地点。（×）

2299. 断路路故障跳闸统计簿应该由值班长负责填写。（√）

2300. 发电机正常运行期间，定子冷却水的电导率在 0.5～1.5μS/cm 范围以内。（√）

2301. 向变电站的空母线充电操作时，有时出现误发接地信号，其原因是变电站内三相

带电体对地电容量不等，造成中性点位移，产生较大的零序电压。（×）

2302. 发电机自动准同期并网操作时，自动准同期装置启动后，若发现发电机转数偏高、并网较慢时，可适当降低发电机转数，以便于尽快检同期并列。（×）

2303. 电气设备短路时，巨大的电动力有可能使电气设备变形损坏。（√）

2304. 硬母线施工中，铜铝搭接时，必须涂凡士林。（×）

2305. 绝缘子做成波纹形，其作用是增强它的机械强度。（×）

2306. 电弧靠热游离维持，靠去游离熄灭。（√）

2307. 冲击继电器有各种不同型号，但每种都有一个脉冲变流器和相应的执行元件。（√）

2308. 变压器铁芯接地电流 1 年测一次。（×）

2309. 有载调压变压器分头调整开关调整的是变压器高压绕组，所以该分头调整开关与绕组共用一个油箱。（×）

2310. 正弦交变量在一个周期内出现的最大瞬时值叫做交变量的最大值。（√）

2311. 当变压器瓦斯、差动或过电流速断动作跳闸，禁止对其强送电。（√）

2312. 变压器强油风冷装置冷却器的控制把手有工作、备用、辅助和停止四种运行状态。（√）

2313. 变压器经过检修或注油后，在变压器充电前，应将瓦斯保护投信号位置，充电正常后，立即投跳闸位置。（×）

2314. 可控硅管加正向电压，即阳极接正，阴极接负，可控硅管立即导通。（×）

2315. 在事故过负荷运行时，应投入变压器的包括备用冷却器在内的所有冷却器运行，并尽量减少负载，过负荷运行一般不超过 0.5h。（√）

2316. 真空断路器出现真空破坏的哧哧声，应立即停电处理。（√）

2317. 各种整流电路各有特点，都会产生有其特征的谐波。（√）

2318. 待并发电机的端电压等于发电机的电动势。（√）

2319. 距离保护的保护范围基本上不受运行方式及短路电流大小的影响。（√）

2320. 变压器过负荷电流通常是三相对称的，因此变压器的过负荷保护只需要接入一相电流即可实现，经延时作用于跳闸。（×）

2321. 在中性点不接地系统中，当发生单相金属性接地时，三相系统的对称性不被破坏。（√）

2322. 发电厂中的厂用电是重要负荷，必须按电力系统中第 1 类用户对待。（√）

2323. 发电机定子单相接地故障的主要危害是电弧烧伤定子铁芯。（√）

2324. 过负荷是指有功功率超过额定值。（×）

2325. 断路器操作把手在预备合闸位置时绿灯闪光。（√）

2326. 电压互感器二次回路接近空载运行时，其误差最小。（√）

2327. 电路中的任一闭合路径叫做回路。（√）

2328. 发电机与系统准同期并列必须满足电压相等、电流一致、周波相等三个条件。（×）

2329. 电动机启动时间的长短与频率的高低有直接关系。（×）

2330. 因为发电机失步后对系统和本身影响都很大，当检测到发电机失步时应无条件立即动作于跳闸。（×）

2331. 内阻为 38Ω 的电流表可测 1A 电流，如用这块表测量 20A 的电流时，应在这块表上并联一个 2Ω 的电阻。（√）

2332. 大容量汽轮机联跳发电机，一般通过发电机逆功率保护动作来实现。（√）

2333. 直流电机在运行时，电刷下产生火花，这属于换向不良的表现。（√）

2334. 用电流表、电压表测负载时，电流表与负载串联，电压表与负载并联。（√）

2335. 电气倒闸操作中中断操作的、再次操作前，应从中断项操作任务的复查开始。（×）

2336. 使用钳型电流表测量电流时，必须是裸导体才能测量。（×）

2337. 变压器在空载合闸时的励磁电流基本上是感性电流。（√）

2338. 单位时间内所做的功叫做电功率。（√）

2339. 加速电气设备绝缘老化的主要原因是使用时温度过高。（√）

2340. 运行中的变压器，当加油工作结束后，应立即将重瓦斯保护投入运行。（×）

2341. 两个电阻元件在相同电压作用下，电阻大的电流大，电阻小的电流小。（×）

2342. 发电机失磁运行，将造成系统电压下降。（√）

2343. 加速绝缘老化的主要原因是使用的电流过大。（×）

2344. 随时间改变的电流称为直流电流。（×）

2345. 在断路器控制回路中，红灯监视跳闸回路，绿灯监视合闸回路。（√）

2346. 保护连接片投入前，应使用高内阻电压表测量连接片两端无电压后，才可投入。（√）

2347. 发电机冒烟、着火或爆炸，应立即将发电机解列。（√）

2348. 电力电缆的工作电压，不应超过额定电压的 15%。（√）

2349. 同步发电机的自同步是指不检查同期条件是否满足的情况下，且励磁绕组开路的状态下，将发电机并列。（×）

2350. 220、110kV 双母运行时，将负荷从一母侧倒至另一母，隔离开关操作前，须查母联开关在合上位置，取下其操作熔断器。（√）

2351. 电流互感器运行时，常把两个二次绕组串联使用，此时电流变比将减小。（×）

2352. 五防闭锁解锁钥匙使用时必须经值长同意，总工程师或主管生产领导批准，并做记录。（√）

2353. 蓄电池工作过程是可逆的化学反应过程。（√）

2354. 变压器因瓦斯、差动保护动作跳闸时，紧急情况下，可以对变压器强送电一次。（×）

2355. 一个 10kV 变比为 200/5，容量是 6VA 的电流互感器，它可带 10MΩ 的负荷。（×）

2356. 绝缘电阻表引线应该用多股软线，且有良好的绝缘。（√）

2357. 运行中的变压器电压允许在分接头额定值的 95％～105％ 范围内，其额定容量不变。（√）

2358. 设备缺陷处理率每季统计应在 80％ 以上，每年应达 85％ 以上。（√）

2359. 对称的三相负载做星形联结时，线电流等于相电流。（√）

2360. 运行中的电动机掉闸后，可不经检查再启动一次。（×）

2361. 三相电源发出的总有功功率，等于每相电源发出的有功功率的和。（√）

2362. "电脑五防操作及闭锁系统"即：防止带负载拉、合隔离开关；防止误入带电间隔；防止误分、合断路器；防止带电挂接地线；防止带地线合隔离开关。（√）

2363. 电动势和电压的方向一样，都是由高电位指向低电位。（×）

2364. 直流母线应采用分段运行的方式，设置在两段直流母线之间联络开关，正常运行时开关处于断开位置。（√）

2365. 同样转数的三相交流发电机，静子绕组极数越多，发出的频率越高。（√）

2366. 将三相绕组的首末端依次相连，构成一个闭合回路，再从三个连接点处引出三根线的连接方式为△联结。（√）

2367. 两只电容器的电容不等，而它们两端的电压一样，则电容大的电容器的电荷量多，电容小的电容器带的电荷小。（√）

2368. 三相硅整流装置有整流功能也有续流作用。（√）

2369. 电流通过电阻所产生的热量与电流的平方、电阻的大小及通电时间成反比。（×）

2370. 避雷器与被保护的设备距离越近越好。（√）

2371. 电器设备的金属外壳接地是工作接地。（×）

2372. 配电盘和控制盘、台的框架，必须接地。（√）

2373. 当全站无电后，必须将电容器的断路器拉开。（√）

2374. 分闸速度过低会使燃弧速度加长、断路器爆炸。（√）

2375. 电气倒闸操作严禁一组人员同时进行两项操作任务。（√）

2376. 处理 6kV 母线 TV 断线时，须将 BZT 装置 BK 开关退出运行。（√）

2377. 在小电流接地系统正常运行时，电压互感器二次侧辅助线圈的开口三角处有 100V 电压。（×）

2378. 接线组别不同的变压器进行并列时相当于短路。（√）

2379. 在 RLC 串联电路中，总电压的有效值总是大于各元件上的电压有效值。（×）

2380. UPS 系统 220V 蓄电池作为逆变器的直流备用电源。（√）

2381. 电压互感器的二次侧采用 b 相接地的方式主要目的是简化接线，节省有关设备。（√）

2382. 功角特性反映了同步发电机的有功功率和发电机本身参数及内部电磁量的关系。（√）

2383. 发电机失磁后，将从系统中吸收无功功率。（√）

2384. 为防止电动机过载运行，所以要配置熔断器。（×）

2385. 电网电压过高会使并列运行中的发电机定子铁芯温度升高。（√）

2386. 线路变压器组接线可只装电流速断和过电流保护。（√）

2387. 电力系统振荡时，系统任何一点电流与电压之间的相位角都随功角的变化而变化，而短路时，系统各点电流与电压之间的角度基本不变。（√）

2388. 电力系统振荡时，电流速断、零序电流速断保护有可能发生误动作。（×）

2389. 振荡时系统各点电压和电流值均做往复性摆动，而短路时电流、电压值是突变的。（√）

2390. 快速切除线路和母线的短路故障是提高电力系统静态稳定的重要手段。（×）

2391. 无论线路末端开关是否合入，始端电压必定高于末端电压。（×）

2392. 我国电力系统中性点有三种接地方式：①中性点直接接地；②中性点经间隙接地；③中性点不接地。（×）

2393. 在系统故障时，把发电机定子中感应出相应的电动势作为电压降处理后，发电机的电动势也有负序、零序分量。（×）

2394. 线路发生单相接地故障，其保护安装处的正序、负序电流大小相等，相序相反。（×）

2395. 继电保护专业的所谓三误是指误碰、误整定、误接线。（√）

2396. 在带电的电压互感器二次回路上工作应采取下列安全措施：严格防止电压互感器二次侧短路或接地。工作时应使用绝缘工具，戴手套。必要时，应停用有关保护装置。二次侧接临时负载，必须装有专用的隔离开关和熔断器。（√）

2397. 不重要的电力设备可以在短时间内无保护状态下运行。（×）

2398. 对于双重化保护的电流回路、电压回路、直流电源回路、双套跳闸线圈的控制回路等，不宜合用同一根多芯电缆。（√）

2399. 一般来说，高低压电磁环网运行可以给变电站提供多路电源，提高对用户供电的可靠性，因此应尽可能采用这种运行方式。（×）

2400. 三相三柱式变压器的零序电抗必须使用实测值。（√）

2401. 0.8MVA 及以上油浸式变压器，应装设瓦斯保护。（√）

2402. 在 330～500kV 线路一般采用带气隙的 TPY 型电流互感器。（√）

2403. 运行中的电压互感器二次侧某一相熔断器熔断时，该相电压值为零。（×）

2404. 电压互感器二次输出回路 A、B、C、N 相均应装设熔断器或自动小开关。（×）

2405. 所有的电压互感器（包括测量、保护和励磁自动调节）二次线圈出口均应装设熔断器或自动开关。（×）

2406. 电压互感器其内阻抗较大，电流互感器其内阻抗较小。（×）

2407. 变压器的差动保护和瓦斯保护都是变压器的主保护，它们的作用不能完全替代。（√）

2408. 变压器的瓦斯保护范围在差动保护范围内，这两种保护均为瞬动保护，所以可用差动保护来代替瓦斯保护。（×）

2409. 瓦斯保护能反应变压器油箱内的任何故障，差动保护却不能，因此差动保护不能代替瓦斯保护。（√）

2410. 相对于变压器容量而言，大容量变压器的励磁涌流大于小容量变压器的励磁涌流。（×）

2411. 变压器采用比率制动式差动继电器主要是为了躲励磁涌流和提高灵敏度。（×）

2412. 在变压器间隙接地的接地保护采用零序电流与零序电压并联方式。（√）

2413. 如确认瓦斯保护本身故障，气体继电器有缺陷或二次回路绝缘不良时，值班人员应将跳闸连片断开（包括差动保护连接片），以防误动，并报告调度值班员。（×）

2414. 发电机的比率制动式纵差保护对发电机匝间短路无保护作用。（√）

2415. 发电机定子绕组单相接地后，只要接地电流不超过5A，可以继续运行4h。（×）

2416. 发电机正常运行时，其机端三次谐波电压大于中性点的三次谐波电压。（×）

2417. 发电机低频保护主要用于保护汽轮机，防止汽轮机叶片断裂事故。（√）

2418. 发电机失磁后将从系统吸收大量无功，机端电压下降，有功功率和电流基本保持不变。（×）

2419. 发电机启动和停机保护，在正常工频运行时应退出。（√）

2420. 现代大型发电机变压器组均设有非全相运行保护，是因为发电机负序电流反时限保护动作时间长，当发变组非全相运行时，可能导致相邻线路对侧的保护抢先动作，扩大事故范围。（√）

2421. 发电机与变压器之间有断路器时，可装设发电机与变压器的大差动保护。（×）

2422. 由于助增电流的存在，使距离保护的测量阻抗增大，保护范围缩小。（√）

2423. 距离保护中，故障点过渡电阻的存在，有时会使阻抗继电器的测量阻抗增大，也就是说保护范围会伸长。（×）

2424. 一般距离保护振荡闭锁工作情况是正常与振荡时不动作、闭锁保护，系统故障时开放保护。（√）

2425. 接地距离保护只在线路发生单相接地路障时动作，相间距离保护只在线路发生相间短路故障时动作。（×）

2426. 重合闸前加速保护比重合闸后加速保护的重合成功率高。（√）

2427. 采用检无压、同期重合闸方式的线路，检无压侧不用重合闸后加速回路。（×）

2428. 采用检无压、检同期重合闸的线路，投检无压的一侧，没有必要投检同期。（×）

2429. 双母线接线的母差保护采用电压闭锁元件是因为有二次回路切换问题；3/2断路器接线的母差保护不采用电压闭锁元件是因为没有二次回路切换问题。（×）

2430. 断路器失灵保护是一种近后备保护，当元件断路器拒动时，该保护动作切除故障。（√）

2431. 直流系统接地时，通常采用拉路寻找、分段处理的办法，应按照先拉信号后拉操作回路；先拉室外后拉室内的原则。在切断各专用直流回路时，切断时间不得超过3s，一旦拉路寻找到就不再合上，立即处理。（×）

2432. 直流系统接地时，通常采用拉路寻找、分段处理的办法，应按照先拉信号后拉操作回路；先拉室外后拉室内的原则。在切断各保护直流电源回路时，切断时间不得超过3s，一旦拉路寻找到接地点，立即向调度申请将相关保护装置退出运行。（√）

2433. 断路器的防跳回路的作用是：防止断路器在无故障的情况下误跳闸。（×）

2434. 继电保护装置的电磁兼容性是指它具有一定的耐受电磁干扰的能力，对周围电子设备产生较小的干扰。（√）

2435. 直流电动机其铭牌上的额定电流，指的是该直流电动机接上额定电压时，输入的电流。（×）

2436. 电气设备的保护接地的作用主要是保护设备的安全。（×）

2437. 短引线保护是为了消除3/2断路器接线中有保护死区的问题而装设的。（√）

2438. 发电机内充有氢气时，且发电机转子在静止状态时，可不供密封油。（×）

2439. 交直流电流均会产生集肤效应。（×）

2440. 变压器的变比是指变压器在满负荷情况下一次绕组电压与二次绕组电压的比值。（×）

2441. 接零就是接地。（×）

2442. 电路中两点的电位越高，两点间的电压越大。（×）

2443. 交流电流表或电压表指示的数值为有效值。（√）

2444. 与分流器配合使用的直流电流表实际上是电压表。（√）

2445. 串联谐振的特点是回路阻抗最大。（×）

2446. 变压器的铁损与负荷电流的大小和性质无关。（√）

2447. 当电压下降10%异步电动机传动的排水泵电流将下降。（×）

2448. 电动机所带负荷越大，它运行的功率因数角越大。（×）

2449. 消弧线圈的调整应先在线路投运前进行。（√）

2450. 电压互感器的误差与二次负荷的大小无关。（×）

2451. 电力互感器二次侧必须接地。（√）

2452. 蓄电池电解液密度增加，其容量也增加。（√）

2453. 工频耐压试验主要是检查电气设备绕组匝间绝缘。（×）

2454. 叠加原理适用于线性电路，也适用于含有非线性元件的电路。（√）

2455. 对于汽轮发电机来说，不对称负荷的限制是由振动的条件决定的。（×）

2456. SF$_6$灭弧性能是空气的10倍。（√）

2457. 若6kV电动机不带负荷而接入380V电源中，电动机要烧坏。（×）

2458. 线路相差高频保护在相邻线路出现任何形式的故障时，该保护不会误动。（√）

2459. 自动调励装置在系统发生短路时能自动使短路电流减小，从而提高保护灵敏度。（×）

2460. 在正常情况下，对称的三相星形联结的电路中线电压的有效值等于相电压值的$\sqrt{3}$倍。（√）

2461. 准同期并列是发电机并入电网后载加励磁。（×）

2462. 变压器套管外部发生短路故障重瓦斯要动作跳闸。（×）

2463. 发生三相短路，各相短路电流及相互之间的相位都将失去对称性。（×）

2464. 高频保护运行中两侧必须同时投入与退出运行。（√）

2465. 所谓相间短路是相与相之间及相与地之间通过电弧或其他较小阻抗的一种非正常连接。（√）

2466. 在中性点不接地的发电机三相电流不对称时，可以分解出正序、负序、零序三组分量。（×）

2467. 负序电流保护可以反应三相对称短路。（×）

2468. 在距离保护中故障点到保护安装处电气距离越长，动作时间也就越短。（×）

2469. 变压器负荷无论三相对称与否，变压器的过负荷保护只需接入一相电流就可实现，经延时作用于跳闸。（×）

2470. 在中性点不接地系统中，发生单相接地故障，其线电压不变。（√）

2471. 变压器的寿命是由线圈绝缘材料的老化程度决定的。（√）

2472. 变压器的主绝缘是指绕组对地、绕组与绕组之间的绝缘。（√）

2473. 380V 电机运行中跳闸（主保护动作跳闸或一次熔丝熔断），后备保护及热偶动作跳闸不用测绝缘。（×）

2474. 操作人员发生误合隔离开关时，应立即拉开误合隔离开关。（×）

2475. 为了防止电压互感器发生返送电和设备误动作，对必须拆除的控制回路或电压互感器回路的断路器的名称以及检修后将其恢复等，均应填入操作票内。（√）

2476. 检修后的设备充电跳闸，禁止强送。（√）

2477. 读取绝缘电阻值后，先将绝缘电阻表停止转动，然后再断开被测设备的导线。（×）

2478. 冲击合闸是指新设备在投入运行时，连续操作合闸，正常后拉开再合闸。一般线路三次，主变压器五次，母线一次。（√）

2479. 继电器线圈带电时，触点是断开的称为动合触点。（×）

2480. 110kV 及以上配电装置的电压互感器二次侧应装设空气开关而不用熔断器。（×）

2481. 中性点接地的发电机在发生单相接地、两相短路、两相接地短路等不对称的短路情况下，稳态短路电流相对最大的一种故障是单相接地短路。（√）

2582. 在三相全控桥式可控硅整流电路中，控制角越大，其输出电压平均值越小。（√）

2583. 变压器储油柜的容积一般为变压器容器的 10% 左右。（√）

2584. 同步发电机的励磁绕组的直流电源极性改变而转子旋转方向不改变时，将改变定子三相交流电动势的相序。（×）

2585. 电流互感器的误差只与它的负载大小和功率因数有关。（×）

2586. 电流越小，熄弧时间越短。（×）

2587. 同步发电机发出感性无功功率的多少，不受其转子电流限制。（×）

2588. 三绕组变压器从三侧运行变为高低压两侧运行时，差动保护可正常工作。（√）

2589. 系统发电机的装机容量应等于负荷、网络损耗和发电厂厂用电三部分之和。（×）

2590. 变压器在投退操作前都应合上其中性点接地开关以防止产生操作过电压。（√）

2591. 发电机在运行中失去励磁后，其运行状态是时而同步时而异步。（×）

2592. 直流励磁机供电的励磁方式是大型同步发电机采用的励磁方式之一。（×）

2593. 同步发电机作调相运行时若处在过励状态下，它向电网输出感性无功并吸收有功。（√）

2594. 雷电流所达到的最大有效值，称为雷电流的幅值。（×）

第四部分 简答题

第一节 基 础 知 识

1. 什么是电磁感应现象？

答：当闭合电路内的磁通发生变化时，该闭合电路中就会产生电动势与电流，称为电磁感应现象。

2. 交流电有什么优点？

答：交流电可以通过变压器改变其电压值，需输送电能时，可将电压升高，以减少在输电线上的功率损耗和电压损失，用电时可以将电压降低，以保证用电安全和降低设备的绝缘水平。另外交流电的用电设备的造价相对比较低。

3. 什么是可控硅？

答：可控硅是一种大功率整流元件，它的整流电压可以控制，当供给整流电路的交流电压一定时，输出电压能够均匀调节，它是一个四层三端的硅半导体器件。

4. 什么是楞次定律？

答：线圈中感应电动势的方向总是企图使它所产生的感应电流反抗原有磁通的变化，即感应电流产生新的磁通反抗原有磁通的变化，这个规律就称为楞次定律。

5. 钳型电流表在测量工作中有哪些优缺点？

答：使用钳型电流表进行测量，可以在不切断电路的情况下进行，但准确度不高，测量误差较大，尤其是测量小于5A的电流时，误差大大超过允许范围。

6. 设备金属外壳上为什么要装接地线？

答：在金属外壳上安装保护地线是一项安全用电的措施，它可以防止人体触电事故。当设备内的电线外层绝缘磨损、灯头开关等绝缘外壳破裂，以及电动机绕组漏电时等，都会造成该设备的金属外壳带电，一旦当外表的电压超过安全电压，人体触及后就会发生触电危及生命安全，因此在金属外壳装接地线，设备外壳与大地等电位，可防止人体触电事故，保证人身安全。

7. 电压与电动势有何区别？

答：电压与电动势主要区别在于，电压为电位差，是反映电场力做功的概念，其方向为电位降低的方向；电动势是反映电源力克服电场力做功的概念，它将正电荷从电源负极移到正极做了功，使正电荷获得了电能，电位升高，其方向是从电源内部负极指向电源正极，即电位升高的方向，它在数值上等于电源力把单位正电荷从电源的低电位点经电源内部移到高位点所做的功。两者的方向相反。电压和电动势的基本单位为伏特（V）。

8. 什么是电流的热效应？

答：当电流通过电阻时，电流做功而消耗电能，产生了热量，这种现象叫做电流的热效应。电流通过导体所产生的热量和电流的平方、导体本身的电阻值以及电流通过的时间成正比。

9. 什么叫功率因数？

答：电压与电流之间的相位差（Φ）的余弦叫做功率因数，用符号 $\cos\Phi$ 表示，在数值上，功率因数是有功功率和视在功率的比值，即 $\cos\Phi = P/S$。

10. 为什么要提高功率因数？

答：提高电路的功率因数，可以充分发挥电源设备的潜在能力，同时可以减少线路上的功率损失和电压损失，提高用户电压质量。

11. 什么叫电气一次设备？

答：通常把产生、变换、输送、分配和使用电能的设备，如发电机、变压器和断路器等称为一次设备。

12. 电气一次设备包括哪些设备？

答：电气一次设备包括以下设备：

（1）生产和转换电能的设备。

（2）接通或断开电路的开关电器。

（3）限制故障电流和防御过电压的保护电器。

（4）载流导体。

（5）接地装置。

13. 什么叫电气二次设备？

答：电气二次设备是与一次设备有关的保护、测量、信号、控制和操作回路中所使用的设备。

14. 电气二次设备包括哪些设备？

答：电气二次设备包括以下设备：

（1）仪表。

（2）控制和信号元件。

（3）继电保护装置。

（4）操作、信号电源回路。

（5）控制电缆及连接导线。

（6）发出音响的信号元件。

（7）接线端子板及熔断器等。

15. 什么叫静电屏蔽？

答：为防止静电感应，用金属罩将导体罩起来，隔开静电感应的作用，即为静电屏蔽。

16. 万用表一般能进行哪些测量？

答：由于万用表的测量机构是由电流表、电压表和欧姆表原理组合而成。所以一般可以测量交、直流电压以及交、直流电流和电阻。

17. 为什么绝缘电阻表测量用的引线不能编织在一起使用？

答：摇测绝缘电阻时，为了使测量值尽量准确，两条引线要荡开，不能编织在一起使用。这是因为绝缘电阻表的电压较高，如果将两条导线编织在一起进行测量，当导线绝缘不良或低于被测设备的绝缘水平时，相当于在被测设备上并联了一只低值电阻，将影响测量结果。特别是测量吸收比时，即使绝缘良好的两根导线编织在一起，也会产生分布电容而影响测量的准确性。

18. 什么是电弧？

答：电弧的产生及维持是触头绝缘介质的中性质点（分子和原子）被游离的结果，游离就是中性质点转化为带电质点。电弧的形成过程就是气态介质或固态、液态介质高温汽化后向等离子体态的转化过程。因而，电弧是一种游离的气体放电现象。

19. 电力电缆材料及型号选择原则是什么？

答：电缆线芯有铜芯和铝芯。电缆的型号很多，应根据其用途、敷设方式和不同条件进行选择。例如：厂用高压电缆一般选用纸绝缘铅包电缆；除 110kV 以上采用单相充油电缆或交联聚乙烯电缆等干式电缆外，一般采用三相电缆；高温场所宜用耐热电缆；重要支流回路或保安电源用电缆宜选用阻燃型电缆；直埋地下敷设时一般采用钢带铠装电缆；潮湿或腐蚀地区应选用塑料护套电缆；敷设在高差大的地点，应采用不滴流电缆或塑料电缆。

20. 什么叫集肤效应？

答：在交流电通过导体时，导体截面上各处电流分布不均匀，导体中心处密度最小，越靠近导体的表面密度越大，这种趋向于沿导体表面的电流分布现象称为集肤效应。

21. 并联谐振的概念及特点是什么？

答：在电感和电容并联电路中，出现并联电路的端电压与总电流同相位的现象叫做并联谐振。并联谐振的特点是：在通过改变电容 C 达到并联谐振时，电路的总阻抗最大，因而电路的总电流变得最小。但是对每一支路而言，其电流都可能比总电流大很多，因此并联谐振又称为电流谐振。另外，并联谐振时，由于端电压和总电流同相位，使电路的功率因数达到最大值，即功率因数等于 1，而且并联谐振不会产生危害设备安全的谐振过电压。因此，为我们提供了提高功率因数的有效方法。

22. 串联谐振的概念及特点是什么？

答：在由电阻、电感和电容组成的串联电路中，出现电路两端电压与线路电流同相的现象称串联谐振。串联谐振发生的条件是线路中的电抗等于零，即容抗正好等于感抗。

发生串联谐振时由于线路电抗为零，此时线路的阻抗就等于线路的电阻，电流最大。如果此时线路中感抗和容抗大于线路电阻，那么在电感和电容元件上的电压有效值就可能大于外施电压许多倍。发生串联谐振时电源不向回路输送无功功率。电感与电容中的无功功率大小相等、完全互补，无功能量的交换在它们之间进行。

23. 涡流是怎样产生的？什么叫涡流损耗？

答：处在变化磁场中的导电物质内部将产生感应电流，以阻碍磁通的变化，这种感生电流称涡流。由涡流引起的能量损耗叫涡流损耗。

24. 什么叫过渡过程？产生过渡过程的原因是什么？

答：过渡过程是一个暂态过程，是从一个稳定状态转换到另一个稳定状态所要经过的一段时间内的这种过程。产生过渡过程的原因是由于储能元件的存在。储能元件如电感和电容，它们在电路中的能量不能跃变，即电感的电流和电容的电压在变化过程中不能突变，所以，电路中的一个稳定状态过渡到另一个状态要有一个过程。

25．什么是叠加原理？

答：在线性电路中，如果有几个电源同时作用时，任一条支路的电流（或电压）是电路中各个电源单独作用时，在该支路中产生的电流（或端电压）的代数和。在运用叠加原理时，应将电压源视作短路状态，而对于电流源，应将其视作开路状态。

26．为什么三相电动机的电源可以用三相三线制，而照明电源必须用三相四线制？

答：因为三相电动机是三相对称负载，无论是星形接法或是三角形接法，都是只需要将三相电动机的三根相线接在电源的三根相线上，而不需要第四根中性线，所以可用三相三线制电源供电。照明电源的负载是电灯，它的额定电压均为相电压，必须一端接一相线，一端接中性线，这样可以保证各相电压互不影响，所以必须三相四线制，但严禁用一相一地照明。

27．什么是交流电的相位、初相位和相位差？

答：交流电的相位、初相位和相位差解释如下：

相位：表示正弦交流电变化过程的量，它不仅决定该时瞬时值的大小和方向，还决定正弦交流电的变化趋势。

初相位：正弦交流电在计时开始时，（$t=0$）所处的变化状态。

相位差：两个同频率的正弦交流电的相位之差，表示两交流电在时间上相互超前或滞后的关系。

28．什么是相电流、相电压和线电流、线电压？

答：由三相绕组连接的电路中，每个绕组的始端与末端之间的电压叫相电压。各绕组始端或末端之间的电压叫线电压。各相负荷中的电流叫相电流。各端线中流过的电流叫线电流。

29．晶体管有哪些主要参数？

答：晶体管主要参数如下：

（1）放大倍数（β），是衡量晶体管放大能力的。

（2）反向饱和电流（I_{cbo}），说明晶体管集电结质量。

（3）穿透电流（I_{ceo}），说明三极管性能。

30．什么是晶体管的反馈？反馈分哪几种？

答：在晶体管放大器中，将输出端的一部分电压或电流用某种方法返回到输入端，这种方法叫反馈。

反馈有两种：引入反馈后，使放大器的放大倍数增加的叫正反馈，使放大倍数减小的叫负反馈。

31．滤波电路有什么作用？

答：整流装置把交流电转化为直流电，但整流后的波形中还包含相当大的交流成分，这样的直流电只能用在对电源要求不高的设备中。有些设备如电子仪表、自动控制等电路，要求直流电源脉动成分特别小，因此，为了提高整流电压质量，改善整流电路的电压波形，常常加装滤波电路，将交流成分滤掉。

32. 如何用可控硅实现可控整流？

答：在整流电路中，可控硅在承受正向电压的时间内，改变触发脉冲的输入时刻，即改变控制角的大小，在负载上可得到不同数值的直流电压，因而控制了输出电压的大小。

33. 三相全波整流器电源回路中直流母线电压下降的原因是什么？

答：（1）交流电源电压过低。

（2）硅整流器交流侧断相。

（3）硅整流器的元件在不同相不同侧有两只整流元件断路。

（4）硅整流器有一只元件开路时。

（5）硅整流器在不同相同一侧有两只整流元件开路时。

34. 什么是感抗？如何计算感抗？

答：交流电流过电感元件时，电感元件对交流电流的限制能力叫做感抗，以 X_L 表示，$X_L = 2\pi fL$。

35. 什么是容抗？如何计算容抗？

答：交流电流过电容元件时，电容元件对交流电流的限制能力叫做容抗，以 X_C 表示，$X_C = 1/(\omega C) = 1/(2\pi fC)$。

36. 什么叫电压不对称度？

答：中性点不接地系统在正常运行时，由于导线的不对称排列而使各相对地电容不相等，造成中性点具有一定的对地电位，这个对地电位叫中性点位移电压，也叫做不对称电压。不对称电压与额定电压的比值叫做不对称度。

37. 什么是三相电能表的倍率及实际电量？

答：电能表中电压互感器电压比与电流互感器电流比的乘积就是电能表的倍率。

电能表倍率与读数的乘积就是实际电量。

38. 电能表和功率表指示的数值有哪些不同？

答：功率表指示的是瞬时的发、供、用电设备所发出、传送和消耗的电功数；而电能表的数值是累计某一段时间内所发出、传送和消耗的电能数。

39. 什么叫内部过电压？

答：内部过电压是由于操作（合闸，拉闸）、事故（接地、断线等）或其他原因，引起电力系统的状态发生突然变化，将出现从一种稳态转变为另一种稳态的过渡过程，在这个过程中可能产生对系统有危险的过电压，这些过电压是系统内部电磁能的振荡和积聚所引起的，所以叫内部过电压。这可分操作过电压和谐振过电压，前者是产生于系统操作或故障中，后者是电网中电容元件和电网中电感元件（特别是带铁芯的铁磁电感元件），参数的不利组合谐振而产生的。

40. 为什么绝缘子表面做成波纹形？

答：（1）将绝缘子做成凹凸的波纹形，延长了爬弧距离，所以在同样有效高度下，增加了电弧爬弧距离，而且每一个波纹又能起到阻断电弧的作用。

（2）在雨天能起到阻止水流的作用，污水不能直接由绝缘子上部流到下部，形成水柱引起接地短路。

（3）污尘降落到绝缘子上时，其凹凸部分使污尘分布不均匀，因此在一定程度上保证了耐压强度。

41. 什么是沿面放电？

答：电力系统中有很多悬式和针式绝缘子、变压器套管和穿墙套管等，它们很多是处在空气中，当这些设备的电压达到一定值时，这些瓷质设备的表面的空气发生放电，叫做沿固体介质表面的沿面放电，简称沿面放电。当沿面放电贯穿两极间时，形成沿面闪络。沿面放电比在空气中的放电电压低。沿面放电电压和电场的均匀程度、固体介质的表面形状及气象条件有关。

42. 电力系统过电压有哪几种类型？

答：过电压按产生机理分为外部过电压（又叫大气过电压或雷电过电压）和内部过电压。外部过电压又分为直接雷过电压和感应雷过电压两类；内部过电压又分为操作过电压、工频过电压和谐振过电压三类。

43. 在什么情况下容易产生操作过电压？

答：（1）切合电容器或空载长线路。

（2）断开空载变压器、电抗器、消弧线圈及同步发电机。

（3）在中性点不接地系统中，一相接地后产生间歇性电弧引起过电压。

44. 什么叫负荷曲线？什么叫系统备用容量？

答：将电力负荷随着时间变化关系绘制出的曲线称为负荷曲线。

为了保证系统供电的可靠性，系统的装机容量在任何时刻都必须大于系统综合最大容量，它们的差值叫做系统备用容量，包括负荷备用、事故备用、检修备用和国民经济备用等几种。

45. 什么是人身触电？触电形式有几种？

答：电流通过人体是人身触电。

触电形式有：单相触电、两相触电、跨步电压触电、接触触电四种形式。

46. 什么是自动发电控制（AGC)？

答：自动发电控制简称 AGC，它是能量管理系统（EMS）的重要组成部分。按电网调度中心的控制目标将指令发送给有关发电厂或机组，通过电厂或机组的自动控制调节装置，实现对发电机功率的自动控制。

47. 什么叫安全电压？它分为哪些等级？

答：在各种不同环境条件下，人体接触到有一定电压的带电体后，其各部分组织（如皮肤、心脏、呼吸器官和神经系统等）不发生任何损害时，该电压称安全电压。它分为五个等级，即 42、36、24、12、6V。

48. 什么叫接触电压？

答：接触电压是指人体同时接触不同电压的两处时，则在人体内有电流通过，人体构成电流回路的一部分；这时，加在人体两点之间的电压差称为接触电压。比如：人站在地上，手部触及已漏电设备的外壳，手足之间出现电位差，这就是接触电压。

49. 短路对电气设备的危害有哪些？

答：（1）短路电流的热效应使设备烧毁或损坏绝缘。

（2）电动力会使电气设备变形毁坏。

50. 何谓正弦交流电？

答：电路中的电流、电压、电动势的大小和方向均随时间按正弦函数规律变化。这种随时间作正弦周期变化的电流、电压和电动势叫做正弦交流电。

51. 何谓交流电的周期、频率、角频率？

答：交流电完成一次全循环所需用的时间叫做周期，用 T 表示。单位是秒（s）。在单位时间内（1s）交流电完成全循环的次数叫做频率，用 f 表示，单位是赫兹（Hz）。在单位时间内，交流电变化的电气角度叫做角频率，用 ω 表示，单位是弧度/秒（rad/s）。

52. 何谓阻抗？

答：电流流经电阻、电感、电容所组成的电路时受到的阻力叫做阻抗。

53. 什么是中性点位移？位移后将会出现什么后果？

答：在大多数情况下，电源的线电压和相电压都可以认为是近似对称的，不对称的星形负载若无中线或中线上阻抗较大，则其中性点电位是与电源中性点电位有差别的，即电源的中性点和负载中性点之间出现电压，此种现象称为中性点的位移。出现中性点位移的后果是负载各相电压不一致，这将影响设备的正常工作。

54. 什么叫自然功率？

答：运行中的输电线路既能产生无功功率（由于分布电容）又消耗无功功率（由于串联阻抗）。当线路中输送某一数值的有功功率时，线路上的这两种无功功率恰好能相互平衡，这个有功功率的数值叫做线路的"自然功率"或"波阻抗功率"。

55. 什么情况下单相接地故障电流大于三相短路故障电流？

答：当故障点零序综合阻抗小于正序综合阻抗时，单相接地故障电流将大于三相短路故障电流。

56. 什么是电力系统序参数？零序参数有何特点？

答：对称的三相电路中，流过不同相序的电流时，所遇到的阻抗是不同的，然而同一相序的电压和电流间，仍符合欧姆定律。任一元件两端的相序电压与流过该元件的相应的相序电流之比，称为该元件的序参数（阻抗）、零序参数（阻抗）与网络结构，特别是和变压器的接线方式及中性点接地方式有关。一般情况下，零序参数（阻抗）及零序网络结构与正、负序网络不一样。

57. 何谓反击过电压？

答：在发电厂和变电站中，如果雷击到避雷针上，雷电流通过构架接地引下线流散到地中，由于构架电感和接地电阻的存在，在构架上会产生很高的对地电位，高电位对附近的电气设备或带电的导线会产生很大的电位差。如果两者间距离小，就会导致避雷针构架对其他设备或导线放电，引起反击闪络而造成事故。

58. AGC 有几种控制模式？

答：AGC 控制模式有一次控制模式和二次控制模式两种。一次控制模式又分为三种：

①定频率控制模式；②定联络线功率控制模式；③频率与联络线偏差控制模式。

二次控制模式又分为两种：①时间误差校正模式；②联络线累积电量误差校正模式。

59. 简述什么叫逐项操作指令？

答：逐项操作指令是指值班调度员按操作任务顺序逐项下达，受令单位按指令的顺序逐项执行的操作指令。一般用于涉及两个及以上单位的操作，如线路停送电等。调度员必须事先按操作原则编写操作任务票。操作时由值班调度员逐项下达操作指令，现场值班人员按指令顺序逐项操作。

60. 什么叫综合操作指令？

答：综合指令是值班调度员对一个单位下达的一个综合操作任务，具体操作项目、顺序由现场运行人员按规定自行填写操作票，在得到值班调度员允许之后即可进行操作。一般用于只涉及一个单位的操作，如变电站倒母线和变压器停送电等。

61. 电力系统电压调整的常用方法有几种？

答：电力系统电压的调整必须根据系统的具体要求，在不同的厂站，采用不同的方法，常用电压调整方法有以下几种：

(1) 增减无功功率进行调压，如发电机、调相机、并联电容器、并联电抗器调压。

(2) 改变有功功率和无功功率的分布进行调压，如调压变压器、改变变压器分接头调压。

(3) 改变网络参数进行调压，如串联电容器、投停并列运行变压器、投停空载或轻载高压线路调压。

(4) 特殊情况下有时采用调整用电负荷或限电的方法调整电压。

62. 电力系统的调峰电源主要有哪些？

答：用于电力系统的调峰电源一般是：常规水电机组、抽水蓄能机组、燃气轮机机组、常规汽轮发电机组和其他新形式调峰电源。

63. 电网电压调整的方式有几种？什么叫逆调压？

答：电压调整方式一般分为逆调压方式、恒调压方式、顺调压方式三种。

在电压允许偏差范围内，高峰负荷时供电线路上电压损耗大，将电压适当升高以抵消部分甚至全部损耗的电压损耗的增大；低谷负荷时供电线路上电压损耗小，将电压适当降低以补偿部分甚至全部电压损耗的减少，满足负荷对电压质量的要求，这种调压方式叫逆调压。

64. 为什么交流耐压试验与直流耐压试验不能互相代替？

答：因为交流、直流电压在绝缘层中的分布不同，直流电压是按电导分布的，反映绝缘内个别部分可能发生过电压的情况；交流电压是按与绝缘电阻并存的分布电容成反比分布的，反映各处分布电容部分可能发生过电压的情况。另外，绝缘在直流电压作用下耐压强度比在交流电压下要高。所以，交流耐压试验与直流耐压试验不能互相代替。

65. 影响绝缘电阻测量的因素有哪些？各产生什么影响？

答：(1) 温度。温度升高，绝缘介质中的极化加剧，电导增加，绝缘电阻降低。

(2) 湿度。湿度增大，绝缘表面易吸附潮气形成水膜，表面泄露电流增大，影响测量准确性。

（3）放电时间。每次测量绝缘电阻后应充分放电，放电时间应大于充电时间，以免被试品中的残余电荷流经绝缘电阻表中流比计的电流线圈，影响测量的准确性。

66. 局部放电中常见的干扰有几种？

答：（1）高压测量回路干扰；

（2）电源侧侵入的干扰；

（3）高压带电部位接触不良引起的干扰；

（4）试区高压电场作用范围内金属物处于悬浮电位或接地不良的干扰；

（5）空间电磁波干扰，包括电台、高频设备的干扰等；

（6）地中零序电流从入地端进入局部放电测量仪器带来的干扰。

67. 二次线整体绝缘的摇测项目有哪些？应注意哪些事项？

答：摇测项目有直流回路对地、电压回路对地、电流回路对地、信号回路对地、正极对跳闸回路、各回路之间等，如需测所有回路对地，应将它们用线连起来摇测。

注意事项如下：断开本路交直流电源；断开与其他回路的连线；拆除电流回路及电压回路的接地点；摇测完毕应恢复原状。

68. 什么是电阻温度系数？

答：导体的电阻值不仅与材料的性质及尺寸有关，而且会受到温度的影响。导体的温度每增高 $1℃$ 时，它的电阻增大的百分数就叫电阻的温度系数。

69. 什么叫磁滞、剩磁和矫顽力？

答：铁磁材料的反复磁化过程中，磁通密度 B 的变化始终落后于磁场强度 H 的变化，对应于外磁场增大与减小时相同的 H 值，会有不同的 B 值，这种不可逆现象称为磁滞现象。当外加磁场强度 H 下降到零时，B 值并不回到零而为 B_r，B_r 称为剩余磁感应强度，简称剩磁。为使 B 值回到零，必须加一个反向磁场强度 H_c，H_c 称为矫顽磁场强度，俗称矫顽力。

70. 什么是绝缘中的局部放电？局部放电试验的目的是什么？

答：电器绝缘内部存在缺陷是难免的，例如固体绝缘中的空隙、杂质，液体绝缘中的气泡等。这些空气与气泡中或局部固体绝缘表面上的场强达到一定值时，就会产生局部放电。这种放电只存在于绝缘的局部位置，而不会立即形成贯穿性通道，称为局部放电。局部放电试验的目的是发现设备结构和制造工艺的缺陷。例如：绝缘内部局部电场强度过高；金属部件有尖角；绝缘混入杂质或局部带有缺陷产品内部金属接地部件之间、导电体之间电气连接不良等，以便消除这些缺陷，防止局部放电对绝缘造成破坏。

71. 什么是中性点位移？

答：三相电路中，在电源电压对称的情况下，如果三相负载对称，根据基尔霍夫定律，不管有无中线，中性点电压都等于零；若三相负载不对称，没有中线或中线阻抗较大，负载中性点就会出现电压，即电源中性点和负载中性点间电压不为零，这种现象称为中性点位移。

72. 何谓绝缘材料的 8℃ 规则？

答：当绝缘材料使用温度超过极限温度时，绝缘材料会迅速劣化，使用寿命将大为缩短。当超过极限温度 $8℃$ 时，其寿命将缩短为一半左右，即所谓的 8℃ 热劣化规则。

73. 工频交流耐压试验规定为 1min 的意义是什么？

答：绝缘的击穿电压与加压的持续时间有关。标准规定为耐压时间 1min，一是为了使试品可能存在的绝缘弱点暴露出来；二是不致因时间过长而引起不应有的绝缘损伤和击穿。

74. 什么叫电晕？它有何危害？

答：在极不均匀电场的气隙中，随着外施电压的提高，在曲率半径小的电极附近将出现浅蓝色的晕光，这种现象叫电晕。发生电晕的起始电压称为电晕起始电压。电晕发生时，除了有晕光、芒光以外，还伴有吱吱的放电声，并产生臭氧等。此外电晕将引起功能损耗，对无线电通信有严重干扰，所以常用分裂导线、扩径导线或空芯导线等增大导线半径来减少电晕。

第二节　安　全　知　识

75. 绝缘手套使用注意事项？

答：（1）使用经检验合格的绝缘手套（每半年检验一次）。

（2）佩戴前还要对绝缘手套进行气密性检查，具体方法：将手套从口部向上卷，稍用力将空气压至手掌及指头部分检查上述部位有无漏气，如有则不能使用。

（3）使用时注意防止尖锐物体刺破手套。

（4）戴手套时应将外衣袖口放入手套的伸长部分。

（5）使用后注意存放在干燥处，并不得接触油类及腐蚀性药品等。

（6）绝缘手套使用后必须擦干净，在专用柜内与其他工具分开存放。

76. 接地线有什么作用？

答：当高压设备停电检修或进行其他工作时，为了防止停电设备突然来电和邻近高压带电设备对停电设备所产生的感应电压对人体的危害，需要用携带型接地线将停电设备已停电的三相电源短路接地，同时将设备上的残余电荷对地放掉。

77. 如何使用悬挂接地线？

答：（1）装接地线时，必须验明设备确无电压后才能进行；装、拆接地线必须戴绝缘手套。接地线在每次装设以前必须经过仔细检查。损坏的接地线应及时修理或更换。严禁使用不符合规定的导线作接地或短路之用；接地线必须使用专用的线夹固定在接地良好的导体上，严禁用缠绕的方法进行接地或短路。

（2）装设接地线必须先接接地端，后接导体端，且必须接触良好。拆接地线的顺序与此相反。

（3）装、拆接地线时，必须确认装、拆位置的正确后才能进行。

（4）装、拆接地线应做好记录，交接班时应交接清楚。

78. 使用绝缘棒的注意事项有哪些？

答：（1）操作前，棒表面应用清洁的布擦净，使棒表面干燥、清洁。

（2）操作时应戴绝缘手套、穿绝缘鞋或站在绝缘垫（台）上。

（3）操作者的手握部位不得超过隔离环。

（4）绝缘棒的型号、规格必须符合规定，切不可任意取用。

（5）在下雨、下雪或潮湿的天气，室外使用绝缘棒时，棒上应装有防雨的伞形罩，使绝缘棒的伞下部分保持干燥。没有伞形罩的绝缘棒，不宜在上述天气中使用。

（6）在使用绝缘棒时要注意防止碰撞，以免损坏表面的绝缘层。

（7）绝缘棒应按规定进行定期绝缘试验。

79. 使用验电器的注意事项有哪些？

答：（1）验电器使用前必须确认验电器电压等级大于或等于所要验电设备电压等级。

（2）使用前应将验电器在电源处试测，证明验电器确实良好，方可使用。

（3）验电器绝缘手柄较短，使用时应特别注意手握部分不得超过隔离环。

（4）验电器前部露出的金属部位不宜过多，为防止验电时导致短路，应用绝缘胶带包裹，只露出前段少量金属部位即可。

（5）使用时，应用右手拿验电器，逐渐靠近被测物体，直到氖灯亮；只有氖灯不亮时，才可以与被测物体直接接触。

（6）室外使用验电器，必须在气候条件良好的情况下。在雪、雨、雾及湿度较大的情况下，不宜使用。

80. 采用安全色有什么意义？

答：为便于识别、防止误操作，确保运行和检修人员的安全，采用不同颜色来区别设备特征。如电气母线，A相为黄色，B相为绿色，C相为红色。明敷的接地线涂以黑色。在二次系统中，交流电压回路用黄色，电流回路用绿色。直流回路中正电源用红色，负电源用蓝色，信号和警告回路用白色。另外，为便于运行人员监视和判别处理事故，在设备仪表盘上、在运行极限参数上画红线。

81. 为什么要制定安全距离？安全距离的依据是什么？

答：安全距离就是在各种工作条件下，带电导体与附近接地的物体、地面、不相同带电导体以及工作人员之间所必须保持的最小距离或最小空气间距。这个间距不仅保证在各种可能的最大工作电压的作用下，不发生闪络放电，还保证工作人员在对设备进行维护检查、操作和检修时的绝对安全。

安全距离主要是根据空气间隙的放电特性确定的。但在超高压的电力系统中，还要考虑静电感应和高压电场的影响。空气间隙在承受不同形式的电压时，具有不同的电气强度。因此，为确保工作人员和设备的安全，必须确定合理的安全距离和严格遵守已经规定的安全距离。

82. 为什么塑料电缆不允许进水？

答：塑料电缆被水浸入后，会发生老化现象。这是由于水分呈树枝状渗透而引起的。在导体内及绝缘外都有水存在时，产生老化现象最严重。当导体的温度较高时，导体内有水分比绝缘外有水分所引起的水分渗透老化更快。

83. 按照人体触及带电体的方式，有哪三种触电情况？

答：（1）单相触电。它是指人体在地面或其他接地体上，人体的一部分触及到一相带电体的触电。

（2）两相触电。它是指人体的两个部位同时触及两相带电体的触电。此时加于人体的电压比较高，所以对人的危险性甚大。

（3）跨步电压触电。在电气设备对地绝缘损坏之处，或在带电设备发生故障之处，就有电流流入地下，电流在接地点周围土壤中产生电压降，当人走进接地点附近时，两脚之间便承受电压，于是人就遭到跨步电压而触电。

84. 电气设备着火应如何处理？

答：遇有电气设备着火时，应立即将有关设备的电源切断，然后进行救火。对可能带电的电气设备以及发电机、电动机等，应使用干式灭火器、二氧化碳灭火器灭火；对油开关、变压器（已隔绝电源）可使用干式灭火器灭火，不能扑灭时再用泡沫灭火器灭火，不得已时可使用干砂灭火；地面上的绝缘油着火，应用干砂灭火。扑救可能产生有毒气体的火灾（如电缆着火等）时，扑救人员应使用正压式消防空气呼吸器。

85. 采用三相发、供电设备有什么优点？

答：发相同容量的电量，采用三相发电机比单相发电机体积小；三相输电、配电线路比单相输、配电线路条数少，节省大量材料；三相电动机比单相电动机性能好，所以多采用三相发、供电设备。

86. 电缆着火应如何处理？

答：（1）立即切断电缆电源，通知消防人员。

（2）自动灭火装置应动作，否则手动启动灭火装置。无自动灭火装置时可使用卤代烷灭火器、二氧化碳灭火器或沙子、石棉被进行灭火，禁止使用泡沫灭火器或水进行灭火。

（3）在电缆沟、隧道或夹层内的灭火人员必须正确佩戴防毒面罩、胶皮手套，穿绝缘鞋。

（4）设法隔离火源，防止火蔓延至正常运行的设备，扩大事故。

（5）灭火人员禁止用手摸不接地的金属部件，禁止触动电缆桥架和移动电缆。

87. 请解释保护接地和保护接零是如何防止人身触电的。

答：保护接零是当设备一相绝缘损坏或异常原因，使机壳带电时，迫使机壳对地电压近似为零，短路电流绝对大部分经接地体入地，流过人体的电流几乎为零，不致造成对人体的伤害。

保护接地是将机壳与保护零线连接，当一相接壳时，由于零相回路阻抗很小，产生很大的短路电流，使熔断器迅速熔断或自动空气开关迅速动作，切断电流，保护人身不致触电。

88. 为什么摇测电缆绝缘前，应先对电缆进行放电？

答：因为电缆线路相当于一个电容器，电缆运行时会被充电，电缆停电后，电缆芯上积聚的电荷短时间内不能完全释放。此时，若用手触及，则会使人触电，若用绝缘电阻表，会使绝缘电阻表损坏。所以摇测绝缘前，应先对地放电。

89. 用绝缘电阻表测量绝缘时，为什么规定摇测时间为 1min？

答：用绝缘电阻表测量绝缘电阻时，一般规定以摇测 1min 后的读数为准。因为在绝缘体上加上直流电压后，流过绝缘体的电流（吸收电流）将随时间的增长而逐渐下降。而绝缘的直流电阻率是根据稳态传导电流确定的，并且不同材料的绝缘体，其绝缘吸收电流的衰减时间也不同。但是试验证明，绝大多数材料其绝缘吸收电流经过 1min 已趋于稳定，所以规定以加压 1min 后的绝缘电阻值来确定绝缘性能的好坏。

90. 怎样选用绝缘电阻表？

答：绝缘电阻表的选用，主要是选择其电压及测量范围，高压电气设备需使用电压高的绝缘电阻表。低压电气设备需使用电压低的绝缘电阻表。一般选择原则是：500V 以下的电气设备选用 500～1000V 的绝缘电阻表；绝缘子、母线、隔离开关应选用 2500V 以上的绝缘电阻表。绝缘电阻表测量范围的选择原则是：要使测量范围适应被测绝缘电阻的数值避免读数时产生较大的误差。

91. 用绝缘电阻表测量绝缘时，若接地端子 E 与相线端子 L 接错，会产生什么后果？

答：与绝缘电阻表的相线端子 L 串接的部件都有良好的屏蔽，以防止绝缘电阻表的泄漏电流造成测量误差；而 E 端子处于地电位，没有考虑屏蔽。正常摇测时，绝缘电阻表的泄漏电流不会造成误差；但如 E、L 端子接错，则由于 E 没有屏蔽，被测设备的电流中多了一个绝缘电阻表的泄漏电流，一般测出的绝缘电阻都要比实际值偏低，所以 E、L 端子不能接错。

92. 发电厂全厂停电事故的处理原则是什么？

答：（1）快速限制发电厂内部的事故发展，解除对人身和设备的威胁。

（2）优先恢复厂用电系统的供电。

（3）尽快恢复厂用重要电动机的供电。

（4）积极与调度员联系，尽快恢复厂外电源（利用与系统联络线路等）。电源一旦恢复后，机、炉即可重新启动，具备并列条件时，将发电机重新并入系统。

93. 发生发电厂全厂停电的原因是什么？

答：（1）由于发电厂内部的厂用电、热力系统或其他主要设备的故障处理不当导致机炉全停，全厂出力降至零，造成全厂停电。

（2）由于发电厂和系统间的联络线故障跳闸，此时，发电厂发出的功率远小于所带的其他负荷，引起发电厂严重低频率、低电压，若处理不当，可能造成机炉全停，导致全厂停电。

（3）发电厂主要母线故障，使大部分机组被迫停运，并涉及厂用电系统的正常供电时，也可能导致全厂停电。

（4）发电厂运行人员误操作，使保护装置的一、二次方式不对应，或者造成某些主要设备主变压器、厂用电母线失电，也可能扩大为全厂停电。

94. 电气设备高压和低压是如何划分的？

答：对地电压为 1000V 及以上的为高压，对地电压为 1000V 以下的为低压。

95. 什么是绝缘基本安全用具？

答：绝缘基本安全用具是指在作业过程中能长时间直接与带电设备发生工作接触，而不使工作人员触电的绝缘工器具。这种工器具能长时间承受相应等级的工作电压。包括：高压绝缘棒、高压验电器、绝缘夹钳等。

96. 什么是绝缘辅助安全用具？

答：绝缘辅助安全用具是指绝缘强度不高，不能承受高压电气设备线路的工作电压，只能起基本安全用具的加强和保护作用，用来防止接触电压、跨步电压、电弧烧灼对操作人员伤害的用具。包括：绝缘手套、绝缘靴（鞋）、绝缘垫和绝缘台等。不允许用绝缘辅助安全用具直接与高压电气设备的带电部分发生接触。

97. 接受电网调度命令的操作要做到哪六清？

答：（1）接受命令清。

（2）布置操作任务清。

（3）操作联系清。

（4）发生疑问要查清。

（5）操作完毕汇报清。

（6）交接班记录清。

98. 基尔霍夫定律的基本内容是什么？

答：基尔霍夫第一定律也叫基尔霍夫电流定律即 KCL，是研究电路中各支路电流之间关系的定律，它指出：对于电路中的任一节点，流入节点电流之和等于从该节点流出的电流之和？其数学表达式为：$\sum I = 0$；

基尔霍夫第二定律也叫基尔霍夫电压定律即 KVL，是研究回路中各部分电压之间关系的定律，它指出：对于电路中任何一个闭合回路内，各段电压的代数和等于零，其数学表达式为：$\sum U = 0$。

99. 电气设备验电时应注意什么？

答：（1）验电应使用相应电压等级而且合格的接触式验电器，在接地处对各相分别验电。验电前，应先在有电设备上进行试验，确证验电器良好。

（2）高压验电应戴绝缘手套。验电器的伸缩式绝缘棒长度应拉足，验电时手应握在手柄处不得超过护环，人体应与被验电设备保持安全距离。雨雪天气时不得进行室外直接验电。

（3）对无法进行直接验电的设备、高压直流设备和雨雪天气时的户外设备，可以进行间接验电，即通过设备的机械指示位置、电气指示、带电显示装置指示、仪表及各种遥测、遥信等信号的变化来判断。判断时，应有两个及以上指示，且所有指示均已同时发生对应变化，才能确认该设备已无电；若进行遥控操作，则应同时检查隔离开关的状态指示、遥测、遥控信号及带电显示装置的指示进行间接验电。

100. 使用万用表需注意哪些问题？

答：（1）接线端子的选择。被测直流电压的正极接表的"＋"端，被测直流电的流入方向接表的"＋"端。

（2）测量种类选择。根据测量对象，将转换开关拨到需要的位置，如直流电压、电流。交流电压、电流、电阻等，严禁用 Ω 挡、电流挡测电压。

（3）正确读数，分清各类标尺。

（4）测量结束后，要将万用表的转换开关拨到交流电压最大挡，以保护万用表。

101. 电路功率因数过低是什么原因造成的？为什么要提高功率因数？

答：功率因数过低是因为电力系统的负载大，多数是感应电动机。在正常运行时功率因数一般在 0.7～0.85 之间，空载时功率因数只有 0.2～0.3，轻载时功率因数也不高。提高功率因数的意义在于：①功率因数低，电源设备的容量就不能充分利用；②功率因数低在线路上将引起较大的电压降落和功率损失。

102. 为什么要核相？

答：若相位或相序不同的交流电源并列或合环，将产生很大的电流，巨大的电流会造成发电机或电气设备的损坏，因此需要核相。为了正确的并列，不但要一次相序和相位正确，还要求二次相位和相序正确，否则也会发生非同期并列。

103. 哪些情况下要核相？

答：对于新投产的线路或更改后的线路，必须进行相位、相序核对，与并列有关的二次回路检修时改动过，也须核对相位、相序。

第三节 厂 用 电 系 统

104. 机电炉大联锁试验电气有哪些措施？

答：（1）发电机一次系统恢复到冷备用状态（拉开主断路器两侧隔离开关、接地开关）。

（2）检查发电机保护（除母差、失灵保护外）均投入正常。

（3）6kV 厂用分支电源开关在试验位置将二次插件安装好，控制、储能直流合入。

（4）复归主汽门复归按钮。

（5）合上励磁系统各开关。

（6）合上发电机主断路器、6kV 厂用分支电源开关。

105. 6kV 系统接地时处理有什么特殊规定？

答：（1）在接地点未隔离前，不准操作隔离开关或改变小车开关的位置。

（2）试拉分路负荷时，要考虑到联锁和自投。

（3）检查接地故障点时，应遵守安规的有关规定。

（4）接地故障的瞬间，由于谐振过电压造成电压互感器高压熔断器或二次熔断器及击穿保护损坏，需更换高压熔断器或处理二次击穿保护时，应将电压互感器小车停电。

106. 6kV 系统低电压保护是如何设置的？

答：6kV 系统一级低电压为 70V，动作时间为 0.5s；6kV 系统二级低电压为 45V，动作时间为 9s。

一级低电压保护：在系统电压低时切除部分次要负荷，保证重要电机的正常运行。

二级低电压保护：当系统电压继续下降，为防止电机过电流烧毁，设有二级低电压保护。

107. 厂用电源切换类型有哪些？

答：（1）并联切换：在切换时，工作电源和备用电源是并联运行的，即不管是备用到工作，还是工作到备用都是先并后断，一般的正常操作都是采用这种切换方式。

（2）串联切换：切换过程是一个电源断开后，才允许投入另一电源，一般是利用被切除电源断路器的辅助触点去接通备用电源的合闸回路。

（3）同时切换：在切换时，切除一个电源和投入另一个电源的脉冲信号同时发出。

（4）残压切换：当母线残压衰减到低于设定值时合上备用电源，一般来讲，当母线残压低于40％的额定电压时进行切换，冲击电流已降到可接受的范围内，但需要注意的是，不同的系统容量和备用变压器容量都会影响冲击电流值。残压切换引起的冲击电流较大。

108. 厂用电接线应满足哪些要求？

答：（1）正常运行时的安全性、可靠性、灵活性及经济性。

（2）发生事故时，能尽量缩小对厂用系统的影响，避免引起全厂停电事故，即各机组厂用系统具有较高的独立性。

（3）保证启动电源有足够的容量和合格的电压质量。

（4）有可靠的备用电源，并且在工作电源发生故障时能自动地投入，保证供电的连续性。

（5）厂用电系统发生事故时，处理方便。

109. 厂用系统初次合环并列前如何定相？

答：新投入的变压器与运行的厂用系统并列，或厂用系统接线有可能变动时，在合环并列前必须做定相试验，其方法如下：

（1）分别测量并列点两侧的相电压是否相同。

（2）分别测量两侧同相端子之间的电位差。

若三相同相端子上的电压差都等于零，经定相试验相序正确即可合环并列。

110. 电气开关状态有哪几种？

答：电气开关有运行、热备用、冷备用、检修四种状态。

111. 6kV 开关柜现场五防是如何实现的？

答：（1）开关在"工作"位置时，接地开关不能合上。

（2）接地开关在合闸位时，开关不能摇至"工作"位置。

（3）开关在"合闸"位时，开关不能摇入摇出。

（4）合上接地开关后，才能打开开关柜电缆柜门。

（5）开关在"工作"位置时开关室柜门不能打开。

112. 380V 开关投运前的重点检查内容？

答：（1）开关的触头完好，无松动和脱落。

（2）检查开关各部位清洁、完整、周围无杂物。

（3）开关的保护装置、控制装置显示正常。

（4）抽屉开关在轨道上出入自如。

（5）开关远方、就地控制合、跳闸试验，保护跳闸试验，均正常。

113. 什么叫防止断路器跳跃闭锁装置？

答：断路器跳跃是指断路器用控制开关手动或自动装置，合闸于故障线路上，保护动作使断路器跳闸，如果控制开关未复归或控制开关接点、自动装置接点卡住，保护动作跳闸后发生"跳一合"多次的现象。为防止这种现象的发生，通常是利用断路器的操动机构本身的机械闭锁或在控制回路中采取预防措施，这种防止跳跃的装置叫做断路器防跳闭锁装置。

114. 什么是手车开关的运行状态？

答：手车开关本体在"工作"位置，开关处于合闸状态，二次插件插好，开关操作电源、合闸电源均已投入，相应保护投入运行。

115. 什么是手车开关的热备用状态？

答：手车开关本体在工作位置，开关处于分闸状态，二次插件插好，开关操作电源、合闸电源均已投入，相应保护投入运行。

116. 输煤系统属于厂用负荷分类中的哪类？

答：属于二类厂用负荷。

第四节 直 流 、 UPS 系 统

117. 直流系统寻找接地的一般原则是什么？

答：（1）首先了解有无启动或停运的设备，对该设备切换直流电源。

（2）根据负荷性质试拉，一般为按先轻后重、先负荷后电源的原则进行。

（3）对不重要的直流电源馈线，可采用瞬时停电的方法寻找，即拉某一馈线的开关后迅速合上，并注意接地现象是否消失，若未消失，则再依次选择进行。

（4）对重要的直流电源馈线，应当采取转移馈线至另一段直流母线上，再将直流系统解列，检查接地是否转移，若接地现象已转移到另一直流母线系统，则该馈线接地。

（5）对必须停电才能进行查找处理的重要直流电源馈线，应在得到上级的批准，解除所带装置的保护出口后进行。

（6）试拉后无论该设备是否接地，均应立即送电。

118. 直流系统倒换的原则有哪些？

答：（1）禁止两组母线充电器或蓄电池同时退出运行。任何操作均不应使直流母线瞬时停电。

（2）直流母线并列操作前，必须检查两段母线均无接地故障，否则不得并列。

（3）母线联络隔离开关在断开时，不在同一段上的负荷禁止在负荷侧合环。

（4）严禁非同期并列倒换。

（5）避免一组充电器带两组蓄电池运行。

（6）避免两组充电器长时间并列运行。

（7）不允许充电器单独向直流负荷供电。

119. 如何用验电笔判断直流电正、负极？

答：氖管的前端指验电笔笔尖一端，氖管后端指手握的一端，前端明亮为负极，反之为正极。测试时要注意：电源电压为110V及以上；一只手摸接地端，另一只手持验电笔，电笔金属头触及被测电源另一极，氖管前端极发亮，所测触的电源是负极；若是氖管的后端极发亮，所测触的电源是正极，这是根据直流单向流动和电子由负极向正极流动的原理。

120. 如何用验电笔判断直流电正、负极接地？

答：发电厂和变电站的直流系统，是对地绝缘的，人站在地上，用验电笔去触及正极或负极，氖管是不应当发亮的，如果发亮，则说明直流系统有接地现象；若发亮在靠近笔尖的一端，则是正极接地；发亮点在靠近手握的一端，则是负极接地。

121. 铅蓄电池产生自放电的原因是什么？

答：（1）电解液中或极板本身含有有害物质，这些杂质沉附在极板上，使杂质与极板之间、极板上各杂质之间产生电位差。

（2）极板本身各部分处于不同浓度的电解液层而各部分之间存在电位差。这些电位差相当于小的局部电池，通过电解液形成电流，使极板上的活性物质溶解或电化作用，转变为硫酸铅，导致蓄电池容量损失。

122. 为什么蓄电池不宜过度放电？

答：因为在蓄电池放电过程中，二氧化铅和海绵铅在化学反应中形成硫酸铅小晶块，在过度放电后，硫酸铅将结成许多体积较大的晶块。而晶块分布不均匀时，使极板发生不能恢复的翘曲。同时增大极板内阻。在充电时，硫酸铅晶块很难还原，妨碍了充电的进行。

123. 什么叫蓄电池的容量及额定容量？

答：蓄电池的容量是蓄电池蓄电能力的标志，用安培小时数（Ah）来表示。放电电流的安培数和放电时间的乘积即为蓄电池的容量。蓄电池的额定容量，是指蓄电池在充满电的情况下以10h放电率放电的容量。

124. 直流系统发生正极接地或负极接地对运行有哪些危害？

答：直流系统发生正极接地会造成保护误动作的可能。因为电磁操动机构的跳闸线圈通常都接于负极电源，倘若这些回路再发生接地或绝缘不良就可能会引起保护误动作。直流系统负极接地时，如果操作回路中再有一点发生接地，就可能使跳闸或合闸回路短路，造成保护或断路器拒动，或烧毁继电器，或使熔断器熔断等。

125. 直流系统在发电厂中起什么作用？

答：直流系统在发电厂中为控制、信号、继电保护、自动装置及事故照明等提供可靠的直流电源。它还为操作提供可靠的操作电源。直流系统的可靠与否，对发电厂的安全运行起着至关重要的作用，是发电厂安全运行的保证。

126. 直流负荷干线熔断器熔断时如何处理？

答：（1）因接触不良或过负荷时熔断者，更换熔断器送电。

（2）因短路熔断者，测绝缘寻找故障消除后送电，故障点不明用小定值熔断器试送，消除故障后恢复原熔断器定值。

127. 直流母线电压消失时，如何处理？

答：（1）直流母线电压消失，则蓄电池出口熔断器必熔断，很可能由母线短路引起。

（2）若故障点明显，应立即将其隔离，恢复母线送电。

（3）若故障点不明显，应断开失电母线上全部负荷开关，在测母线绝缘合格后，用充电装置对母线送电；正常后再装上蓄电池组出口熔断器，然后依次对各负荷测绝缘合格后送电。

272

（4）如同时发现某个负荷熔断器熔断或严重发热，则应查明该回路确无短路后，方可对其送电。

（5）直流母线发生短路后，应对蓄电池组进行一次全面检查。

128. 什么是蓄电池浮充电运行方式？

答：直流系统正常运行主要由充电设备供给正常的直流负载，同时还以不大的电流来补充蓄电池的自放电。蓄电池平时不供电，只有在负载突然增大（如断路器合闸等），充电设备满足不了时，蓄电池才少量放电，这种运行方式称为浮充电方式。

129. 为什么要定期对蓄电池进行充放电？

答：定期充放电也叫核对性放电，就是对浮充电运行的蓄电池，经过一定时间要使其极板的物质进行一次较大的充放电反应，以检查蓄电池容量，并可以发现老化电池，及时维护处理，以保证电池的正常运行，定期充放电一般是一年不少于一次。

130. 在何种情况下，蓄电池室内易引起爆炸？如何防止？

答：蓄电池在充电过程中，水被分解产生大量的氢气和氧气。如果这些混合的气体，不能及时排出室外，一遇火花，就会引起爆炸。

预防的方法如下：

（1）密封式蓄电池的加液孔上盖的通气孔，经常保持畅通，便于气体逸出。

（2）蓄电池内部连接和电极连接要牢固，防止松动打火。

（3）室内保持良好的通风。

（4）蓄电池室内严禁烟火；室内应装设防爆照明灯具，且控制开关应装在室外。

131. 什么叫 UPS 系统？有几路电源？分别取自哪里？

答：交流不间断供电源系统就叫 UPS 系统。

一般 UPS 系统输入有三路电源：

（1）工作电源：取自厂用低压母线。

（2）直流电源：取自直流 220V 母线。

（3）旁路电源：取自厂用低压母线。

132. 两组直流母线并列时的注意事项有哪些？

答：（1）当两组直流母线系统绝缘低时不能并列。其原因当直流系统中发生两点接地时，容易发生保护和开关的误动或拒动。正接地易引起误动，负接地易引起继电器触点烧坏而拒动。

（2）需要解列一组蓄电池，其原因是蓄电池在长期浮充电运行中，由于蓄电池的自放电不相等，两组母线并列时如不解列一组蓄电池，则会加重部分蓄电池的欠充状态。

（3）注意直流系统电压在规定范围内 210~230V，波动小于 5%。

133. 根据什么条件来选择蓄电池的容量？

答：蓄电池的容量可根据不同的放电电流和放电时间来选择。

选择条件如下：

（1）按放电时间来选择蓄电池的容量，其容量应能满足事故全停状态下长时间放电容量的要求。

（2）按放电电流来选择蓄电池的容量，其容量应能满足在事故运行时，供给最大的冲击负荷电流的要求。

一般按上述两条件计算，取其大者作为蓄电池的容量。

134. 铅酸蓄电池均衡充电的意义是什么？

答：以浮充电方式运行的蓄电池是串联的，浮充电流对于每一个电池都是一样的，但每个电池放电不完全相同，所选的浮充电流只能对大多数电池是合适的，对于部分电池可能会偏大或偏小，偏大的稍有过充，问题不大，但偏小的就会引起极板硫化，内阻增加，容量降低，而影响整组电池的出力，为使电池能在健康的水平下工作，运行一段时间后，对电池进行一次均衡充电。

135. 直流母线电压为什么不能过高或过低？其允许范围是多少？

答：电压过高时，对长期带电的继电器、指示灯等容易过热或损坏。电压过低时，可能造成断路器、保护的动作不可靠。允许范围一般是±10％。

136. 直流系统为什么要装设绝缘监察装置？

答：发电厂和变电站的直流系统与继电保护、信号装置、自动装置以及屋内配电装置的端子箱、操动机构等连接，因此直流系统比较复杂，发生接地故障的机会较多，当发生一点接地时，无短路电流流过，熔断器不会熔断，所以可以继续运行。但当另一点接地时，可能引起信号回路、继电保护等不正确动作，为此，直流系统应装设绝缘监察装置。

137. 浮充电运行方式的优点是什么？

答：（1）蓄电池组经常处于满充电状态，其容量可以被充分利用。

（2）正常运行中，直流母线电压是恒定的，无需调节。

（3）由于补偿了蓄电池的自放电，因而使蓄电池的使用寿命延长。

（4）不需经常充放电，简化了运行维护，提高了安全性。

第五节 发电机知识

138. 发电机解列后，厂用工作电源开关为什么要及时退出备用？

答：（1）防止误合该开关后，发电机将经高压厂用变压器，通过厂用工作电源开关，再通过启动变与系统并列，发电机不符合并列条件，将造成发电机非同期并列，对发电机造成很大的电流冲击。

（2）防止误合该开关后，厂用电经高压厂用变压器升压到发电机的额定电压，发电机将变成异步电动机全电压启动，巨大的启动电流（5～7倍额定电流）无异于短路，高压厂用变压器、启动变压器将承受短路电流的冲击，甚至造成其损坏。

（3）防止误合该开关后，将造成主变压器低压侧反送电，全电压的冲击。

（4）防止误合该开关后，巨大的电流将有可能使厂用电源开关发生爆炸，损坏设备的同时将危及人身安全。

139. 发电机系统测量哪些绝缘？如何判断其数值是否合格？

答：发电机定子绕组在不通水、干燥后接近工作温度时，其对地及相间绝缘电阻值不应低于 5MΩ（用 2500V 绝缘电阻表测量）。发电机定子绕组在通水后，用水内冷发电机绝缘电阻测试仪测量，其数值以不接地为准，若发电机定子绕组绝缘电阻为零时，请示生产领导批准是否启动。

（2）发电机转子绕组的绝缘电阻值，在冷态下（20℃）用 500V 绝缘电阻表测量不应低于 1MΩ。

（3）一次励定子绕组、二次励电枢绕组，用 1000V 绝缘电阻表测量不应低于 1MΩ。

（4）一次励转子绕组用 500V 绝缘电阻表测量不应低于 0.5MΩ。

（5）发电机定子进出水管与外部管道间的绝缘电阻，用 1000V 绝缘电阻表测量不应低于 1MΩ。

（6）发电机及励磁机的轴承与台板及油管间的绝缘电阻，用 1000V 绝缘电阻表测量不应低于 1MΩ。

（7）发电机定子绕组测温元件的对地绝缘电阻，用 500V 绝缘电阻表测量不应低于 1MΩ。

140. 发电机应装设哪些保护？

答：发电机差动、失磁、负序过电流、过负荷、定子接地、定子过电压、匝间保护、定子过电流保护、失步保护、逆功率保护。

141. 运行中发电机定子绕组损坏都有哪些原因？

答：发电机定子绕组损坏的原因是：定子绕组绝缘老化、表面脏污、受潮及局部缺陷等，使绝缘在运行电压或过电压作用下被击穿；定子接头过热开焊、铁芯局部过热，造成定子绝缘被烧毁、击穿；短路电流的电动力冲击造成绝缘损坏；运行中因转子零件飞出，端部固定零件脱落等原因引起定子绝缘击穿；定子线棒导线断股和机械损伤绝缘等。

142. 发电机转子护环的作用是什么？

答：发电机在高速旋转时，转子端部受到很大的离心力的作用，护环就是用来固定绕组端部的位置，使转子运转时端部绕组不致移动。

143. 同步发电机的励磁方式主要有哪几种？

答：发电机的励磁有五种方式：他励方式、自励方式、混合式励磁、转子绕组双轴励磁、定子绕组励磁方式。

144. 发电机并列有几种方法？各有什么优缺点？

答：发电机并列分为准同期法和自同期法。

准同期法分为自动准同期、半自动准同期、手动准同期。准同期法的优点是在同期点并列时发电机没有冲击电流。但如果造成非同期并列，则冲击电流会很大。

自同期法也分为自动、半自动、手动三种。其优点是操作简单，在事故状态下，合闸快。缺点是对发电机有冲击电流，而且，对系统也有一定的影响，即在合闸的瞬间系统的电压会有所下降。

145. 简述同步电机的"同步"是什么意思？

答：同步是指电枢绕组流过电枢电流后，将在气隙中形成一个旋转磁场，而该磁场的旋转方向及旋转速度均与转子转向、转速相同，故因二者同步。

146. 励磁系统的主要作用是什么？

答：（1）根据发电机负荷变化相应的调节励磁电流，以维持机端电压为给定值。

（2）控制并列运行发电机间无功功率分配。

（3）提高发电机并列运行的静态稳定性。

（4）提高发电机并列运行的暂态稳定性。

（5）在发电机内部出现故障时，进行灭磁，以减小故障损失程度。

（6）根据机组运行要求对发电机实行最大励磁限制及最小励磁限制。

147. 引起发电机失磁的原因有哪些？

答：（1）励磁回路开路，如灭磁开关、自动励磁开关误跳闸、自动励磁调节器的自动开关误动、自动励磁调节器失调、晶闸管励磁装置中的元件损坏等。

（2）励磁绕组短路。

（3）人员误操作。

148. 氢气纯度的变化对发电机运行的影响有哪些？

答：氢气纯度变化时，在安全和经济两方面对发电机运行都有影响。当氢气纯度变化时，由于氢气与空气混合，若氢气含量降到 $4\% \sim 75\%$，便有爆炸的危险，所以在运行时，一般要求发电机的氢气纯度保持在 96% 以上，低于此值应进行排污。从经济方面上看，氢气的纯度越高，混合气体的密度越小，通风摩擦损耗就越小。由于氢气纯度与通风摩擦损耗之间有密切的关联，氢气纯度每降低 1%，通风摩擦损耗约增加 11%，所以保证发电机运行时的氢气纯度不低于 $97\% \sim 98\%$，以减少耗损。

149. 频率的变化对发电机运行的影响有哪些？

答：当运行的频率比额定值偏高较多时，发电机的转速升高，转子上承受的离心力增大，可能使转子某些部件损坏。同时，频率增高，转速增加，通风摩擦损耗也要增多，虽然此时磁通小些铁损有所下降，但总的发电机效率下降。

当运行频率比额定值偏低时，发电机的转速下降，两端风扇的送风量降低，发电机的冷却条件变坏，各部分的温升升高。且频率降低，为维持额定电压不变，就得增加磁通，导致漏磁增加而产生局部过热。频率降低，还可能损坏汽轮机叶片，厂用电动机也可能由于频率下降，机械出力受到严重影响。

150. 发电机端电压的正常允许范围（上、下限）各是多少？发电机电压高、低对发电机运行有何影响？

答：发电机运行电压低于 95% 额定值时，定子电流不应超过 5% 额定值，此时发电机就要减少功率，否则定子绕组温度将超过允许值。根据稳定的要求，一般电压不应低于额定值的 90%，因为电压过低，会使发电厂厂用电动机的运行情况恶化、转矩降低，从而使机炉的正常运行受到影响。

发电机运行电压高于额定值，当升高到 105% 以上时，其功率必须降低，因为电压升高，铁芯内磁通密度增加，铁损增加，引起铁芯的温度和定子、转子绕组温度增高。一般最高不允许电压高于额定值的 110%。

151. 什么是发电机的静态稳定和动态稳定？

答：静态稳定：电力系统正常运行中，假定原动机输入功率保持不变，发电机在受到小的扰动后，δ角的变化，当扰动消失后，δ角能否自行恢复到原来平衡状态继续同步运行的问题就成为同步发电机的静态稳定问题。

动态稳定：同步发电机在电力系统并联运行时，负荷除缓慢微变外，还会发生大幅度的突变。例如发电机甩负荷、短路、线路掉闸、自动重合闸动作等都属于大幅度的突变，它们可以引起发电机母线的电压明显下降，功角大幅度振荡，甚至失步，这称为动态稳定问题。

152. 发电机变为电动机运行时的现象有哪些？

答：并网运行的发电机由于某种原因失去原动力，就会变为电动机（或调相机）运行状态，这时功角为负值，且配电盘的表计上有下列现象：

（1）发电机有功功率表指示为负值。

（2）无功功率表通常指示升高。

（3）定子电流表指示可能稍低。

（4）定子电压表及励磁回路的表计指示正常。

（5）频率表在一般情况下正常，如果该发电机占电力系统中总负荷成分较大，系统的频率也要下降。

153. 同步发电机变为电动机运行时，值班人员应如何处理？

答：与系统并列的汽轮机在运行中，由于汽轮机危急保安器误动作而将主汽门关闭，或因主汽门误动作而关闭，使发电机失去原动力而变为同步电动机运行。这时发电机不能向系统输出有功，反而从系统吸收小部分有功负荷来维持转速。在这种情况下，运行人员应注意表计和光字牌指示。若无停机信号，此时不应将发电机解列，并应注意维持定子电压正常，待主汽门打开后，由值班员尽快将危急保安器挂上，再升有功负荷。如果汽轮机的危急保安器在额定转速下是挂不上的，这时可以将发电机解列，降低转速。在挂上危急保安器后，再进行并列。若有"主汽门关闭"信号出现，而又有"紧急停机"信号时，则应立即将发电机与系统解列。

154. 发电机引起不对称运行的原因有哪些？

答：发电机不对称运行是一种非正常工作状态，指组成电力系统的电气元件三相对称状态遭到破坏时的运行状态，如三相阻抗不对称、三相负荷不对称、非全相运行等。主要原因如下：

（1）电力系统发生不对称短路故障。

（2）输电线路或其他电气设备一次回路断线。

（3）解、并列操作后，断路器个别相未拉开或未合上。

155. 600MW发电机中性点接地方式是什么？采取这种中性点接地方式的目的是什么？

答：600MW发电机中性点一般采用高电阻接地方式。采用高电阻接地方式的目的是，限制发电机电压系统发生弧光接地短路时所产生的过电压，以保证发电机及其他设备的绝缘不被击穿；限制接地故障电流；为定子接地保护提供电源，以便于检测，而且为保证接地保护不带时限立即跳闸，要求发生单相接地时，总的接地故障电流不超过允许值。

156. 发电机失磁后对发电机的危害有哪些？

答：(1) 由于发电机失磁后出现传差，在发电机转子回路中出现差频电流。此电流在转子励磁绕组中产生的损耗，如果超出允许值，将使转子过热。流过转子表层的差频电流，能在转子本体、槽楔、护环的接触表面上，发生严重的过热甚至灼伤。

(2) 发电机失磁前所带的有功功率越大，进入异步运行后，从电力系统中吸收的无功功率就越大。因此，发电机在重负荷下失磁后，将使发电机定子过热。定子端部漏磁增强，将使发电机定子端部的部件和边端铁芯过热。

(3) 异步运行时，转矩发生周期性变化，使定子、转子及其基础不断受到异常的机械力矩的冲击，机组振动加剧，影响发电机的安全运行。

157. 转子发生一点接地可以继续运行吗？

答：转子绕组发生一点接地，即转子绕组的某点从电的方面来看与转子铁芯相通，由于电流构不成回路，所以按理能继续运行。但这种运行不能认为是正常的，因为它有可能发展为两点接地故障，那样转子电流就会增大，其后果部分转子绕组发热，有可能被烧毁，而且电机转子由于作用力偏移而导致强烈振动。

158. 发电机转子绕组发生两点接地故障有哪些危害？

答：发电机转子绕组发生两点接地后，使相当一部分绕组短路。由于电阻减小，所以另一部分绕组电流增加，破坏了发电机气隙磁场的对称性，引起发电机剧烈振动，同时无功功率降低。另外，转子电流通过转子本体，如果电流较大，可能烧坏转子和磁化汽轮机部件，以及引起局部发热，使转子缓慢变形而偏心，进一步加剧振动。

159. 发电机检修或电压互感器检修后，为什么发电机做假同期试验同时还要发电机定相？

答：假同期试验时，发电机出口隔离开关不合，只是人为接通辅助触点，其目的只是检验自动准同期装置的各种特征。试验本身发现不了发电机一、二次系统电压相序、相位的连接错误。若不定相，存在相序错误时，同期装置照样可以发出并列合闸脉冲命令，真正并列时会发生非同期合闸。所以假同期试验不能代替发电机定相。检修后的发电机一定要先定相，再检查同期回路及电压互感器接线，其后进行假同期试验，三个步骤缺一不可。

160. 为什么大型汽轮发电机要装设 100%定子接地保护？

答：100MW 以下发电机，应装设保护区不小于 90%的定子接地保护；100MW 及以上的发电机，应装设保护区为 100%的定子接地保护。原因如下：如果定子绕组绝缘的破坏是由于机械的原因，例如水内冷发电机的漏水、冷却风扇的叶片断裂飞出，则完全不能排除发电机中性点附近发生接地故障的可能性。另外，如果中性点附近的绝缘水平已经下降，但尚未到达定子接地继电器检测出来的程度，这种情况具有很大的潜在危险性。因为一旦在机端又发生另一点接地故障，使中性点电位骤增至相电压，则中性点附近绝缘水平较低的部位，有可能在这个电压作用下发生击穿，故障立即转为严重的相间或匝间短路。鉴于现代大型发电机在电力系统中的重要地位及其制造工艺复杂、铁芯检修困难，故要求装设 100%的定子接地保护，而且要求在中性点附近绝缘水平下降到一定程度时，保护就能动作。

161. 发电机 100％定子接地保护的原理是什么？

答：100％定子接地保护由两部分组成。一部分是由接在发电机出线端的电压互感器的开口三角线圈侧，反应零序电压而动作的保护。它可以保护 85％～90％定子绕组。第二部分是利用比较发电机中性点和出线端的三次谐波电压绝对值大小而构成的保护。正常运行时，发电机中性点的三次谐波电压比发电机出线端的三次谐波电压大，而在发电机内部定子接地故障时，出线端的三次谐波电压比中性点的三次谐波电压大。发电机出口的三次谐波电压作为动作量，而中性点的三次谐波电压为制动量。当发电机出口三次谐波电压大于中性点三次谐波电压时，继电器动作发出接地信号或跳闸。

162. 发电机失磁后对电力系统有什么不利影响？

答：发电机失磁后，不但不能向系统输送无功功率，反而还要从系统中吸收无功功率以建立磁场，这就使系统出现无功差额。如果系统中无功功率储备不足，会引起系统电压下降。由于其他发电机要向失磁的发电机供给无功功率，可能造成发电机过电流，失磁的发电机容量在系统中所占的比重越大，这种过电流越严重。如果过电流引起其他机组保护动作跳闸，则会使无功缺额更大，造成系统电压进一步下降，严重时会因电压崩溃而造成系统瓦解。

163. 什么叫发电机空载特性？它的用途是什么？

答：发电机空载特性是指发电机以额定转速空载运行时，其电动势 E_0 和励磁电流 I_f 之间的关系曲线。利用空载特性曲线，可以判断转子绕组有无匝间短路，也可以判断定子铁芯有无局部短路，如有短路，该处的涡流去磁作用也将使励磁电流因升至额定电压而增大。此外，计算发电机的电压变化率、未饱和的同步电抗，分析电压变动时发电机的运行情况及整定磁场电阻等都需要利用空载特性。

164. 什么叫发电机短路特性，它的用途是什么？

答：发电机短路特性是指发电机在额定转速下，定子绕组三相稳态短路时，电枢短路电流 I_k 与励磁电流 I_f 之间的关系曲线。利用短路特性，可以判断转子线圈有无匝间短路，当转子线圈存在匝间短路时，由于安培匝数减少，同样大的励磁电流，短路电流也会减少。此外，计算发电机的主要参数同步电抗、短路比以及进行电压调整器的整定计算时，也需要利用短路特性。

165. 漏油对氢冷发电机的运行有何危害？

答：（1）油雾弥漫于机内，使氢气纯度降低，严重影响电机的绝缘强度；

（2）油雾进入定子及转子通风道中，沉积为油垢，影响电机的散热及通风；

（3）油雾附着于定子端部绕组上，对绕组沥青云母绝缘将起溶解侵蚀作用；

（4）漏油的另一个严重后果是将主油箱中含水的油带入发电机内将造成氢冷发电机内氢气湿度增高，对于大型发电机，会导致转子护环的应力腐蚀裂纹和降低定子端部绕组绝缘表面电气强度。

166. 什么叫发电机的外特性？

答：发电机外特性是指同步发电机正常运行情况下，当励磁电流和负载功率因数一定时，表示发电机端电压和负载电流的关系曲线。

167. 什么叫发电机的调整特性?

答:发电机调整特性是指同步发电机正常运行情况下,当端电压和负载的功率因数一定时,表示负载电流和励磁电流之间关系的曲线。

168. 调节系统电压的方法有哪些?

答:调节系统电压的方法有以下几种:

(1)改变发电机的机端电压。

(2)改变变压器的分接头电压。

(3)并联电力电容器的投、切可改变传输的无功功率,既通过补偿无功功率进行调压。

(4)改变输电线路的电抗参数(如采用分裂导线、串联电容器),以减少电压损耗。

169. 发电机停机时为什么采取先打闸后解列的方式?

答:发电机停机时采取先打闸后解列的方式的目的是,为了防止汽轮机主汽门不严,造成汽轮机超速。

170. 为什么发电机在并网后,电压一般会有些降低?

答:对于发电机来说,一般都是迟相运行,它的负载一般也是阻性和感性负载。当发电机升压并网后,定子绕组流过电流,此电流是感性电流,感性电流在发电机内部的电枢反应作用比较大,它对转子磁场起削弱作用,从而引起端电压下降。当流过的只是有功电流时,也有相同的作用,只是影响比较小。这是因为定子绕组流过电流时产生磁场,这个磁场一半对转子磁场起助磁作用,而中另一半起去磁作用,由于转子磁场的饱和性,助磁一方总是弱于去磁一方。因此,磁场会有所减弱,导致端电压有所下降。

171. 水—氢—氢冷发电机冷却方式的具体冷却部位?

答:定子绕组水内冷,转子绕组氢内冷,定子铁芯氢冷。

172. 氢气纯度过高或过低对发电机运行有什么影响?

答:运行中氢气纯度过高,则氢气消耗量增多,对发电机运行来说是不经济的。如氢气纯度过低,则因为含氢量减少而使混合气体的安全系数降低。

173. 用氢气作发电机的冷却介质有什么优点?

答:氢气比重小,通风损耗小,可提高发电机效率;氢气流动性强,可大大提高传热能力和散热能力;氢气比较纯净,不易氧化,发生电晕时,不产生臭氧,对发电机绝缘起保护作用;氢气不助燃。

174. 用氢气作发电机的冷却介质有什么缺点?

答:需要一套复杂的制氢设备和气体置换系统,由于氢气渗透力强,对密封要求高,并且要求有一套密封油系统,这增加了运行操作和维护的工作量。氢气是易燃的,有着火的危险,遇到电弧或明火就会燃烧。氢气与空气(或氧气)混合到一定比例时,遇火将发生爆炸,危及发电机的运行安全。

175. 为什么提高氢冷发电机的氢气压力可以提高效率?

答:氢压越高,氢气密度越大,其导热能力越高。因此,在保证电机各部分温升不变的条件下,能够散发出更多的热量。这样,发动机的效率就可以相应提高,特别是对氢内冷发电机,效果更显著。

176. 提高发电机的功率因数对发电机的运行有什么影响？

答：发电机的功率因数提高后，根据功角特性，发电机的工作点将提高，发电机的静态稳定储备减少，发电机的稳定性降低，容易在受到扰动的情况下失稳，因此，在运行中不要使发电机的功率因数过高。

177. 水内冷发电机的线圈及线圈出水温度是如何规定的？

答：定子线棒层间测温元件的温差和出水支路的同层各定子线棒引水管出水温差应加强监视。温差控制值应按制造厂规定，制造厂未明确规定的，应按照以下限额执行：定子线棒层间最高与最低温度间的温差达 8℃ 或定子线棒引水管出水温差达 8℃ 时应报警，此时应降低出力及时查明原因。定子线棒温差达 14℃ 或定子引水管出水温差达 12℃，或任一定子槽内层间测温元件温度超过 90℃ 或出水温度超过 85℃ 时，应立即减负荷，确认测温元件无误后，应立即停机处理。

178. 发电机定子、转子主要由哪些部分组成？

答：（1）发电机定子主要由定子绕组、定子铁芯、机座和端盖等部分组成。

（2）发电机转子主要由转子铁芯、励磁绕组、护环、中心环、风扇、滑环以及引线等部分组成。

179. 什么叫同步发电机电枢反应？

答：由于电枢磁场的作用，将使气隙合成磁场的大小和位置与空载时的气隙主磁场相比发生了变化，我们把发电机带负载时，电枢磁动势的基波分量对转子励磁磁动势的作用，叫同步发电机的电枢反应。

180. 发电机定子线棒为什么必须很好地固定在槽内？

答：因为线棒槽内部分由于转子高速运动而受到机械力作用，并且当线棒中有交流电电流通过时，将受到 100 Hz 电磁力作用，产生振动使导线疲劳断裂，并使绝缘相互间或与槽壁间产生摩擦，造成绝缘磨损，导致绝缘击穿事故。该电磁力的大小与电流的大小平方成正比，尤其是短路时电磁力增长数十倍。

181. 引起发电机定子绕组绝缘的过快老化的主要原因有哪些？

答：（1）发电机的散热系统脏污造成风道堵塞，导致发电机温度升高过快，使绕组绝缘迅速恶化。

（2）冷却器进水口堵塞，造成冷却水供应不足。

（3）发电机长期过负荷运行。

（4）在烘干驱潮时，温度过高。

182. 为什么对于给定发电机而言，其转速是定值？

答：因为同步发电机的频率、极对数与转速之间存在固定不变的关系，即 $n = 60f/p$，所以对于给定发电机而言，极对数 p 一定，而频率 f 一定，故转速成为定值。

183. 大容量的汽轮发电机定子铁芯连接片采取铜屏蔽结构的作用是什么？

答：是为了减少铁芯端部漏磁通引起的损失和发热，结构上采取在铁芯表面装设铜屏蔽板，以抵消大部分的端部轴向漏磁通。

184. 发电机转子上为什么要装阻尼绕组？

答：因为当发电机短路或三相不平衡运行时，发电机定子中产生负序电流，它使转子表面产生涡流从而使转子发热，为此在转子上装设阻尼绕组。

185. 何谓灭磁断路器？其用途是什么？

答：灭磁断路器是用于接通和分断发电机励磁电路的断路器。它被用于发电机的励磁回路中，供发电机内部或外部发生事故以及空载时断开励磁电路之用。

186. 什么是发电机的轴电压及轴电流？

答：在汽轮发电机中，由于定子磁场的不平衡或大轴本身带磁，转子在高速旋转时将会出现交变的磁通。交变磁场在大轴上感应出的电压称为发电机的轴电压；轴电压由轴颈、油膜、轴承、机座及基础低层构成通路，当油膜破坏时，就在此回路中产生一个很大的电流，这个电流就称为轴电流。

187. 发电机的损耗分为哪几类？

答：分为铜损、铁损、通风损耗与风摩损耗、轴承摩擦损耗等。

188. 同步发电机和系统并列应满足哪些条件？

答：(1) 待并发电机的电压等于系统电压。允许电压差不大于5％。

(2) 待并发电机频率等于系统频率，允许频率差不大于0.1Hz。

(3) 待并发电机电压的相序和系统电压的相序相同。

(4) 待并待并发电机电压的相位和系统电压的相位相同。

189. 发电机气体置换合格的标准是什么？

答：(1) 二氧化碳置换空气：发电机内二氧化碳含量大于85％合格。

(2) 氢气置换二氧化碳：发电机内氢气纯度大于96％，含氧量小于1.2％合格。

(3) 二氧化碳置换氢气：发电机内二氧化碳含量大于95％合格。

(4) 空气置换二氧化碳：发电机内空气的含量超过90％合格。

190. 发电机运行特性曲线（P-Q曲线）四个限制条件是什么？

答：根据发电机运行特性曲线（P-Q曲线），在稳态条件下，发电机的稳态运行范围受下列四个条件限制：

(1) 原动机输出功率极限的限制，即原动机的额定功率一般要稍大于或等于发电机的额定功率。

(2) 发电机的额定视在功率的限制，即由定子发热决定的容许范围。

(3) 发电机的磁场和励磁机的最大励磁电流的限制，通常由转子发热决定。

(4) 进相运行时的稳定度，即发电机的有功功率输出受到静态稳定条件的限制。

191. 发电机自动励磁调节系统的基本要求是什么？

答：(1) 励磁系统应能保证所要求的励磁容量，并适当留有富裕。

(2) 具有足够大的强励顶值电压倍数和电压上升速度。

(3) 根据运行需要，应有足够的电压调节范围。

(4) 装置应无失灵区，以保证发电机能在人工稳定区工作。

(5) 装置本身应简单可靠动作迅速，调节过程稳定。

192. 发电机励磁回路中的灭磁电阻起何作用？

答：发电机励磁回路中的灭磁电阻 R_m 主要有以下两个作用：

（1）防止转子绕组间的过电压，使其不超过允许值。

（2）将转子磁场能量转变为热能，加速灭磁过程。

193. 为什么同步发电机励磁回路的灭磁开关不能装设动作迅速的断路器？

答：由于发电机励磁回路存在较大的电感，而直流电流又没有过零的时刻，若采用动作迅速的断路器突然动作，切断正常运行状态下的励磁电流，电弧熄灭瞬间会产生过电压，且电流变化速度越大，电弧熄灭越快，过电压值就越高，这可能大大超过励磁回路的绝缘薄弱点的耐压水平，从而造成击穿损坏。因此，同步发电机励磁回路不能装设动作迅速的断路器。

194. 对发电机内氢气品质的要求是什么？

答：（1）氢气纯度大于 96%。

（2）含氧量小于 1.2%。

（3）氢气的露点温度在 $-25\sim0℃$ 之间（在线）。

195. 大型发电机的定期分析内容有哪些？

答：定期测量分析定子测温元件的对地电位，以监视槽内线棒是否有松动和电腐蚀现象；定期测量分析定子端部冷却元件进出水温差，以监视有无结垢现象；定期分析定、转子绕组温升；定子上下线圈埋置检温计之间的温差，定子绝缘引水管出口端检温计之间的温差，以监视有无腐蚀阻塞现象；定期分析水冷器的端差，以监视有无结垢阻塞现象。

196. 何谓发电机漏氢率？

答：发电机漏氢率是指额定工况下，发电机每天漏氢量与发电机额定工况下氢容量的比值。

197. 氢气泄漏的检测目的是什么？

答：氢气泄漏的检测目的是：检修现场常有铁的撞击、焊接、电弧发生，如有氢气存在将很危险。能否在机房和发电机周围进行动火工作，就需要检测现场是否有氢气存在，以确保设备及设备安全。

198. 发电机入口风温为什么规定上下限？

答：发电机入口风温低于下限将造成发电机线圈上结露，降低绝缘能力，使发电机损伤。发电机入口风温高于上限，将使发电机出口风温随之升高。因为发电机出口风温等于入口风温加温升，当温升不变且等于规定的温升时，入口风温超过上限，则发电机出口风温将超过规定，使定子线圈温度、铁芯温度相应升高，绝缘发生脆化，丧失机械强度，发电机寿命缩短，所以发电机入口风温规定上下限。

199. 如何防止发电机绝缘过冷却？

答：发电机的冷却器只有在发电机准备带负荷时才通冷却水，当负荷增加时，逐渐增加冷却器的冷却水量，以便使氢（空）气保持在规定范围内；在发电机停机前减负荷时，应随负荷的减少逐渐减少冷却器的冷却水量，以保持氢（空）气温度不变，防止发电机绝缘过冷却。

200. 励磁调节器运行时，手动调整发电机无功负荷时应注意什么？

答：(1) 增加无功负荷时，应注意发电机转子电流和定子电流不能超过额定值，既不要使发电机功率因数过低。否则无功功率送出太多，使系统损耗增加，同时励磁电流过大使转子过热。

(2) 降低无功负荷时，应注意不要使发电机功率因数过高或进相，从而破坏发电机稳定。

201. 发电机进相运行受哪些因素限制？

答：当系统供给的感性无功功率多于需要时，将引起系统电压升高，要求发电机少发无功甚至吸收无功，此时发电机可以由迟相运行转变为进相运行。

制约发电机进相运行的主要因素有以下几点：

(1) 系统稳定的限制。

(2) 发电机定子端部结构件温度的限制。

(3) 定子电流的限制。

(4) 厂用电压的限制。

202. 运行中在发电机集电环上工作应注意哪些事项？

答：(1) 应穿绝缘鞋或站在绝缘垫上。

(2) 使用绝缘良好的工具并采取防止短路及接地的措施。

(3) 严禁同时触碰两个不同极的带电部分。

(4) 穿工作服，把上衣扎在裤子里并扎紧袖口，女同志还应将辫子或长发卷在帽子里。

(5) 禁止戴绝缘手套。

203. 水冷发电机在运行中要注意什么？

答：(1) 出水温度是否正常。出水温度升高不是进水少或漏水，就是内部发热不正常，应加强监视。

(2) 观察端部有无漏水，绝缘引水管是否断裂或折扁、部件有无松动/局部是否有过热/结露等情况发生。

(3) 定、转子线圈冷却水不能断水，断水时只允许运行 30s。

(4) 监视线棒的振动情况，一般采用测量测温元件对地电位的方法进行监视。

(5) 对各部分温度进行监视。注意运行中高温点及各点温度的变化情况。

204. 为什么发电机要装设转子接地保护？

答：发电机励磁回路一点接地故障是常见的故障形式之一，励磁回路一点接地故障，对发电机并未造成危害，但相继发生第二点接地，即转子两点接地时，由于故障点流过相当大的故障电流而烧伤转子本体，并使励磁绕组电流增加可能因过热而烧伤；由于部分绕组被短接，使气隙磁通失去平衡从而引起振动甚至还可使轴系和汽机磁化，两点接地故障的后果是严重的，故必须装设转子接地保护。

205. 一般发电机内定子冷却水系统泄漏有哪几种情况？

答：(1) 定子绝缘引水管有裂缝或水接头有泄漏。

(2) 定子水接头焊缝泄漏或汇流管焊缝、法兰连接处泄漏。

（3）定子线棒空心导线被小铁块等异物钻孔而引起泄漏。

（4）定子线棒空心导线材质有问题产生裂纹而泄漏。

206. 发电机过热的原因是什么？

答：（1）外电路过载及三相不平衡。

（2）电枢磁极与定子摩擦。

（3）电枢绕组有短路或绝缘损坏。

（4）轴承发热。

（5）冷却系统故障。

207. 进风温度过低对发电机有哪些影响？

答：（1）容易结露，使发电机绝缘电阻降低。

（2）导线温升增高，因热膨胀伸长过多而造成绝缘裂损。转子铜、铁温差过大，可能引起转子绕组永久变形。

（3）绝缘变脆，可能经受不了突然短路所产生的机械力的冲击。

208. 发电机在运行中功率因数降低有什么影响？

答：当功率因数低于额定值时，发电机功率应降低，因为功率因数越低，定子电流的无功分量越大，由于电枢电流的感性无功电流起去磁作用，会使气隙合成磁场减小，使发电机定子电压降低，为了维持定子电压不变，必须增加转子电流，此时若保持发电机功率不变，则必然会使转子电流超过额定值，引起转子绕组的温度超过允许值而使转子绕组过热。

209. 短路对发电机有什么危害？

答：短路的主要特点是电流大、电压低。电流大的结果是产生强大的电动力和发热，它有以下几点危害：

（1）定子绕组的端部受到很大的电磁力的作用。

（2）转子轴受到很大的电磁力矩的作用。

（3）引起定子绕组和转子绕组发热。

210. 发电机定子绕组单相接地对发电机有何危险？

答：发电机的中性点是绝缘的，如果一相接地，表面看构不成回路，但是由于带电体与处于地电位的铁芯间有电容存在，发生一相接地，接地点就会有电容电流流过。单相接地电流的大小，与接地绕组的份额成正比。当机端发生金属性接地，接地电流最大，而接地点越靠近中性点，接地电流越小，故障点有电流流过，就可能产生电弧，当接地电流大于 5A 时，就会有烧坏铁芯的危险。此外，单相接地故障还会进一步发展为匝间短路或相间短路，从而出现巨大的短路电流，造成发电机的损坏。

211. 氢冷发电机漏氢有几种表现形式？哪种最危险？

答：按漏氢部位有两种表现形式：

（1）外漏氢：氢气泄漏到发电机周围空气中，一般距离漏点 0.25m 以外，已基本扩散，所以外漏氢引起氢气爆炸的危险性较小。

（2）内漏氢：氢气从定子套管法兰结合面泄漏到发电机封闭母线中；从密封瓦间隙进入密封油系统中；氢气通过定子绕组空芯导线、引水管等又进入冷却水中；氢气通过冷却器铜管进入循环冷却水中。

（3）内漏氢引起氢气爆炸的危险性最大，因为空气和氢气是在密闭空间内混合的，若氢含量达 $4\%\sim75\%$ 时，遇火即发生氢爆。

212. 如何根据测量发电机的吸收比判断绝缘受潮情况？

答：吸收比对绝缘受潮反应很灵敏，同时温度对它略有影响，当温度在 $10\sim45℃$ 范围内测量吸收比时，要求测得的 60s 与 15s 绝缘电阻的比值，应该大于或等于 1.3 倍（R60″/R15″≥1.3），若比值低于 1.3 倍，应进行烘干。

213. 发电机启动升压时为何要监视转子电流、定子电压和定子电流？

答：（1）若转子电流很大，定子电压较低，励磁电压降低，可能是励磁回路短路，以便及时发现问题。

（2）额定电压下的转子电流较额定空载励磁电流明显增大时，可以判定转子绕组有匝间短路或定子铁芯片间有短路故障。

（3）监视定子电压是为了防止电压回路断线或电压表卡，发电机电压升高失控，危及绝缘。

（4）监视定子电流是为了判断发电机出口及主变压器高压侧有无短路现象。

214. 发电机漏氢的薄弱环节有哪些？

答：（1）定子端盖的结合面。

（2）发电机密封瓦、密封垫。

（3）氢气冷却器。

（4）出线套管。

（5）氢气系统氢气干燥器、纯度仪等设备。

215. 什么叫同步发电机的同步振荡和异步振荡？

答：同步振荡：当发电机输入或输出功率变化时，功角 δ 将随之变化，但由于机组转动部分的惯性，δ 不能立即达到新的稳定值，需要经过若干次在新的 δ 值附近振荡之后，才能稳定在新的 δ 下运行，这一过程即同步振荡，也是发电机仍保持在同步运行状态下的振荡。

异步振荡：发电机因某种原因受到较大的扰动，其功角 δ 在 $0°\sim360°$ 之间周期性的变化，发电机与电网失去同步运行的状态。在异步振荡时，发电机一会工作在发电机状态，一会工作在电动机状态。

216. 发电机常发生哪些故障和不正常状态？

答：（1）发电机定子绕组、水温、铁芯等测温元件失灵而引起的温度升高误报警。

（2）冷却水系统不正常，造成超温。

（3）励磁系统炭刷冒火，冷却风机跳闸等。

217. 运行中，定子铁芯个别点温度突然升高时应如何处理？

答：运行中，若定子铁芯个别点温度突然升高，应当分析该点温度上升的趋势及有功、无功负荷变化的关系，并检查该点的正常与否。若随着铁芯温度、进出风温度和进出风温差显著上升，又出现"定子接地"信号时，应立即减负荷解列停机，以免铁芯烧坏。

218. 发电机电压达不到额定值有什么原因？

答：（1）磁极绕组有短路或断路。

（2）磁极绕组接线错误，以致极性不符。

（3）磁极绕组的励磁电流过低。

（4）换向磁极的极性错误。

（5）励磁机整流子铜片与绕组的连接处焊锡熔化。

（6）电刷位置不正或压力不足。

（7）原动机转速不够或容量过小，外电路过载。

219. 氢冷发电机在运行中氢压降低是什么原因引起的？

答：（1）轴封中的油压过低或供油中断。

（2）供氢母管氢压低。

（3）发电机突然甩负荷，引起过冷却而造成氢压降低。

（4）氢管破裂或阀门泄漏。

（5）密封瓦塑料垫破裂，氢气大量进入油系统、定子引出线套管，或转子密封破坏造成漏氢，空芯导线或冷却器铜管有砂眼或运行中发生裂纹，氢气进入冷却水系统中等。

（6）运行误操作，如错开排氢门等而造成氢压降低等。

220. 运行中如何防止发电机集电环冒火？

答：（1）检查电刷牌号，必须使用制造厂家指定的或经过试验适用的同一牌号的电刷。

（2）用弹簧秤检查电刷压力，并进行调整。各电刷压力应均匀，其差别不应超过10％。

（3）更换磨得过短，不能保持所需压力的电刷。

（4）电刷接触面不洁时，用干净帆布擦去或刮去电刷接触面的污垢。

（5）电刷和刷辫、刷辫和刷架间的连接松动时，应检查连接处的接触程度，设法紧固。

（6）检查电刷在刷盒内能否上下自如地活动，更换摇摆和卡涩的电刷。

（7）用直流卡钳检测电刷电流分布情况。对负荷过重、过轻的电刷及时调整处理，重点是使电刷压力均匀、位置对准集电环（滑环）圆周的法线方向、更换发热磨损的电刷。

221. 大型发电机解决发电机端部发热问题的方法有哪些？

答：（1）在铁芯齿上开小槽阻止涡流通过。

（2）压圈采用非磁性材料，并在其轴向中部位置开径向通风孔，加强冷却通风。

（3）设有两道磁屏蔽环，以形成漏磁通分路，使端部损耗减少，温度降低。

（4）铁芯端部最外侧加电屏蔽环。它是由导电率高的铜、铝等金属制成。其作用是削弱或阻止磁通进入端部铁芯。

（5）端部压圈和电屏蔽环等温度高的部件设置冷却水铜管。

222. 发电机过负荷运行应注意什么？

答：在事故情况下，发电机过负荷运行是允许的，但应注意以下几方面：

（1）当定子电流超过允许值时，应注意过负荷的时间不得超过允许值。

（2）在过负荷运行时，应加强对发电机各部分温度的监视使其控制在规程规定的范围内。否则，应进行必要的调整或降功率运行。

（3）加强对发电机端部、集电环和整流子的检查。

（4）如有可能加强冷却，降低发电机入口风温；发电机变压器组增开油泵、风扇。

223. 发电机逆功率运行对发电机有何影响？

答：一般发生在刚并网时，负荷较轻，造成发电机逆功率运行，这样的情况对发电机一般不会有什么影响；当发电机带着高负荷运行时，若引起发电机逆功率运行可能造成发电机瞬间过电压，因为带负荷时一般为感性（即迟相运行）即正常运行的电枢反应磁通的励磁电流在负荷瞬间消失后，会使全部励磁电流使发电机电压升高，升高多少与励磁系统特性有关。

224. 运行中引起发电机振动突然增大的原因有哪些？

答：总体可分为两类，即电磁原因和机械原因。

（1）电磁原因：转子两点接地，匝间短路，负荷不对称，气隙不均匀等。

（2）机械原因：联轴器连接不好，转子旋转不平衡。

（3）其他原因：系统中突然发生严重的短路故障，如单相或两相短路等；运行中，轴承中的油温突然变化或断油。由于汽轮机方面的原因引起的汽轮机超速也会引起转子振动，有时会使其突然加大。

225. 励磁系统强励的作用？

答：（1）增加系统的稳定性。

（2）在切除系统短路故障后使系统电压迅速恢复。

（3）提高带时限保护的动作可靠性。

（4）改善系统事故时电动机的自启动条件。

226. 发变组的非电量保护有哪些？

答：（1）变压器瓦斯保护。

（2）发电机断水保护。

（3）变压器温度高保护。

（4）变压器冷却器全停保护。

227. 为什么现代大型发电机应装设非全相运行保护？

答：发电机—变压器组高压侧的断路器多为分相操作的断路器，常由于误操作或机械方面的原因使三相不能同时合闸或跳闸，或在运行中突然一相跳闸，这种异常工作，将在发电机—变压器组的发电机中流过负序电流，如果靠反应负序电流的反时限保护动作（对于联络变压器，要靠反应短路故障的后备保护动作），则会由于动作时间较长，而导致相邻线路对侧的保护动作，使故障范围扩大，甚至造成系统瓦解事故。因此，对于大型发电机—变压器组，在220kV及以上电压侧为分相操作的断路器，要求装设非全相运行保护。

228. 简述大型发电机组加装电力系统稳定器（PSS）的作用？

答：电力系统稳定器（PSS），是作为发电机励磁系统的附加控制，在大型发电机组加装电力系统稳定器（PSS），适当整定电力系统稳定器（PSS）有关参数可以起到以下作用：

（1）提供附加阻尼力矩，可以抑制电力系统低频振荡。

（2）提高电力系统静态稳定限额。

229. 发电机—变压器组保护动作掉闸后应如何处理？

答：（1）根据故障现象及断路器动作情况判定属变压器、发电机内部故障、外部故障，还是系统故障引起掉闸。

（2）检查是哪种保护动作掉闸，应记录保护及自动装置的动作情况，并根据各种保护的动作情况分别进行处理。

（3）检查是否由于人员的误操作或误碰引起保护跳闸，如确认，应尽快恢复机组的运行。

（4）发—变组保护动作掉闸时，应查看厂用电源是否自投成功，否则，应抢合备用电源一次，保证发电机厂用电系统的正常运行。

230. 为什么要装设联锁切机保护？

答：装设联锁切机保护是提高系统动态稳定的一项措施。所谓联锁切机就是在输电线路发生故障跳闸或重合不成功时，联锁切除线路送电端发电厂的部分发电机组，从而提高系统的动态稳定性。也有联锁切机保护动作后，作用于发电厂部分机组的主汽门，使其自动关闭，这样可以防止线路过负荷，并可减少机组并列、启机的复杂操作，待系统恢复正常后，机组可快速的带上负荷，避免系统频率大幅度波动。

231. 发电机升压时，应注意什么参数？

答：发电机升压时应主要监视空载励磁电压、电流和定子电流。

其原因：（1）监视转子电流与定子电流的对应，可发现励磁回路有无短路。

（2）额定电压下的转子电流较额定空载励磁电流显著增大时，可粗略判断为定转子有匝间短路或定子铁芯有局部短路。

（3）电压回路断线或表计卡涩时，防止发电机超压而威胁绝缘。

（4）升压时监视定子电流可判断发电机出口及主变压器高压侧有无短路线。

232. 什么叫非同期并列？非同期并列有什么危害？

答：同步发电机在不符合准同期并列条件时与系统并列，就称之为非同期并列。非同期并列是发电厂的一种严重事故，它对有关设备如发电机及与之相连的变压器、断路器等，破坏力极大，严重时，会将发电机绕组烧毁，端部严重变形，即使当时没有立即将设备破坏，也可能造成严重的隐患。就整个电力系统来讲，如果一台大型机组发生非同期并列时，则影响很大，有可能使这台发电机与系统间产生功率振荡，严重地扰乱整个系统的正常运行，甚至造成系统崩溃。

233. 怎样进行发电机手动准同期并列？

答：在进行手动准同期并列时，判断待并列系统与运行系统同期条件是否满足，如果要进行手动准同期并列应满足三个条件，即发电机与系统电压相等，电压相位一致，周波相等。当两系统同期条件满足时，同步表的指针在360°范围内应平稳、缓慢的旋转，一般希望顺时针方向旋转（说明机组频率略高于系统频率）。待观察几圈后，在同步表指针指向"12"点前的某一瞬间，手动合上发电机断路器，实现并网操作。操作注意，主开关合闸时没有冲击电流，并网后保持稳定的同步运行。

234. 逆功率保护及程序逆功率保护动作的原则是什么?

答:逆功率是发电机继电保护的一种,作为各种原因导致汽轮机原动力失去、发电机出现有功功率倒送、发电机变为电动机运行异常工况的保护(用于保护汽轮机)。逆功率保护可用于程序跳闸的启动元件。

程序逆功率是为实现跳闸设置的动作过程。程跳逆功率主要是用于程序跳闸,逆功率只要定值达到就动作,程跳逆功率除了要逆功率定值达到,还要汽机主汽门关闭这两个条件都满足才能出口。这样做的目的是防止主汽门关闭不严,当断路器跳开后,由于没有电磁功率这个电磁力矩,有可能造成汽轮机飞车。

235. 造成发电机炭刷打火的原因有哪些?

答:(1)炭刷质量不符合规定。

(2)弹簧松动或断裂造成炭刷压力不均。

(3)炭刷磨短。

(4)炭刷和集电环表面不洁。

(5)炭刷振动或卡涩。

(6)炭刷和引线间连接松动。

236. 什么是炭刷的负温度效应?

答:随着炭刷温度的增高,它的接触电阻反而降低,在 $80\sim100℃$ 时最低。当温度超过 $100℃$ 时,接触电阻又急剧增加,这对接触面的稳定和炭刷间的均流极为不利。当一块炭刷进入不正常状态,并开始发热时,由于电刷的负温度效应,接触电阻反而减少,这样,流过此炭刷的电流增加,则该块炭刷越加的发热,直至接触电阻降至最低点,流过的电流最大为止,如此恶性循环,使电刷劣化加速。这种"崩溃"式变化,使原流过此电刷上的电流进行"雪崩"式的重新分配,可能使电刷上的电流负荷差达 10 倍以上。接触电阻小的电刷将得到大部分的电流,很可能使它们也发生"雪崩"。这种连锁反映的后果是非常严重的。

237. 什么叫发电机的次同步振荡?

答:当发电机经由串联电容补偿的线路接入系统时,如果串联补偿度较高,网络的电气谐振频率较容易和大型汽轮发电机轴系的自然扭振频率产生谐振,造成发电机大轴扭振破坏。此谐振频率通常低于同步(50Hz)频率,称为次同步振荡。对高压直流输电线路(HVDC)、静止无功补偿器(SVC),当其控制参数选择不当时,也可能激发次同步振荡。

238. 大型发电机匝间保护的构成通常有几种方式?

答:大型发电机匝间保护的构成通常有以下几种方式:

(1)横差保护。当定子绕组出现并联分支且发电机中性点侧有六个引出头时采用。横差保护接线简单、动作可靠、灵敏度高。

(2)零序电压原理的匝间保护。采用专门电压互感器测量发电机三个相电压不对称而生成的零序电压,该保护由于采用了三次谐波制动,故大大提高了保护的灵敏度与可靠性。

(3)负序功率方向匝间保护。利用负序功率方向判断是发电机内部不对称还是系统不对称故障,保护的灵敏度很高,近年来运行表明该保护在区外故障时发生误动必须增加动作延时,故限制了它的使用。

239. 利用基波零序电压的发电机定子单相接地保护的特点及不足之处是什么?

答:(1)简单、可靠。

(2)设有三次谐波滤过器以降低不平衡电压。

(3)由于与发电机有电联系的元件少,接地电流不大,适用于发电机—变压器组。

不足之处是不能作为100%定子接地保护,有死区,死区范围为5%~15%。

240. 大型汽轮发电机为什么要配置逆功率保护?

答:在汽轮发电机组上,当机炉保护动作关闭主汽门或由于调整控制回路故障而误关主汽门,在发电机开关跳开前发电机将转为电动机运行,此时逆功率对发电机本身无害,但会使汽轮机转子尾部叶片因鼓风损失而过热,所以需装设逆功率保护。

241. 大型汽轮发电机为何要装设频率异常保护?

答:汽轮机的叶片都有一个自然振动频率,如果发电机运行频率低于或高于额定值,在接近或等于叶片自振频率时,将导致共振,使材料疲劳,达到材料不允许的程度时,叶片就有可能断裂,造成严重事故,材料的疲劳是一个不可逆的积累过程,所以汽轮机给出了在规定频率不允许的累计运行时间。低频运行多发生在重负荷下,对汽轮机的威胁将更为严重,另外对极低频工况,还将威胁到厂用电的安全,因此发电机应装设频率异常运行保护。

242. 对大型汽轮发电机频率异常运行保护有何要求?

答:对发电机频率异常运行保护有如下要求:

(1)具有高精度的测量频率的回路。

(2)具有频率分段启动回路、自动累积各频率段异常运行时间,并能显示各段累计时间,启动频率可调。

(3)分段允许运行时间可整定,在每段累计时间超过该段允许运行时间时,经出口发出信号或跳闸。

(4)能监视当前频率。

243. 为什么大型汽轮发电机要装设负序反时限过电流保护?

答:电力系统发生不对称短路时,发电机定子绕组中就有负序电流,负序电流在转子产生倍频电流,造成转子局部灼伤,大型汽轮机由于它的尺寸较小耐受过热的性能差,允许过热的时间常数值小,为保护发电机转子,需要采用能与发电机允许的负序电流相适应的反时限负序过电流保护。

244. 运行中定子铁芯各部分温度普遍升高,应如何检查处理?

答:运行中,定子铁芯各部分温度和温升均超过正常值时,应检查定子三相电流是否平衡,检查进风温度和进出风温差及氢气冷却器的冷却水是否正常。若是冷却水中断或水量减少,应立即供水或增大水量;若定子电流三相不平衡引起,应查明原因并消除。此外,联系热工对仪表、测点进行检查。在处理过程中,应控制定子铁芯温度不得超过允许值,否则应减负荷。

245. 在气体置换中,采用二氧化碳作为中间介质有什么好处?

答:因为二氧化碳气体制取方便,成本低,它与空气或氢气混合时,不会产生爆炸。二氧化碳气体的传热系数是空气的1.132倍,在置换过程中,冷却效果并不比空气差。另外,用二氧化碳气体作为中间介质还有利于防火。

246. 为什么不能用二氧化碳气体作为发电机长期的冷却介质使用？

答：因为二氧化碳容易与机壳内可能含有的水分等物质化合，产生一种绿垢，附着在发电机绝缘和结构件上，使发电机的冷却效果剧烈恶化，并使机件脏污。

247. 调节器的 V/Hz 限制器有什么作用？

答：用于防止发电机的端电压与频率的比值过高，避免发电机及与其相连的主变压器铁芯饱和而引起的过热。

248. 为什么现代大型发电机应装设过励磁保护？

答：大容量发电机无论在设计和用材方面裕度都比较小，其工作磁密很接近饱和磁密。当由于调压器故障或手动调压时甩负荷或频率下降等原因，使发电机产生过励磁时，其后果非常严重，有可能造成发电机金属部分的严重过热，在极端情况下，能使局部矽钢片很快熔化。因此，对大容量发电机应装设过励磁保护。

249. 什么叫"强行励磁"？

答：发电机"强行励磁"是指系统内发生突然短路，发电机的端电压突然下降，当超过一定数值时，励磁电流会自动、迅速地增加励磁电流到最大，这种作用就叫强行励磁。

250. 发电机空载试验的目的是什么？

答：用发电机空载电压检查有关保护接线的正确性，测定发电机电压相序是否正确，必要时充电至空母线进行核相，以确定同期系统结线的正确性，进行自动励磁调节器的空载试验以确定是否满足要求，检查发电机的空载特性曲线及励磁回路的有关参数是否正常。

第六节　变压器知识

251. 变压器轻瓦斯信号动作，如何处理？

答：（1）轻瓦斯信号动作时，值班人员应立即对变压器进行检查。

（2）若变压器检查未发现问题时，应检查气体继电器内气体的性质，如发生以下情况，应将故障变压器停止运行：

1）收集瓦斯气体，经化验确有乙炔气体时。

2）在气体继电器放气堵处，试验确有可燃气体时（注意不要将火靠近继电器顶端，而要在其上面5～6cm处进行）。

3）变压器轻瓦斯信号动作，若因油中剩余空气逸出或强油循环系统吸入空气引起，而且信号动作间隔时间逐次缩短，将造成跳闸时，如无备用变压器，则应将瓦斯保护改接信号，同时应立即查明原因加以消除。但如有备用变压器时，则应切换至备用变压器，而不准使运行中变压器的重瓦斯保护改接信号。

252. 运行中变压器轻瓦斯信号发出时，主要有哪些原因？

答：轻瓦斯信号动作通常有下列原因：

（1）由于滤油、加油或冷却系统不严密，致使空气进入变压器内。

（2）潜油泵检修后气体没排净。

（3）温度下降或漏油致使油面缓缓低落。

（4）因变压器内部轻微故障而产生少量气体。

（5）由于发生穿越性短路。

（6）二次回路故障和保护误动。

253. 为什么一般电力变压器都从高压侧抽分接头？

答：电力变压器从高压侧抽分头原因如下：

（1）高压线圈套在低压线圈的外面，抽头引出和连接方便。

（2）高压侧比低压侧电流小，引线和分接开关的载流截面小。

254. 系统无功不足时，为什么不能用改变变压器分接头的方法调节无功？

答：因为改变变压器的分接头只是改变了系统中无功功率的分布，并未增加系统中的无功功率，补偿系统无功的不足。提高某一区域的电压，将使另一区域的电压降低。

255. 变压器的呼吸器有什么用途？

答：呼吸器有一个铁管和玻璃容器组成，内装干燥剂（如硅胶），与储油柜内的空间相连通。当储油柜内的空气随变压器油的体积膨胀或收缩时，排除或吸入的空气都经过呼吸器，呼吸器内的干燥剂吸收空气中的水分，对空气起过滤作用，从而保持油的清洁和绝缘水平。

256. 变压器的防爆管有什么作用？

答：防爆管（又叫喷油管）装在变压器的顶盖上部储油柜侧，管子一端与油箱连通，另一端与大气连通，管口用薄膜（划有刀痕的玻璃）封住。当变压器内部有故障时，温度升高，油剧烈分解产生大量气体，使油箱内压力剧增，此时防爆管薄膜破碎，油及气体由管口喷出、泄压，防止变压器的油箱爆炸或变形。

257. 什么是变压器的铜损？

答：铜损（短路损耗）是指变压器一、二次电流流过该线圈电阻所消耗的能量之和。由于线圈多用铜导线制成，故称铜损。它与电流的平方成正比，铭牌上所标的千瓦数，是指线圈在 75℃时通过额定电流的铜耗。

258. 什么是变压器的铁损？

答：铁损是指变压器在额定电压下（二次开路），在铁芯中消耗的功率，其中包括励磁损耗与涡流损耗。

259. 异步电动机超载运行的后果？

答：电动机超载运行会破坏电磁平衡关系，使电动机转速下降，温度增高。如短时过载还能维持运行，若长时间过载，超过电动机允许的额定电流，会使绝缘过热加速老化，甚至于烧毁电动机。

260. 什么叫变压器的负载能力？

答：对使用的变压器不但要求保证安全供电，而且要具有一定的使用寿命。能够保证变压器中的绝缘材料具有正常寿命的负荷，就是变压器的负载能力。它决定于绕组绝缘材料的运行温度。变压器正常使用寿命约为 20 年。

261. 为什么要规定变压器的允许温度？

答：因为变压器运行温度越高，绝缘老化越快，这不仅影响使用寿命，而且还因绝缘变脆而破裂，使绕组失去绝缘层的保护。另外温度越高绝缘材料的绝缘强度就越低，很容易被高电压击穿造成故障。因此，变压器运行时不能超过允许温度。

262. 为什么要规定变压器的允许温升？

答：当周围空气温度下降很多时，变压器的外壳散热能力将大大增大，而变压器内部的散热能力却提高很少。当变压器带大负荷或超负荷运行时，尽管有时变压器上层油温尚未超过规定值，但温升却超过规定值很多，线圈有过热的现象。因此，这样的运行是不允许的。

263. 变压器在电力系统中起什么作用？

答：变压器是电力系统中重要的电气设备之一，起到传递电能的作用。从发电厂到用户可根据不同的需要，将供电电压升高或降低，这些要靠变压器来完成。

264. 简述配电变压器的结构由哪几部分组成？

答：配电变压器的结构由以下几部分组成：

（1）器身：铁芯、绕组、绝缘、引线及分接开关。

（2）保护装置：除湿器、储油柜、安全气道、油表、测温元件、气体继电器。

（3）油箱：本体（箱盖、壁、底）、附件（放油阀门、小车、铭牌、取样活门、接地螺栓）。

（4）出线装置：高、低压套管，担任出线的绝缘和支撑。

（5）冷却装置：散热器。

265. 为什么通电线圈套在铁芯上所产生的磁通会大大地增加？

答：铁芯一般为铁磁材料所制成，当通电的空心线圈套在铁芯上时，铁磁材料的内部分子磁矩在外磁场作用下，很容易偏转到与外磁场一致的方向，排齐后的分子磁矩（磁畴）又对外产生附加磁场，这个磁场叠加在通电空心线圈产生的磁场上，因而使铁芯线圈产生的总磁场比同样的空心线圈的磁场强，使磁通量增加。

266. 变压器气体继电器的作用是什么？

答：气体继电器是变压器的重要保护组件。当变压器内部发生故障，油中产生气体或油气流动时，则气体继电器动作，发出信号或切断电源，以保护变压器，另外，发生故障后，可以通过气体继电器的视窗观察气体颜色，还可以取气体进行分析，从而对故障的性质做出判断。

267. 变压器储油柜隔膜密封的原理是什么？

答：隔膜是耐油尼龙橡胶膜制成的，将储油柜分隔为气室与油室，当温度升高，油位上升时，气室向外排气；当油面下降时，油室呈现负压，气室吸气。这样，变压器的呼吸完全同气室与外界进行，油则与外界脱离接触，从而减慢了油质的劣化速度。

268. 变压器的储油柜起什么作用？

答：当变压器油的体积随着油温的变化膨胀或缩小时，储油柜起储油和补油的作用，以此来保证油箱内充满油，同时由于装了储油柜，使变压器与空气的接触面减小，减缓了油的劣化速度。储油柜的侧面还装有油位计，可以监视油位变化。

269. 什么是变压器分级绝缘？

答：分级绝缘是指变压器绕组整个绝缘水平等级不一样，靠近中性点部位的主绝缘水平比绕组端部的绝缘水平低。

270. 什么是有载分接开关的过渡电路？

答：有载分接开关在切换过程中，为了保证负载电流的连续，必须要在某一瞬间同时连接两个分接，为了限制桥接时的循流电流，必须串入阻抗，才能使分接切换得以顺利进行。在短路的分接电路中串接阻抗的电路称为过渡电路。串接的阻抗称为过渡阻抗，可以是电抗或电阻。

271. 变压器的温度和温升有什么区别？

答：变压器的温度是指变压器本体各部位的温度，温升是指变压器本体温度与周围环境温度的差值。

272. 分裂变压器有何优点？

答：（1）限制短路电流作用明显。

（2）当分裂变压器一个支路发生故障时，另一支路的电压降低很小。

（3）采用一台分裂变压器和达到同样要求而采用两台普通变压器相比，节省用地面积。

273. 变压器有哪些接地点？各接地点起什么作用？

答：（1）绕组中性点接地：为工作接地，构成大电流接地系统。

（2）外壳接地：为保护接地，为防止外壳上的感应电压高而危及人身安全。

（3）铁芯接地：为保护接地，为防止铁芯的静电电压过高使变压器铁芯与其他设备之间的绝缘损坏。

274. 干式变压器的正常检查维护内容有哪些？

答：（1）高低压侧接头无过热，电缆头无过热现象。

（2）根据变压器采用的绝缘等级，监视温升不得超过规定值。

（3）变压器室内无异味，声音正常，室温正常，其室内通风设备良好。

（4）支持绝缘子无裂纹、放电痕迹。

（5）变压器室内屋顶无漏水、渗水现象。

275. 发电机并、解列前为什么必须投主变压器中性点接地隔离开关？

答：因为主变压器高压侧断路器一般是分相操作的，而分相操作的断路器在合、分操作时，易产生三相不同期或某相合不上、拉不开的情况，可能在高压侧产生零序过电压，引起低压绕组绝缘损坏。如果在操作前合上接地隔离开关，可有效地限制过电压，保护绝缘。

276. 变压器运行中应做哪些检查？

答：（1）变压器声音是否正常。

（2）瓷套管是否清洁，有无破损、裂纹及放电痕迹。

（3）油位、油色是否正常，有无渗油现象。

（4）变压器温度是否正常。

（5）变压器接地应完好。

（6）电压值、电流值是否正常。

(7) 各部位螺栓有无松动。

(8) 二次引线接头有无松动和过热现象。

277. 强迫油循环变压器停了油泵为什么不准继续运行?

答:原因是这种变压器外壳是平的,其冷却面积很小,甚至不能将变压器空载损耗所产生的热量散出去。因此,强迫油循环变压器完全停了冷却系统的运行是很危险的。

278. 主变压器分接开关由 3 挡调至 4 挡,对发电机的无功有什么影响?

答:主变压器的分接开关由 3 挡调至 4 挡,主变压器的变比减小,如果主变压器高压侧的系统电压认为不变,则主变压器低压侧即发电机出口电压相应升高,自动励磁系统为了保证发电机电压在额定值,将减小励磁以降低电压,发电机所带无功将减小。

279. 变压器着火如何处理?

答:发现变压器着火时,首先检查变压器的断路器是否已跳闸。如未跳闸,应立即断开各侧电源的断路器,然后进行灭火。如果油在变压器顶盖已燃烧,应立即打开变压器底部放油阀门,将油面降低,并往变压器外壳浇水使油冷却。如果变压器外壳裂开着火时,则应将变压器内的油全部放掉。扑灭变压器火灾时,应使用二氧化碳、干粉或泡沫灭火枪等灭火器材。

280. 变压器上层油温显著升高时如何处理?

答:在正常负荷和正常冷却条件下,如果变压器上层油温较平时高出 10℃ 以上,或负荷不变,油温不断上升,若不是测温计问题,则认为变压器内部发生故障,此时应立即将变压器停止运行。

281. 变压器油色不正常时,应如何处理?

答:在运行中,如果发现变压器油位计内油的颜色发生变化,应取油样进行分析化验。若油位骤然变化,油中出现炭质,并有其他不正常现象时,则应立即将变压器停止运行。

282. 变压器油面变化或出现假油面的原因是什么?

答:变压器油面的正常变化决定于变压器油温,而影响变压器温度变化的原因主要有:负荷的变化、环境温度及变压器冷却装置的运行情况等。如变压器油温在正常范围内变化,而油位计内的油位不变化或变化异常,则说明油位计指示的油位是假的。运行中出现假油面的原因主要有:油位计堵塞、呼吸器堵塞、防爆管通气孔堵塞等。

283. 运行中变压器冷却装置电源突然消失如何处理?

答:(1) 准确记录冷却装置停运时间。

(2) 严格控制变压器电流和上层油温不超过规定值。

(3) 迅速查明原因,恢复冷却装置运行。

(4) 如果冷却装置电源不能恢复,且变压器上层油温已达到规定值或冷却器停用时间已达到规定值,按有关规定降低负荷或停止变压器运行。

284. 在什么情况下需将运行中的变压器差动保护停用?

答:变压器在运行中有以下情况之一时应将差动保护停用:

(1) 差动保护二次回路及电流互感器回路有变动或进行校验时。

(2) 继电保护人员测定差动回路电流相量及差压。

（3）差动保护互感器一相断线或回路开路。

（4）差动回路出现明显的异常现象。

（5）误动跳闸。

285. 变压器二次侧突然短路对变压器有什么危害？

答：变压器二次侧突然短路，会有一个很大的短路电流通过变压器的高压和低压侧绕组，使高、低压绕组受到很大的径向力和轴向力，如果绕组的机械强度不足以承受此力的作用，就会使绕组导线崩断、变形以致绝缘损坏而烧毁变压器。另外在短路时间内，大电流使绕组温度上升很快，若继电保护不及时切断电源，变压器就有可能烧毁。同时，短路电流还可能将分接开关触头或套管引线等载流元件烧坏而使变压器发生故障。

286. 变压器运行中发生哪些现象，可以投入备用变压器后将变压器停运处理？

答：（1）套管发生裂纹，有放电现象。

（2）变压器上部落物危及安全，不停电无法消除。

（3）变压器严重漏油，油位计中看不到油位。

（4）油色变黑或化验油质不合格。

（5）在正常负荷及正常冷却条件下，油温异常升高10℃及以上。

（6）变压器出线接头严重松动、发热、变色。

（7）变压器声音异常，但无放电声。

（8）有载调压装置失灵、分接头调整失控且手动无法调整正常时。

287. 变压器差动保护动作时应如何处理？

答：变压器差动保护主要保护变压器内部发生的严重匝间短路、单相短路、相间短路等故障。差动保护正确动作，变压器跳闸，变压器通常有明显的故障象征（如喷油、瓦斯保护同时动作），则故障变压器不准投入运行，应进行检查、处理。若差动保护动作，变压器外观检查没有发现异常现象，则应对差动保护范围以外的设备及回路进行检查，查明确属其他原因后，变压器方可重新投入运行。

288. 变压器重瓦斯保护动作后应如何处理？

答：变压器重瓦斯保护动作后，值班人员应进行下列检查：

（1）变压器差动保护是否有掉牌。

（2）重瓦斯保护动作前，电压、电流有无波动。

（3）防爆管和吸湿器是否破裂，释压阀是否动作。

（4）气体继电器内部是否有气体，收集的气体是否可燃。

（5）重瓦斯掉牌能否复归，直流系统是否接地。

通过上述检查，未发现任何故障迹象，可初步判定重瓦斯保护误动。在变压器停电后，应联系检修人员测量变压器绕组的直流电阻及绝缘电阻，并对变压器油做色谱分析，以确认是否为变压器内部故障。在未查明原因，未进行处理前，变压器不允许再投入运行。

289. 采用分级绝缘的主变压器运行中应注意什么？

答：采用分级绝缘的主变压器，中性点附近绝缘比较薄弱，故运行中应注意以下问题：

（1）变压器中性点一定要加装避雷器和防止过电压间隙。

（2）如果运行方式允许，变压器一定要中性点接地运行。

（3）变压器中性点如果不接地运行，中性点过电压保护一定要可靠投入。

290. 中性点接地或不接地的分级绝缘变压器（中性点装有放电间隙），其接地保护如何构成？

答：（1）中性点接地：装设零序电流保护，一般设置两段，零序Ⅰ段作为变压器及母线的接地后备保护，零序Ⅱ段作为引出线的后备保护。

（2）中性点不接地：装设瞬时动作于跳开变压器的间隙零序过电流保护及零序电压保护。

291. 为什么变压器差动保护不能代替瓦斯保护？

答：变压器瓦斯保护能反应变压器油箱内的任何故障，如铁芯过热烧灼、油面降低等，而差动保护对此无反应。又如变压器绕组发生少数线匝的匝间短路，虽然短路匝内短路电流很大会造成局部绕组严重过热产生强烈的油流向储油柜方向冲击，但表现在相电流上其量值却不大，所以差动保护反应不出，但瓦斯保护对此却能灵敏地加以反应。因此，差动保护不能代替瓦斯保护。

292. 变压器零序保护的保护范围是什么？

答：变压器零序保护用来反映变压器中性点直接接地系统侧绕组的内部及其引出线上的接地短路，也可作为相应母线和线路接地的后备保护。

293. 变压器的过励磁可能产生什么后果？如何避免？

答：变压器过励磁时，当变压器电压超过额定电压的10％时，将使变压器铁芯饱和，铁损增大，漏磁使箱壳等金属构件涡流损耗增加，造成变压器过热，绝缘老化，影响变压器寿命甚至烧毁变压器。

防止电压过高运行，一般电压越高，过励情况越严重，允许运行时间越短；加装过励磁保护，根据变压器特性曲线和不同的允许过励磁倍数发出告警信号或切除变压器。

294. 变压器内部发生短路故障，哪些保护应动作？

答：当变压器内部发生短路故障，下列保护应动作：变压器瓦斯、变压器差动、变压器压力释放阀。当变压器瓦斯、差动保护拒动时发变组差动和作为变压器内部接地短路的后备保护零序电流保护应动作。零序电流保护主要作为外部接地短路引起的变压器的过电流保护。

295. 变压器运行中发生哪些情况应紧急停用？

答：（1）变压器内部有不正常的很大的声响以及有爆裂声。

（2）在正常的负荷和冷却条件下，变压器温度不正常并不断上升。

（3）储油柜或安全气道喷油。

（4）严重漏油使油面下降，低于油位计的指示限度。

（5）油色变化过甚，油内出现碳质等。

（6）套管有严重的破损和放电现象。

（7）变压器冒烟着火。

（8）变压器无保护运行时（直流找接地或更换熔断器等，能立即恢复者除外）。

（9）危及人身安全必须停电时。

296. 变压器差动保护跳闸后应进行哪些检查项目？

答：（1）套管是否完整。

（2）防爆管是否破裂。

（3）有无喷油现象。

（4）变压器油温、油位、油色是否正常。

（5）对变压器保护范围内的其他配电装置进行检查，并对发变组设备进行检查。

297. 变压器主要有哪些部件？

答：铁芯、绕组、储油柜、呼吸器、防爆管（压力释放阀）、散热器、绝缘套管、分接开关、气体继电器、温度计等。

298. 什么叫变压器的接线组别？

答：指变压器的一、二次绕组按一定接线方式连接时，一、二次边的电压或电流的相位关系，是用时钟的方法来说明一、二次边线电压或相电流的向量关系。

299. 变压器在空载合闸时会出现什么现象？对变压器的工作有什么影响？

答：变压器在空载合闸时会出现励磁涌流，是额定电流的 6～8 倍。励磁涌流对变压器本身不会造成大的危害，但在某些情况下能造成电波动，如不采取相应措施，可能使变压器过电流或差动继电保护误动作。

300. 变压器正式投入运行前为什么要做空载冲击试验？

答：做空载冲击试验的原因如下：

（1）带电投入空载变压器时，会产生励磁涌流，其值最高可达 6～8 倍额定电流。励磁涌流产生很大的电动力，可以考验变压器的机械强度，也可以检查励磁涌流对继电保护的影响。

（2）断开空载变压器时，有可能产生操作过电压，可以考核变压器的绝缘能否承受全电压或操作过电压。

301. 电力变压器停、送电操作，应注意哪些事项？

答：（1）一般变压器充电时应投入全部继电保护，为保证系统的稳定，充电前应先降低相关线路的有功功率。变压器在充电或停运前，必须将中性点接地开关合上。

（2）一般情况下，220kV 变压器高、低压侧均有电源时，送电时应由高压侧充电，低压侧并列；停电时则先在低压侧解列。

（3）环网系统的变压器操作时，应正确选取充电端，以减少并列处的电压差。变压器并列运行时，应符合并列运行的条件。

302. 零序参数与变压器接线组别、中性点接地方式、输电线架空地线、相邻平行线路有何关系？

答：对于变压器，零序电抗与其结构（三个单相变压器组还是三柱变压器）、绕组的连接（△或Y）和接地与否等有关。

当三相变压器的一侧接成三角形或中性点不接地的星形时，从这一侧来看，变压器的零序电抗总是无穷大的。因为不管另一侧的接法如何，在这一侧加零序电压时，总不能把零序电流送入变压器。所以只有当变压器的绕组接成星形，并且中性点接地时，从这星形侧来看变压器，零序电抗才是有限的（虽然有时还是很大的）。

对于输电线路，零序电抗与平行线路的回路数、有无架空地线及地线的导电性能等因素有关。

零序电流在三相线路中是同相的，互感很大，因而零序电抗要比正序电抗大，而且零序电流将通过地及架空地线返回，架空地线对三相导线起屏蔽作用，使零序磁链减少，即使零序电抗减小。

平行架设的两回三相架空输电线路中通过方向相同的零序电流时，不仅第一回路的任意两相对第三相的互感产生助磁作用，而且第二回路的所有三相对第一回路的第三相的互感也产生助磁作用，反过来也一样，这就使这种线路的零序阻抗进一步增大。

303. 变压器中性点零序过电流保护和间隙过电压保护能否同时投入？为什么？

答：变压器中性点零序过电流保护和间隙过电压保护不能同时投入。变压器中性点零序过电流保护在中性点直接接地时才能投入，而间隙过电压保护在变压器中性点经放电间隙接地时才能投入，如二者同时投入，将有可能造成上述保护的误动作。

304. 变压器一次电压过高或过低对变压器有什么影响？

答：加于变压器的电压低于额定值，对变压器本身没有影响，但影响电能质量。加于变压器的电压较高时，使变压器的励磁涌流增加，使变压器铁芯损耗增加而过热，同时使铁芯的饱和程度增加，其磁通和感应电动势的波形发生畸变，可能造成谐波共振，产生过电压；引起变压器二次侧电流波形畸变，造成设备损坏。

305. 为什么变压器纵差保护能反应绕组匝间短路？而发电机纵差保护不能反映匝间短路？

答：变压器某侧绕组匝间短路时，该绕组的匝间短路部分可视为出现了一个新的短路绕组，使差流变大，当达到整定值时差动就会动作。

由于变压器有磁耦合关系且每相不少于两个绕组，匝间短路时 $\sum \dot{I} \neq 0$，而发电机没有磁耦合关系且每相只有一个绕组，绕组匝间短路时 $\sum \dot{I} = 0$，没有差流，保护不动作。

306. 变压器励磁涌流有哪些特点？变压器差动保护通常采用哪几种方法躲励磁涌流？

答：变压器励磁涌流的特点如下：

（1）包含有很大成分的非周期分量，往往使涌流偏于时间轴的一侧；

（2）包含有大量的高次谐波分量；

（3）励磁涌流波形之间出现间断。

目前变压器保护主要采用以下方法躲励磁涌流：

（1）采用具有速饱和铁芯的差动继电器；

（2）鉴别短路电流和励磁涌流波形的区别，间断角为 $60° \sim 65°$；

（3）利用二次谐波制动，制动比为 $15\% \sim 20\%$；

（4）利用波形对称原理的差动继电器。

307. 为什么在 Y/Δ11 变压器中差动保护电流互感器二次在 Y 侧接成 Δ 形，而在 Δ 侧接成 Y 形？

答：Y/Δ11 接线组别使两侧电流同名相间有 30°相位差，即使二次电流数值相等，也有很大的差电流进入差动继电器，为此将变压器 Y 侧的电流互感器二次接成 Δ 形，而将 Δ 侧接成 Y 形，达到相位补偿的目的。

308. 什么情况下变压器应装设瓦斯保护？

答：0.8MVA 及以上油浸式变压器和 0.4MVA 及以上车间内油浸式变压器，均应装设瓦斯保护；当壳内故障产生轻微瓦斯或油面下降时，应瞬时动作发信号；当产生大量瓦斯时，应动作于断开变压器各侧断路器。

带负荷调压的油浸式变压器的调压装置，也应装设瓦斯保护。

309. 什么是电抗变压器？它与电流互感器有什么区别？

答：电抗变压器是把输入电流转换成输出电压的中间转换装置，同时也起隔离作用。它要求输入电流与输出电压成线性关系。电流互感器是改变电流的转换装置。它将高压大电流转换成低压小电流，成线性转变，因此要求励磁阻抗大，即电磁电流小，负载阻抗小。而电抗变压器正好与其相反。电抗变压器的励磁电流大，二次负载阻抗大，处于开路工作状态；而电流互感器二次负载阻抗远小于其励磁阻抗，处于短路工作状态。

310. 简单分析变压器并联运行时，变比不等有何后果。

答：当并列运行的变压器变比不同时，变压器二次侧电压不等，并列运行的变压器将在绕组的闭合回路中引起均衡电流的产生，均衡电流的方向取决于并列运行变压器二次输出电压的高低，其均衡电流的方向是从二次输出电压高的变压器流向输出电压低的变压器。该电流除增加变压器的损耗外，当变压器带负荷时，均衡电流叠加在负荷电流上。均衡电流与负荷电流方向一致的变压器负荷增大；均衡电流与负荷电流方向相反的变压器负荷减轻。

311. 简单分析变压器并列运行短路电压不等有何后果。

答：满足变压器并列运行的三个条件时，各台变压器的额定容量能得到充分利用。当各台并列运行的变压器短路电压相等时，各台变压器复功率的分配是按变压器的额定容量的比例分配的；若各台变压器的短路电压不等，各台变压器的复功率分配是按与变压器短路电压成反比的比例分配的，短路电压小的变压器易过负荷，变压器容量不能得到合理的利用。

312. 简单分析变压器并列运行联结组别不同有何后果。

答：如果变压器的联结组别不同而进行并联运行，其后果是非常严重的。

如两台变压器一次侧均为星形联结，二次侧一个是星形联结，一个是三角形联结，两个二次侧对应的线电压相位不相同，彼此相差 30°。二次侧的电压差将达到二次侧线电压的 51.8％，这样大的电压差所引起的环流将超过额定电流许多倍。若联结组别相差越大，则二次侧的电压差也越大，环流就更大，可能导致变压器烧毁，因此联结组不相同的变压器绝对不允许并联运行。

313. 自耦变压器运行中应注意什么问题？

答：（1）由于自耦变压器的一、二次侧有直接电的联系，为防止由于高压侧单相接地故障而引起低压侧的电压升高，用在电网中的自耦变压器的中性点必须可靠地直接接地。

（2）由于一、二次侧有直接电的联系，高压侧受到过电压时，会引起低压侧的严重过电压。为避免这种危险，须在一、二次侧都加装避雷器。

（3）由于自耦变压器短路阻抗较小，其短路电流较普通变压器大，因此在必要时需采取限制短路电流的措施。

（4）运行中注意监视公用绕组的电流，使之不过负荷，必要时可调整第三绕组的运行方式，以增加自耦变压器的交换容量。

314. 运行电压超过或低于额定电压值时，对变压器有什么影响？

答：当运行电压超过额定电压值时，变压器铁芯饱和程度增加，空载电流增大，电压波形中高次谐波成分增大，超过额定电压过多会引起电压和磁通的波形发生严重畸变。当运行电压低于额定电压值时，对变压器本身没有影响，但低于额定电压值时，将影响供电质量。

315. 简单叙述电力变压器调压方式有哪几种？如何实现？

答：变压器调压方式分有载调压和无载调压两种。

有载调压是指变压器在运行中可以调节变压器分接头位置，从而改变变压器变比，以实现调压目的。有载调压变压器中又有线端调压和中性点调压两种方式，即变压器分接头在高绕组线端侧或在高压绕组中性点侧之区别。分接头在中性点侧可降低变压器抽头的绝缘水平，有明显的优越性，但要求变压器在运行中中性点必须直接接地。

无载调压是指变压器在停电、检修情况下进行调节变压器分接头位置，从而改变变压器变比，以实现调压目的。

316. 为什么要对变压器油进行色谱分析？

答：气体色谱分析是一种物理分离分析法。对变压器油的分析就是从运行的变压器或其他充油设备中取出油样，用脱气装置脱出溶于油中的气体，由气相色谱仪分析从油中脱出气体的组成成分和含量，借此判断变压器内部有无故障及故障隐患。

317. 变压器储油柜与防爆管之间为什么要用小管连接？

答：通气式防爆管如不与大气相通或用小管与储油柜连接，则防爆管将是密封的，因此，当油箱内的油因油温变化而膨胀或收缩时，可能造成防爆膜破裂或气体继电器误动作。

318. 变压器铁芯为什么必须接地？且只允许一点接地？

答：变压器在运行或试验时，铁芯及零件等金属部件均处在强电场之中，由于静电感应作用在铁芯或其他金属结构上产生悬浮电位，造成对地放电而损坏零件，这是不允许的，除穿芯螺杆外，铁芯及其所有金属构件都必须可靠接地。如果有两点或两点以上的接地，在接地点之间便形成了闭合回路，当变压器运行时，其主磁通穿过此闭合回路时，就会产生环流，将造成铁芯的局部过热，烧损部件及绝缘，造成事故，所以只允许一点接地。

319. 变压器发生穿越性故障后，瓦斯保护会不会发生误动作？怎样避免？

答：当变压器发生穿越性故障时，瓦斯保护可能会发生误动作。其原因是：在穿越性故障电流作用下，绕组或多或少产生辐向位移，这将使一次和二次绕组间的油隙增大，进而使油隙内和绕组外侧产生一定的压力差，加速油的流动。当压力差变化大时，气体继电器就可能误动；穿越性故障电流使绕组发热。虽然短路时间很短，但当短路电流倍数很大时，绕组温度上升很快，使油的体积膨胀，造成气体继电器误动。这类误动作，可用调整流速值

302

躲过。

320. 变压器的内绝缘和主绝缘各包括哪些部位的绝缘？

答：变压器的内绝缘包括绕组绝缘、引线绝缘、分接开关绝缘和套管下部绝缘。

变压器的主绝缘包括绕组及引线对铁芯（或油箱）之间的绝缘、不同侧绕组之间的绝缘、相间绝缘、分接开关对油箱之间的绝缘及套管对油箱之间的绝缘。

321. 为什么能通过油中溶气色谱分析来检测和判断变压器内部故障？

答：在正常情况下，变压器油中所含气体的成分类似空气，大约含氧 30%、氮 70%、二氧化碳 0.3%，运行中的油还含有少量一氧化碳、二氧化碳和低分子烃类气体。当变压器存在潜伏性过热或放电故障时，油中溶气的含量大不相同。有故障的油中溶气的组成和含量与故障类型、故障的严重程度有密切关系。因此，可以通过对油中溶气色谱分析来检测和判断变压器的内部故障。

322. 变压器大修后应进行的电气试验有哪些？

答：变压器大修后应进行的电气试验有以下几项：测量绕组的绝缘电阻和吸收比；测量绕组连同套管的泄漏电流；测量绕组连同套管的介质损耗因数；绕组连同套管一起的交流耐压试验；测量非纯瓷套管的介质损耗因数；变压器及套管中的绝缘油试验及化学分析；夹件与穿心螺杆的绝缘电阻；各绕组的直流电阻、变比、组别（或极性）。

323. 在变压器油中添加抗氧化剂的作用是什么？

答：减缓油的劣化速度，延长油的使用寿命。

324. 变压器的铁芯为什么接地？

答：运行中变压器的铁芯及其他附件都处于绕组周围的电场内，如不接地，铁芯及其他附件必然感应一定的电压，在外加电压的作用下，当感应电压超过对地放电电压时，就会产生放电现象。为了避免变压器的内部放电，所以要将铁芯接地。

325. 当气候异常时，室外变压器应进行哪些特殊检查项目？

答：（1）大雾时，检查各处无火花放电及异常响声。

（2）大风时，检查引线应无剧烈摆动和松弛现象，顶部无杂物。

（3）大雪时，检查套管及引线无结冰、过热现象。

（4）气温骤变时，应检查各部温度及油位是否正常。

（5）雷电后，检查各部无放电痕迹，导线连接处无过热现象，检查避雷器的动作情况。

326. 变压器的有载调压装置动作失灵是什么原因造成的？

答：主要原因有以下几点：

（1）操作电源电压消失或过低。

（2）电机绕组断线烧毁，启动电机失压。

（3）联锁触点接触不良。

（4）转动机构脱扣及销子脱落。

327. 更换变压器呼吸器内的吸潮剂时应注意什么？

答：应注意以下几点：

（1）应将重瓦斯保护改接信号。

（2）取下呼吸器应将连管赌住，防止回吸空气。

（3）换上干燥的吸潮剂后，应使油封内的油没过呼气嘴将呼吸器密封。

328. 变压器缺油对运行有什么危害？

答：变压器油面过低会使轻瓦斯动作；严重缺油时，铁芯和绕组暴露在空气中容易受潮，并可能造成绝缘击穿。

329. 什么原因会使变压器发出异常音响？

答：主要有以下原因：

（1）过负荷。

（2）内部接触不良，放电打火。

（3）个别零件松动。

（4）系统中有接地或短路。

（5）大电动机启动使负荷变化较大。

330. 变压器出现假油位，可能是哪些原因引起的？

答：可能是以下原因：

（1）油表管堵塞。

（2）呼吸器堵塞。

（3）安全气道通气孔堵塞。

（4）薄膜保护式储油柜在加油时未将空气排尽。

331. 变压器的差动保护是根据什么原理装设的？

答：变压器的差动保护是按循环电流原理装设的。在变压器两侧安装具有相同型号的两台电流互感器，其二次采用环流法接线。在正常与外部故障时，差动继电器中没有电流流过，而在变压器内部发生相间短路时，差动继电器中就会有很大的电流流过。

332. 变压器的零序保护在什么情况下投入运行？

答：变压器零序保护应装在变压器中性点直接接地侧，用来保护该侧绕组的内部及引出线上接地短路，也可作为相应母线和线路接地短路时的后备保护，因此当该变压器中性点接地开关合入后，零序保护即可投入运行。

333. 变压器长时间在极限温度下运行有哪些危害？

答：一般变压器的主要绝缘是 A 级绝缘，规定最高使用温度为 105℃，变压器在运行中绕组的温度要比上层油温高 10～15℃。如果运行中的变压器上层油温在 80～90℃，也就是绕组经常在 95～105℃，就会因温度过高使绝缘老化严重，加快绝缘油的劣化，影响使用寿命。

334. 怎样对变压器进行校相？

答：应先用运行的变压器校对两母线上电压互感器的相位，然后用新投入的变压器向一级母线充电，再进行校相，一般使用相位表或电压表，如测得结果为两同相电压等于零，非同相为线电压，则说明两变压器相序一致。

335. 三绕组变压器停一侧其他两侧能否继续运行？应注意什么？

答：可以继续运行。但应注意以下几点：

（1）若低压侧为三角形接线，停止运行后应投入避雷器；

（2）若高压侧停止运行，中性点接地隔离开关必须投入；

（3）应根据运行方式考虑继电保护的运行方式和整定值，此外还应注意容量比，运行中监视负荷情况。

336. 变压器的外加电压有何规定？

答：（1）变压器的外加一次电压可以较额定电压高，但一般不得超过相应分接头电压值的 5%。

（2）无论电压分接头在何位置，如果所加一次电压不超过其相应分接头额定值的 5%，则变压器的二次侧可带额定电流。

（3）根据变压器的构造特点，经过试验或经制造厂认可，加在变压器一次侧的电压允许比该分接头额定电压增高 10%。此时，允许的电流值应遵守制造厂的规定或根据试验确定。

（4）无载调压变压器在额定电压±5%范围内改换分接头位置运行时，其额定容量不变，如为-7.5%和-10%分头时，额定容量应相应降低 2.5%和 5%。

（5）有载调压变压器各分头位置的额定容量，应遵守制造厂规定。

第七节 互 感 器 知 识

337. 6kV 母线电压互感器断线应如何处理？

答：（1）该段的备用电源自投手把切至"停"位（退出该段母线快切装置）。

（2）打开该电压互感器所带的低电压保护连接片。

（3）先拨直流熔断器，后拨交流二次熔断器。

（4）拉出电压互感器小车进行检查处理。

338. 什么是电流互感器？

答：电流互感器是专门用作变换电流的特种变压器。其一次绕组串联在电力线路中，线路中的电流就是互感器的一次电流，二次绕组接有测量仪表和保护装置，作为二次绕组的负荷，二次绕组输出的电流额定值一般为 5A 或 1A。

339. 电流互感器的作用是什么？

答：电流互感器的主要作用是把大电流变成小电流，供给测量仪表和继电器的电流线圈，间接测出大电流，而且还可以隔离高压，保证工作人员及二次设备的安全。

340. 为什么电流互感器在运行中二次回路不准开路？

答：运行中的电流互感器二次回路开路时，二次电流等于零，二次磁动势等于零，一次电流及磁动势均不变，且全部用来励磁。此时合成磁动势较正常状态的合成磁动势大许多倍，铁芯磁通急剧达到饱和。由于磁通的增加，在开路的二次线圈中感应出很高的电动势，这将对工作人员的安全及二次回路设备造成威胁。同时由于磁感应强度剧增，铁损耗增加，将严重发热，以致损坏线圈绝缘。

341. 在带电的电压互感器二次回路上工作时应采取哪些安全措施？

答：（1）严格防止电压互感器二次侧短路或接地。

（2）工作时应使用绝缘工具、戴手套，必要时，工作前停用有关保护装置。

（3）二次侧接临时负载，必须装有专用的隔离开关和熔断器。

342. 电压互感器的作用是什么？

答：（1）变压：将按一定比例把高电压变成适合二次设备应用的低电压（一般为100V），便于二次设备标准化。

（2）隔离：将高电压系统与低电压系统实行电气隔离，以保证工作人员和二次设备的安全。

343. 为什么电压互感器的二次侧是不允许短路的？

答：因为电压互感器本身阻抗很小，如二次侧短路，二次回路通过的电流很大，会造成二次侧熔断器熔体熔断，影响表计的指示及可能引起保护装置的误动作。

344. 为什么电流互感器二次侧是不允许开路的？

答：因为电流互感器二次回路中只允许带很小的阻抗，所以在正常工作情况下，接近于短路状态，如二次侧开路，在二次绕组两端就会产生很高的电压，可能烧坏电流互感器，同时，对设备和工作人员产生很大的危险。

345. 电流互感器与电压互感器二次侧为什么不能并联？

答：电压互感器是电压回路（是高阻抗），电流互感器电流回路（是低阻抗），若两者二次侧并联，会使二次侧发生短路，烧坏电压互感器，或保护误动，这会使电流互感器开路，对工作人员造成生命危险。

346. 电流互感器在运行中的检查维护项目有哪些？

答：（1）检查电流互感器有无过热现象、有无异声及焦臭味。

（2）电流互感器油位正常，无渗、漏油现象；瓷质部分应清洁完整，无破裂和放电现象。

（3）定期检验电流互感器的绝缘情况；对充油的电流互感器要定期放油，并试验油质情况。

（4）检查电流表的三相指示值应在允许范围内，不允许过负荷运行。

（5）检查二次侧接地线是否良好，应无松动及断裂现象；运行中的电流互感器二次侧不得开路。

347. 为什么110kV及以上电压互感器的一次侧不装设熔断器？

答：因为110kV及以上电压互感器的结构采用单相串级式，绝缘强度大，还因为110kV系统为中性点直接接地系统，电压互感器的各相不可能长期承受线电压运行，所以在一次侧不装设熔断器。

348. 电流互感器为什么不允许长时间过负荷？

答：电流互感器是利用电磁感应原理工作的，因此过负荷会使铁芯磁通密度达到饱和或过饱和，则电流比误差增大，使表针指示不正确；由于磁通密度增大，使铁芯和二次绕组过热，加快绝缘老化。

349. 电流互感器、电压互感器发生哪些情况必须立即停用？

答：（1）电流互感器、电压互感器内部有严重放电声和异常声。

（2）电流互感器、电压互感器发生严重振动。

（3）电压互感器高压熔丝更换后再次熔断。

（4）电流互感器、电压互感器冒烟、着火或有异臭。

（5）引线和外壳或绕组和外壳之间有火花放电，危及设备安全运行。

（6）严重危及人身或设备安全。

（7）电流互感器、电压互感器发生严重漏油或喷油现象。

350. 电流互感器、电压互感器着火的处理方法有哪些？

答：（1）立即用断路器断开其电源，禁止用隔离开关断开故障电压互感器或将手车式电压互感器直接拉出断电。

（2）若干式电流互感器或电压互感器着火，可用四氯化碳、砂子灭火。

（3）若油浸电流互感器或电压互感器着火，可用泡沫灭火器或砂子灭火。

351. 引起电压互感器的高压熔断器熔断的原因是什么？

答：（1）系统发生单相间歇电弧接地。

（2）系统发生铁磁谐振。

（3）电压互感器内部发生单相接地或层间、相间短路故障。

（4）电压互感器二次回路发生短路而二次侧熔丝选择太粗而未熔断时，可能造成高压侧熔丝熔断。

352. 消弧线圈的作用是什么？

答：消弧线圈的作用主要是将系统的电容电流加以补偿，使接地点电流补偿到较小的数值，防止弧光短路，保证安全供电；降低弧隙电压恢复速度，提高弧隙绝缘强度，防止电弧重燃，造成间歇性接地过电压。

353. 什么叫并联电抗器？其主要作用有哪些？

答：并联电抗器是指接在高压输电线路上的大容量的电感线圈。

并联电抗器的主要作用有如下几点：

（1）降低工频电压升高。

（2）降低操作过电压。

（3）避免发电机带长线出现的自励磁。

（4）利于单相重合闸。

354. 电压互感器二次绕组一端为什么必须接地？

答：电压互感器一次绕组直接与电力系统高压连接，若在运行中电压互感器的绝缘被击穿，高电压即窜入二次回路，将危及设备和人身的安全。所以互感器二次绕组要有一端牢固接地。

355. 电流互感器的二次负载阻抗如果超过了其容许的二次负载阻抗，为什么准确度就会下降？

答：电流互感器二次负载阻抗的大小对互感器的准确度有很大影响。这是因为，如果电流互感器的二次负载阻抗增加得很多，超出了所容许的二次负载阻抗时，励磁电流的数值就会大大增加，而使铁芯进入饱和状态，在这种情况下，一次电流的很大一部分将用来提供励磁电流，从而使互感器的误差大为增加，其准确度就随之下降了。

356. 零序电流互感器的原理是什么？

答：零序电流互感器的一次侧三相导线穿过铁芯，二次线圈绕在铁芯上。正常情况下，由于零序电流互感器的一次侧三相电流对称，向量和为零，铁芯中不会产生磁通，二次线圈中没有电流。当系统发生单相接地故障时，三相电流之和不为零，铁芯中出现零序磁通，该磁通在二次线圈上感应出电动势，二次电流流过继电器，使之动作。

357. 电压互感器和电流互感器在作用原理上有什么区别？

答：(1) 电流互感器二次可以短路，但不得开路；电压互感器二次可以开路，但不得短路。

(2) 相对于二次侧的负载来说，电压互感器的一次内阻抗较小以至可以忽略，可以认为电压互感器是一个电压源；而电流互感器的一次却内阻很大，以至可以认为是一个内阻无穷大的电流源。

(3) 电压互感器正常工作时的磁通密度接近于饱和值，故障时磁通密度下降；电流互感器正常工作时磁通密度很低，而短路时由于一次侧短路电流变得很大，使磁通密度大大增加，有时甚至远远超过饱和值。

358. 电压互感器的零序电压回路能否装设熔断器？为什么？

答：不能。因为正常运行时，电压互感器的零序电压回路无电压，不能监视熔断器是否断开，一旦熔丝熔断了，而系统发生接地故障，则保护拒动。

359. 电压互感器开口三角侧断线和短路，将有什么危害？

答：断线和短路，将会使这些接入开口三角电压的保护在接地故障中拒动，用于绝缘监视的继电器不能正确反应一次接地问题；开口三角短路，还会使绕组在接地故障中过电流而烧坏电压互感器。

360. 电流互感器二次侧接地有什么规定？

答：电流互感器二次侧接地的规定是：高压电流互感器二次侧绕组应有一端接地，而且只允许有一个接地点；低压电流互感器，由于绝缘强度大，发生一、二次绕组击穿的可能性极小，因此，其二次绕组不接地。

361. 电流、电压互感器二次回路中为什么必须有一点接地？

答：电流、电压互感器二次回路一点接地属于保护性接地，防止一、二次绝缘损坏、击穿，以致高电压窜到二次侧，造成人身触电及设备损坏。如果有两点接地会弄错极性、相位，造成电压互感器二次绕组短路而致烧损，影响保护仪表动作；对电流互感器会造成二次绕组多处短接，使二次电流不能通过保护仪表元件，造成保护拒动，仪表误指示，威胁电力系统安全供电。所以电流、电压互感器二次回路中只能有一点接地。

第八节 电 动 机 知 识

362. 对电动机的启动次数有何规定？

答：笼式电机在冷态下允许启动两次，但间隔时间不应少于 5min，热态下允许启动一次，只有在事故情况下及启动不超过 2～3s 的电动机可多启动一次。

363. 三相异步电动机有哪几种调速方式？

答：（1）改变磁极对数调速方法。

（2）变频调速方法。

（3）串级调速方法。

（4）绕线式电动机转子串电阻调速方法。

（5）定子调压调速方法。

（6）电磁调速（磁力联轴器）。

（7）液力耦合器调速方法。

364. 什么是异步电机？

答：异步电机是一种交流电机。由于它的转子旋转速度与定子电流所产生的旋转磁场不是同步旋转，故称异步电机。异步电机的定、转子之间没有电的直接联系，是靠定、转子之间的电磁感应作用实现机电能量转换，故又称感应电机。

365. 电动机出现什么情况应立即停运？

答：（1）发生需要立即停用电动机的人身事故。

（2）电动机及所带动的机械损坏至危险程度。

（3）电动机及其所属设备冒烟着火。

（4）强烈振动、串轴或内部发生冲撞，定子、转子摩擦。

（5）经变频器带动的电动机，当变频器严重损坏时。

（6）非水浸式电动机被水淹。

（7）直流电动机整流子发生严重环火。

366. 造成电动机单相接地的原因是什么？

答：（1）绕组受潮。

（2）绕组长时期过载或局部高温，使绝缘焦脆、脱落。

（3）铁芯硅钢片松动或有尖刺、割伤绝缘。

（4）绕组引线绝缘损坏或与机壳碰撞。

（5）制造时留下隐患。如下线擦伤、槽绝缘位移、掉进金属物等。

367. 异步电动机启动电流过大，对厂用系统运行中有何影响？

答：可能造成厂用系统电压严重下降，不但使该电动机启动困难，而且厂用母线上所带的其他电动机，因电压过低而转矩过小，影响电动机的效率，甚至可能使电动机自动停止运转。同时也使发电机及供电回路能量损耗增大。

368. 在发电企业中最广泛使用的笼式异步电动机，其三种结构形式是什么？

答：单笼式、深槽式、双笼式。

369. 电动机的自启动校验分为哪两种？

答：电压校验和容量校验两种。

370. 电动机接通电源后电动机不转，并发出"嗡嗡"声，而且熔丝熔断或开关跳闸是什么原因？

答：(1) 线路有接地或相间短路。

(2) 熔丝容量过小。

(3) 定子或转子绕组有断路或短路。

(4) 定子绕组一相反接或将星形接线错接为三角形接线。

(5) 转子的铝（铜）条脱焊或断裂，集电环电刷接触不良。

(6) 轴承严重损坏，轴被卡住。

371. 异步电动机在运行中轴承温度过高的原因是什么？

答：(1) 轴承长期缺油运行，摩擦损耗加剧，使轴承过热。

(2) 电动机正常运行时，加油过多或过稠，也会引起轴承过热。

(3) 更换润滑油时，油的种类不对或油中混入了杂质，使润滑效果下降，摩擦加剧而过热，甚至损坏轴承。

(4) 固定端盖装配不当，螺栓松紧程度不同，造成两轴承孔中心不在一条直线上，轴承转动不灵活，带负荷后摩擦加剧而过热。

(5) 电动机与被带动机械轴中心不在一条直线上，使轴承负载加大而过热。

(6) 轴承选用不当或质量低劣（如内外套锈蚀、钢珠不圆等），运行中轴承损坏，引起轴承过热。

372. 如何改变三相异步电机的旋转方向？

答：调换电源任意两相的接线，即改变三相的相序，从而改变了旋转磁场的旋转方向，同时也就改变了电机的旋转方向。

373. 三相电源缺相对异步电动机启动和运行有何危害？

答：三相异步电动机电源缺相时，电动机将无法启动，且有强烈的"嗡嗡"声，长时间易烧毁电动机；若在运行中的电动机缺一相电源，虽然电动机能继续转动，但转速下降，如果负载不降低，电动机定子电流将增大，引起过热，甚至烧毁电动机。

374. 如何提高厂用电设备的自然功率因数？

答：(1) 合理选择电动机的容量，使其接近满负荷运行。

(2) 对于平均负荷小于40%的感应电动机，换用小容量电动机或改定子绕组三角形接线为星形接线。

(3) 改善电气设备的运行方式，限制空载运行。

(4) 正确选择变压器的容量，提高变压器的负荷率。

(5) 提高感应电动机的检修质量。

375. 电动机的设备规范一般应包括哪些？

答：电动机的设备规范一般应包括：设备名称、型号、额定容量、额定电压、额定电流、额定转速、接线方式、绝缘等级、相数、功率因数、生产厂家、出厂号、出厂日期等。

376. 对三相感应电动机铭牌中的额定功率如何理解？

答：电动机的额定功率（额定容量），指的是在这额定情况下工作时，转轴上所输出的机械功率。

377. 电机中使用的绝缘材料分哪几个等级？各级绝缘的最高允许工作温度是多少？

答：电机中使用的绝缘材料按照耐热性能的高低，分为 7 个等级，即 Y、A、E、B、F、H、C 级。

各级绝缘的最高允许工作温度是：Y 级绝缘，90℃；A 级绝缘，105℃；E 级绝缘，120℃；B 级绝缘，130℃；F 级绝缘，155℃；H 级绝缘，180℃；C 级绝缘，180℃以上。

378. 发电厂中有些地方为什么用直流电动机？

答：（1）直流电动机有良好的调节平滑形及较大的调速范围。

（2）在同样的输出功率下，直流电动机比交流电动机质量轻、效率高，且有较大的启动力矩。

（3）直流电源比交流电源可靠，为了安全，在特殊场合采用直流电动机比交流电动机更可靠。

379. 什么叫电动机自启动？

答：感应电动机因某些原因如所在系统短路换接到备用电源等，造成外加电压短时消失或降低致使转速降低，而当电压恢复正常后转速又恢复正常，这就叫电机自启动。

380. 三相异步电动机有哪几种启动方法？

答：（1）直接启动：电机接入电源后在额定电压下直接启动。

（2）降压启动：将电机通过一个专用设备使加到电机上的电源电压降低，以减少启动电流，待电机接近额定转速时，电机通过控制设备换接到额定电压下运行。

（3）在转子回路中串入附加电阻启动：这种方法使用于绕线式电机，它可减小启动电流。

381. 为什么要加强对电动机温升变化的监视？

答：电动机在运行中，要加强对温升变化的监视。主要是通过对电动机各部位温升的监视，判断电动机是否发热，及时准确地了解电动机内部的发热情况，有助于判断电动机内部是否发生异常等。

382. 电动机绝缘低的可能原因有哪些？

答：（1）绕组受潮或被水淋湿。

（2）电动机过热后绕组绝缘老化。

（3）绕组上灰尘、油污太多。

（4）引出线或接线盒接头绝缘即将损坏。

383. 异步电动机空载电流出现不平衡，是由哪些原因造成的？

答：（1）电源电压三相不平衡。

（2）定子绕组支路断线，使三相阻抗不平衡。

（3）定子绕组匝间短路或一相断线。

（4）定子绕组一相接反。

384. 电动机启动困难或达不到正常转速是什么原因？

答：（1）负荷过大。

（2）启动电压或方法不适当。

（3）电动机的六极引线的始端、末端接错。

（4）电源电压过低。

（5）转子铝（铜）条脱焊或断裂。

385. 电动机空载运行正常，加负载后转速降低或停转是什么原因？

答：（1）将三角形接线误接成星形接线。

（2）电压过低。

（3）转子铝（铜）条脱焊或断开。

386. 绕线型电动机电刷冒火或集电环发热是什么原因？

答：（1）因电刷研磨不好而与集电环的接触不良。

（2）电刷碎裂。

（3）刷架压簧的压力不均匀。

（4）集电环不光滑或不圆。

（5）集电环与电刷污秽。

（6）电刷压力过大或过小。

（7）电刷与刷架挤得过紧。

387. 电动机在运行中产生异常声音是什么原因？

答：（1）三相电线中断一相。

（2）三相电压不平衡。

（3）轴承磨损严重或缺油。

（4）定子与转子发生摩擦。

（5）风扇与风罩或机盖摩擦。

（6）机座松动。

388. 电动机温度过高是什么原因？

答：（1）电动机连续启动使定子、转子发热。

（2）超负荷运行。

（3）通风不良，风扇损坏，风路堵塞。

（4）电压不正常。

389. 电动机发生着火时应如何处理？

答：发现电动机着火时，必须先切断电源，然后用二氧化碳或干式灭火器灭火，严禁将大股水注入电动机内。

390. 厂用电动机低电压保护起什么作用？

答：（1）当电动机供电母线电压短时降低或短时中断时，为了防止多台电动机自启动使电源电压严重降低，通常在次要电动机上装设低电压保护。

（2）当供电母线电压低到一定值时，低电压保护动作将次要电动机切除，使供电母线电压迅速恢复到足够的电压，以保证重要电动机的自启动。

391. 大容量的电动机为什么应装设纵联差动保护？

答：电动机电流速断保护的动作电流是按躲过电动机的启动电流来整定的，而电动机的启动电流比额定电流大得多，这就必然降低了保护的灵敏度，因而对电动机定子绕组的保护范围很小。因此，大容量的电动机应装设纵联差动保护，来弥补电流速断保护的不足。

392. 什么叫异步电动机的转差率？

答：异步电动机的同步转速与转子转速之差叫转差。转差与同步转速比值的百分数叫异步电动机的转差率。

393. 简述异步电动机温升过高或冒烟的主要原因是什么？如何处理？

答：异步电动机温升过高或冒烟的主要原因及处理方法如下：

（1）长期过负荷。应调整负荷为额定值。

（2）定子绕组有接地或短路故障。应检查、修复定子绕组。

（3）电动机的转动部分与固定部分相摩擦。可检查轴承有无松动及损坏，定子及转子之间有无不良装配，可进行相应的修复与处理。

（4）电动机通风散热不良。清理风道及绕组上的污垢和灰尘，改善通风散热条件。

394. 试述引起直流电机励磁绕组过热的原因及处理方法。

答：引起直流电机励磁绕组过热的原因及处理方法如下：

（1）电机气隙过大。由于气隙过大，造成励磁电流过大，此时应拆开电机进行气隙调整；

（2）复励发电机的串励绕组的极性接反。由于这种原因引起的励磁绕组过热时，常表现为发电机接负载时电压明显降低，但调整电压后，励磁电流又明显增大，使绕组过热。此时必须重新检查串励绕组的极性，改正接线。

395. 三相异步电动机电源缺相后，电动机允许情况有什么变化？缺相前后电流如何变化？

答：电源一相断开，电动机变为单相运行。电动机的启动转矩为零。因此，电动机停转后便不能重新启动。如果电动机在带负载运行时发生缺相，转速会突然下降，但电动机并不停转。由于电动机运行时线电流一般为额定电流的 80% 左右，断相后的线电流将增大至额定电流的 1.4 倍左右。如果不予以保护，缺相后的电动机会因绕组过热而烧毁。

396. 试比较异步电动机直接启动与降压启动的优缺点。

答：直接启动设备与操作均简单，但启动电流大，电动机本身以及同一电源提供的其他电气设备，将会因为大电流引起电压下降很多而影响正常工作，在启动电流以及电压下降许可的情况下，对于异步电动机尽可能采取直接启动的方法。降压启动电流小，但启动转矩也大幅下降，故一般用于轻、空载状态下启动，同时，降压启动还需增加设备设施的投入，也增加了操作的复杂性。

397. 如何改变直流电动机的转向？

答：或对调电枢绕组的两端，或对调励磁绕组的两端，只可改变其一，如两个都改变，则转向不变。

398. 简述异步电动机工作原理。

答：当电枢绕组通入三相对称交流电流时，便产生了旋转磁场，闭合的转子绕组与旋转磁场存在相对运动，切割电枢绕组磁场，而感应电动势产生电流，转子电流的有功分量与电枢磁场相互作用形成电磁转矩，推动转子沿旋转磁场相同方向转动。

399. 星形联结的三相异步电动机其中一相断线的后果是什么？

答：启动前断线，电动机将不能启动；运行中断线，电动机虽然仍能转动，但电机转速下降，其他两相定子电流增大，易烧毁电动机绕组。

400. 异步电动机在何种情况下发热最严重？

答：从发热情况看，当转子卡住（堵转）时最严重，处于堵转状态下的异步电动机，要长时间经受 5～7 倍额定电流的作用。再加上由于不能通风冷却，致使电动机急剧发热，温度迅速上升。

401. 异步电动机启动时，为什么启动电流大而启动转矩不大？

答：当异步电动机启动时，由于转子绕组与电枢磁场的相对运动速度最大，所以转子绕组感应电动势与电流均最大，但此时转子回路的功率因数却很小，所以启动转矩不大。

402. 异步电动机启动时，熔丝熔断的原因一般是什么？

答：造成熔丝熔断的原因一般有以下几点：

(1) 电源缺相或定子一相绕组断开；

(2) 熔丝选择不合理，容量较小；

(3) 负荷过重或转动部分卡住；

(4) 定子绕组接线错误或首位接反；

(5) 启动设备接线错误较多。

403. 异步电动机"扫膛"有何危害？

答：电动机"扫膛"会使电动机发出异常的噪声，电流增大，严重时还可使电动机发热甚至烧毁电动机绝缘，损坏电动机。

404. 什么原因会造成电动机"扫膛"？

答：造成电动机"扫膛"主要原因有以下几点：

(1) 电动机装配时异物遗落留在定子内腔。

(2) 绝缘损坏后的焚落物进入定子与转子间的间隙。

(3) 由于机械原因造成转子"扫膛"，如轴承损坏、主轴磨损等。

405. 异步电动机启动困难的一般原因有哪些？

答：交流电动机启动困难的一般原因有以下几种：

(1) 电源电压过低。

(2) 三相电源严重不平衡。

(3) 电动机绕组接线错误。

(4) 绕组间发生短路或接地故障。

(5) 负载过重以及其他机械原因等。

406. 异步电动机产生的不正常的振动和异常声音，在机械方面的原因是什么？

答：在机械方面的原因一般有如下几种：

（1）电动机风叶损坏或螺栓松动，造成风叶与端盖碰撞，它的声音随着进击时大时小。

（2）轴承磨损或转子偏心严重时，定转子相互摩擦，使电机产生剧烈振动和声响。

（3）与机械连接时未找好中心；电动机底角螺栓松动或基础不牢，而产生不正常的振动。

（4）轴承内缺少润滑油或滚珠损坏，使轴承室内发出异常的"咝咝"声或"咯咯"声响。

407. 异步电动机产生不正常的振动和异常声音，在电磁方面的原因一般是什么？

答：在电磁方面的原因一般有如下几种：

（1）气隙不均匀；

（2）铁芯松动；

（3）三相电流不平衡。

（4）高次谐波电流。

408. 直流电动机在电枢回路中串入电阻启动的原理是什么？

答：在电枢回路串入电阻启动，就是利用启动变阻器限制启动电流不超过允许值；当电机旋转起来后，随着转速的升高，反电动势逐步增大，电枢电流逐渐减小，这时，可以逐步减小启动电阻，直至将电阻全部切除，电动机达到额定转速稳定运行。

409. 为什么异步电动机的启动电流大？

答：当定子绕组刚接通电源的瞬间，转子还没有开始旋转起来，定子旋转磁场以同步转速的速度切割转子绕组，使转子绕组中感应出最大的电动势因而在转子绕组中流过很大的电流，这个电流产生抵消定子磁场的磁通，而定子为了维持与电源电压相适应的原有磁通，定子电流就要增加，启动瞬间定子电流可高达额定电流的 4～7 倍，所以，异步电动机启动时的电流很大。

410. 电动机过负荷或低负荷运行有何后果？

答：电动机过负荷运行，使电动机电流增大，温度升高，当超过允许温升时，会损坏电动机绝缘，严重时会烧坏电动机；因此长时间过负荷运行是不允许的，当处于低负荷时，效率低、运行不经济，造成"大马拉小车"现象，同时低负荷运行时功率因数低，对电网运行很不利。

411. 简要说明直流电机的可逆性原理。

答：直流发电机和直流电动机在结构上没有什么不同。当转子由原动机带动时，导线切割磁力线产生感应电动势，为发电机。转子线圈中通以直流电，它就成为电动机，因此，直流电机可做发电机用，也可作电动机用，具有可逆性。

412. 笼式异步电动机与绕线式异步电动机各有什么特点？

答：笼式异步电动机具有结构简单、启动方便、体积较小、运行可靠、便于检修安装、成本低等优点，不足之处是启动转矩小、功率因数低、转速不易调节、直接启动时启动电流较大。

绕线式电动机具有启动性能好、启动转矩大、调速平稳等优点、不足之处是构造复杂、体积大、成本高。

413. 什么是电动机的单层绕组和双层绕组？

答：单层绕组是在每个槽中只放置一个线圈边，由于一个线圈有两个边，故电动机的总线圈数即为总槽数的一半；双层绕组是在每个槽中放置两个线圈边，中间隔有层间绝缘，每个线圈的两个边，一个在某槽的上层，另一个则在其他槽的下层，双层绕组的总线圈数等于总槽数。

414. 什么原因造成异步电动机空载电流过大？

答：（1）电源电压高，铁芯饱和。

（2）装配不当，或者气隙过大。

（3）定子绕组匝数不够或者星形接为三角形。

（4）旧电动机硅钢片腐蚀或者老化，使磁场强度减弱或片间绝缘损坏。

第九节　电力系统配电装置

415. 雷电流有什么特点？

答：雷电流在流通过程中，它的大小并非始终都是相同的，开始它增长很快（很陡），在极短时间内（几微秒）达最大值，然后慢慢下降，约在几十到上百微秒内降为零，这种雷电流叫冲击电流。

416. 为什么避雷针能防止直击雷？

答：避雷针高出被保护物，其作用是将雷电吸引到避雷针上来，安全地将雷电流引入大地，从而保护电气设备和其他设施免遭雷击。

417. 为什么母线要涂有色漆？

答：（1）配电装置中的母线涂漆有利于母线散热。

（2）便于区分三相交流母线的相别及直流母线的极性。

（3）母线涂漆可以防止腐蚀。

418. 什么叫中性点直接接地电网？它有何优缺点？

答：发生单相接地故障时，相地之间就会构成单相直接短路，这种电网称为中性点直接接地电力网。

优点：过电压数值小，绝缘水平要求低，因而投资少、经济。

缺点：单相接地电流大，接地保护动作于跳闸，降低供电可靠性，另外接地时短路电流大，电压急剧下降，还可能导致电力系统动稳定的破坏，接地时产生零序电流还会造成对通信系统的干扰。

419. 中性点非直接接地的电力网的绝缘监察装置起什么作用？

答：中性点非直接接地的电力网发生单相接地故障时，会出现零序电压，故障相对地电压为零，非故障相对地电压升高为线电压，因此绝缘监察装置就是利用系统母线电压的变化，来判断该系统是否发生了接地故障。

420. 如何判断运行中母线接头发热？

答：（1）采用变色漆。

（2）采用测温蜡片。

（3）用半导体点温计带电测量。

（4）用红外线测温仪测量。

（5）利用下雪、下雨天观察接头处是否有雪融化和冒热气现象。

421. 什么叫雷电放电记录器？

答：放电记录器是监视避雷器运行，并记录避雷器动作次数的一种电器。它串接在避雷器与接地装置之间，避雷器每次动作，它都以数字形式累计显示出来，便于运行人员检查和记录。

422. 电力系统对频率（周波）指标是如何规定的？

答：电力系统的额定频率为 50Hz，其允许偏差对 3000MW 及以上的电力系统规定为 50 ± 0.2Hz；对 3000MW 以下的电力系统规定为 50 ± 0.5Hz。

423. 电力系统中的无功电源有几种？

答：（1）同步发电机。

（2）调相机。

（3）并联补偿电容器。

（4）串联补偿电容器。

（5）静止补偿器。

424. 什么是系统的最大、最小运行方式？

答：最大运行方式是指在被保护对象末端短路时，系统的等值阻抗最小，通过保护装置的短路电流为最大的运行方式。

最小运行方式是指在被保护对象末端短路时，系统等值阻抗最大，通过保护装置的短路电流为最小的运行方式。

425. 常见的系统故障有哪些？可能产生什么后果？

答：常见的系统故障有单相接地、两相接地、两相及三相短路或断线。其后果是：

（1）产生很大短路电流，或引起过电压损坏设备。

（2）频率及电压下降，系统稳定破坏，以致系统瓦解，造成大面积停电，或危及人的生命，并造成重大经济损失。

426. 在大电流接地系统中发生单相接地故障时零序参数有什么特点？

答：（1）产生零序电压，在数值上故障点处最高，从故障点至变压器接地中性点处逐渐减小，接地中性点处为零。

（2）产生零序电流，其大小决定于零序阻抗和零序电压。其分布决定于电网的接线和中性点接地变压器的分布。

（3）产生零序功率，其大小为零序电压与零序电流的乘积，其方向为从故障点指向变压器中性点。

427. 什么叫电力系统的静态稳定?

答:电力系统运行的静态稳定性也称微变稳定性,它是指当正常运行的电力系统受到很小的扰动时,能自动恢复到原来运行状态的能力。

428. 提高电力系统动态稳定的措施有哪些?

答:(1)快速切除短路故障。

(2)采用自动重合闸装置。

(3)采用电气制动和机械制动。

(4)变压器中性点经小电阻接地。

(5)设置开关站和采用强行串联电容补偿。

(6)采用联锁切机。

(7)快速控制调速汽门等。

429. 遇有哪些情况,现场值班人员必须请示值班调度员后才可强送电?

答:(1)由于母线故障引起线路跳闸,没有查出明显故障点时。

(2)环网线路故障跳闸时。

(3)双回线中的一回线故障跳闸时。

(4)可能造成非同期合闸的线路跳闸时。

430. 强送电时有何注意事项?

答:(1)设备跳闸后,凡有下列情况不再强送电:①有严重的短路现象,如爆炸声、弧光等;②断路器严重缺油;③检修完毕后,充电时跳闸;④断路器连跳两次后。

(2)凡跳闸后可能产生非同期电源者,禁止无警告强送电。

(3)强送供电线路时,强送断路器所在的母线上必须有变压器的中性点接地。

(4)强送电时,应注意合闸设备的电流表和母线电压表,发现电流剧增,电压严重下降时,应迅速切断,但不应将负荷电流或变压器的励磁涌流误认为故障电流。

(5)强送电后应做到:①检查线路或发电机三相电流是否平衡,以免有断线情况发生;②无论情况如何,皆应对已送电的断路器进行外部检查。

431. 当母线上电压消失后,为什么要立即拉开失压母线上未跳闸的断路器?

答:这主要是防止事故扩大,便于事故处理,有利于恢复送电三方面综合考虑,具体说:

(1)可以避免值班人员,在处理停电事故或切换系统进行倒闸操作时,误向发电厂的故障线路再次送电,使母线再次短路或发生非同期并列。

(2)为母线恢复送电做准备,可以避免母线恢复带电后设备同时自启动,拖垮电源,此外一路一路试送电,可以判断是哪条线路越级跳闸。

(3)可以迅速发现拒绝跳闸的断路器,为及时找到故障点提供线索。

432. 短路和振荡的主要区别是什么?

答:(1)振荡过程中,由并列运行发电机电动势间相角差所决定的电气量是平滑变化的,而短路时的电气量是突变的。

(2)振荡过程中,电网上任一点的电压之间的角度,随着系统电动势间相角差的不同而改变，而短路时电流和电压之间的角度基本上是不变的。

（3）振荡过程中，系统是对称的，故电气量中只有正序分量，而短路时各电气量中不可避免地将出现负序和零序分量。

433. 简述什么叫母差双母线方式。

答：母差双母线方式是指母差有选择性（一次结线与二次直流跳闸回路要对应），先跳开母联以区分故障点，再跳开故障母线上所有开关。

434. 什么叫母差单母线方式？

答：母差单母线方式是指：

（1）一次为双母线运行：母差无选择性，一条母线故障，引起两段母线上所有开关跳闸。

（2）一次为单母线运行：母线故障，母线上所有开关跳闸。

435. 母差保护的保护范围包括哪些设备？

答：母差保护的保护范围为母线各段所有出线断路器的母差保护用电流互感器之间的一次电气部分，即全部母线和连接在母线上的所有电气设备。

436. 什么叫重合闸后加速？

答：在被保护线路发生故障时，保护装置有选择性地将故障部分切除，与此同时重合闸装置动作，进行一次重合。若重合于永久故障时，保护装置即不带时限无选择性的动作跳开断路器这种保护装置称为重合闸后加速。

437. 何谓潜供电流？它对重合闸有何影响？如何防止？

答：当故障线路故障相自两侧切除后，非故障相与断开相之间存在的电容耦合和电感耦合，继续向故障相提供的电流称为潜供电流。

由于潜供电流存在，对故障点灭弧产生影响，使短路时弧光通道去游离受到严重阻碍，而自动重合闸只有在故障点电弧熄灭且绝缘强度恢复以后才有可能重合成功。潜供电流值较大时，故障点熄弧时间较长，将使重合闸重合失败。

为了减小潜供电流，提高重合闸重合成功率，一方面可采取减小潜供电流的措施：如对500kV中长线路高压并联电抗器中性点加小电抗以及短时在线路两侧投入快速单相接地开关等措施；另一方面可采用实测熄弧时间来整定重合闸时间。

438. 采用单相重合闸为什么可以提高暂态稳定性？

答：采用单相重合闸后，由于故障时切除的是故障相而不是三相，在切除故障相后至重合闸前的一段时间里，送电端和受电端没有完全失去联系（电气距离与切除三相相比，要小得多），这样可以减少加速面积，增加减速面积，提高暂态稳定性。

439. 如何区分系统发生的振荡属异步振荡还是同步振荡？

答：异步振荡其明显特征是：系统频率不能保持同一个频率，且所有电气量和机械量波动明显偏离额定值。如发电机、变压器和联络线的电流表、功率表周期性地大幅度摆动；电压表周期性大幅摆动，振荡中心的电压摆动最大，并周期性地降到接近于零；失步的发电厂间的联络的输送功率往复摆动；送端系统频率升高，受端系统的频率降低并有摆动。

同步振荡时，其系统频率能保持相同，各电气量的波动范围不大，且振荡在有限的时间内衰减从而进入新的平衡运行状态。

440. 系统振荡与短路有什么不同？

答：电力系统振荡和短路的主要区别如下：

(1) 振荡时系统各点电压和电流值均做往复性摆动，而短路时电流、电压值是突变的。此外，振荡时电流、电压值的变化速度较慢，而短路时电流、电压值突然变化量很大。

(2) 振荡时系统任何一点电流与电压之间的相位角都随功角的变化而改变，而短路时电流与电压之间的角度是基本不变的。

(3) 振荡时系统三相是对称的，而短路时系统可能出现三相不对称。

441. 什么叫低频振荡？产生低频振荡的主要原因是什么？

答：并列运行的发电机间在小干扰下发生的频率为 $0.2\sim2.5\mathrm{Hz}$ 范围内的持续振荡现象叫低频振荡。

低频振荡产生的原因是由于电力系统的负阻尼效应，常出现在弱联系、远距离、重负荷输电线路上，在采用快速、高放大倍数励磁系统的条件下更容易发生。

442. 超高压电网并联电抗器对于改善电力系统运行状况有哪些功能？

答：(1) 减轻空载或轻载线路上的电容效应，以降低工频暂态过电压。

(2) 改善长距离输电线路上的电压分布。

(3) 使轻负荷时线路中的无功功率尽可能就地平衡，防止无功功率不合理流动，同时也减轻了线路上的功率损失。

(4) 在大机组与系统并列时，降低高压母线上工频稳态电压，便于发电机同期并列。

(5) 防止发电机带长线路可能出现的自励磁谐振现象。

(6) 当采用电抗器中性点经小电抗接地装置时，还可用小电抗器补偿线路相间及相地电容，以加速潜供电流自动熄灭，便于采用单相快速重合闸。

443. 500kV 电网中并联高压电抗器中性点加小电抗的作用是什么？

答：补偿导线对地电容，使相对地阻抗趋于无穷大，消除潜供电流纵分量，从而提高重合闸的成功率。并联高压电抗器中性点小电抗阻抗大小的选择应进行计算分析，以防止造成铁磁谐振。

444. 避雷线和避雷针的作用是什么？避雷器的作用是什么？

答：避雷线和避雷针的作用是防止直击雷，使在它们保护范围内的电气设备（架空输电线路及变电站设备）遭直击雷绕击的几率减小。避雷器的作用是通过并联放电间隙或非线性电阻的作用，对入侵流动波进行削幅，降低被保护设备所受过电压幅值。避雷器既可用来防护大气过电压，也可用来防护操作过电压。

445. 接地网的电阻不合规定有何危害？

答：接地网起着工作接地和保护接地的作用，当接地电阻过大则：

(1) 发生接地故障时，使中性点电压偏移增大，可能使健全相和中性点电压过高，超过绝缘要求的水平而造成设备损坏。

(2) 在雷击或雷电波袭击时，由于电流很大，会产生很高的残压，使附近的设备遭受到反击的威胁，并降低接地网本身保护设备（架空输电线路及变电站电气设备）带电导体的耐雷水平，达不到设计的要求而损坏设备。

446. 电网调峰的手段主要有哪些？

答：（1）抽水蓄能电厂改发电机状态为电动机状态，调峰能力接近200％。

（2）水电机组减负荷调峰或停机，调峰依最小出力（考虑振动区）接近100％。

（3）燃油（气）机组减负荷，调峰能力在50％以上。

（4）燃煤机组减负荷、启停调峰、少蒸汽运行、滑参数运行，调峰能力分别为50％（若投油或加装助燃器可减至60％）、100％、100％、40％。

（5）核电机组减负荷调峰。

（6）通过对用户侧负荷管理的方法，削峰填谷调峰。

447. 线路停送电操作的顺序是什么？操作时应注意哪些事项？

答：线路停电操作顺序是：拉开线路两端断路器，线路侧隔离开关，开母线侧隔离开关，线路上可能来电的各端合接地开关（或挂接地线）。

线路送电操作顺序是：拉开线路各端接地开关（或拆除接地线），合上线路两端母线侧隔离开关、线路侧隔离开关，合上断路器。

注意事项：①防止空载时线路末端电压升高至允许值以上；②投入或切除空线路时，应避免电网电压产生过大波动；③避免发电机在无负荷情况下投入空载线路产生自励磁。

448. 电网解环操作应注意哪些问题？

答：在解环操作前，应检查解环点的有功及无功潮流，确保解环后电网电压质量在规定范围内，潮流变化不超过电网稳定、设备容量等方面的控制范围和继电保护、安全自动装置的配合；解环前后应与有关方面联系。

449. 电网合环运行应具备哪些条件？

答：（1）合环点相位应一致。如首次合环或检修后可能引起相位变化的，必须经测定证明合环点两侧相位一致。

（2）如属于电磁环网，则环网内的变压器接线组别之差为零。特殊情况下，经计算校验继电保护不会误动作及有关环路设备不过载，允许变压器接线差30°时进行合环操作。

（3）合环后不会引起环网内各元件过载。

（4）各母线电压不应超过规定值。

（5）继电保护与安全自动装置应适应环网运行方式。

（6）电网稳定符合规定的要求。

450. 电网合环操作应注意哪些问题？

答：在合环操作时，必须保证合环点两侧相位相同，电压差、相位角应符合规定；应确保合环网络内，潮流变化不超过电网稳定、设备容量等方面的限制，对于比较复杂环网的操作，应先进行计算或校验，操作前后要与有关方面联系。

451. 电力系统解列操作的注意事项是什么？

答：电力系统解列操作的注意事项是：将解列点有功潮流调整至零，电流调整至最小，如调整有困难，可使小电网向大电网输送少量功率，避免解列后，小电网频率和电压有较大幅度的变化。

452. 电力系统事故处理的一般原则是什么？

答：电力系统发生事故时，各单位的运行人员在上级值班调度员的指挥下处理事故，并做到如下几点：

(1) 尽速限制事故的发展，消除事故的根源并解除对人身和设备安全的威胁，防止系统稳定破坏或瓦解。

(2) 用一切可能的方法保持设备继续运行，首先保证发电厂及枢纽变电站的自用电源。

(3) 尽快对已停电的用户恢复供电，特别是对重要用户保安电源恢复供电。

(4) 调整系统运行方式，使其恢复正常。

453. 什么叫频率异常？什么叫频率事故？

答：对容量在 3000MW 及以上的系统，频率偏差超过（50±0.2）Hz 为频率异常，其延续时间超过 1h，为频率事故，频率偏差超过（50±1）Hz 为事故频率，延续时间超过 15min，为频率事故。对容量在 3000MW 以下的系统，频率偏差超过（50±0.5）Hz 为频率异常，其延续时间超过 1h，为频率事故；频率偏差超过（50±1）Hz 为事故频率，其延续时间不得超过 15min，为频率事故。

454. 对系统低频率事故处理有哪些方法？

答：任何时候保持系统发供用电平衡是防止低频率事故的主要措施，因此在处理低频率事故时的主要方法有以下几种：

(1) 调出旋转备用；

(2) 迅速启动备用机组；

(3) 联网系统的事故支援；

(4) 必要时切除负荷（按事先制定的事故拉电序位表执行）。

455. 防止系统频率崩溃有哪些主要措施？

答：(1) 电力系统运行应保证有足够的、合理分布的旋转备用容量和事故备用容量。

(2) 水电机组采用低频自启动装置和抽水蓄能机组装设低频切泵及低频自动发电的装置。

(3) 采用重要电源事故联切负荷装置。

(4) 电力系统应装设并投入足够容量的低频率自动减负荷装置。

(5) 制定保证发电厂厂用电及对近区重要负荷供电的措施。

(6) 制定系统事故拉电序位表，在需要时紧急手动切除负荷。

456. 电力系统振荡时的一般现象是什么？

答：(1) 发电机、变压器及联络线的电流表、电压表、功率表周期性地剧烈摆动；发电机、调相机和变压器在表计摆动的同时发出有节奏的嗡鸣声。

(2) 失去同步的发电机与系统间的输送功率表、电流表将大幅度往复摆动。

(3) 振荡中心电压周期性地降至接近于零，且其附近的电压摆动最大，随着离振荡中心距离的增加，电压波动逐渐减小。白炽灯随电压波动有不同程度的明暗现象。

(4) 送端部分系统的频率升高，受端部分系统的频率降低，并略有摆动。

457. 消除电力系统振荡的主要措施有哪些？

答：（1）无论频率升高或降低的电厂都要按发电机事故过负荷的规定，最大限度地提高励磁电流。

（2）发电厂应迅速采取措施恢复正常频率。送端高频率的电厂，迅速降低发电功率，直到振荡消除或恢复到正常频率为止。受端低频率的电厂，应充分利用备用容量和事故过载能力提高频率，直至消除振荡或恢复到正常频率为止。

（3）争取在 3～4min 内消除振荡，否则应在适当地点将部分系统解列。

458. 试述综合重合闸停用，重合闸装置可能有几种主要状态？

答：保护作用于开关跳闸后不再重合，此时重合闸装置可能出现下列几种主要状态：

（1）装置直流电源断开，保护不经重合闸而直跳三相（零序保护如经选相元件闭锁的保护段，应将选相闭锁接点短路）。

（2）装置直流电源投入，保护经重合闸跳三相而不重合。

（3）装置直流电源投入，不经重合闸而直跳三相。

459. 运行中的线路，在什么情况下应停用线路重合闸装置？

答：（1）装置不能正常工作时。

（2）不能满足重合闸要求的检查测量条件时。

（3）可能造成非同期合闸时。

（4）长期对线路充电时。

（5）开关遮断容量不允许重合时。

（6）线路上有带电作业要求时。

（7）系统有稳定要求时。

（8）超过开关跳合闸次数时。

460. 与电压回路有关的安全自动装置主要有哪几类？遇什么情况应停用此类自动装置？

答：与电压回路有关的安全自动装置主要有如下几类：振荡解列、高低频解列、高低压解列、低压切负荷等。

遇有下列情况可能失去电压时应及时停用与电压回路有关的安全自动装置：

（1）电压互感器退出运行。

（2）交流电压回路断线。

（3）交流电流回路上有工作。

（4）装置直流电源故障。

461. 为什么停电时拉开断路器后先拉负荷侧隔离开关，后拉母线侧隔离开关？

答：这种操作顺序是为防止万一断路器因某种原因该断而未断开时，如果先拉电源侧隔离开关，弧光将造成短路，电源侧的隔离开关短路将导致母线保护动作或上一级保护动作，扩大事故范围。如果先拉负荷侧隔离开关，弧光短路产生在断路器的负荷侧，本线路的保护动作，跳开断路器，切断本来就准备停电的设备，不会使事故范围扩大。

462. 电力系统发生振荡时，什么情况下电流最大，什么情况下电流最小？

答：电力系统发生振荡时，当两侧电动势的夹角为180°时，电流最大；当两侧电动势的夹角为 0°时，电流最小。

463. 大电流接地系统、小电流接地系统的划分标准是什么？

答：大电流接地系统、小电流接地系统的划分标准是依据系统的零序电抗 X_0 与正序电抗 X_1 的比值。我国规定：$X_0/X_1 \leqslant 4\sim5$ 的系统属于大电流接地系统；$X_0/X_1 > 4\sim5$ 的系统属于小电流接地系统。

464. 大接地电流系统中的变压器中性点有的接地，有的不接地，这取决于什么因素？

答：变压器中性点是否接地一般考虑如下因素：

(1) 保证零序保护有足够的灵敏度和很好的选择性，保证接地短路电流的稳定性。

(2) 为防止过电压损坏设备，应保证在各种操作和自动掉闸使系统解列时，不致造成部分系统变为中性点不接地系统。

(3) 变压器绝缘水平及结构决定的接地点（如自耦变压器一般为"死接地"）。

465. 电力系统故障如何划分？故障种类有哪些？

答：电力系统有一处故障时称为简单故障，有两处以上同时故障时称为复故障。简单故障有七种，其中短路故障有四种，即单相接地故障、两相短路故障、两相短路接地故障、三相短路故障，均称为横向故障。断线故障有三种，即断一相、断两相、全相振荡，均称为纵向故障，其中三相短路故障和全相振荡为对称故障，其他是不对称故障。

466. 小电流接地系统中，在中性点装设消弧线圈的目的是什么？

答：小电流接地系统发生单相接地故障时，接地点通过的电流是对应电压等级电网的全部对地电容电流，如果此电容电流相当大，就会在接地点产生间歇性电弧，引起过电压，从而使非故障相对地电压极大增加，可能导致绝缘损坏，造成多点接地。在中性点装设消弧线圈的目的是利用消弧线圈的感性电流补偿接地故障的电容电流，使接地故障电流减少，以至自动熄弧，保证继续供电。

467. 小电流接地系统中，中性点装设的消弧线圈以欠补偿方式运行，当系统频率降低时，可能导致什么后果？

答：当系统频率降低时，可能使消弧线圈的补偿接近于全欠补偿方式运行，造成串联谐振，引起很高的中性点过电压，在补偿电网中会出现很大的中性点位移而危及绝缘。

468. 使用单相重合闸时应考虑哪些问题？

答：(1) 重合闸过程中出现的非全相运行状态，如有可能引起本线路或其他线路的保护误动作时，应采取措施予以防止。

(2) 如电力系统不允许长期非全相运行，为防止断路器一相断开后，由于单相重合闸装置拒绝合闸而造成非全相运行，应采取措施断开三相，并应保证选择性。

469. 装有重合闸的线路、变压器，当它们的断路器跳闸后，在哪一些情况下不允许或不能重合闸？

答：有以下 9 种情况时，不允许或不能重合闸：

(1) 手动跳闸。

(2) 断路器失灵保护动作跳闸。

(3) 远方跳闸。

（4）断路器操作气压下降到允许值以下时跳闸。

（5）重合闸停用时跳闸。

（6）重合闸在投运单相重合闸位置，三相跳闸时。

（7）重合于永久性故障后又跳闸。

（8）母线保护动作跳闸不允许使用母线重合闸时。

（9）变压器差动、瓦斯保护动作跳闸时。

470. 在重合闸装置中有哪些闭锁重合闸的措施？

答：各种闭锁重合闸的措施如下：

（1）停用重合闸方式时，直接闭锁重合闸。

（2）手动跳闸时，直接闭锁重合闸。

（3）不经重合闸的保护跳闸时，闭锁重合闸。

（4）在使用单相重合闸方式时，断路器三跳，用位置继电器触点闭锁重合闸；保护经综重三跳时，闭锁重合闸。

（5）断路器气压或液压降低到不允许重合闸时，闭锁重合闸。

471. 自动重合闸的启动方式有哪几种？各有什么特点？

答：自动重合闸有两种启动方式：断路器控制开关位置与断路器位置不对应启动方式、保护启动方式。

不对应启动方式的优点是简单可靠，还可以纠正断路器误碰或偷跳，可提高供电可靠性和系统运行的稳定性，在各级电网中具有良好运行效果，是所有重合闸的基本启动方式。其缺点是，当断路器辅助触点接触不良时，不对应启动方式将失效。

保护启动方式，是不对应启动方式的补充。同时，在单相重合闸过程中需要进行一些保护的闭锁，逻辑回路中需要对故障相实现选相固定等，也需要一个由保护启动的重合闸启动元件。其缺点是不能纠正断路器误动。

472. 大电流接地系统中，为什么有时要加装方向继电器组成零序电流方向保护？

答：大电流接地系统中，如线路两端的变压器中性都接地，当线路上发生接地短路时，在故障点与各变压器中性点之间都有零序电流流过，其情况和两侧电源供电的辐射形电网中的相间故障电流保护一样。为了保证各零序电流保护有选择性动作和降低定值，就必须加装方向继电器，使其动作带有方向性。使得零序方向电流保护母线向线路输送功率时投入，线路向母线输送功率时退出。

473. 雷雨天气为什么不能靠近避雷器和避雷针？

答：雷雨天气，雷击较多。当雷击到避雷器或避雷针时，雷电流经过接地装置，通入大地，由于接地装置存在接地电阻，它通过雷电流时电位将升得很高，对附近设备或人员可能造成反击或跨步电压，威胁人身安全。故雷雨天气不能靠近避雷器或避雷针。

474. 单相重合闸与三相重合闸各用哪些优缺点？

答：这两种重合闸方式的优缺点如下：

（1）使用单相重合闸时会出现非全相运行，除纵联保护需要考虑一些特殊问题外，对零序电流保护的整定和配合产生了很大影响，也使中、短线路的零序电流保护不能充分发挥作用。

（2）使用三相重合闸时，各种保护的出口回路可以直接动作于开关。使用单相重合闸时，除了本身有选相能力的保护外，所有纵联保护、相间距离保护、零序电流保护等，都必须经单相重合闸的选相元件控制，才能动作于开关。

475. 为什么要用升高电压来进行远距离输电？

答：对于三相正弦交流电而言，输送的功率可用 $P = \sqrt{3}UI$ 表示。如输送的功率不变，则电压越高，电流就越小，这样就可以选用截面积较小的导线，节省材料。在输送功率的过程中，会在线路上产生一定的功率损耗和电压降，电流越小，则功率损耗和电压降就会相应越小。

476. 隔离开关的主要作用和特点是什么？

答：主要作用是隔离电源和切换电路。其特点是：没有专门的灭弧装置，只能通断较小的电流，而不能开断负荷电流，更不能开断短路电流。具有明显断开点，有足够的绝缘能力，用以保证人身和设备的安全。

477. 断路器、负荷开关、隔离开关在作用上有什么区别？

答：它们都是用来闭合和切断电路的电器，但它们在电路中所起的作用是不同的。其中断路器可以切断负荷电流和短路电流。负荷开关只可以切断负荷电流，短路电流是用熔断器来切断的，隔离开关则不能切断负荷电流，更不能切断短路电流，只能用来切断电压或允许的小电流。

478. 常用断路器的灭弧介质有哪几种？

答：（1）真空。

（2）空气。

（3）SF_6 气体。

（4）绝缘油。

479. 为什么高压断路器与隔离开关之间要加装闭锁装置？

答：因为隔离开关没有灭弧装置，只能接通和断开空载电路。所以在断路器断开的情况下，才能拉、合隔离开关，严重影响人生和设备安全，为此在断路器与隔离开关之间要加装闭锁装置，使断路器在合闸状态时，隔离开关拉不开、合不上，这样可有效防止带负荷拉、合隔离开关。

480. SF_6 断路器有哪些优点？

答：（1）断口电压高。

（2）允许断路次数多。

（3）断路性能好。

（4）额定电流大。

（5）占地面积小，抗污染能力强。

481. 高压断路器采用多断口结构的主要原因是什么？

答：（1）有多个断口可使加在每个断口上的电压降低，从而使每段的弧隙恢复电压降低。

（2）多个断口把电弧分割成多个小电弧段串联，在相等的触头行程下多断口比单断口的电弧拉伸更长，从而增大了弧隙电阻。

（3）多断口相当于总的分闸速度加快了，介质恢复速度增大了。

482. 正常运行中，隔离开关的检查内容有哪些？

答：正常运行中，隔离开关的检查内容有：隔离开关的刀片应正直、光洁，无锈蚀、烧伤等异常状态；消弧罩及消弧触头完整，位置正确；隔离开关的传动机构、联动杠杆以及辅助触点、闭锁销子应完整、无脱落、损坏现象；合闸状态的三相隔离开关每相接触紧密，无弯曲、变形、发热、变色等异常现象。

483. 禁止用隔离开关进行的操作有哪些？

答：（1）带负荷的情况下合上或拉开隔离开关。

（2）投入或切断变压器及送出线。

（3）切除接地故障点。

484. 断路器分、合闸速度过快或过慢有哪些危害？

答：（1）分闸速度过慢，不能快速切断故障，特别是刚分闸后速度降低，熄弧时间拖长，且容易导致触头烧损，断路器喷油，灭弧室爆炸。

（2）若合闸速度过慢，又恰好断路器合于短路故障时，断路器不能克服触头关合电动力的作用，引起触头振动或处于停滞，也将导致触头烧损，断路器喷油，灭弧室爆炸的后果。

（3）分、合闸速度过快，将使运动机构及有关部件承受超载的机械应力，使各部件损坏或变形，造成动作失灵，缩短使用寿命。

485. 为什么断路器掉闸辅助触点要先投入后断开？

答：串在掉闸回路中的断路器触点，叫做掉闸辅助触点。

先投入是指断路器在合闸过程中，动触头与静触头未接通之前，掉闸辅助触点就已经接通，做好掉闸的准备，一旦断路器合入故障时能迅速断开。

后断开是指断路器在掉闸过程中，动触头离开静触头之后，掉闸辅助触点再断开，以保证断路器可靠地掉闸。

486. 操作隔离开关时，发生带负荷误操作时怎样办？

答：（1）如错拉隔离开关：当隔离开关未完全断开便发生电弧，应立即合上；若隔离开关已全部断开，则不许再合上。

（2）如错合隔离开关时：即使错合，甚至在合闸时发生电弧，也不准再把隔离开关拉开；应尽快操作断路器切断负荷。

487. 运行中液压操动机构的断路器泄压应如何处理？

答：若断路器在运行中发生液压失压时，在远方操作的控制盘上将发出"跳合闸闭锁"信号，自动切除该断路器的跳合闸操作回路。运行人员应立即断开该断路器的控制电源、储能电机电源，采取措施防止断路器分闸，如采用机械闭锁装置（卡板）将断路器闭锁在合闸位置，断开上一级断路器，将故障断路器退出运行，然后对液压系统进行检查，排除故障后，启动油泵，建立正常油压，并进行静态跳合试验正常后，恢复断路器的运行。

488. 断路器拒绝合闸的原因有哪些？

答：断路器拒绝合闸有可能是以下原因：

（1）操作、合闸电源中断，如操作、合闸熔断器熔断等。

（2）操作方法不正确，如操作顺序错误、联锁方式错误、合闸时间短等。

（3）断路器不满足合闸条件，如同步并列点不符合并列条件等。

（4）直流系统电压太低。

（5）储能机构未储能或储能不充分。

（6）控制回路或操动机构故障。

489. 断路器拒绝跳闸的原因有哪些？

答：断路器拒绝跳闸的原因有以下几个方面：

（1）操动机构的机械有故障，如跳闸铁芯卡涩等。

（2）继电保护故障。如保护回路继电器烧坏、断线、接触不良等。

（3）电气控制回路故障，如跳闸线圈烧坏、跳闸回路有断线、熔断器熔断等。

490. 断路器越级跳闸应如何检查处理？

答：断路器越级跳闸后，应首先检查保护及断路器的动作情况。如果是保护动作断路器拒绝跳闸造成越级，应在拉开拒跳断路器两侧的隔离开关后，给其他非故障线路送电。如果是因为保护未动作造成越级，应将各线路断路器断开，合上越级跳闸的断路器。再逐条线路试送电（或其他方式），发现故障线路后，将该线路停电，拉开断路器两侧的隔离开关，再给其他非故障线路送电，最后再查找断路器拒绝跳闸或保护拒动的原因。

491. 隔离开关常见的故障有哪些？

答：（1）接触部分过热。

（2）绝缘子损坏。

（3）隔离开关分、合不灵活。

492. 高压断路器的作用是什么？

答：在高压电路中，正常运行时，对负载电流的切断与接通和故障时对短路电流的切断起到控制和保护作用。由于工作电压高、电流大，电弧一般不易熄灭，都要用高压断路器

493. 回路中未装设断路器时，允许用隔离开关进行哪些操作？

答：（1）合入或拉开无故障的电压互感器或避雷器。

（2）合入或拉开无故障的母线或直接连接在母线设备上的电容电流。

（3）合上或拉开变压器中性点接地开关。

（4）合上或拉开励磁电流不超过 2A 的无故障的空载变压器和电容电流不超过 5A 的无故障空载线路，当电压在 20kV 及以上时，应使用屋外垂直分合式的三联隔离开关。

（5）合上或拉开电压在 10kV 及以下、电流在 70A 以下的环路均衡电流。

（6）用屋外三联隔离开关合上或拉开电压在 10kV 及以下、电流在 15A 以下的负荷。

（7）与断路器并联的旁路隔离开关，当断路器在合闸位置时，可拉、合该断路器的旁路电流，但在操作前，必须将该断路器的操作熔断器取下。

494. 操作隔离开关的要点有哪些？

答：合闸时，操作要迅速果断，但不要用力过猛，操作完毕，要检查合闸良好；

分闸时，操作要缓慢而谨慎，隔离开关离开静触头时应迅速拉开；分闸完毕后要检查断开良好。

495. 高压断路器的主要作用是什么？

答：高压断路器的主要作用是：能切断和闭合高压线路的空载电流；能切断和闭合高压线路的负荷电流；能切断和闭合高压线路的故障电流；与继电保护配合，可快速切除故障，保证系统安全运行。

496. 少油断路器油位太高或太低有什么害处？

答：（1）油位太高将使故障分闸时灭弧室内的气体压力增大，造成大量喷油或爆炸；

（2）油位过低使故障分闸时灭弧室内的气体压力降低，难以灭弧，也会引起爆炸。

497. 断路器的辅助触点有哪些用途？

答：断路器靠本身所带动合、动断接点的变换开合位置，来接通断路器机构合、跳闸控制和音响信号回路，达到断路器断开或闭合全电路的目的，并能正确发出音响信号，启动自动装置和保护闭锁回路等。当断路器的辅助触点用在合、跳闸回路时，均应带延时。

498. 引起隔离开关接触部分发热的原因有哪些？

答：引起隔离开关接触部分发热的原因有：压紧弹簧或螺栓松动；接触面氧化，接触电阻增大；刀片与静触头接触面积太小，或负荷运行；在接合过程中，电弧烧伤触头或用力不当，使接触位置不正，引起压力下降。

499. 什么叫断路器自由脱扣？

答：断路器在合闸过程中的任何时刻，若保护动作接通跳闸回路，断路器能可靠地断开，这就叫自由脱扣。带有自由脱扣的断路器，可以保证断路器合于短路故障时，能迅速断开，避免扩大事故范围。

500. 倒闸操作的基本原则是什么？

答：（1）不引起非同期并列和供电中断，保证设备出力、满发满供、不过负荷。

（2）保证运行的经济性、系统功率潮流合理，机组能较经济地分配负荷。

（3）保证短路容量在电气设备的允许范围之内。

（4）保证继电保护及自动装置正确运行及配合。

（5）厂用电可靠。

（6）运行方式灵活，操作简单，事故处理方便快捷，便于集中监视。

501. 母线停送电的原则是什么？

答：（1）母线停电时，应断开工作电源断路器，检查母线电压到零后，再对母线电压互感器进行停电。送电时顺序与此相反。

（2）母线停电后，应将低电压保护熔断器取下；母线充电正常后，加入低电压保护熔断器。

502. 在什么情况下禁止将设备投入运行？

答：（1）开关拒绝跳闸的设备。

（2）无保护设备。

（3）绝缘不合格设备。

（4）开关达到允许事故遮断次数且喷油严重者。

（5）内部速断保护动作未查明原因者。

（6）设备有重大缺陷或周围环境泄漏严重者。

第十节　继电保护及自动装置

503. 继电保护装置的基本任务是什么？

答：当电力系统发生故障时，利用一些电气自动装置将故障部分从电力系统中迅速切除，当发生异常时，及时发出信号，以达到缩小故障范围、减少故障损失、保证系统安全运行的目的。

504. 电磁式电流继电器的作用原理是什么？

答：在正常状态下，通过电流继电器线圈的电流很小，电磁铁中产生的磁通由于反作用弹簧的作用，舌片被拉住不能偏转。当线圈中电流增大到一定程度时，电磁铁中的磁通对舌片产生很大的电磁力，克服了弹簧的反作用力，舌片被吸引靠近磁铁，带动触点动作。

505. 电力系统对继电保护装置的基本要求是什么？

答：（1）快速性。要求继电保护装置的动作尽量快，以提高系统并列运行的稳定性，减轻故障设备的损坏，加速非故障设备恢复正常运行。

（2）可靠性。要求继电保护装置随时保持完整、灵活状态。不应发生误动或拒动。

（3）选择性。要求继电保护装置动作时，跳开距故障点最近的断路器，使停电范围尽可能缩小。

（4）灵敏性。要求继电保护装置在其保护范围内发生故障时，应灵敏地动作。

506. 二次设备常见的异常和事故有哪些？

答：（1）直流系统异常、故障。

（2）二次接线异常、故障。

（3）电流互感器、电压互感器等异常、故障。

（4）继电保护及安全自动装置异常、故障。

507. 什么叫主保护、后备保护、辅助保护？

答：主保护是指发生短路故障时，能满足系统稳定及设备安全的基本要求，首先动作于跳闸，有选择地切除被保护设备和全线路故障的保护。

后备保护是指主保护或断路器拒动时，用以切除故障的保护。

辅助保护是为补充主保护和后备保护的不足而增设的简单保护。

508. 发电厂中设置同期点的原则是什么？

答：发电厂同期点和同期方式设置的原则如下：

（1）直接与母线连接的发电机引出端的断路器、发电机—双绕组变压器单元接线的高压侧断路器、发电机—三绕组变压器单元接线各电源侧断路器，应设为同期点。

（2）双侧有电源的双绕组变压器的低压侧或高压侧断路器（一般设在低压侧）、三绕组变压器有电源的各侧断路器，应设为同期点。

（3）母线分段断路器、母线联络断路器、旁路断路器，应设为同期点。

（4）接在母线上且对侧有电源的线路断路器，应设为同期点。

（5）多角形接线和外桥接线中，与线路相关的两个断路器，均设为同期点；3/2 断路器接线的运行方式变化较多，一般所有断路器均设为同期点。

509. 零序功率方向继电器如何区分故障线路与非故障线路？

答：在中性点不接地系统中发生单相接地故障时，故障线路的零序电流滞后于零序电压90°；非故障线路的零序电流超前于零序电压90°。即故障线路与非故障线路的零序电流相差180°。因此，零序功率方向继电器可以区分故障线路与非故障线路。

510. 对振荡闭锁装置的基本要求是什么？

答：（1）系统发生振荡而没有故障时，应可靠地将保护闭锁。

（2）在保护范围内发生短路故障的同时，系统发生振荡，闭锁装置不能将保护闭锁，应允许保护动作。

（3）继电保护在动作过程中系统出现振荡，闭锁装置不应干预保护的工作。

511. 遇哪些情况应停用微机线路保护？

答：（1）在装置使用的交流电压、交流电流、开关量输入、开关量输出等回路上工作。

（2）装置内部作业。

（3）继电保护人员输入定值。

（4）微机线路保护装置如需停用直流电源，应按照调度命令，待两侧保护装置停用后，才允许停直流电源。

512. 简述继电保护的基本原理和构成方式。

答：继电保护主要利用电力系统中元件发生短路或异常情况时的电气量（电流、电压、功率、频率等）的变化，构成继电保护动作的原理，也有其他的物理量，如变压器油箱内故障时伴随产生的大量瓦斯和油流速度的增大或油压强度的增高。大多数情况下，不管反应哪种物理量，继电保护装置将包括测量部分（和定值调整部分）、逻辑部分、执行部分。

513. 如何保证继电保护的可靠性？

答：可靠性主要由配置合理、质量和技术性能优良的继电保护装置以及正常的运行维护和管理来保证。任何电力设备（线路、母线、变压器等）都不允许在无继电保护的状态下运行。220kV 及以上电网的所有运行设备都必须由两套交、直流输入、输出回路相互独立，并分别控制不同开关的继电保护装置进行保护。当任一套继电保护装置或任一组开关拒绝动作时，能由另一套继电保护装置操作另一组开关切除故障。在所有情况下，要求这两套继电保护装置和开关所取的直流电源均经由不同的熔断器供电。

514. 为保证电网继电保护的选择性，上、下级电网继电保护之间配合应满足什么要求？

答：上、下级电网（包括同级和上一级及下一级电网）继电保护之间的整定，应遵循逐级配合的原则，满足选择性的要求，即当下一级线路或元件故障时，故障线路或元件的继电保护整定值必须在灵敏度和动作时间上均与上一级线路或元件的继电保护整定值相互配合，以保证电网发生故障时有选择性地切除故障。

515. 在哪些情况下允许适当牺牲继电保护部分选择性？

答：（1）接入供电变压器的终端线路，无论是一台或多台变压器并列运行（包括多处 T 接供电变压器或供电线路），都允许线路侧的速动段保护按躲开变压器其他侧母线故障整定。需要时，线路速动段保护可经一短时限动作。

（2）对串联供电线路，如果按逐级配合的原则将过分延长电源侧保护的动作时间，则可将容量较小的某些中间变电站按 T 接变电站或不配合点处理，以减少配合的级数，缩短动作时间。

（3）双回线内部保护的配合，可按双回线主保护（例如横联差动保护）动作，或双回线中一回线故障时两侧零序电流（或相电流速断）保护动作的条件考虑；确有困难时，允许双回线中一回线故障时，两回线的延时保护段间有不配合的情况。

（4）在构成环网运行的线路中，允许设置预定的一个解列点或一回解列线路。

516. 简述线路纵联保护的基本原理。

答：线路纵联保护是当线路发生故障时，使两侧开关同时快速跳闸的一种保护装置，是线路的主保护。

基本原理是：以线路两侧判别量的特定关系作为判据，即两侧均将判别量借助通道传送到对侧，然后两侧分别按照对侧与本侧判别量之间的关系来判别区内故障或区外故障。因此，判别量和通道是纵联保护装置的主要组成部分。

517. 线路纵联保护在电网中的主要作用是什么？

答：由于线路纵联保护在电网中可实现全线速动，因此它可保证电力系统并列运行的稳定性和提高输送功率、减小故障造成的损坏程度、改善后备保护之间的配合性能。

518. 线路纵联保护的通道可分为几种类型？

答：（1）电力线载波纵联保护（简称高频保护）。

（2）微波纵联保护（简称微波保护）。

（3）光纤纵联保护（简称光纤保护）。

（4）导引线纵联保护（简称导引线保护）。

519. 线路纵联保护的信号主要有哪几种？作用是什么？

答：线路纵联保护的信号分为闭锁信号、允许信号、跳闸信号三种，其作用分别如下：

（1）闭锁信号。它是阻止保护动作于跳闸的信号，即无闭锁信号是保护作用于跳闸的必要条件。只有同时满足本端保护元件动作和无闭锁信号两个条件时，保护才作用于跳闸。

（2）允许信号。它是允许保护动作于跳闸的信号，即有允许信号是保护动作于跳闸的必要条件。只有同时满足本端保护元件动作和有允许信号两个条件时，保护才动作于跳闸。

（3）跳闸信号。它是直接引起跳闸的信号，此时与保护元件是否动作无关，只要收到跳闸信号，保护就作用于跳闸，远方跳闸式保护就是利用跳闸信号。

520. 何谓开关失灵保护？

答：当系统发生故障，故障元件的保护动作而其开关操作失灵拒绝跳闸时，通过故障元件的保护作用其所在母线相邻开关跳闸，有条件的还可以利用通道，使远端有关开关同时跳闸的保护或接线称为开关失灵保护。开关失灵保护是近后备中防止开关拒动的一项有效措施。

521. 断路器失灵保护的配置原则是什么？

答：220～500kV 电网以及个别的 110kV 电网的重要部分，根据下列情况设置断路器失灵保护：

（1）当断路器拒动时，相邻设备和线路的后备保护没有足够大的灵敏系数，不能可靠动作切除故障时。

（2）当断路器拒动时，相邻设备和线路的后备保护虽能动作跳闸，但切除故障时间过长而引起严重后果时。

（3）若断路器与电流互感器之间距离较长，在其间发生短路故障不能由该电力设备的主保护切除，而由其他后备保护切除，将扩大停电范围并引起严重后果时。

522. 断路器失灵保护时间定值整定原则是什么？

答：断路器失灵保护时间定值的基本要求为：断路器失灵保护所需动作延时，必须保证让故障线路或设备的保护装置先可靠动作跳闸，应为断路器跳闸时间和保护返回时间之和再加裕度时间，以较短时间动作于断开母联断路器或分段断路器，再经一个时限动作于连接在同一母线上的所有有电源支路的断路器。

523. 对 3/2 断路器接线方式或多角形接线方式的断路器，失灵保护有哪些要求？

答：（1）断路器失灵保护按断路器设置。

（2）鉴别元件采用反应断路器位置状态的相电流元件，应分别检查每台断路器的电流，以判别哪台断路器拒动。

（3）当 3/2 断路器接线方式的一串中的中间断路器拒动，或多角形接线方式相邻两台断路器中的一台断路器拒动时，应采取远方跳闸装置，使线路对端断路器跳闸并闭锁其重合闸的措施。

524. 500kV 断路器一般装有哪些保护？

答：500kV 断路器一般装有断路器失灵保护和三相不一致保护。

500kV 断路器失灵保护分为分相式和三相式。分相式采用按相启动和跳闸方式，分相式失灵保护只装在 3/2 断路器接线的线路断路器上；三相式采用启动和跳闸不分相别，一律动作断路器相三跳闸，三相式失灵保护只装在主变压器断路器上。

三相不一致保护采用由同名相动合和动断辅助触点串联后启动延时跳闸，在单相重合闸进行过程中非全相保护被重合闸闭锁。

525. 3/2 断路器的短引线保护起什么作用？

答：主接线采用 3/2 断路器接线方式的一串断路器，当一串断路器中一条线路停用，则该线路侧的隔离开关将断开，此时保护用电压互感器也停用，线路主保护停用，因此在短引线范围故障，将没有快速保护切除故障。为此需设置短引线保护，即短引线纵联差动保护。在上述故障情况下，该保护快速动作切除故障。

当线路运行，线路侧隔离开关投入时，该短引线保护在线路侧故障时，将无选择地动作，因此必须将该短引线保护停用。一般可由线路侧隔离开关的辅助触点控制，在合闸时使短引线保护停用。

526. 什么叫自动低频减负荷装置？其作用是什么？

答：为了提高供电质量，保证重要用户供电的可靠性，当系统中出现有功功率缺额引起频率下降时，根据频率下降的程度，自动断开一部分用户，阻止频率下降，以使频率迅速恢复到正常值，这种装置叫自动低频减负荷装置。它不仅可以保证对重要用户的供电，而且可以避免频率下降引起的系统瓦解事故。

527. 自动低频减负荷装置的整定原则是什么？

答：（1）自动低频减负荷装置动作，应确保全网及解列后的局部网频率恢复到 49.50 Hz 以上，并不得高于 51 Hz。

（2）在各种运行方式下自动低频减负荷装置动作，不应导致系统其他设备过载和联络线超过稳定极限。

（3）自动低频减负荷装置动作，不应因系统功率缺额造成频率下降而使大机组低频保护动作。

（4）自动低频减负荷顺序应次要负荷先切除，较重要的用户后切除。

（5）自动低频减负荷装置所切除的负荷不应被自动重合闸再次投入，并应与其他安全自动装置合理配合使用。

（6）全网自动低频减负荷装置整定的切除负荷数量应按年预测最大平均负荷计算，并对可能发生的电源事故进行校对。

528. 何谓低频自启动及调相改发电？

答：低频自启动是指水轮机和燃气轮机在感受系统频率降低到规定值时，自动快速启动，并入电网发电。调相改发电是指当电网频率降低到规定值时，由自动装置将发电机由调相方式改为发电方式，或对于抽水蓄能机组采取停止抽水迅速转换到发电状态。

529. 何谓振荡解列装置？

答：当电力系统受到较大干扰而发生非同步振荡时，为防止整个系统的稳定被破坏，经过一段时间或超过规定的振荡周期数后，在预定地点将系统进行解列，执行振荡解列的自动装置称为振荡解列装置。

530. 距离保护装置一般由哪几部分组成？简述各部分的作用。

答：为使距离保护装置动作可靠，距离保护装置应由五个基本部分组成。其各部分作用如下：

（1）测量部分：用来对短路点的距离测量和判别短路故障的方向。

（2）启动部分：用来判别系统是否处在故障状态，当短路故障发生时，瞬时启动保护装置，有的距离保护装置的启动部分还兼启后备保护的作用。

（3）振荡闭锁部分：用来防止系统振荡时距离保护误动作。

（4）二次电压回路断线失压闭锁部分：用来防止电压互感器二次回路断线失压时，由于阻抗继电器动作而引起的保护误动作。

（5）逻辑部分：用来实现保护装置应具有的性能和建立保护各段的时限。

531. 距离保护装置对振荡闭锁有什么要求？

答：作为距离保护装置的振荡闭锁装置，应满足如下两方面的基本要求：

（1）无论是系统的静态稳定破坏（由于线路的送电负荷超过稳定极限或由于大型发电机失去励磁等原因引起的），还是系统的暂态稳定破坏（由于系统故障或系统操作等原因引起的），这个振荡闭锁装置必须可靠地将距离保护装置中可能在系统振荡中误动作跳闸的保护段退出工作（实现闭锁）。

（2）当在被保护线路的区段内发生短路故障时，必须使距离保护装置的一、二段投入工作（开放闭锁）。

532. 电力系统振荡为什么会使距离保护误动作？

答：电力系统振荡时，电网中任一点的电压和流经线路的电流将随两侧电源电动势间相位角的变化而变化，因而距离保护的测量阻抗也在摆动。振荡电流增大，电压下降，测量阻抗减小；振荡电流减小，电压升高，测量阻抗增大。当测量阻抗减小到落入继电器动作特性以内时，如果阻抗继电器触点闭合的持续时间长，距离保护将发生误动作。

533. 过电流保护为什么要加装低电压闭锁？

答：过电流保护的动作电流是按躲过最大负荷电流整定的，在有些情况下不能满足灵敏度的要求。因此为了提高过电流保护在发生短路故障时的灵敏度和改善躲过最大负荷电流的条件，在过电流保护中加装低电压闭锁。

534. 对保护装置或继电器的绝缘电阻值测量有何要求？

答：（1）交流回路均用1000V绝缘电阻表进行绝缘电阻测量。

（2）直流回路均用500V绝缘电阻表进行绝缘电阻测量。

535. 简述后备保护的概念。

答：后备保护是主保护或断路器拒动时，用来切除故障的保护。后备保护可分为远后备保护和近后备保护两种。

远后备保护是当主保护或断路器拒动时，由相邻电力设备或线路的保护来实现后备的保护。

近后备保护是当主保护拒动时，由本电力设备或线路的另一套保护来实现后备的保护；当断路器拒动时，由断路器失灵保护来实现后备保护。

536. 简述辅助保护的概念。

答：辅助保护是为补充主保护和后备保护的性能或当主保护和后备保护退出运行而增设的简单保护。

537. 简述异常运行保护的概念。

答：异常运行保护是反应被保护电力设备或线路异常运行状态的保护。

538. 为什么设置母线充电保护？

答：母线差动保护应保证在一组母线或某一段母线合闸充电时，快速而有选择地断开有故障的母线。为了更可靠地切除被充电母线上的故障，在母联断路器或母线分段断路器上设置相电流或零序电流保护，作为母线充电保护。母线充电保护接线简单，在定值上可保证高的灵敏度。在有条件的地方，该保护可以作为专用母线单独带新建线路充电的临时保护。母线充电保护只在母线充电时投入，当充电良好后，应及时停用。

539. 简述双母线接线方式的断路器失灵保护的跳闸顺序，并简要说明其理由。

答：双母线接线方式的断路器失灵时，失灵保护动作后，先跳开母联和分段开关，以第二延时跳开失灵开关所在母线的其他所有开关。

先跳开母联和分段开关，主要是为了尽快将故障隔离，减少对系统的影响，避免非故障母线线路对侧零序速动段保护误动。

540. 为什么220kV及以上系统要装设断路器失灵保护？其作用是什么？

答：220kV以上的输电线路一般输送的功率大，输送距离远，为提高线路的输送能力和系统的稳定性，往往采用分相断路器和快速保护。由于断路器存在操作失灵的可能性，当线路发生故障而断路器又拒动时，将给电网带来很大威胁，故应装设断路器失灵保护装置，有选择地将失灵拒动的断路器所在（连接）母线的断路器断开，以减少设备损坏，缩小停电范围，提高系统的安全稳定性。

541. 在母线电流差动保护中，为什么要采用电压闭锁元件？怎样闭锁？

答：（1）为了防止差动继电器误动作或误碰出口中间继电器造成母线保护误动作，故采用电压闭锁元件。

（2）它利用接在每组母线电压互感器二次侧上的低电压继电器和零序过电压继电器实现。三只低电压继电器反应各种相间短路故障，零序过电压继电器反应各种接地故障。利用电压元件对母线保护进行闭锁，接线简单。防止母线保护误动接线是将电压重动继电器的触点串接在各个跳闸回路中。这种方式如果误碰出口中间继电器不会引起母线保护误动作。

542. 简述500kV线路保护的配置原则。

答：对于500kV线路，应装设两套完整、独立的全线速动主保护。接地短路后备保护可装设阶段式或反时限零序电流保护。也可采用接地距离保护并辅之以阶段式或反时限零序电流保护。相间短路后备保护可装设阶段式距离保护。

543. 什么是过电流保护延时特性？

答：过电流保护装置的短路电流与动作时间之间的关系曲线称为保护装置的延时特性。延时特性又分为定时限延时特性和反时限延时特性。定时限延时的动作时间是固定的，与短路电流的大小无关。反时限延时动作时间与短路电流的大小有关，短路电流大，动作时间短；短路电流小，动作时间长。短路电流与动作时间时限成一定曲线关系。

544. 为什么自投装置的启动回路要串联备用电源电压继电器的有压触点？

答：为了防止在备用电源无电时自投装置动作，而投在无电的设备上，并在自投装置的启动回路中串入备用电源电压继电器的有压触点，用以检查备用电源确有电压，保证自投装置动作的正确性，同时也加快了自投装置的动作时间。

545. 什么叫断路器失灵保护？

答：失灵保护又称后备接线保护。该保护装置主要考虑由于各种因素使故障元件的保护装置动作，而断路器拒绝动作（上一级保护灵敏度又不够），将有选择地使失灵断路器所连接母线的断路器同时断开，防止因事故范围扩大使系统的稳定运行遭到破坏，保证电网安全。这种保护装置叫断路器失灵保护。

546. 防止误操作联锁装置的"五防"内容是什么？

答：其"五防"内容如下：

（1）防止误拉、误合断路器。

（2）防止带负荷拉、合隔离开关。

（3）防止带电合接地开关（挂接地线）。

（4）防止带接地开关（接地线）合闸。

（5）防止误入带电间隔。

547. 备用电源自投装置在哪些情况下应停用？

答：（1）备用电源自投回路故障或有工作时。

（2）备用电源停电前。

（3）备用电源无备用容量时。

（4）工作电源停电前。

（5）备用电源无电压或"工作电源电压回路断线"信号发出时。

548. 对备用电源自投装置的基本要求是什么？

答：（1）只要工作母线失去电压，备用电源自投装置均应启动。

（2）工作电源断开后，备用电源才能投入。

（3）备用电源自投装置只能动作一次。

（4）备用电源自投装置的动作时间，应使负荷的停电时间尽可能短。

（5）当工作母线电压互感器二次侧熔断器熔断时，备用电源自投装置不应动作。

（6）当备用电源无电压时，备用电源自投装置不应动作。

第五部分 论述题

第一节 变压器及互感器知识

1. 变压器正常运行中温度异常升高，试分析其原因及处理方法。

答：温度异常升高的原因如下：

(1) 冷却系统异常。

(2) 过负荷。

(3) 三相负荷不平衡。

(4) 内部不正常（铁芯松动、接头接触不良、线圈内有轻微故障、油劣化、冷却效果降低。带调压装置的变压器的分头接触不良）。

温度异常升高的处理方法如下：

(1) 首先开启其他备用冷却器或辅助冷却器，检查故障冷却器不能自启动的原因，如没有备用冷却器或没有辅助冷却器时，应考虑加装临时冷却设备或适当降低运行负荷。

(2) 由于过负荷致使变压器温度升高时，首先应将冷却装置全部开启，并转移变压器负荷至额定范围之内，如果不能转移负荷时，按事故过负荷掌握。

(3) 由于三相负荷不平衡致使变压器温度升高，一般发生在三相四线制的 380V 变压器上，应调整三相负荷尽量平衡，并控制中性点电流在额定电流的 25％ 以下。

(4) 内部原因引起使变压器温度升高时，应根据具体原因进行必要的分析和试验，并采取相应措施。

(5) 如果采取相应措施或降低负荷运行，仍不能维持正常运行时，应申请停电处理。

(6) 如变压器运行工况正常，则应对各测温装置和表计进行检查和试验。发现不正常时，立即消除或更换。

2. 简述发电机电流互感器二次回路断线故障现象及处理方法。

答：现象如下：

(1) 测量用电流互感器二次回路断线时，发电机有关电流表指示（显示）到零，有功表、无功表指示（显示）下降，电能表转慢。

(2) 保护用电流互感器二次回路断线时，有关保护可能误动作。

(3) 励磁系统电流互感器二次回路断线时，自动励磁调节器输出可能不正常。

(4) 电流互感器二次开路，其本身会有较大的响声，开路点会产生高电压，会出现过热、冒烟等现象，开路点会有烧伤及放电现象，电流互感器断线信号发出。

处理方法如下：

(1) 根据表计指示（显示）判断是哪组电流互感器故障。视情况降低机组负荷运行。

(2) 测量用电流互感器二次回路断线，部分表计指示异常，此时应加强对其他表计的监视，不得盲目对发电机进行调节，并立即联系检修处理。

（3）如保护用电流互感器二次回路断线，应将有关保护停用；如计量用电流互感器，做好故障期间的电量统计工作。

（4）如励磁调节电流互感器二次回路断线，自动励磁调节器输出不正常，应切换手动方式运行。对故障电流互感器二次回路进行全面检查，如互感器本身故障，应申请停机处理；如是有关端子接触不良，应采用短接法，戴好绝缘用具进行排除；故障无法消除时，申请停机处理。

3. 论述发电机电压互感器回路断线的现象和处理方法。

答：警铃响，发电机出口电压互感器"电压回路断线"光字显示。

（1）仪表用电压互感器回路断线时，发电机定子电压、有功、无功、频率表显示异常（下降或为零）；定子电流及励磁系统其他表计显示正常。

（2）如一次熔丝熔断，零序电压可能有33V左右的电压显示，定子接地信号发出。

（3）如发电机出口励磁调压器用电压互感器回路断线时，励磁自动组可能跳闸，如未跳，发电机无功、定子电流、励磁电压、电流表等可能出现异常显示；励磁调节主/从套自动切换时，相应信号发出。

（4）发电机保护专用电压互感器回路断线时，发电机各表计显示正常。

处理时，根据故障现象和表计指示情况，判断是哪组电压互感器故障。

（1）仪表用电压互感器故障。应维持原负荷不变，做好故障期间的电量统计工作；将该组电压互感器停电后进行外部检查，若一次熔丝熔断，经检查测定绝缘良好，可恢复送电；如二次熔丝（开关）断路，可试送电，否则通知检修处理。

（2）调压用电压互感器故障。检查励磁调节已自动切换，否则进行手动切换，或将励磁调节由自动改手动运行，然后将该组电压互感器停电后进行外部检查，若一次熔丝熔断，经检查测定绝缘良好，可恢复送电。

（3）保护用电压互感器故障。所带的保护与自动装置，如可能误动，应先停用，然后对该电压互感器进行停电检查。若一次熔丝熔断，经检查测定绝缘良好，可恢复送电。如二次熔丝（开关）断路，可试送电，否则通知检修处理。

电压互感器停送电应按照其操作原则进行。如一次熔断器熔断，应查明原因进行更换，必要时应对电压互感器本体进行检查，如绝缘测量等。若二次熔断器熔断，应立即更换，且不能将熔断器容量加大，如熔断器完好，应检查电压互感器。接头有无松动、断线，切换回路有无接触不良，还应检查击穿熔断路是否击穿。检查时应采取安全措施，保证人身安全，防止保护误动。

4. 试述变压器并联运行应满足哪些要求，若不满足会出现什么后果？

答：变压器并联运行应满足以下条件要求：

（1）一次侧和二次侧的额定电压应分别相等（电压比相等）。

（2）绕组接线组别（联结组标号）相同。

（3）阻抗电压的百分数相等。

条件不满足的后果如下：

（1）电压比不等的两台变压器，二次侧会产生环流，增加损耗，占据容量。只有当并联运行的变压器任何一台都不会过负荷的情况下，可以并联运行。

（2）如果两台接线组别不一致的变压器并联运行，二次回路中将会出现相当大的电压差。由于变压器内阻很小，将会产生几倍于额定电流的循环电流，使变压器烧坏。

（3）如果两台变压器的阻抗电压（短路电压）百分数不等，则变压器所带负载不能按变压器容量的比例分配。例如，若电压百分数大的变压器满载，则电压百分数小的变压器将过载。只有当并联运行的变压器任何一台都不会过负荷时，才可以并联运行。

5. 论述有载调压变压器与无载调压变压器各有何优缺点。

答：有载调压变压器与无载调压变压器不同点在于：前者装有带负荷调压装置，可以带负荷调整电压，后者只能在停电的情况下改变分接头位置调整电压。有载调压变压器用于电压质量要求较高的地方，还可加装自动调压检测控制部分，在电压超出规定范围时自动调整电压。其主要优点是：能在额定容量范围内带负荷随时调整电压，且调压范围大，可以减少或避免电压大幅度波动，母线电压质量高。但其体积大、结构复杂、造价高、检修维护要求高。无载调压变压器改变分接头位置时变压器必须停电，且调整的幅度较小，每变一个分接头，只能改变一个挡位，输出电压质量差。但相对便宜，体积较小，检修维护方便。

6. 对变压器线圈绝缘电阻测量时应注意什么？如何判断变压器绝缘的好坏？

答：新安装或检修后及停运半个月以上的变压器，投入运行前，均应测量变压器线圈的绝缘电阻。测量变压器线圈的绝缘电阻时，对运行电压在 500V 以上，应使用 1000～2500V 绝缘电阻表，500V 以下可用 500V 绝缘电阻表。

测量变压器绝缘电阻时应注意以下问题。

（1）必须在变压器停电后进行，变压器各侧都应有明显的断开点。

（2）变压器周围清洁，无接地物、无作业人员。

（3）测量前、后，变压器线圈和铁芯应用地线对地充分放电。

（4）测量使用的绝缘电阻表应符合电压等级的要求。

（5）中性点接地的变压器，测量前应将中性点隔离开关拉开，测量后应恢复原状态。

变压器绝缘状况的好坏按以下要求判定：

1）变压器在使用时，所测得的绝缘电阻值，与变压器安装或大修干燥后投入运行前测得的数值之比，不得低于 50%。

2）吸收比 $R60''/R15''$ 不得小于 1.3 倍。

符合上述条件，则认为变压器绝缘合格。

7. 电压互感器的一、二次侧装设熔断器是怎样考虑的？什么情况下可不装设熔断器，其选择原则是什么？

答：为防止高压系统受电压互感器本身或其引出线上故障的影响和对电压互感器自身的保护，所以在一次侧装设熔断器。110kV 及以上的配电装置中，电压互感器高压侧不装设熔断器。电压互感器二次侧出口是否装熔断器有几个特殊情况：

（1）二次接线为开口三角的出线除供零序过电压保护用外，一般不装熔断器。

（2）中线上不装熔断器。

（3）接自动电压调整器的电压互感器二次侧一般不装熔断器。

（4）110kV 及以上的配电装置中的电压互感器二次侧装空气小开关而不用熔断器。

二次侧熔断器选择的原则是：熔体的熔断时间必须保证在二次回路发生短路时小于保护装置动作时间。熔体额定电流应大于最大负荷电流，且取可靠系数为 1.5。

8. 机组正常运行时，若 380V 高阻接地系统发生单相接地故障时，应如何处理？

答：（1）先判断是否是误报警，有小电流选线装置的可以检查报警支路。若无小电流选线装置可用万用表测量母线三相对地电压，如有某一相对地电压为零，判断发生单相接地。

（2）当有电动机接地信号发出时，应开启备用设备，并将接地设备停运处理。

（3）若为 PC、MCC 母线接地，应转移负荷，停用母线，由检修人员处理。

（4）若为变压器低压侧接地，可停用变压器，将母线改由 PC 母联断路器供电。

（5）通过钳形电流表测量负荷电流，判断负荷是否接地。

（6）若查找接地有困难，在保证机组安全的前提下，可采用负荷转移试拉法。

9. 新安装或大修后的有载调压变压器在投入运行前应检查哪些项目？

答：对有载调压装置检查的项目有：

（1）有载调压装置的储油柜油位应正常，外部各密封处应无渗漏，控制箱防尘良好。

（2）检查有载调压机械传动装置，用手摇操作一个循环，位置指示及动作计数器应正确动作，极限位置的机械闭锁应可靠动作，手动与电动控制的联锁也应正常。

（3）有载调压装置电动控制回路各接线端子应接触良好，保护电动机用的熔断器的额定电流与电机容量应相配合（一般为电机额定电流的 2 倍），在控制室电动操作一个循环，行程指示灯、位置指示盘、动作计数器指示应正确无误，极限位置的电气闭锁应可靠。紧急停止按钮应操动灵活。

（4）有载调压装置的瓦斯保护应接入跳闸。

10. 变压器中性点的接地方式有几种？正常运行时中性点套管是否有电压？

答：现代电力系统中变压器中性点的接地方式分为三种：中性点不接地、中性点经电阻或消弧线圈接地、中性点直接接地。

在中性点不接地系统中，当发生单相金属性接地时，三相系统的对称性不被破坏，在某些条件下，系统可以照常运行，但是其他两相对地电压升高到线电压水平。

当系统容量较大，线路较长时，接地电弧不能自行熄灭。为了避免电弧过电压的发生，可采用经消弧线圈接地的方式。在单相接地时，消弧线圈中的感性电流能够补偿单相接地的电容电流。既可保持中性点不接地方式的优点，又可避免产生接地电弧的过电压。

随着电力系统电压等级的增高和系统容量的扩大，设备绝缘费用占的比重越来越大，采用中性点直接接地方式，可以降低绝缘的投资。我国 110、220、330、500kV 系统中性点皆直接接地。

关于变压器中性点套管上正常运行时理论上讲，当电力系统正常运行时，如果三相对称，则无论中性点接地采用何种方式，中性点的电压均等于零。但是，实际上三相输电线对地电容不可能完全相等，如果不换位或换位不当，特别是在导线垂直排列的情况下，对于不接地系统和经消弧线圈接地系统，由于三相不对称，变压器的中性点在正常运行时会有对地电压。在消弧线圈接地系统，还和补偿程度有关。对于直接接地系统，中性点电位固定为地电位，对地电压应为零。

11. 高压厂用母线电压互感器停、送电操作应注意什么？

答：高压厂用母线电压互感器停电时应注意下列事项：

（1）停用电压互感器时，应首先考虑该电压互感器所带继电保护及自动装置，为防止误动可将有关继电保护及自动装置退出。

（2）当电压互感器停电时，应先将二次侧熔断器取下（先取直流，后取交流）。

（3）拉开隔离开关（或拉出手车式、抽匣式电压互感器，拔下二次插件），然后将一次熔断器取下。

高压厂用母线电压互感器送电时应注意下列事项：

（1）应首先检查该电压互感器在冷备用状态，回路完好，符合送电条件。

（2）电压互感器所带的继电保护及自动装置确在停用状态。

（3）检查电压互感器本体及击穿熔断器正常完好。

（4）装上电压等级合适且合格的一次侧熔断器。

（5）合上隔离开关（手车式或抽匣式电压互感器推至试验位置）。

（6）装上手车式或抽匣式电压互感器的二次插件。

（7）手车式或抽匣式电压互感器推至工作位置。

（8）装上电压互感器的二次侧熔断器（先交流、后直流）。

（9）检查无异常信号。

（10）投入停用的继电保护及自动装置。

（11）电压互感器本身检修后，在送电前还应按规定测高、低压绕组的绝缘状况。

（12）电压互感器停电期间，可能使该电压互感器所带负荷的电能表转速变慢，但由于厂用电还都装有总负荷电能表，因此，电压互感器停电期间，各分路负荷所少用的电量不必追计。

12. 运行中的变压器铁芯为什么会有"嗡嗡"响声？怎样判断异音？

答：由于变压器铁芯是由一片片硅钢片叠成，所以片与片间存在间隙。当变压器通电后，有了励磁电流，铁芯中产生交变磁通，在侧推力和纵牵力作用下硅钢片产生倍频振动。这种振动使周围的空气或油发生振动，就发出"嗡嗡"的声音来。另外，靠近铁芯的里层线圈所产生的漏磁通对铁芯产生交变的吸力，芯柱两侧最外两极的铁芯硅钢片，若紧固得不牢，很容易受这个吸力的作用而产生倍频振动。这个吸力与电流的平方成正比，因此这种振动的大小与电流有关。

正常运行时，变压器铁芯的声音应是均匀的，当有其他杂音时，就应认真查找原因。

（1）过电压或过电流。变压器的响声增大，但仍是"嗡嗡"声，无杂音。随负荷的急剧变化，也可能呈现"割割割、割割割割"突击的间歇响声，此声音的发生和变压器的指示仪表（电流表、电压表）的指针同时动作，易辨别。

（2）夹紧铁芯的螺钉松动。呈现非常惊人的"锤击"和"刮大风"之声，如"叮叮当当"和"呼…呼…"之音。但指示仪表均正常，油色、油位、油温也正常。

（3）变压器外壳与其他物体撞击。这是因为变压器内部铁芯振动引起其他部件的振动，使接触处相互撞击。如变压器上装控制线的软管与外壳或散热器撞击，呈现"沙沙沙"的声音，有连续较长、间歇的特点，变压器各部不会呈异常现象。这时可寻找声源，在最响的一侧用手或木棒按住再听声有何变化，以判别之。

（4）外界气候影响造成的放电。如大雾天、雪天造成套管处电晕放电或辉光放电，呈现"嘶嘶"、"嗤嗤"之声，夜间可见蓝色小火花。

（5）铁芯故障。如铁芯接地线断开会产生如放电的劈裂声，"铁芯着火"造成不正常鸣音。

（6）匝间短路。因短路处严重局部发热，使油局部沸腾会发出"咕噜咕噜"像水开了似的声音，这种声音特别要注意。

（7）分接开关故障。因分接开关接触不良，局部发热也会引起像线圈匝间短路所引起的那种声音。

13. 论述变压器的冷却方式与油温的规定。

答：油浸变压器的通风冷却是为了提高油箱和散热器表面的冷却效率。装了风扇后与自然冷却相比，油箱散热率可提高 50%～60%。一般，采用通风冷却的油浸电力变压器较自冷时可提高容量 30% 以上。因此，如果在开启风扇情况下变压器允许带额定负荷，则停了风扇的情况下变压器只能带额定负荷的 70%（即降低 30%）。否则，因散热效率降低，会使变压器的温升超出允许值。

油浸风冷变压器上层油温一般不超过 55℃ 时，可不开风扇在额定负荷下运行。这是考虑到，在断开风扇的情况下，若上层油温不超过 55℃，即使带额定负荷，由于额定负荷的温升是一定的，绕组的最热点温度不会超过 95℃，这是允许的。

强迫油循环水冷和风冷的变压器一般是不允许未开启冷却装置就带负荷运行的，即便是空载也不允许的。这样限制是因为这类变压器油箱是平滑的，冷却面积小，甚至不能将空载损耗所产生的热量散出去，强迫油循环的变压器完全停止冷却系统运行是很危险的。但考虑到事故情况下不中断供电，也考虑到变压器的发热有个时间常数，并不是带上满负荷瞬时就使变压器达到危险的温升，故又规定当冷却器全停时，在额定负荷下允许运行时间为 20min，当油面温度不超过 75℃ 时，允许上升到 75℃，但切除冷却器后的最长运行时间不得超过 1h。

14. 论述变压器过励磁的原因与危害。

答：变压器的工作磁密为：$B = K \dfrac{u}{f}$。

上式说明：当变压器电压升高或系统频率下降时，会出现过励磁现象。此时铁芯损耗增大，会造成发热。现代大型变压器应用冷轧晶粒定向硅钢片，正常额定工作磁密 B_e 约 1.7～1.8T，而饱和磁密 B_b 为 1.9～2.0T，即 B_b/B_e 约为 1.1，因此过励磁很易使铁芯饱和。

铁芯饱和时，漏磁场增大，使金属构件及油箱产生涡流损失，绕组也会产生涡流损失，严重发热，使绝缘受损及金属构件机械变形。此外，铁芯饱和时，励磁电流急剧增大，且含有大量谐波分量，会进一步使导线发热。如过励倍数（$n = B/B_e$）较大，运行时间过长将使绝缘老化，缩短变压器寿命。因此，对于造价高、检修困难、停电后损失较大的变压器应考虑装设专用的过励磁保护。

发电机变压器组在下列情况下会出现过励磁：

（1）发电机在低速下预热，或发电机在启动过程中转速还未升至额定值，此时加上励磁，如电压升至额定值，即会因频率较低而出现过励磁。

（2）停机时，转速下降，如灭磁开关未跳开，而自励励磁调整器仍作用调压则会导致过励磁。

（3）正常运行中突然甩负荷时，由于自动调节励磁装置有惯性，也会导致过励磁。

15. 论述电动机在电源切换过程中，冲击电流与什么有关。

答：电动机在电源切换过程中，当工作电源断开，备用电源合闸的瞬间，电动机将流过冲击电流。冲击电流的大小随着备用电源电压与残压之间相角差变化。当相角差很小时，引起较小的冲击电流；最大冲击电流是在备用电源电压与残压之间相角差为180°时产生。就是说，切换不当会产生较大的冲击电流。冲击电流的大小还与电压差有关。降低冲击电流的方法有如下几种：

（1）同期切换。备用电源电压与残压之间的相角差在一定的允许范围内进行的切换。由于厂用电的设计各不相同，电动机负载特性的差异以及断路器固有合闸时间也不相同，因此，要经过试验或计算后才能确定。

（2）低残压切换。当残压降到较低的数值时才进行切换。

（3）制造高转差电动机，以减少时间常数，并且提出高的加速力矩和低的启动电流电动机。这种方法往往要受到制造上的限制。

（4）快速切换。要求厂用断路器具有快速的动作时间，这样才能保证在一定相角差范围内。这是近年来，国外大容量电厂厂用电切换中采用的方法，且证明是较有效的方法。

16. 如何判断电磁式电压互感器发生了铁磁谐振？发生铁磁谐振如何处理？

答：发生下列情况，可判断为铁磁谐振（基频、高频、分频）：

（1）基频谐振时，三相电压中一相降低（但不为零）、两相升高，或两相降低、一相升高，升高相的电压值大于线电压（一般不超过3倍相电压）；开口三角绕组电压不超过100V；

（2）高频谐振时，三相电压同时升高或其中一相电压升高，另两相电压降低，升高相的电压值大于线电压（一般不超过3～3.5倍相电压），开口三角绕组电压超过100V。

（3）分频谐振时，三相电压依次轮流升高，三相电压表指针在相同范围内出现低频摆动（一般不超过2倍相电压），开口三角绕组电压一般在85～95V，也有等于或大于100V的情况。

谐振将造成危险的过电压，确认为谐振时应迅速进行以下处理：破坏谐振条件（如改变系统运行方式、倒换备用辅机、投入或停役部分备用设备等），防止谐振过电压对系统和设备造成危害。

如果谐振时间长，消谐装置未动作，处理不及时，互感器一次熔丝将被烧断。当断两相或三相将会导致BZT、厂用电快切装置和低电压保护误动作，还有可能将电压互感器烧毁。

17. 变压器的额定容量与负荷能力有何不同？为什么在一定的条件下允许变压器过负荷？原则是什么？

答：变压器的额定容量是指变压器在规定的温度下按额定容量运行时，具有经济合理的效率和正常的使用寿命。负荷能力指变压器在较短时间内能输出的容量，在一定的条件下，它可以大于额定容量。

在一定的条件下，允许变压器短时过负荷，其原则是要保证其达到正常的使用寿命。变压器绕组的使用寿命与其工作温度及持续时间有关。工作温度高、持续时间长，其寿命要缩短；工作温度低，则其寿命相应要延长。变压器工作时其负荷一般是变动的，负荷有时小于额定负荷，这样，在一定的程度上可以允许变压器过负荷运行，使其平均寿命损失不低于正常使用寿命损失。另外，在事故情况下为了保证不间断供电，允许变压器按过负荷时间多带一些负荷，由于变压器通常欠负荷运行，且事故发生较少，故不致产生严重后果。

18. 变压器上层油温超过规定时怎么办？

答：变压器油温的升高超过许可限度时，值班人员应判明原因，采取以下措施：

（1）检查变压器的负荷和冷却介质的温度，并与在同一负荷和冷却介质温度下应有的油温核对。

（2）核对温度表。

（3）检查变压器机械冷却装置或变压器室的通风情况。

1）若温度升高的原因是由于冷却系统的故障，且在运行中无法修理者，应将变压器停运修理；若不需停下可修理时（如油浸风冷变压器的部分风扇故障；强油循环变压器的部分冷却器故障等），则值班人员应根据现场规程的规定，调整变压器的负荷至相应的容量。

2）若发现油温较平时同一负荷和冷却温度下高出 10℃ 以上，或变压器负荷不变，油温不断上升，而检查结果证明冷却装置正常、变压器室通风良好、温度计正常，则认为变压器内部已发生故障（如铁芯严重短路、绕组匝间短路等），而变压器的保护装置因故不起作用。在这种情况下立即将变压器停运检查。

（4）降负荷控制油温。

19. 变压器瓦斯保护的使用有哪些规定？

答：变压器瓦斯保护的使用规定如下：

（1）变压器投入前重瓦斯保护应作用于跳闸，轻瓦斯保护应作用于信号。

（2）运行和备用中的变压器，重瓦斯保护应投入跳闸位置，轻瓦斯保护应投入信号位置，重瓦斯和差动保护不许同时停用。

（3）变压器运行中进行滤油、加油、更换硅胶及处理呼吸器时，应先将重瓦斯保护改投信号，此时变压器的其他保护（如差动保护、电流速断保护等）仍应投入跳闸位置。工作完毕，变压器空气排尽经现场规程规定时间无轻瓦斯动作信号后，方可将重瓦斯保护重新投入跳闸。

（4）当变压器油位异常升高或油路系统有异常现象时，为查明其原因，需要打开各放气或放油塞子、阀门，检查吸湿器或进行其他工作时，必须先将重瓦斯保护改接信号，然后才能开始工作。工作完毕，变压器空气排尽经现场规程规定时间无轻瓦斯动作信号后，方可将重瓦斯保护重新投入跳闸。

（5）在地震预报期间，根据变压器的具体情况和气体继电器的类型来确定将重瓦斯保护投入跳闸或信号。地震引起重瓦斯动作停运的变压器，在投运前应对变压器及瓦斯保护进行检查试验，确定无异状后方可投入。

（6）变压器大量漏油致使油位迅速下降，禁止将重瓦斯保护改接信号。

（7）变压器轻瓦斯信号动作，若因油中剩余空气逸出或强油循环系统吸入空气引起，而且信号动作间隔时间逐次缩短，将造成跳闸时，如无备用变压器，则应将瓦斯保护改接信号，同时应立即查明原因加以消除。但如有备用变压器时，则应切换至备用变压器，而不准使运行中变压器的重瓦斯保护改接信号。

20. 对于主变压器为 YNd11 （Yo/△11） 接线的发变组系统，发电机非全相运行有什么现象？

答：一般在发电机并网或解列时，易发生非全相运行，对于主变压器为 YNd11 （Yo/△11） 接线的发变组回路，发生非全相运行时有如下现象：

（1）发电机出口开关两相断开，一相未断时，若主变压器中性点接地，则发电机三相电流中两相相等或近似相等，另一相电流为零或近似为零。若中性点不接地，则发电机三相电流为零或近似为零。

（2）发电机出口开关一相断开，而两相未断开时，发电机三相电流中两相相等或近似相等，且仅为另一相电流的一半左右。

（3）发电机负序电流表指示异常增大。

21. 变压器中性点运行方式改变时，对保护有何要求，为什么在装有接地开关的同时安装放电间隙？

答：变压器中性点运行方式改变时，反映主变压器中性点零序过电流和中性点过电压的保护应当做相应改变：

（1）主变压器中性点接地开关合上后，应将主变压器零序过电流保护投入，间隙过电压保护退出。

（2）主变压器中性点接地开关断开前，应先将间隙过电压保护投入，然后再断开主变压器中性点接地开关；退出主变压器零序过电流保护。

主变压器采用分级绝缘，中性点附近绝缘比较薄弱，所以运行中必须防止中性点过电压。如果主变压器中性点接地开关合上运行，则强制性使中性点电位为0，不会出现过电压。但由于运行方式及保护装置的要求，有时需要主变压器中性点不接地运行，所以通常在主变压器中性点装有避雷器及与之并联的过电压放电保护间隙。避雷器对偶然出现的过电压，能起到很好的降低电压作用，但对于频繁出现过电压时，避雷器如果频繁动作，有可能使避雷器爆炸。放电间隙则当频繁出现高电压时，间隙击穿放电，然后又恢复，不会损坏，因此，必须安装放电间隙。

22. 电压互感器运行操作应注意哪些问题？

答：电压互感器在运行操作中应注意以下问题：

（1）启用电压互感器应先一次后二次，停用则相反。

（2）停用电压互感器时应先考虑该电压互感器所带保护及自动装置，为防止误动的可能，应将有关保护及自动装置停用。

（3）电压互感器停用或检修时，其二次空气开关应分开，且二次熔断器应取下。

（4）双母线运行，一组电压互感器因故需单独停役时，应先将电压互感器经母联断路器一次并列且投入电压互感器二次并列开关后再进行电压互感器的停役。

（5）双母线运行，两组电压互感器并列的条件如下：

1）一次必须先经母联断路器并列运行，这是因为若一次不经母联断路器并列运行，可能由于一次电压不平衡，使二次环流较大，容易引起熔断器熔断，致使保护及自动装置失去电源。

2）二次侧有故障的电压互感器与正常二次侧不能并列。

23. 变压器并列运行的条件有哪些？为什么？

答：变压器并列运行的条件如下：

（1）参加并列运行的各变压器必须接线组别相同。否则，二次侧出现电压差很大，产生的环流很大，均会损坏变压器。

（2）各变压器的一次电压应相等，二次电压也分别相等。否则二次侧产生环流引起过载，发热，影响带负荷，并增加电能损耗、效率降低。

（3）各变压器的阻抗电压（短路电压）百分数应相等，否则带负荷后产生负荷分配不合理。因为容量大的变压器短路电压百分数大、容量小的变压器短路电压百分数小，而负载分配与短路电压百分数成反比，这样会造成大变压器分配的负载小，设备没有充分利用。而小变压器分配的负载大，易过载，限制了并列运行的变压器带负荷运行。

24. 何谓变压器的压力保护？

答：压力保护使用压力释放装置，当变压器内部出现严重故障时，压力释放装置使油膨胀和分解产生的不正常压力得到及时释放，以免损坏油箱，造成更大的损失。

压力释放装置有两种，即安全气道（防爆筒）和压力释放阀。安全气道为释放膜结构，当变压器内部压力升高时冲破释放膜释放压力。压力释放阀是安全气道的替代产品，现在被广泛应用，结构为弹簧压紧一个膜盘，压力克服弹簧压力冲开膜盘释放，其最大优点是能够自动恢复。

压力释放阀一般要求开启压力与关闭压力相对应，且故障开启时间小于2ms，因此在校核压力释放阀时，开启压力、关闭压力和开启时间均需校核。压力释放阀带有与释放阀动作时联动的触点，作用于信号报警或跳闸。

25. 变压器新安装或大修后，投入运行前应验收哪些项目？

答：验收的项目有：

（1）变压器本体无缺陷，外表整洁，无严重漏油和油漆脱落现象。

（2）变压器绝缘试验应合格，无遗漏试验项目。

（3）各部油位应正常，各阀门的开闭位置应正确，油的性能试验、色谱分析和绝缘强度试验应合格。

（4）变压器外壳应有良好的接地装置，接地电阻应合格。

（5）各侧分接开关位置应符合电网运行要求，有载调压装置、电动手动操作均正常，指针指示和实际位置相符。

（6）基础牢固稳定，有可靠的制动装置。

（7）保护测量信号及控制回路的接线正确，各种保护均应实际传动试验，动作应正确，定值应符合电网运行要求，保护连接片在投入运行位置。

（8）冷却风扇通电试运行良好，风扇自启动装置定值应正确，并进行实际传动。

（9）呼吸器应有合格的干燥剂，检查应无堵塞现象。

（10）主变压器引线对地和线间距离合格，各部导线触头应紧固良好，并贴有示温蜡片。

（11）变压器的防雷保护应符合规程要求。

（12）防爆管内无存油，玻璃应完整，其呼吸小孔螺栓位置应正确。

（13）变压器的坡度应合格。

（14）检查变压器的相位和接线组别应能满足电网运行要求，变压器的二、三次侧有可能和其他电源并列运行时，应进行核相工作，相位漆应标示正确、明显。

（15）温度表及测温回路完整良好。

（16）套管油封的放油小阀门和瓦斯放气阀门应无堵塞现象。

（17）变压器上应无遗留物，临近的临时设施应拆除，永久设施布置完毕应清扫现场。

26. 何谓变压器励磁涌流？产生的原因是什么？有什么特点？

答：变压器励磁涌流是指：变压器全电压充电时，在其绕组中产生的暂态电流。

产生的原因：变压器投入前铁芯中的剩余磁通与变压器投入时工作电压产生的磁通方向相同时，其总磁通量远远超过铁芯的饱和磁通量，因此产生较大的涌流，其中最大峰值可达到变压器额定电流的 6～8 倍。

其特点是：励磁涌流随变压器投入时系统电压的相角、变压器铁芯的剩余磁通和电源系统阻抗等因素有关。最大涌流出现在变压器投入时电压经过零点瞬间（该时磁通为峰值）。变压器涌流中含有直流分量和高次谐波分量，随时间衰减，其衰减时间取决于回路电阻和电抗，一般大容量变压器为 5～10s，小容量变压器为 0.2s 左右。

27. 试述变压器绕组损坏有哪些原因。

答：变压器绕组损坏有以下原因：

（1）制造工艺不良。配电变压绕组有绕线不均匀及摞匝、层间绝缘不足或破损、绕组干燥不彻底、绕组结构强度不够及绝缘不足等。主变压器绕组过线换位处损伤而引起匝间短路。绕组的隐患有：绝缘操作、焊接不良、导线有毛刺等。设计不当的有导线采用薄绝缘等。

（2）运行维护不当变压器进水受潮，例如由套管端帽、储油柜、防爆管进水，致使绝缘受潮或油绝缘严重下降，造成匝间或段间短路或对地放电。大型强油冷却的变压器，油泵故障、叶轮磨损、金属进入变压器本体也会引起绕组故障。

（3）遭受雷击造成绕组过电压而烧毁。

（4）外部短路，绕组受电动力冲击产生严重变形或匝间短路而发生故障。

28. 论述如何根据变压器的温度及温升判断变压器运行工况。

答：变压器在运行中铁芯和绕组的损耗转化为热量，引起各部位发热，使温度升高。热量向周围以辐射、传导等方式扩散，当发热与散热达到平衡时，各部位温度趋于稳定。巡视检查变压器时，应记录环境温度、上层油温、负荷及油面高度，并与以前的记录相比较、分析，如果发现在同样条件下温度比平时高出 10℃ 以上，或负荷不变，但温度不断上升，而冷却装置又运行正常，温度表无误差及失灵时，则可以认为变压器内部出现异常现象。由于温升使铁芯和绕组发热，绝缘老化，影响变压器使用寿命和系统运行安全，因此对温升要有规定。

第二节 发电机知识

29. 发电机氢湿度异常升高是什么原因？如何处理？

答：原因如下：

(1) 氢气本身湿度大。

(2) 密封油中水分含量大。

(3) 氢干燥器工作不正常。

(4) 氢冷却器漏。

(5) 氢露点仪故障或指示不准确。

处理方法如下：

(1) 提高氢气品质。

(2) 及时排补氢。

(3) 检查处理密封油系统，使其工作正常。

(4) 氢干燥器硅胶变色工作不正常时，及时更换。

(5) 若氢冷却器漏，应逐个试停冷却器，找到故障点，进行隔绝。

(6) 对氢温、氢压加强监视。

(7) 通过化学化验氢湿，对氢露点仪进行校验。

30. 发电机启动前运行人员应进行哪些试验？

答：发电机启动前运行人员应进行下述试验：

(1) 测量机组各部分绝缘电阻应合格。

(2) 投入直流后，各信号应正确。

(3) 励磁装置通道切换、远方就地切换。

(4) 做主断路器、励磁系统各开关及厂用工作电源开关联锁跳合闸试验应良好。

(5) 做发电机断水保护动作跳闸试验、紧急停机跳闸试验良好。

大、小修或电气回路作业后，启动前还应做下述试验：

(1) 做保护动作跳主断路器、灭磁断路器及厂用工作电源开关试验应良好。

(2) 做各项联跳试验应良好。

(3) 做自动调节励磁系统装置低励、过励限制试验应良好。

(4) 配合进行同期校定试验（同期回路没作业时，可不做此项）。

(5) 配合进行发电机短路和空载试验。

31. 综合分析氢冷发电机着火及氢气爆炸的特征、原因及处理方法。

答：发电机着火及氢气爆炸的特征如下：

(1) 发电机周围发现明火。

(2) 发电机定子铁芯、绕组温度急剧上升。

(3) 发电机巨响，有油烟喷出。

(4) 发电机进、出风温突增，氢压增大。

发电机着火及氢气爆炸的原因如下：

(1) 发电机氢冷系统漏氢气并遇有明火。

(2) 机械部分碰撞及摩擦产生火花。

(3) 氢气纯度低于标准纯度（95%）。

(4) 达到氢气自燃温度。

发电机着火及氢气爆炸时应作如下处理：

(1) 发电机内部着火及氢气爆炸时，应立即破坏真空，紧急停机。

(2) 关闭补氢阀门，停止补氢。

(3) 立即进行排氢气，用 CO_2（N_2）进行置换。

(4) 及时调整密封油压至规定值。

32. 氢冷发电机内大量进油有哪些危害？如何防止发电机进油？

答：发电机内的进油均来自密封瓦，润滑油含有油烟、水分和空气，大量进油后的危害如下：

(1) 油雾弥漫于机内，使氢气纯度降低，严重影响电机的绝缘强度。

(2) 油雾进入定子及转子通风道中，沉积为油垢，影响发电机的散热及通风。

(3) 油雾附着于定子端部绕组上，对绕组沥青云母绝缘将起溶解侵蚀作用。

(4) 漏油的另一个严重后果是将主油箱中含水的油带入发电机内，将造成氢冷发电机内氢气湿度增高，对于大型发电机，会导致转子护环的应力腐蚀裂纹和降低定子端部绕组绝缘表面电气强度。

防止进油的方法如下：

(1) 控制发电机油氢差压在规定范围，以防止进油。

(2) 加强监视，发现有油及时排净，不使油大量积存。

(3) 保持油质合格。

(4) 保持氢气干燥器运行正常，使氢气湿度降低。

(5) 保证密封油系统各阀门位置正确。

(6) 如密封瓦有缺陷，应尽早安排停机处理。

33. 试述准同期并列法。

答：满足同期条件的并列方法叫准同期并列法。用准同期法进行并列时，要先将发电机的转速升至额定转速，再加励磁升到额定电压。然后比较待并发电机和电网的电压和频率，在符合条件的情况下，即当同步器指向"同期点"时（说明两电压相位接近一致），合上该发电机与电网接通的断路器。准同期法又分自动准同期、半自动准同期和手动准同期三种。调频率、电压及合开关全部由运行人员操作的，称为手动准同期；而由自动装置来完成时，便称为自动准同期；当上述三项中任一项由自动装置来完成，其余仍由手动来完成时，称为半自动准同期。

采用准同期法并列的优点是待并发电机与系统间无冲击电流，对发电机与电力系统没有什么影响。但如果因某种原因造成非同期并列时，则冲击电流很大，甚至比机端三相短路电流还大，这是准同期法并列的缺点。另外，当采用手动准同期并列时，运行人员不易掌握并列操作的超前时间。

34. 机组正常运行时，若发生发电机失磁故障，应如何处理？

答：（1）当发电机失去励磁时，如失磁保护动作跳闸，则应完成机组解列工作，查明失磁原因，经处理正常后机组重新并入电网。

（2）若失磁保护未动作，且危及系统及厂用电的运行安全时，则应紧急解列发电机，检查厂用电切换正常，若切换失败，则按厂用电失去处理原则进行处理。

（3）若失磁保护未动作，短时未危及系统及厂用电的运行安全时，应迅速降低机组负荷，切换厂用电；增加其他未失磁机组的励磁电流，提高系统电压、增加系统的稳定性。如失磁原因查明并且故障排除，则将机组重新恢复正常运行；如机组运行中故障不能排除，应申请停机处理。

（4）在上述处理的同时，应同时监视发电机电流、风温等参数的变化。

（5）发电机解列后，应查明原因，消除故障后才可以将发电机重新并列。

35. 试分析引起转子绝缘过低或接地的常见原因有哪些。

答：引起转子绝缘过低或接地的常见原因有：

（1）受潮，当发电机长期停用，尤其是雨季长期停用，很快使发电机转子的绝缘下降到允许值以下。

（2）集电环表面有电刷粉或油污堆积、引出线绝缘损坏或集电环绝缘损坏时，也会使转子的绝缘下降或造成接地。

（3）发电机长期运行未进行护环检修，使绕组端部大量积灰，也会使转子的绝缘下降等。

（4）转子的槽绝缘断裂造成转子绝缘过低或接地。

（5）由于发电机的冷却系统密封不严或因其轴瓦漏油使转子线圈端部积灰、积油污或碳粉，造成绝缘性能降低。这种原因受转子离心力的影响较大。

36. 发电机非全相运行处理原则是什么？

答：（1）发电机并列时，发生非全相合闸，应立即调整发电机有功、无功负荷到零，将发电机与系统解列；如解列不掉，则应立即断开发电机所在母线上的所有断路器（包括分段断路器、母联断路器及旁路断路器）。

（2）发电机解列时，发生非全相分闸，应立即减发电机有功、无功负荷到零，立即断开发电机所在母线上的所有开关（包括分段开关、母联开关及旁路开关）。当某线路开关也断不开时，通知省调，令线路对侧断开其开关。

（3）当发生非全相运行时，灭磁开关已跳闸，若汽机主汽门已关闭，应立即断开发电机所在母线上的所有开关（包括分段开关、母联开关及旁路开关）；若汽机主汽未关闭时，则应立即合上灭磁开关，再立即断开发电机所在母线上的所有开关（包括分段开关、母联开关及旁路开关）。

（4）做好发电机定子电流和负序电流变化、非全相运行时间、保护动作情况、有关操作等项目的记录，以备事后对发电机的状况进行分析。

（5）发电机非全相保护动作跳机按跳机处理。

37. 发电机低励、过励、过励磁限制的作用？

答：（1）低励限制：发电机低励运行期间，其定、转子间磁场联系减弱，发电机易失去静态稳定。为了确保一定的静态稳定裕度，励磁控制系统（AVR）在设计上均配置了低励限制回路，即当发电机一定的有功功率下，无功功率滞相低于某一值或进相大于某一值时，在 AVR 综合放大回路中输出一个增加机端电压的调节信号，使励磁增加。

（2）过励限制：为了防止转子绕组过热而损坏，当其电流越过一定的值时，该限制起作用，通过 AVR 综合放大回路输出一个减小励磁的调节信号。

（3）过励磁限制：当发电机出口 U/f 值较高时，主变压器和发电机定子铁芯将过励磁，从而产生过热、易损坏设备。为了避免这种现象的发生，当 U/f 超过整定值时，通过过励磁限制器向 AVR 综合放大回路输出一个降低励磁的调节信号。

38. 励磁系统故障对发电机与电力系统的危害是什么？

答：运行中的大容量发电机组，如果发生低励、失磁故障，将对发电机和电力系统的稳定运行造成非常严重的影响。

（1）对电力系统的影响。

1）低励或失磁时，发电机从电力系统吸收无功，引起系统电压下降。如果电力系统无功储备不足，将使临近故障发电机组的系统某点电压低于允许值，使电源与负荷间失去稳定，甚至造成电力系统因电压崩溃而瓦解。

2）一台发电机失磁电压下降，电力系统中的其他发电机组在自动调整励磁装置作用下将增大无功输出，从而可能使某些发电机组和线路过负荷，其后备保护可能发生误动作，使故障范围扩大。

3）一台发电机失磁后，由于有功功率的摆动，以及电力系统电压的下降，可能导致相邻正常发电机与电力系统之间或系统各回路之间发生振荡，造成严重后果。

4）发电机额定容量越大，低励、失磁引起的无功缺额也越大。如果电力系统相对容量较小，则补偿这一无功缺额的能力较差，由此而来的后果会更严重。

（2）对发电机本身的影响。

1）失磁后，发动机定、转子之间出现转差，在发电机转子回路中产生损耗超过一定值时，将使转子过热。特别是大型发电机组，其热容量裕度较低，转子易过热。而流过转子表面的差额电流，还将使转子本体与槽楔、护环的接触面上发生严重的局部过热。

2）低励或失磁发电机进入异步运行后，由机端观测到的发电机等效电抗降低，从电力系统吸收无功功率增加。失磁前所带的有功越大，转差就越大，等效电抗就越小，从电力系统吸收无功就越大。因此，在重负荷下失磁发电机进入异步运行后，如不立即采取措施，发动机将因过电流使定子绕组过热。

3）在重负荷下失磁后，转差也可能发生周期性的变化，使发电机出现周期性的严重超速，直接威胁着发电机组的安全。

4）低励、失磁时，发动机定子端部漏磁增加，将使发电机端部部件和边段铁芯过热，这一情况通常是限制发电机失磁异步运行能力的主要条件。

39. 论述发电机逆功率现象及处理及逆功率与程跳逆功率的区别。

答：逆功率现象及处理如下所述：

警铃响，主汽门关闭或发电机逆功率光字信号发出。

发电机有功表指示（显示）为负值或为零，无功表指示（显示）升高，有功电能表反转，定子电流表指示下降，定子电压或转子电流、电压指示（显示）正常，系统频率可能降低，自动励磁调节器运行时，励磁电流有所下降，逆功率保护投入时，发电机跳闸，6kV工作电源跳闸，备用电源联动。

根据现象判明发电机变为电动机运行，若无紧急停机信号，不应将发电机解列。待主汽门打开后，应尽快挂闸带有功负荷；若出现紧急停机信号，应立即汇报值长倒换厂用电源解列停机；若主汽门关闭1min之内未能恢复，应汇报值长解列停机。

逆功率与程跳逆功率区别如下：

首先，"逆功率"是发电机继电保护的一种，作为各种原因导致汽轮机原动力失去、发电机出现有功功率倒送、发电机变为电动机运行异常工况的保护（用于保护汽轮机）。逆功率保护可用于程序跳闸的启动元件。

而"程序逆功率"严格来说不是一种保护，而是为实现跳闸设置的动作过程。程跳逆功率主要是用于程序跳闸，算是一种停机方式。逆功率只要定值达到就动作，程跳逆功率除了要逆功率定值达到，还要汽机主汽门关闭这两个条件都满足才能出口。正常停机操作当负荷降为零时，先关主汽门，然后启动逆功率保护跳发电机。这样做的目的是防止主汽门关闭不严，当断路器跳开后，由于没有电磁功率这个电磁力矩，有可能造成汽轮机飞车。汽轮机的保护有很多种，对于超速、低真空、振动大等严重事故，立刻跳汽轮机，同时给电气发来热工跳闸信号，发电机解列灭磁切厂用电工作电源开关，对一些不是很严重的故障，例如气温高等，保护不经ETS通道立刻跳汽轮机，而是自动减负荷，并经一定延时关闭主汽门，这种情况下发电机不会热工跳闸，而是执行程序跳闸即程跳逆功率。

40. 试述发电机励磁回路接地故障的危害。

答：发电机正常运行时，励磁回路对地之间有一定的绝缘电阻和分布电容，它们的大小与发电机转子的结构、冷却方式等因素有关。当转子绝缘损坏时，就可能引起励磁回路接地故障，常见的是一点接地故障，如不及时处理，还可能接着发生两点接地故障。

励磁回路的一点接地故障，由于构不成电流通路，对发电机不会构成直接的危害。那么对于励磁回路一点接地故障的危害，主要是担心再发生第二点接地故障，因为在一点接地故障后，励磁回路对地电压将有所增高，就有可能再发生第二个接地故障点；发电机励磁回路发生两点接地故障的危害表现如下：

（1）转子绕组的一部分被短路，另一部分绕组的电流增加，这就破坏了发电机气隙磁场的对称性，引起发电机的剧烈振动，同时无功功率降低。

（2）转子电流通过转子本体，如果转子电流比较大，就可能烧损转子，有时还造成转子和汽轮机叶片等部件被磁化。

（3）由于转子本体局部通过转子电流，引起局部发热，使转手发生缓慢变形而形成偏心，进一步加剧振动。

41. 发电机—变压器组运行中，造成过励磁原因有哪些？

答：首先要了解变压器过励磁与频率电压的关系。变压器的电压是由通过铁芯上绕组的电流产生励磁后而产生的。其关系为：$U = 4.44fNBS$。其中绕组匝数 N 和铁芯截面积 S 都是常数，即 $K = 1/4.44NS$，则工作磁密 $B = K \cdot U/f$，即电压升高或频率降低都会引起过励磁。另一方面大型变压器的工作磁密 $B_1 = (1.7 \sim 1.8) \text{T/m}^2$，饱和磁密 $B_2 = (1.9 \sim 2.0) \text{T/m}^2$，非常接近。而对发电机来说，当其电压与频率比 $U/f > 1$ 时，也要遭受过励磁的危害，且它的允许过励磁倍数还要低于升压变压器的过励磁倍数。所以都容易饱和，对发电机和变压器都不利。造成过励磁的原因有以下几方面。

（1）发电机—变压器组与系统并列前，由于误操作，误加大励磁电流引起过励磁。

（2）发电机启动中，转子在低速预热时，误将电压升至额定值会因发电机变压器低频运行造成过励磁。

（3）切除发电机中，发电机解列减速，若灭磁开关拒动，使发电机遭受低频引起过励磁。

（4）发电机—变压器组出口断路器跳开后，若自动励磁调节器退出或失灵，则电压与频率均会升高，但因频率升高慢引起过励磁。即使正常甩负荷，由于电压上升快，频率上升慢（惯性不一样），也可能使变压器过励磁。

（5）系统正常运行时频率降低时也会引起过励磁。

42. 发电机定子绕组中的负序电流对发电机有什么危害？

答：发电机正常运行时发出的是三相对称的正序电流。发电机转子的旋转方向和旋转速度与三相正序对称电流所形成的正向旋转磁场的转向和转速一致，即转子的转动与正序旋转磁场之间无相对运动，此即"同步"的概念。当电力系统发生不对称短路或负荷三相不对称（接有电力机车、电弧炉等单相负荷）时，在发电机定子绕组中就流有负序电流。该负序电流在发电机气隙中产生反向（与正序电流产生的正向旋转磁场相对）旋转磁场，它相对于转子来说为 2 倍的同步转速，因此在转子中就会感应出 100Hz 的电流，即所谓的倍频电流。该倍频电流的主要部分流经转子本体、槽楔和阻尼条，而在转子端部附近沿周界方向形成闭合口路，这就使得转子端部、护环内表面、槽楔和小齿接触面等部位局部的灼伤，严重时会使护环受热松脱，给发电机造成灾难性的破坏，即通常所说的"负序电流烧机"，这是负序电流对发电机的危害之一。另外，负序（反向）气隙旋转磁场与转子电流之间，正序（正向）气隙旋转磁场与定子负序电流之间所产生的频率为 100Hz 交变电磁力矩，将同时作用于转子大轴和定子机座上，引起频率为 100Hz 的振动，此为负序电流危害之二。发电机承受负序电流的能力，一般取决于转子的负序电流发热条件，而不是发生的振动。

鉴于以上原因，发电机应装设负序电流保护。负序电流保护按其动作时限又分为定时限和反时限两种。前者用于中型发电机，后者用于大型发电机。

43. 发电机应装设哪些保护？它们的作用是什么？

答：对于发电机可能发生的故障和不正常工作状态，应根据发电机的容量有选择地装设以下保护。

（1）纵联差动保护。为定子绕组及其引出线的相间短路保护。

（2）横联差动保护。为定子绕组一相匝间短路保护。只有当一相定子绕组有两个及以上并联分支而构成两个或三个中性点引出端时，才装设该种保护。

（3）单相接地保护。为发电机定子绕组的单相接地保护。

（4）励磁回路接地保护。为励磁回路的接地故障保护，分为一点接地保护和两点接地保护两种。水轮发电机都装设一点接地保护，动作于信号，而不装设两点接地保护。中小型汽轮发电机，当检查出励磁回路一点接地后再投入两点接地保护，大型汽轮发电机应装设一点接地保护。

（5）低励、失磁保护。为防止大型发电机低励（励磁电流低于静稳极限所对应的励磁电流）或失去励磁（励磁电流为零）后，从系统中吸收大量无功功率而对系统产生不利影响，100MW及以上容量的发电机都装设这种保护。

（6）过负荷保护。发电机长时间超过额定负荷运行时作用于信号的保护。中小型发电机只装设定子过负荷保护；大型发电机应分别装设定子过负荷和励磁绕组过负荷保护。

（7）定子绕组过电流保护。当发电机纵差保护范围外发生短路，而短路元件的保护或断路器拒绝动作，为了可靠切除故障，则应装设反应外部短路的过电流保护。这种保护兼作纵差保护的后备保护。

（8）定子绕组过电压保护。中小型汽轮发电机通常不装设过电压保护。水轮发电机和大型汽轮发电机都装设过电压保护，以切除突然甩去全部负荷后引起定子绕组过电压。

（9）负序电流保护。电力系统发生不对称短路或者三相负荷不对称（如电气机车、电弧炉等单相负荷的比重大大）时，发电机定子绕组中就有负序电流。该负序电流产生反向旋转磁场，相对于转子为两倍同步转速，因此在转子中出现100Hz的倍频电流，它会使转子端部、护环内表面等电流密度很大的部位过热，造成转子的局部损伤，因此应装设负序电流保护。中小型发电机多装设负序定时限电流保护；大型发电机多装设负序反时限电流保护，其动作时限完全由发电机转子承受负序发热的能力决定，不考虑与系统保护配合。

（10）失步保护。大型发电机应装设反应系统振荡过程的失步保护。中小型发电机都不装设失步保护，当系统发生振荡时，由运行人员判断，根据情况用人工增加励磁电流、增加或减少原动机出力、局部解列等方法来处理。

（11）逆功率保护。当汽轮机主汽门误关闭，或机炉保护动作关闭主汽门而发电机出口断路器未跳闸时，发电机失去原动力变成电动机运行，从电力系统吸收有功功率。这种工况对发电机并无危险，但由于鼓风损失，汽轮机尾部叶片有可能过热而造成汽轮机事故，故大型机组要装设用逆功率继电器构成的逆功率保护，用于保护汽轮机。

44. 为什么要装设发电机断路器断口闪络保护?

答：接在 220kV 以上电压系统中的大型发电机—变压器组，在进行同步并列的过程中，作用于断口上的电压，随待并发电机与系统等效发电机电动势之间相角差 δ 的变化而不断变化，当 $\delta=180°$ 时其值最大，为两者电动势之和。当两电动势相等时，则有两倍的相电压作用于断口上，有时会造成断口闪络事故。

断口闪络除给断路器本身造成损坏外，还可能由此引起事故扩大，破坏系统的稳定运行。一般是一相或两相闪络，产生负序电流，威胁发电机的安全。

为了尽快排除断口闪络故障，在大机组上可装设断口闪络保护。断口闪络保护动作的条件是断路器三相断开位置时有负序电流出现。断口闪络保护首先动作于灭磁，失效时动作于断路失灵保护。

45. 为什么要装设发电机启动和停机保护?

答：对于在低转速启动或停机过程中可能加励磁电压的发电机，如果原有保护在这种方式下不能正确工作时，需加装发电机启停机保护，该保护应能在低频情况下正确工作。例如作为发电机—变压器组启动和停机过程的保护，可装设相间短路保护和定子接地保护各一套，将整定值降低，只作为低频工况下的辅助保护，在正常工频运行时应退出，以免发生误动作。为此辅助保护的出口受断路器的辅助触点或低频继电器触点控制。

46. 为什么要装设发电机意外加电压保护?

答：发电机在盘车过程中，由于出口断路器误合闸，突然加电压，使发电机异步启动，它能给机组造成损伤。因此需要有相应的保护，当发生上述事件时，迅速切除电源。一般设置专用的意外加电压保护，可用延时返回的低频元件和过电流元件共同存在为判据。该保护正常运行时停用，机组停用后才投入。

当然在异常启动时，逆功率保护、失磁保护、阻抗保护也可能动作，但时限较长，设置专用的误合闸保护比较好。

47. 为什么要装设过励磁保护?

答：发电机和变压器都是由铁芯绕组组成，电压的升高和频率的降低均可导致磁密的增大。磁密过分的增大，使铁芯饱和，励磁电流急剧增加，造成过励磁现象。

变压器铁芯饱和之后，铁损增加。靠近铁芯的绕组导线、油箱壁以及其他金属结构件，由于漏磁场而产生涡流损耗，使这些部位发热，引起高温，严重时要造成局部变形和损伤周围的绝缘介质。

过励磁引起的温升加速绝缘老化、使绕组的绝缘强度和机械性能恶化，此外铁芯叠片间绝缘损坏导致涡流损耗进一步增加，还可能造成绕组对铁芯的主绝缘损坏，而且油箱内壁的油漆熔化还会使变压器油被污染。

发电机或变压器发生多次反复过励磁，将因过热而使绝缘老化，降低设备的使用寿命。我国继电保护规程规定，对于频率低和电压升引起的铁芯工作磁密过高的 500kV 变压器和 300MW 及以上发电机应装装设过励磁保护。

48. 简述同步发电机的工作原理。

答：同步发电机是电力系统中生产电能的重要设备，其工作原理是利用电磁感应原理将原动机转轴上的动能通过定子、转子间的磁场耦合，转换到定子绕组变为电能。

定子上有 AX、BY、CZ 三绕组，它们在空间上彼此相差 120°电角度，每相绕组的匝数相等。转子磁极上装有励磁绕组，由直流励磁，磁通方向从转子 N 级出来，经过气隙、定子铁芯、气隙，再进入转子 S 级而构成回路。

用原动机拖动发电机沿逆时针方向转动，则磁力线将切割定子绕组的导体，由电磁感应定律可知，在定子绕组中就会感应出交变的电动势，由于发电机定子三相绕组在物理空间布置上相差 120°，那么转子磁场的磁力线势必将先切割 A 相绕组，再切割 B 相，最后切割 C 相。因此，定子三相感应电动势大小相等，在相位上彼此互差 120°电角度。

49. 发电机不对称运行时，发电机绕组内的负序电流对发电机有哪些危害？

答：发电机不对称运行时，在发电机的定子绕组内除正序电流外，还有负序电流。正序电流是由发电机电动势产生的，它所产生的正序电流与转子保持同步速度而同方向旋转，对转子而言是相对静止的，此时转子的发热只是由励磁电流决定的。

负序电流出现后，它除了和正序电流叠加使绕组相电流可能超过额定值外，还会引起转子的附加发热和机械振动。当定子三相绕组中流过负序电流时，所产生的负序磁场以同步转速与转子反方向旋转，在励磁绕组、阻尼绕组及转子本体中感应出两倍频率的电流，从而引起附加发热。由于集肤效应，这些电流主要集中在表面的薄层中流动，在转子端部沿圆周方向流动而成环流。这些电流流经转子的横楔与齿，并流经槽楔和齿与套箍的许多接触面。这些接触部位电阻较高，发热尤为严重。

除上述的附加发热外，负序电流产生的负序磁场还在转子上产生两倍频率的脉动转矩，使发电机组产生 100Hz 的振动并伴有噪声，使轴系产生扭矩。汽轮发电机由于转子是隐极式的，绕组置于槽内，散热条件不好，所以负序电流产生的附加发热往往成为限制不对称运行的主要条件。

50. 发电机启动前应进行哪些检查工作？

答：发电机启动前应进行以下检查：

（1）发电机、励磁变压器、主变压器、厂用变压器、发电机中性点电抗器、TV、TA、避雷器、封闭母线、引线、开关、隔离开关、接地装置、整流屏、灭磁屏、切换屏、调节器屏及发电机变压器组保护屏等设备清洁、无尘埃和杂物，且各部分完好。

（2）各母线、引线、连线、接地线及二次线等不松动，接触良好。

（3）绝缘子套管无裂纹和破损。

（4）充油设备无漏油。

（5）封闭母线微正压装置投入正常。

（6）发电机已充氢，压力、纯度、湿度及温度合格，不漏氢。

（7）发电机定子绕组已通水，压力、流量、电导率及温度均正常，不漏水。

（8）发电机气体冷却器已通水，压力、流量和温度均正常，不漏水。

（9）电刷风机投入正常；各励磁集电环及大轴接地集电环光洁、无损坏，刷架端正，刷辫完好，电刷完好，无卡涩，压力均匀，接触良好。

（10）主变压器、高压厂用变压器冷却器投入正常。

（11）各操作、信号、合闸电源指示灯、表计正常，保护装置投入正常。

（12）消防器材充足。

第三节　电 动 机 知 识

51. 试述电动机运行维护工作的内容。

答：（1）保持电动机附近清洁，定期清扫电动机，避免杂物卷入电动机内。

（2）保证电动机外壳接地良好，确保人身安全。

（3）电动机轴承用的润滑油或润滑脂，应符合运行温度和转速的要求，并定期更换或补充。

（4）加强对电动机电刷的维护，使之压力均匀、不过热、不卡涩、不晃动、接触良好。

（5）保护装置齐全、完整。电动机应按有关规程的规定，设置保护装置和自动装置，并按现场规程的规定投入和退出。

（6）用少油式或真空断路器启动的高压电动机为防止在制动状态下开断而产生过电压引起损坏，必要时可在断路器负荷侧装设并联阻容保护或压敏电阻等。

（7）保护电动机用的各型熔断器的熔丝（体），无论是已装好的或是备用的，均应经过检查，按给定值在熔断器标签上面注明电动机名称和额定电流值以及更换熔丝（体）年、月、日。各台电动机的熔断器不得互换使用，不得随意更改熔体定值。

（8）停电前应确知所带设备已停止运行。停、送电应与有关岗位联系好，取、装熔断器应使用专用工具、戴绝缘手套。

（9）对于备用电动机，应与运行电动机一样，定期检查，测量绝缘和维护，保证能随时启动。

52. 启动电动机时应注意什么？

答：应注意下列事项：

（1）如果接通电源开关，电动机转子不动，应立即停运，查明原因并消除故障后，才允许重新启动。

（2）接通电源开关后，电动机发出异常响声，应立即停运，检查电动机的传动装置及电源是否正常。

（3）接通电源开关后，应监视电动机的启动时间和电流表的变化。如启动时间过长或电流表电流迟迟不返回，应立即停运，进行检查。

（4）在正常情况下，厂用电动机允许在冷态下启动两次，每次间隔时间不得少于5min。在热态下启动一次。只有在处理事故时，才可以多启动一次。

（5）启动时发现电动机冒火或启动后振动过大，应立即拉闸，停机检查。

（6）如果启动后发现运转方向反了，应立即停止运行，停电，并调换三相电源任意两相后再重新启动。

53. 运行中电动辅机跳闸处理原则是什么？

答：（1）迅速启动备用电机。

（2）对于重要的厂用电动辅机跳闸后，在没有备用的辅机或不能迅速启动备用辅机的情况下，为了不使机组重要设备遭到损坏，一般情况下允许将已跳闸的电动辅机进行强送，具体强送次数规定如下：6kV 电动辅机一次；380V 电动辅机二次。

（3）跳闸的电动辅机，存在下列情况之一者，禁止进行强送：

1）电动机本体或启动调节装置以及电源电缆上有明显的短路或损坏现象。

2）发生需要立即停止辅机运行的人身事故。

3）电动机所带的机械损坏。

4）非湿式电动机浸水。

54. 论述运行中对电动机监视的项目。

答：运行中加强对电动机运行情况的监视，监视项目如下：

（1）电动机的电流不超过额定值。如超过，则应迅速采取措施。

（2）电动机轴承润滑良好，温度正常。

（3）电机声音正常，振动不超过允许值。

（4）对直流电动机和绕线式电动机应注意电刷是否冒火。

（5）电动机外壳接地线应完好，地脚螺栓不松动。

（6）电缆无过热现象。

（7）对于引入空气冷却的电动机管道应清洁畅通、严密。大型密闭式冷却的电动机，其冷却水系统正常。

55. 试述电动机试运行中的常见故障。

答：常见故障主要表现在两个方面，即机械方面故障和电气方面故障。机械故障大多发生在轴承部位，电气故障以发生在绕组部位较多。运行期间应认真监视电动机参数，如功率、电压、电流、声响、转速、振动、温升等，以及有无焦臭味和发热冒烟等情况。根据故障现象分析原因、做出判断并找出故障。

（1）机械故障包括以下几种：

1）轴承发热，可能是轴承中油脂过少或过多，或油脂标号不合适；轴承规格不合。

2）轴承内有异物；转轴弯曲、连接偏心等。

3）轴承发生不正常的响声，可能是轴承装的松紧不合适，滚珠（柱）损坏等。

4）振动明显，可能是被带动机械不平衡，电动机地脚螺栓不紧或绕线式电动机转子未校好动平衡等。

（2）异步电动机的电气故障包括以下几种：

1）电动机不能转动，可能是电源线断开（包括熔丝熔断、接线松脱、电源线中断等），转子回路断路或短路，启动器故障，负载过重等。

2）电动机达不到额定转速，可能是接线错误（将△接法错接成Y接法），电源电压过低，电刷与集电环接触不良，笼转子断条，负载过重等。

3）电动机绕组发热过度，可能是过载，接线错误（将Y接法错接成△接法），转子与定子相摩擦等。

（3）直流电动机的电气故障包括以下几种：

1）电动机不能转动，可能是电源线断开，电枢回路断线，变阻器断线或接线错误，电刷接触不良和负载过重等。

2）换向器发热，可能是换向器表面不清洁，电刷压得太紧或电刷不适合该电机。

3）换向器冒火花，可能是过负荷，换向器表面不圆或太脏，云母绝缘高出换向器表面。

4）刷架位置不合适，电刷与换向器接触不良或电刷规格不合适等。

56. 三相异步电动机为什么能采用变频调速？在调压过程中，为什么要保持 u 与 f 比值恒定？普通交流电动机变频调速系统的变频电源主要由哪几部分组成？

答：由三相异步电机的工作原理可知，其同步转速为 $n = 60f/p$，即同步转速与电源频率成正比。所以，改变电源频率就可以改变电机旋转磁势的同步转速，从而改变电动机转速达到调速目的。

三相异步电动机主体为一个铁磁机构，为得到所需的转矩，并充分利用铁磁材料，其工作主磁通在设计时已做考虑，希望保持额定。由三相异步电动机电压表达式 $U \approx E = 4.44 f\omega K\Phi$ 可知，改变频率而要维持主磁通 Φ 不变，只有保持 u 与 f 的比值恒定，才能在降低频率的情况下，不降低主磁通。

普通交流电动机变频调速系统的变频电源，主要由整流、滤波和逆变三大部分组成。

57. 试简析深槽式异步电动机是利用什么原理实现启动性能改善的。

答：深槽式异步电动机是利用集肤效应来实现启动性能改善的。电动机启动时，由于转子于定子磁场的相对速度最大，故转子绕组漏电抗最大。与之相比，此时转子绕组的内阻可忽略不计，转子电流沿导体截面的分布由转子绕组漏电抗分布决定，由于转子漏磁通沿槽深方向由低自上逐渐减少，故转子漏电抗也自下而上逐渐减少，因此转子电流的绝大多数自导体上部经过，而下部几乎无电流通过（集肤效应），则导体的有效面积减小，转子绕组的等值电阻相应增加，所以起到了限制电流、增加启动转矩的作用。双笼式异步电动机的改善启动性能的原理与深槽式基本一致。

58. 电动机启动前的检查项目有哪些？

答：（1）有关工作票全部收回，临时安全措施全部拆除。

（2）电动机上或其附近应无杂物且无人工作。

（3）电动机底脚螺栓紧固，外壳接地良好。

（4）靠背轮已接好，保护罩完整牢固，所带动的设备在准备启动状态。

（5）电动机的绝缘合格。

（6）电动机开关传动正常，事故按钮传动正常。

（7）轴承油位正常，润滑油系统及冷却水系统已投入运行。

（8）经变频器带动的电动机，检查变频器无异常。

（9）检查机械部分，无卡涩、摩擦现象。

（10）新安装或更新接线后的电动机在带机械启动前，应空试电动机转向正确后才可带机械运行，无法单独空试电动机必须带机械试转时，必须做好机械反转准备。

59. 电动机外壳带电由哪些原因引起？

答：电动机绕组引出线或电源线绝缘损坏在接线盒处碰壳，因而使外壳带电，故应处理引出线或电源线绝缘；电动机绕组绝缘严重老化或受潮，使铁芯或外壳带电。对绝缘老化的电动机应更换绕组，对受潮的电动机应进行干燥；错将电源相线当作接地线接至外壳，使外壳直接带相电压。应检查接线，立即更正。线路中出现接线错误，如三相四线制低压系统中，个别设备接地而不接零，当设备发生碰壳时，不但碰壳设备的外壳对地有电压，而且所有与中性线相连接的其他设备外壳均将带电，而且是危险的相电压。

第四节 厂用电系统知识

60. 厂用电系统的倒闸操作一般有哪些规定？

答：厂用电系统的倒闸操作应遵循下列规定：

（1）厂用电系统的倒闸操作和运行方式的改变，应由值长发令，并通知有关人员。

（2）除紧急操作和事故处理外，一切正常操作应按规定填写操作票，并严格执行操作监护及复诵制度。

（3）厂用电系统倒闸操作，一般应避免在高峰负荷或交接班时进行。操作当中不应进行交接班，只有当操作全部终结或告一段落时，才可进行交接班。

（4）新安装或进行过有可能变换相位作业的厂用电系统，在受电与并列切换前，应检查相序、相位的正确性。

（5）厂用电系统电源切换前，必须了解电源系统的连接方式。若环网运行，应并列切换，若开环运行及事故情况下对系统接线方式不清时，不得并列切换。

（6）倒闸操作应考虑环并回路与变压器有无过载的可能，运行系统是否可靠及事故处理是否方便等。

（7）厂用电系统送电操作时，应先合电源侧隔离开关，后合负荷侧隔离开关。停电操作与此相反。

61. 6kV 部分厂用电中断应如何处理？

答：部分厂用电中断应做如下处理：

（1）若备用设备自动投入成功，复位各开关，调整运行参数至正常。

（2）若备用设备未自动投入，应手动启动备用设备（无备用设备，可将已跳闸设备强制合闸一次）。若手动启动仍无效，减负荷或减负荷至零停机，尽快恢复厂用电，然后再进行启动。

（3）若厂用电不能尽快恢复，超过 1min 后，解除跳闸泵联锁，复位停用开关，注意机组情况，各监视参数达停机极限值时，按相应规定进行处理。

（4）若需打闸停机，应启动直流润滑油泵及直流密封油泵。

62. 论述厂用电负荷的分类内容。

答：根据厂用设备在生产中的作用，以及供电中断对人身和设备安全的影响，厂用电负荷可分为以下三类：

（1）一类负荷。凡短时停电（包括手动操作恢复电源，也认为是短时停电）会带来设备损坏、危及人身安全、造成主机停运、大量影响出力的厂用电负荷，如给水泵、凝结水泵、循环水泵、吸风机、送风机等都属于一类负荷。这类负荷都设有备用，且在短时停电时（0.5s 内）都不会自动断开，以便在电压恢复时实现自启动。

（2）二类负荷。有些厂用机械允许短时（如几秒至几分钟）停电，经人工操作恢复电源后，不会造成生产紊乱，这些都属二类负荷。如工业水泵、疏水泵、灰浆泵、输煤系统等。

（3）三类负荷。凡几小时或较长时间停电不致直接影响生产的厂用电负荷，都属三类负荷。如修理间、试验室、油处理室等的负荷。

63. 查找直流接地的操作步骤和注意事项有哪些？

答：根据运行方式、操作情况、气候影响进行判断可能接地的处所，采取拉路寻找、分段处理的方法，以先信号和照明部分后操作部分，先室外部分后室内部分为原则。在切断各专用直流回路时，切断时间不得超过 3s，无论回路接地与否均应合上。当发现某一专用直流回路有接地时，应及时找出接地点，尽快消除。

查找直流接地的注意事项如下：

（1）查找接地点禁止使用灯泡寻找的方法。

（2）用仪表进行测量工作时，必须使用高内阻电压表。

（3）当直流发生接地时，禁止在二次回路上工作。

（4）处理时不得造成直流短路和另一点接地。

（5）查找和处理必须由两人同时进行。

（6）拉路前应采取必要措施，以防止直流失电可能引起保护及自动装置的误动。

64. 6kV 系统接地，如何处理？

答：（1）接地警报动作并发出信号，值班人员应立即查看电压、接地相别及接地电压数值。如为瞬间报警，且没有接地电压时，可能为分路故障掉闸。如有接地电压时，应立即检查 6kV 零序保护盘或综保装置，根据信号动作情况判明接地的设备，立即停止该设备运行。

（2）6kV 零序保护盘或综保装置没有信号报警时，应与有关人员了解设备的开停情况，并迅速检查故障系统设备。

（3）检查未发现问题时，分别试找接地点：

1）倒换 6kV 变压器，确认是否为工作变压器低压侧接地。

2）倒换 380V 变压器，确认是否为工作变压器高压侧接地。

3）通知有关单位倒换备用设备，对于无备用的设备进行拉合试验。

（4）若接地点发生在电动机回路，则此设备不再送电。

（5）若接地点发生在 380V 变压器高压侧，则此变压器不再送电，由备用变压器带负荷。

（6）若接地点发生在 6kV 变压器低压侧，必须申请停机处理。

（7）若接地点发生在 6kV 母线上，则母线应停电。如机组不能维持运行时，申请停机处理。

65. 直流系统接地，如何处理？

答：（1）首先复归信号，如不能复归时，应切换接地电压，判明接地极性，查看绝缘值。

（2）根据当时运行方式、天气变化、检修设备的变动情况，进行重点拉、合试验。

（3）有备用的先倒备用，如此路接地，必须倒回原方式，再查找下一级故障点。

（4）拉、合试验前，应与有关单位联系，必要时热工、电气检修人员在场，防止误停设备。

（5）拉、合试验时，应先拉次要负荷，如因天气影响直流系统绝缘低时，可同时拉开几路负荷。

（6）在切断各专用直流回路时，无论回路接地与否，应立即合入。

（7）在拉、合220kV开关直流时，应先拉、合信号和控制直流，而后拉、合保护直流。

（8）由于直流瞬时中断，可能引起的其他设备的保护、联锁、电压监视，有可能造成开关误动时，必须在采取措施后，才可进行倒换操作。

（9）当两组直流系统发生不同极性接地时，严禁采取先并、后拉的方法进行倒换操作。

（10）发现直流母线电压急剧下降时，必须查明故障点，将故障部位隔离后，再合入母线联络隔离开关送电。

第五节 电力系统及配电知识

66. 电力系统对频率指标是如何规定的？低频运行有何危害？

答：我国电力系统的额定频率为50Hz，其允许偏差对3000MW及以上的电力系统为±0.2Hz，对3000MW以下的电力系统规定为±0.5Hz。

主要危害有以下几方面：

（1）系统长期低频运行时，汽轮机低压级叶片将会因振动加大而产生裂纹，甚至发生断裂事故。

（2）使厂用电动机的转速相应降低，因而使发电厂内的给水泵、循环水泵、送引风机、磨煤机等辅助设备的出力降低，严重时将影响发电厂出力，使频率进一步下降，引起恶性循环，可能造成发电厂全停的严重后果。

（3）使所有用户的交流电动机转速按比例下降，使工农业产量和质量不同程度地降低，废品增加，严重时可能造成人身和设备损坏事故。

67. 电力系统发生振荡时会出现哪些现象？

答：当电力系统稳定破坏后，系统内的发电机组将失去同步，转入异步运行状态，系统将发生振荡。此时，发电机和电源联络线上的功率、电流以及某些节点的电压将会产生不同程度的变化。连接失去同步的发电厂的线路或某些节点的电压将会产生不同程度的变化。连接失去同步的发电厂的线路或系统联络线上的电流表、功率表的表针摆动得最大、电压振荡最激烈的地方是系统振荡中心，其每一周期约降低至零值一次。随着偏离振荡中心距离的增加，电压的波动逐渐减少。

失去同步的发电机其定子电流表指针摆动最为剧烈（可能在全表盘范围内来回摆动）；有功和无功功率表指针的摆动幅度也很大；定子电压表指针也有所摆动，但不会到零；转子电流和电压表指针都在正常值左右摆动。

发电机将发生不正常的、有节奏的轰鸣声；强行励磁装置可能会反复动作；变压器由于电压的波动，铁芯也会发出有节奏的异常声响。

68. 什么是保护接地和保护接零？低压电气设备应该采用保护接地还是保护接零？为什么？

答：将电气设备正常情况下不带电的金属部分，如外壳、构架等，直接与接地装置相连称为保护接地。保护接零是指在 380/220V 系统中，将电气设备不带电的外壳用导线直接与中性线相接。

低压电气采用保护接零的方式比采用保护接地好。

因为采用保护接地时，如果设备发生碰壳事故，由于供电变压器中性点接地电阻和保护接地电阻的共同影响，电路保护可能不会动作，导致设备外壳长期带电，仍有触电危险。采用保护接零后，如果设备发生碰壳事故，短路电流经中性线形成回路，电流很大时能使保护电器迅速跳闸而断开电源。

69. 套管表面脏污和出现裂纹有什么危险？

答：套管表面脏污将使闪络电压（即发生闪络的最低电压）降低，如果脏污的表面潮湿，则闪络电压降得更低，此时线路中若有一定数值的过电压侵入，即引起闪络。闪络有如下危害：

(1) 造成电网接地故障，引起保护动作，断路器跳闸；

(2) 对套管表面有损伤，成为未来可能产生绝缘击穿的一个因素。

套管表面的脏物吸收水分后，导电性提高，泄漏电流增加，使绝缘套管发热，有可能使套管里面产生裂缝而最后导致击穿。

套管出现裂纹会使抗电强度降低。因为裂纹中充满了空气，空气的介电系数小，瓷套管的瓷质部分介电系数大，而电场强度的分布规律是，介电系数小的电场强度大，介电系数大的电场强度小。裂纹中的电场强度大到一定数值时，空气就被游离，引起局部放电，造成绝缘的进一步损坏，直至全部击穿。

裂纹中进入水分结冰时，也可能将套管胀裂。

70. 低电压运行的危害有哪些？

答：有以下危害：

(1) 烧毁电动机。电压过低超过 10%，将使电动机电流增大，绕组温度升高，严重时使机械设备停止运转或无法启动，甚至烧毁电动机。

(2) 灯发暗。电压降低 5%，普通电灯的亮度下降 18%；电压下降 10%，亮度下降 35%；电压降低 20%，则日光灯无法启动。

(3) 增大线损。在输送一定电能时，电压降低，电流相应增大，引起线损增大。

(4) 降低电力系统的稳定性。由于电压降低，相应降低线路输送极限容量，因而降低了稳定性，电压过低可能发生电压崩溃事故。

(5) 发电机功率降低。如果电压降低超过 5%，则发电机功率也要相应降低。

(6) 电压降低，还会降低送、变电设备能力。

71. 论述隔离开关运行中的故障处理。

答：运行中的隔离开关可能出现下列异常现象：

(1) 接触部分过热。

(2) 绝缘子外伤、硬伤。

(3) 针式绝缘子胶合部因质量不良和自然老化而造成绝缘子掉盖。

(4) 在污秽严重时产生放电、击穿放电，严重时产生短路、绝缘子爆炸、断路器跳闸。

针对以上情况，应分别进行如下处理：

(1) 需立即设法减少或转移负荷，如通知用户限荷或拉开部分变压器。

(2) 与母线连接的隔离开关，应尽可能停止使用。

(3) 发热剧烈时，应以适当的断路器，如利用倒母线等方法，转移负荷。

(4) 如停用发热隔离开关，可能引起停电损失较大时，应采用带电作业的方法进行检修。如未消除，临时将隔离开关短接。

(5) 不严重的放电痕迹，可暂不拉电，经过停电手续再行处理。

(6) 绝缘子外伤严重，则应立即停电或带电作业处理。

72. 断路器为什么要进行三相同期测定？

答：(1) 如果断路器三相分、合闸不同期，会引起系统异常运行。

(2) 中性点接地系统中，如断路器分、合闸不同期，会产生零序电流，可能使线路的零序保护误动作。

(3) 不接地系统中，两相运行会产生负序电流，使三相电流不平衡，个别相的电流超过额定电流值时会引起电气设备的绕组发热。

(4) 消弧线圈接地的系统中，断路器分、合闸不同期时所产生的零序电压、电流和负序电压、电流会引起中性点位移，使各相对地电压不平衡，个别相对地电压很高，易产生绝缘击穿事故。同时零序电流在系统中产生电磁干扰，影响通信和系统的安全，所以断路器必须进行三相同期测定。

73. 什么叫串联谐振？其发生的条件是什么？为什么发生串联谐振时电感与电容上的电压可能高于线路外施电压很多倍？发生串联谐振时线路无功流向如何？

答：在由电阻、电感和电容组成的串联电路中，出现电路两端电压与线路电流同相的现象称串联谐振。

串联谐振发生的条件是线路中的电抗等于零，即容抗正好等于感抗。

发生串联谐振时由于线路电抗为零，此时线路的阻抗就等于线路的电阻，电流最大。如果此时线路中感抗和容抗大于线路电阻，那么在电感和电容元件上的电压有效值就可能大于外施电压许多倍。

发生串联谐振时电源不向回路输送无功功率。电感与电容中的无功功率大小相等、完全互补，无功能量的交换在它们之间进行。

74. 试述外部过电压的危害，运行中防止外部过电压都采取了什么手段。

答：外部过电压包括两种：一种是对设备的直击雷过电压；另一种是雷击于设备附近时，在设备上产生的感应过电压。由于过电压数值较高，可能引起绝缘薄弱点的闪络，也可能引起电气设备绝缘损坏，甚至烧毁电气设备。

电力系统的防雷设施有避雷器、避雷针、进出线架设架空地线及装设管型避雷器、放电间隙和接地装置。

避雷器：防止雷电过电压，即雷电感应过电压和雷电波沿线侵入发电厂、变电站的大气过电压，保护高压设备绝缘不受损。

避雷针：防止直击雷。

进出线架设架空地线及装设管型避雷器：防止雷电直击近区线路，避免雷电波直接入侵、损坏设备。

放电间隙：根据变压器的不同电压等级，选择适当距离的放电间隙与阀型避雷器并联（也有单独用放电间隙的），来保护中性点为分级绝缘的变压器中性点。

接地装置：是防雷保护重要组成部分，要求它不仅能够安全地引导雷电流入地，并应使雷电流流入大地时能均匀地分布出去。

75. 什么是交流电路中的有功功率、无功功率和视在功率？其关系式是什么？为什么电动机的额定容量用有功功率表示而变压器的额定容量以视在功率表示？

答：（1）交流电路中有功功率指一个周期内瞬时功率的平均值，它是电路中实际消耗的功率，是电阻部分消耗的功率。无功功率指电路中储能元件电感及电容与外部电路进行能量交换速率的幅值，这里能量并不是消耗而是交换。视在功率是电路中电压与电流有效值的乘积，它只是形式上的功率。

（2）有功功率的符号为 P，无功功率的符号为 Q，视在功率的符号为 S，其间的关系为：$S=\sqrt{P^2+Q^2}$。

（3）电动机的额定容量指其轴上输出的机械功率，因此必须用以千瓦为单位的有功功率表示。变压器的输出容量取决于其允许的电流，其电流不仅与负载的有功功率有关而且与负载的功率因数有关，功率因数很低时即使有功负荷很低，电流也可能很大，所以用视在功率表示容量。

76. 试述小接地电流系统单相接地与电压互感器一次熔断器单相熔断有什么共同点和不同点。

答：共同点：

（1）由于系统接地或一次熔断器熔断，使得故障相的一次绕组电压降低或为零，因此故障相二次电压表感受的电压降低。

（2）由于一次绕组三相电压不平衡，在辅助绕组中感应出不平衡电压，使得接地信号动作，发出接地告警。

不同点：

（1）非故障相及开口三角电压值不同。接地时故障相电压降低或为零；非故障相电压升高，最高可达线电压；开口三角电压最高可达 100V；TV 一次断线时故障相电压可以从二次侧串回一部分，电压值大小由二次负载的分压决定；非故障相电压不升高；开口三角电压为 33V。

（2）接地时系统不失去平衡，三个线电压表数值不变；熔断器熔断时，与熔断相有关的线电压表指示降低，与熔断相无关的线电压表不变。

（3）一次熔断器熔断时，相应系统"接地"和"电压互感器断线"信号将同时发出；系统接地时，仅发"接地"信号。

77. 如何对电压降低的事故进行处理？

答：当在电压曲线规定的范围内运行而发生电压降低并超过曲线要求量时，电气值班人员应向调度汇报。同时，电气运行人员应区别情况进行下列相应处理：

（1）电压降低与频率降低同时发生时，应按频率降低事故处理的方法进行处理，同时，视电压降低程度及情况按下述方法处理。

（2）发电机组的运行电压降低时，发电厂电气运行人员应按规程自行使用发电机的过负荷能力，制止电压继续降低到额定电压的90%以下。

（3）个别地区电压降低并导致发电机组过负荷时，应报告值班调度员，采取适当措施。

（4）当发电厂母线电压降低到"最低运行电压"时。为防止电压崩溃，应立即采取紧急拉路措施。使母线电压恢复至"最低运行电压"以上，并向调度报告。

（5）当系统电压降低导致发电厂厂用母线电压降低时，应采取降低某些发电机有功增加无功来制止电压继续下降。

（6）当发现电压低到威胁厂用电安全运行时，发电厂电气运行人员可按现场规程规定，将供厂用电机组（全部或部分）与系统解列。

78. 电网中性点不接地系统，单相接地有何危害？

答：电网的每一相与大地间都具有一定的电容，均匀分布在导线全线长上。线路经过换位等措施后对地电容基本上可以看作是平衡对称的，则中性点的对地电压为零。如果任一相绝缘破坏而一相接地时，该相对地电压为零，其他两相对地电压将上升为线电压，有时因单相接地效应甚至会超过线电压值，而对地电容电流也将增大，这个接地电容电流由故障点流回系统，在相位上较中性点对地电压（即零序电压）超前90°，对通信产生干扰。母线接地时，增加断路器断口间电压，造成灭弧困难，由于接地电流和中性点对地电压在相位上相差90°，因此当接地电流过零时，加在弧隙两端的电流电压为最大值，因此故障点的电弧重燃产生相互交替的不稳定状态，这种间歇性电弧现象引起了电网运行状态的瞬息变化，导致电磁能的强烈振荡，并在电网中产生危险的过电压，其值一般为三倍最高运行相电压，个别可达五倍，这就是弧光接地过电压。这将对电网带来严重威胁，对中性点接地的电磁设备，造成过电压，产生过励磁，使设备发热和波形畸变。

79. 提高电力系统电压质量有哪些措施？

答：提高电力系统电压质量的主要措施如下：

（1）在电力系统中，合理调整潮流分布使有功功率、无功功率平衡，在枢纽变电站装设适当的无功补偿设备，能维持电压的正常，减少线损。

（2）提高输电的功率因素；同时在用户供电系统应装有足够的静电电容补偿容量，改变网络无功分布实现调压。

（3）采用有载调压变压器（在电网无功功率不缺时）。

（4）在电网中装设适量的电抗器，特别是电力电缆较多的网络，在低谷时会出现电压偏高，应投入电抗器吸收无功功率以降低电压。

（5）改变电网参数，如输电线路，进行电容串联补偿，可提高电压质量。

80．论述 500kV（高压）并联电抗器应装设哪些保护及其作用。

答：高压并联电抗器应装设如下保护装置：

（1）高阻抗差动保护。保护电抗器绕组和套管的相间和接地故障。

（2）匝间保护。保护电抗器的匝间短路故障。

（3）瓦斯保护和温度保护。保护电抗器内部各种故障、油面降低和温度升高。

（4）过电流保护。电抗器和引线的相间或接地故障引起的过电流。

（5）过负荷保护。保护电抗器绕组过负荷。

（6）中性点过电流保护。保护电抗器外部接地故障引起中性点电抗过电流。

（7）中性点电抗瓦斯保护和温度保护。保护电抗内部各种故障、油面降低和温度升高。

81．电力系统中为什么要采用自动重合闸？

答：自动重合闸装置是将因故障跳开后的开关按需要自动投入的一种自动装置。电力系统运行经验表明，架空线路绝大多数的故障都是瞬时性的，永久性故障一般不到 10％。因此，在由继电保护动作切除短路故障之后，电弧将自动熄灭，绝大多数情况下短路处的绝缘可以自动恢复。因此，自动将开关重合闸，不仅提高了供电的安全性和可靠性，减少了停电损失，而且还提高了电力系统的暂态稳定水平，增大了高压线路的送电容量，也可纠正由于开关或继电保护装置造成的误跳闸。所以，架空线路要采用自动重合闸装置。

82．高压断路器有哪些种类？

答：高压断路器是电力系统中最主要的控制电器，按装设地点有户内和户外两种形式，按照灭弧原理有油断路器（多油断路器和少油断路器）、空气断路器、SF_6 断路器、真空断路器等。

（1）多油断路器。触头系统放置在装有变压器油的油箱中，油一方面用来熄灭电弧，另一方面还作为断路器导电部分之间以及导电部分与接地油箱之间的绝缘介质。具有配套性强、受大气条件影响小等特点，但体积庞大、用油量多，增加了爆炸和火灾的危险性，检修工作量大。

（2）少油断路器。灭弧室装在绝缘筒或不接地的金属筒中，变压器油只用作灭弧和触头间隙的绝缘。结构简单、材料消耗少、体积小、质量轻、便于生产、性能稳定、运行方便、价格便宜。

（3）空气断路器。利用压缩空气作为灭弧和绝缘的介质，同时还用压缩空气作为传动的动力。

（4）SF_6 断路器。利用 SF_6 气体作为绝缘和灭弧的介质，具有良好的电气绝缘强度和灭弧性能。允许动作次数多、检修周期长、断路性能好、占地面积少，但加工精度高、密封性能要求好，对水分与气体的检测控制要求高。

（5）真空断路器。以真空作为灭弧和绝缘介质，绝缘强度很高，电弧容易熄灭。可在有腐蚀性和可燃性以及温度较高或较低的环境中使用。寿命长、维护量小，但价格昂贵，容易发生过电压。

83. 新安装的电容器在投入运行前应检查哪些项目？

答：检查项目如下：

（1）电容器外部检查完好，试验合格。

（2）电容器接线正确，安装合格。

（3）各部分连接牢固可靠，不与地绝缘的每个电容器外壳及架构均已经可靠接地。

（4）放电变压器容量符合要求，试验合格，各部件完好。

（5）电容器保护及监视回路完整并经传动试验良好。

（6）电抗器、避雷器完好，试验合格。

（7）电容器符合要求，并经投切试验合格，并且投入前应在断开位置。

（8）接地隔离开关均在断开位置。

（9）室内通风良好，电缆沟有防小动物措施。

（10）电容器设有储油池和灭火装置。

（11）五防联锁安装齐全、可靠。

84. 为什么要禁止在只经断路器断开电源的设备上工作？

答：高压断路器的断路能力虽然很强，但它的开断行程很有限。断路器的动静触头在有机灭弧室内，断与不断，只有靠分合闸指示牌指示，外观上不够明显。更主要的是，断路器在停用状态，操作能源是不断开的，如果它的控制回路出现问题或发生二次混线、误碰、误操作等，都会使断路器的操动机构动作而自动合闸使设备带电。再者，当断路器的分闸装置分闸时，如果其操动机构故障断路器实际上未分闸，位置指示器仍可能被（机构）带转至分闸位置，出现断路器虚断，造成人的错觉。因此，《电力安全工作规程》中已明令：禁止在只经断路器断开电源的设备上工作。检修停电，必须将断路器退出运行，断开负荷侧隔离开关和母线侧隔离开关，造成直观明显的空气绝缘间隙，以满足工作安全的要求。

85. 系统振荡时一般现象是什么？

答：系统振荡时一般现象如下：

（1）发电机、变压器、线路的电压表和电流表及功率表周期性的剧烈摆动，发电机和变压器发出有节奏的轰鸣声。

（2）连接失去同步的发电机或系统的联络线上的电流表和功率表摆动得最大。电压振荡最激烈的地方是系统振荡中心，每一周期约降低至零值一次。随着离振荡中心距离的增加，电压波动逐渐减少。如果联络线的阻抗较大，两侧电压的电容也很大，则线路两端的电压振荡是较大的。

（3）失去同期的电网，虽有电气联系，但仍有频率差出现，送端频率高，受端频率低并略有摆动。

86. 引起电力系统异步振荡的主要原因是什么？

答：引起系统振荡的原因如下：

（1）输电线路输送功率超过极限值造成静态稳定破坏。

（2）电网发生短路故障，切除大容量的发电、输电或变电设备，负荷瞬间发生较大突变等造成电力系统暂态稳定破坏。

（3）环状系统（或并列双回线）突然开环，使两部分系统联系阻抗突然增大，引起动稳定破坏而失去同步。

（4）大容量机组跳闸或失磁，使系统联络线负荷增长或使系统电压严重下降，造成联络线稳定极限降低，易引起稳定破坏。

（5）电源间非同步合闸未能拖入同步。

87. 什么叫重合闸后加速？为什么采用检定同期重合闸时不用后加速？

答：当线路发生故障后，保护有选择性地动作切除故障，重合闸进行一次重合以恢复供电。若重合于永久性故障时，保护装置即不带时限无选择性地动作断开断路器，这种方式称为重合闸后加速。

检定同期重合闸是当线路一侧无压重合后，另一侧在两端的频率不超过一定允许值的情况下才进行重合的。若线路属于永久性故障，无压侧重合后再次断开，此时检定同期重合闸不重合，因此采用检定同期重合闸再装后加速也就没有意义了。若属于瞬时性故障，无压重合后，即线路已重合成功，不存在故障，故同期重合闸时，不采用后加速，以免合闸冲击电流引起误动。

88. 对电气配电装置中的隔离开关有什么基本要求？

答：（1）隔离开关应有明显的断开点，以易于鉴别电气设备是否与电源隔开。

（2）隔离开关断开点应具有可靠绝缘，即要求隔离开关断开点间有足够的绝缘距离，以保证在过电压及相间闪络的情况下，不致引起绝缘击穿而危及工作人员的安全。

（3）隔离开关应具有足够的短路稳定性。隔离开关在运行中，会受到短路电流热效应与电动力的作用，所以要求隔离开关具有足够的稳定性，尤其不能因电动力的作用而自动断开，否则将引起严重事故。

（4）要求隔离开关结构简单，动作可靠。

（5）隔离开关主隔离开关与其接地开关间应相互连锁，因而必须装设联锁机构，以保证先断开隔离开关，后闭合接地开关；先断开接地开关，后闭合隔离开关的操作顺序。

89. 隔离开关拒绝拉合闸时的处理方法？

答：出现隔离开关拒绝拉、合闸时，应分析其原因，禁止盲目强行操作，不同的故障原因应采取不同的方法处理。

（1）若是防误装置失灵，运行人员应检查其操作程序是否正确。若其程序正确应停止操作，汇报值长，值长判断确是防误装置失灵，才可解除其闭锁进行操作，或作为缺陷处理，待检修人员处理正常后，才可操作。

（2）若是隔离开关操动机构故障，应将其处理恢复正常后进行操作，不能处理或电动操动机构的电动机故障时，可以改为手动操作。

（3）若是隔离开关本身转动机械故障而不能操作时，应汇报调度，要求将其停机处理。

（4）若是冰冻或锈蚀影响正常操作时，不要用很大的冲击力量，而应该用较小的推动力量克服不正常的阻力。

（5）在操作时，发现隔离开关的刀刃与刀嘴接触部分有抵触时，不应强行操作，否则可能造成支持绝缘子的破坏而造成事故，因此应将其停电并进行处理。

90. 试述电力系统谐波对电网产生的影响？

答：谐波对电网的影响主要有以下几方面：

（1）谐波对旋转设备和变压器的主要危害是引起附加损耗和发热增加，此外谐波还会引起旋转设备和变压器振动并发出噪声，长时间的振动会造成金属疲劳和机械损坏。

（2）谐波对线路的主要危害是引起附加损耗。

（3）谐波可引起系统的电感、电容发生谐振，使谐波放大。当谐波引起系统谐振时，谐波电压升高，谐波电流增大，引起继电保护及安全自动装置误动，损坏系统设备（如电力电容器、电缆、电动机等），引发系统事故，威胁电力系统的安全运行。

（4）谐波可干扰通信设备，增加电力系统的功率损耗（如线损），使无功补偿设备不能正常运行等，给系统和用户带来危害。

限制电网谐波的主要措施有：增加换流装置的脉动数；加装交流滤波器、有源电力滤波器；加强谐波管理。

91. 电力系统中性点接地方式有几种？什么叫大电流、小电流接地系统？其划分标准如何？

答：我国电力系统中性点接地方式主要有以下两种：

（1）中性点直接接地方式（包括中性点经小电阻接地方式）。

（2）中性点不直接接地方式（包括中性点经消弧线圈接地方式）。

中性点直接接地系统（包括中性点经小电阻接地系统），发生单相接地故障时，接地短路电流很大，这种系统称为大接地电流系统。

中性点不直接接地系统（包括中性点经消弧线圈接地系统），发生单相接地故障时，由于不直接构成短路回路，接地故障电流往往比负荷电流小得多，故称其为小接地电流系统。

大电流接地系统、小电流接地系统的划分标准是依据系统的零序电抗 X_0 与正序电抗 X_1 的比值。$X_0/X_1 \leqslant 4 \sim 5$ 的系统属于大电流接地系统，$X_0/X_1 > 4 \sim 5$ 的系统属于小电流接地系统。

92. 试述断路器误跳闸的原因及处理原则。

答：断路器误跳闸原因如下：

（1）断路器机构误动作。判断依据：保护不动作，电网无故障造成的电流、电压波动。

（2）继电保护误动作。一般有定值不正确、保护错接线、电流互感器及电压互感器回路故障等原因造成。

（3）二次回路问题。两点接地，直流系统绝缘监视装置报警；直流接地，电网无故障造成的电流、电压波动；二次回路接线错误等。

（4）直流电源问题。在电网中有故障或操作时，硅整流直流电源有时会出现电压波动、干扰脉冲等现象，使保护误动作。

误跳闸的处理原则如下：

（1）查明误跳闸原因。

（2）设法排除故障，恢复断路器运行。

第六节　继电保护及自动装置

93. 什么是零序保护？大电流接地系统中为什么要单独装设零序保护？

答：在大短路电流接地系统中发生接地故障后，就有零序电流、零序电压和零序功率出现，利用这些电气量构成保护接地短路的继电保护装置统称为零序保护。三相星形接线的过电流保护虽然也能保护接地短路，但其灵敏度较低，保护时限较长。采用零序保护就可克服此不足，原因如下：

（1）系统正常运行和发生相间短路时，不会出现零序电流和零序电压，因此零序保护的动作电流可以整定得较小，这有利于提高其灵敏度。

（2）Y/△接线降压变压器，△侧以后的故障不会在 Y 侧反映出零序电流，所以零序保护的动作时限可以不必与该种变压器以后的线路保护相配合而取较短的动作时限。

94. 零序电流保护在运行中需注意哪些问题？

答：零序电流保护在运行中需注意以下问题：

（1）当电流回路断线时，可能造成保护误动作。这是一般较灵敏的保护的共同弱点，需要在运行中注意防止。就断线概率而言，它比距离保护电压回路断线的几率要小得多。如果确有必要，还可以利用相邻电流互感器零序电流闭锁的方法防止这种误动作。

（2）当电力系统出现不对称运行时，也会出现零序电流，例如变压器三相参数不同所引起的不对称运行，单相重合闸过程中的两相运行，三相重合闸和手动时的三相开关不同期，母线倒闸操作时开关与隔离开关并联过程或开关正常环并运行情况下，由于隔离开关或开关接触电阻三相不一致而出现零序环流，以及空投变压器在运行中的情况下，可出现较长时间的不平衡励磁涌流和直流分量等，都可能使零序电流保护启动。

（3）地理位置靠近的平行线路，当其中一条线路故障时，可能引起另一条线路出现感应零序电流，造成反方向侧零序方向继电器误动作。如确有此可能时，可以改用负序方向继电器，来防止上述方向继电器误动判断。

（4）由于零序继电器交流回路平时没有零序电流和零序电压，回路断线不易被发现；零序方向继电器电压互感器开口三角侧也不易用较直观的模拟方法检查其方向的正确性，因此较容易因交流回路有问题而使得在电网故障时造成保护拒绝动作和误动作。

95. 微机故障录波器在电力系统中的主要作用是什么？

答：微机故障录波器不仅能将故障时的录波数据保存在软盘中，经专用分析软件进行分析，而且可通过微机故障录波器的通信接口，将记录的故障录波数据远传至调度部门，为调度部门分析处理事故及时提供依据。其主要作用如下：

（1）通过对故障录波图的分析，找出事故原因，分析继电保护装置的动作情况，对故障性质及概率进行科学的统计分析，统计分析系统振荡时有关参数。

（2）为查找故障点提供依据，并通过对已查证落实的故障点的录波，可核对系统参数的准确性，改进计算方法或修正系统计算使用参数。

（3）积累运行经验，提高运行水平，为继电保护装置动作统计评价提供依据。

96. 在检定同期和检定无压重合闸装置中为什么两侧都要装检定同期和检定无压继电器？

答：如果采用一侧投无电压检定，另一侧投同期检定这种接线方式，那么，在使用无电压检定的那一侧，当其开关在正常运行情况下由某种原因（如误碰、保护误动等）而跳闸时，由于对侧并未动作，因此线路上有电压，因而就不能实现重合，这是一个很大的缺陷。为了解决这个问题，通常都是在检定无压的一侧也同时投入同期检定继电器，两者的触点并联工作，这样就可以将误跳闸的开关重新投入。为了保证两侧开关的工作条件一样，在检定同期侧也装设无压检定继电器，通过切换后，根据具体情况使用。但应注意，一侧投入无压检定和同期检定继电器时，另一侧则只能投入同步检定继电器。否则，两侧同时实现无电压检定重合闸，将导致出现非同期合闸。在同期检定继电器触点回路中要串接检定线路有电压的触点。

97. 什么叫备用电源自动投入装置？其作用和要求是什么？

答：备用电源自动投入装置就是当工作电源因故障被断开后，当备用电源正常时，能自动且迅速地将备用电源投入工作或将用户切换到备用电源上，使用户不停电的一种装置，简称为 BZT 装置。

对 BZT 装置的基本要求有以下几点：

（1）工作母线失电后启动装置动作。在工作母线失去电压的情况下，备用电源均应自动投入，以保证不间断供电。

（2）工作电源断开后，备用电源才能投入。为防止把备用电源投入到故障元件上，以致扩大事故，扩大设备损坏程度，因此要求只有当工作电源断开后，备用电源才可投入。

（3）BZT 装置只能动作一次，以免在母线上或引出线上发生持续性故障时，备用电源被多次投入到故障元件上，造成更严重的事故。

（4）BZT 装置应该保证停电时间最短，使电动机容易自启动。

（5）当电压互感器的熔断器熔断时，BZT 装置不应动作。

（6）当备用电源无电压时，BZT 装置不应动作。

为满足上述基本要求，BZT 应由低电压启动和自动合闸两部分组成，其作用如下：

（1）低电压启动部分，当母线因各种原因失去电压时，断开工作电源。

（2）自动合闸部分，在工作电源的断路器断开后，将备用电源的断路器投入。

98. 在什么情况下快切装置应退出？

答：满足快切退出（退出快切装置的连接片）的条件：

（1）机组已停运，6kV 厂用电源由备用电源带。

（2）快切装置故障并闭锁。

（3）正常运行时快切装置的二次回路检修、消缺工作。

（4）机组正常运行时检修维护断路器的辅助触点，会造成快切装置误动作的工作。

（5）机组正常运行时检修人员在发变组保护启动快切回路的工作。

（6）6kV 电压互感器停运前。

（7）在 6kV 电压互感器回路进行工作有可能造成快切不能正常切换的工作。

（8）机组运行中，6kV备用电源断路器检修时。

99. 二次回路的寄生回路有什么危害？

答：寄生回路往往不能被检修、运行人员及时发现，时常是在改线结束后的运行中，或进行定期检验、运行方式变更、二次切换试验时，才从现象上得以发现。由于所寄生的回路不同，引发的故障也就不同，有的寄生回路串电现象只在保护元件动作状态短暂的时间里出现，保护元件状态复归，现象随同消失，是一种隐蔽性的二次缺陷。由于寄生回路和图纸不符，现场故障迹象收集不齐时，查找起来既费时又不方便，而如果不及时查处消除，它能造成保护装置和二次设备误动、拒动（回路被短接）、光声信号回路错误发信及多种不正常工作现象，导致运行人员在事故时发生误判断和误处理，甚至扩大事故。

100. 什么叫距离保护？距离保护的特点是什么？

答：距离保护是以距离测量元件为基础构成的保护装置，其动作和选择性取决于本地测量参数（阻抗、电抗、方向）与设定的被保护区段参数的比较结果，而阻抗、电抗又与输电线的长度成正比，故叫做距离保护。距离保护是主要用于输电线的保护，一般是三段或四段式。第一、二段带方向性，作本线段的主保护，其中第一段保护线路的80%～90%。第二段保护余下的10%～20%并作为相邻母线的后备保护。第三段带方向或不带方向，有的还设有不带方向的第四段，作为本线及相邻线段的后备保护。

整套距离保护包括故障启动、故障距离测量、相应的时间逻辑回路与电压回路断线闭锁，有的还配有振荡闭锁等基本环节以及对整套保护的连续监视等装置。有的接地距离保护还配备单独的选相元件。

101. 简述自动准同期装置的构成及其各部分的作用。

答：自动准同期装置，是利用线性三角形脉动电压，按恒定导前时间发出合闸脉冲的自动准同期装置。它能完成发电机并列前的启动调压、自动调频和在满足准同期并列条件的前提下，于发电机电压和系统电压相位重合前的一个恒定导前时间发出合闸脉冲等三项任务。

它主要由合闸、调频、调压、电源四部分组成。合闸部分的作用是，在频率差和电压差均满足准同期并列条件的前提下，于发电机电压和系统电压相位重合前的一个导前时间发出合闸脉冲。上述条件不满足时，则闭锁合闸脉冲回路。调频部分的作用是，判断发电机趋近于系统频率，从而自动发出减速或增速调频脉冲，使发电机趋近于系统频率。

调压部分的作用是：比较待并发电机的电压与系统电压的高低，自动发出降压或升压脉冲，作用于发电机励磁调节器，使发电机电压趋近于系统电压，且当电压差小于规定数值时，解除电压差闭锁，允许发出合闸脉冲。电源部分除了将系统电压和发电机电压变成装置所需要的相应的电压外，还为逻辑回路提供直流电源。

102. 为什么距离保护的Ⅰ段保护范围通常选择为被保护线路全长的80%～85%？

答：（1）距离保护Ⅰ段的动作时限为保护装置本身的固有动作时间，为了和相邻的下一线路的距离保护Ⅰ段有选择性地配合，两者的保护范围不能有重叠的部分，否则，本线路Ⅰ段的保护范围会延伸到下一线路，造成无选择性动作。

（2）另外，保护定值计算用的线路参数有误差，电压互感器和电流互感器的测量也有误差。考虑最不利的情况，若这些误差为正值相加，如果Ⅰ段的保护范围为被保护线路的全长，就不可避免地要延伸到下一线路。此时，若下一线路出口故障，则相邻的两条线路的Ⅰ段会同时动作，造成无选择性地切断故障。因此，距离保护的Ⅰ段通常取被保护线路全长的80%～85%。

第七节　综　合　知　识

103. 对事故处理的基本要求是什么？

答：事故处理的基本要求如下。

（1）事故发生时，应按"保人身、保电网、保设备"的原则进行处理。

（2）事故发生时的处理要点：

1）根据仪表显示及设备异常象征判断事故。

2）迅速处理事故，首先解除对人身、电网及设备的威胁，防止事故蔓延。

3）应设法保证厂用电的电源。

4）必要时应立即停用发生事故的设备，确保非事故设备的运行。

5）迅速查清原因，消除事故。

（3）将所观察到的现象、事故发展的过程和时间及采取的消除措施等进行详细的记录。

（4）事故发生及处理过程中的有关数据资料等应保存完整。

104. 何谓电气设备的倒闸操作？发电厂及电力系统倒闸操作的主要内容有哪些？

答：当电气设备由一种状态转换到另一种状态或改变系统的运行方式时，需要进行一系列操作，这种操作叫做电气设备的倒闸操作。倒闸操作主要有以下几种：

（1）电力变压器的停、送电操作。

（2）电力线路停、送电操作。

（3）发电机的启动、并列和解列操作。

（4）网络的合环与解环。

（5）母线接线方式的改变（即倒母线操作）。

（6）中性点接地方式的改变和消弧线圈的调整。

（7）继电保护和自动装置使用状态的改变。

（8）接地线的安装与拆除等。

105. 为什么要测量电气设备绝缘电阻？测量结果与哪些因素有关？

答：测量电气设备绝缘电阻的作用如下：

（1）可以检查绝缘介质是否受潮。

（2）是否存在局部绝缘开裂或损坏。这是判别绝缘性能较简便的方法。

绝缘电阻值与下列因素有关：

（1）通常绝缘电阻值随温度上升而减小。为了将测量值与过去比较，应将测得的绝缘电阻值换算到同温时，才可比较。

（2）绝缘电阻值随空气的湿度增加而减小，为了消除被测物表面泄漏电流的影响，需用干棉纱擦去被测物表面的潮气和脏污。

（3）绝缘电阻值与被测物的电容量大小有关，对电容量大的（如电缆大型变压器等），在测量前应将绝缘电阻表的屏蔽端 G 接入，否则测量值偏小。

（4）绝缘电阻与绝缘电阻表电压等级有关，应按被测物的额定电压等级，正确选用绝缘电阻表，如测量 35kV 的设备，应选 2500V 绝缘电阻表，若绝缘电阻表电压低，测量值将虚假的偏大。

106. 装设接地线为什么要求接地并三相短路？

答：这是由实际故障在防护上的各种特点所决定的。假如只装设短路线而不接地，那么，遇有交叉线路一相断线串入单相电源时，工作设备上因本身未接地，不仅不是等地电位而是故障线路的额定相电压。假如不是接地并三相短路，而是三相分别接地，那么，三相均存在一个对地等效电阻，电源一旦合闸，产生三相接地短路电流，它在该等效电阻上产生的相当大的电压降就会施加在检修设备上，足以危及工作人员的安全。采用三相分别接地，既浪费金属材料，无形中又增加了操作工作负担，因此也是不可取的。对多种形式接地方式的比较，完全可以说明，只有采用接地并三相短路的措施，才是最安全的。在工作地点两侧装设短路接地线，可以保证工作地点的等地电位，进行安全作业。

107. 什么叫预防性试验？

答：高压电气设备还是带电作业安全用具，它们都有各自的绝缘结构。这些设备和用具工作时要受到来自内部的和外部的比正常额定工作电压高得多的过电压的作用，可能使绝缘结构出现缺陷，成为潜伏性故障。另一方面，伴随着运行过程，绝缘本身也会出现发热和自然条件下的老化而降低。预防性试验就是针对这些问题和可能，为预防运行中的电气设备绝缘性能改变发生事故而制订的一整套系统的绝缘性能诊断、检测的手段和方法。根据各种不同设备的绝缘结构原理，对表征其特性的参数进行仪器测量，它们的试验项目和标准《电气设备预防性试验规程》中都做了相应的详细规定。电气设备预防性试验应分别按照各自规定的周期进行。

108. 什么叫耐压试验？

答：设备的绝缘水平并不是设备铭牌上的额定工作电压，而是由耐压试验时所施加的试验电压标准值来表征的。而这个试验电压又是根据电气设备在实际工作中可能遇到的最高内、外过电压以及长期工作电压的作用来决定的。为了考验电气设备绝缘运行的可靠性，按照部颁统一电压标准（有时也根据设备具体的运行情况确定试验电压）和时间进行的试验就称之为耐压试验。由于耐压试验施加的电压高，因此对发现设备绝缘内部的集中性缺陷很有效。但同时在试验过程中也有可能使设备绝缘损坏，或者使原来已经存在的潜伏性缺陷有所发展（而不是击穿），造成绝缘有一定程度的损伤。所以说，耐压试验是一种破坏性试验。

109. 何为电腐蚀？防止电腐蚀的措施有哪些？

答：电腐蚀是指发电机槽内、定子线棒表面和槽壁之间，由于失去电接触而产生高能电容性放电。这种高能量的电容性放电所产生的加速电子，对定子线棒表面产生热和机械的作用；同时，放电使空气电离而产生臭氧（O_3）及氮的化合物（NO_2、NO、N_2O_4），这些化合物与气隙内的水分发生化学作用，因而引起线棒的表面防晕层、主绝缘、槽楔和垫条出现烧损和腐蚀的现象，轻则变色，重则防晕层变酥，主绝缘出现麻坑，这种现象统称为"电腐蚀"。

防电腐蚀的措施有：保证线棒尺寸和定子槽尺寸紧密配合，可在线棒入槽后在侧面塞半导体垫条，使线棒表面防晕层和槽壁保持良好的接触。槽内采用半导体垫条，提高防晕性能。选用适当电阻系数的半导体漆喷于定子槽内，并保证定子铁芯的其他性能符合技术要求。定子槽楔要压紧，可将长槽楔改为短槽楔。提高半导体漆的性能，选用附着能力强的半导体漆。

110. 为什么电缆线路两端要核对相位？

答：在电缆线路敷设完毕与电力系统接通之前，必须按照电力系统上的相位进行核相，若相位不符，会产生以下几种结果：

（1）电线联络两个电源时，推上时会因相间短路立即跳闸，即无法运行。

（2）由电缆线路送电至用户而相位有两相接错时，会使用户的电动机倒转。当三相全部接错后，虽不致使电动机倒转，但对有双路电源的用户则无法交并用双电源；对只有一个电源的用户，则当其申请备用电源后，会产生无法作备用的后果。

（3）由电缆线路送电到电网变压器时，会使低压电网无法环并列运行。

（4）双并或多并电缆线路中有一条接错相位时，如果在做直流耐压试验时不发现出来，则会产生因相间短路推不上开关的恶果。

111. 使用绝缘电阻表测量绝缘电阻时，应注意哪些事项？

答：使用绝缘电阻表时应注意以下事项：

（1）测量设备的绝缘电阻时，必须切断设备电源，对具有电容性质的设备必须进行放电。

（2）检查绝缘电阻表是否好用。绝缘电阻表放平时指针应指在"∞"处，慢速转动绝缘电阻表，瞬时短接 L、E 接线柱，指针应指在"0"处。

（3）绝缘电阻表引线应用多股软线且绝缘良好。

（4）应保持转速为 120r/min，以转动 1min 后读数为准。

（5）测量电容量大的设备，充电时间较长，结束时应先断开绝缘电阻表表线，然后停止摇动。

（6）被测设备表面应清洁，以免漏电影响准确度。

（7）绝缘电阻表引线与带电体间应注意安全距离，防止触电。

112. 如何检查电气工器具是否合格？

答：（1）使用安全用具前应检查是否合格，表面是否清洁，以及有无裂痕、钻印、划痕、毛刺、空洞、断裂等外伤。

（2）检查的安全绝缘工器具应在有效试验周期内，且合格。

（3）检查验电器的绝缘杆是否完好，有无裂纹、断裂、脱节情况。

（4）按试验钮检查验电器发光及声响是否完好，电池电量是否充足，电池接触是否完好，如有时断时续的情况，应立即查明原因，不能修复的应立即更换。

（5）在带电设备上检验验电器的完好性，如发生时断时续或只有发光无声响或只有声响无发光等情况时，应立即查明原因，不能修复的应立即更换。

（6）严禁使用不合格的验电器进行验电。

（7）检查接地线接地端、导体端是否完好，接地线是否有断裂，螺栓是否紧固等。

（8）带有绝缘杆的接地线，必须检查绝缘杆有无裂纹、断裂等情况。

（9）检查绝缘手套有无裂纹、漏气，表面是否清洁、有无发粘等现象。

（10）检查绝缘靴靴底部无断裂，靴面无裂纹，并清洁。

（11）检查绝缘棒无裂纹、断裂现象。

（12）检查绝缘体无裂纹、断裂现象。

（13）检查安全帽无裂纹，系带完好无损。

（14）检查操作杆无断裂现象。

113. 携带型短路接地线、接地开关的管理规定是什么？

答：（1）现场所有携带型短路接地线必须编号。按电压等级对号入座，存放在指定地点，按值移交。

（2）设备和系统的接地点必须有明显的标记，所有配电装置均应有接地网的接头。

（3）现场使用携带型短路接地线时，必须做到工作票、操作票、模拟图板、接地装置登记本完全对应。

（4）送电操作前，必须查清相关设备和系统的接地线及接地装置，确认无误后方可进行操作。

（5）装设携带型短路接地线必须保证各部分接触可靠，室内配电设备接地线必须装设在指定地点。

（6）接地开关进行检修时，必须另设携带型短路接地线。

（7）携带型短路接地线的导线、线卡、导线护套要符合标准，固定螺栓无松动，接地线标示牌、试验合格证清晰、无脱落。